Technisches Skizzieren für alle

Technisches Skizzieren für alle

Paul Gruber

Technisches Skizzieren für alle

Eine Einführung in Theorie und Praxis

2. Auflage

Paul Gruber
Roitham am Traunfall, Österreich

ISBN 978-3-658-49617-3   ISBN 978-3-658-49618-0   (eBook)
https://doi.org/10.1007/978-3-658-49618-0

Die Deutsche Nationalbibliothek verzeichnet diese Publikation in der Deutschen Nationalbibliografie; detaillierte bibliografische Daten sind im Internet über https://portal.dnb.de abrufbar.

Ursprünglich erschienen unter dem Titel "Skizzieren in Technik und Alltag"

Planung/Lektorat: Ellen-Susanne Klabunde
Springer Vieweg ist ein Imprint der eingetragenen Gesellschaft Springer Fachmedien Wiesbaden GmbH und ist ein Teil von Springer Nature.
Die Anschrift der Gesellschaft ist: Abraham-Lincoln-Str. 46, 65189 Wiesbaden, Germany

Vorwort

Warum noch ein Buch über Skizzieren?

Zeichnungen können sehr unterschiedlich sein – von der normierten technischen Zeichnung bis zur freien künstlerischen Darstellung. Dieses Buch befasst sich mit einer Form dazwischen: dem Skizzieren technischer und alltäglicher Inhalte, bei dem Ideen, Funktionen und Formen sichtbar gemacht werden.

Es gibt bereits gute Bücher zum Thema Zeichnen und Skizzieren. Viele davon haben spezielle Schwerpunkte, sind an bestimmte Berufsgruppen gerichtet und befassen sich entsprechend explizit mit Themen wie Architektur, Möbel, Maschinenbau, Fahrzeuge usw. Die Darstellungsformen werden dabei teilweise nur spezifisch für die jeweiligen Themen angewendet.

Ich komme aus der Automatisierungstechnik und das Skizzieren ist im Berufsleben für mich sehr hilfreich. Meiner Erfahrung nach kann man vieles vom Skizzieren im Beruf auch im Alltag für private Projekte, Anlässe und Situationen anwenden. Und diese Erfahrung möchte ich hier teilen.

Dieses Buch führt einfach, systematisch und methodisch zum Skizzieren von verschiedensten Motiven in der Technik und im Alltag.

Informationen, Methoden und Tipps werden anhand vieler praktischer Beispiele erläutert. Didaktisch ist das Buch grundsätzlich aufbauend gestaltet. Werden Themen aus anderen Kapiteln vorgezogen angewendet, oder es handelt sich um übergreifende Themen, sind entsprechende Querverweise angeführt. Durch die Querverweise und Beispiele kann man in viele Kapitel auch direkt einsteigen. Um diesen direkten Einstieg in Themen zu erleichtern sind einige übergreifende Informationen, Tipps usw. ident an mehreren relevanten Stellen angeführt. **Dadurch kann das Buch sehr flexibel verwendet werden. Sie können die große Bandbreite des Skizzierens systematisch lernen oder lehren oder bei einem Projekt oder einer Aufgabenstellung gezielt konkrete Tipps und Informationen unmittelbar anwenden. Auf diese Weise lassen sich Ideen effizient visualisieren.**

Bei der Motivauswahl für die vielen Beispiele wurde eine möglichst breite Streuung angestrebt. Diese Sammlung an Beispielen dient auch als Nachschlagewerk für verschiedene „Standardsituationen" beim Skizzieren. In den Kapiteln wird immer wieder zum eigenhändigen Skizzieren motiviert. Wählen Sie dabei viele Motive nach eigenen Vorstellungen.

Durch das einfache Anwenden von verschiedenen Darstellungsformen kann das Skizzieren für verschiedenste Situationen und Vorhaben vielfältig und flexibel eingesetzt werden. Das Buch vermittelt dabei eine breite Palette an Tools, welche es ermöglichen, das Skizzieren ohne Hemmschwelle effizient und jederzeit anwenden zu können, das heißt einfach und vielseitig skizzieren.

Des Weiteren werden unterschiedliche Ausführungsgrade, von der einfachen, schnellen Skizze bis zu schattierten und einfach gerenderten Präsentationsskizzen, behandelt.

Kurz gesagt, dieses Buch will einerseits die wichtigsten theoretischen Grundlagen vermitteln, vor allem aber die Motivation und Freude am praktischen Anwenden von Skizzen wecken und fördern.

Mit dem Titel „*Technisches Skizzieren für alle – Eine Einführung in Theorie und Praxis*" spricht das Buch eine Einladung an alle aus, das Skizzieren als vielseitiges Werkzeug kennenzulernen und anzuwenden – unabhängig davon, ob es in technischen, gestalterischen, handwerklichen oder pädagogischen Zusammenhängen zum Einsatz kommt. Es möchte dazu ermutigen, Ideen sichtbar zu machen, räumlich zu denken und Gedanken anschaulich zu vermitteln.

Aus Gründen der besseren Lesbarkeit wird auf eine geschlechtsneutrale Differenzierung verzichtet. Entsprechende Begriffe gelten im Sinne der Gleichbehandlung grundsätzlich für beide Geschlechter. Die verkürzte Sprachform beinhaltet keine Wertung.

Roitham am Traunfall   Paul Gruber
Oktober 2025

Danksagungen

Hr. Prof. Dr.-Ing. Ingo Klöcker hat im Juni 2014 im Hause PROMOT Automation GmbH einen Workshop über Skizzieren gehalten. Dieser Workshop und Bücher haben das Interesse am Skizzieren vertieft und meine Arbeit verändert. Ich danke Hr. Prof. Dr.-Ing. Ingo Klöcker.

Danken möchte ich der Firma PROMOT Automation GmbH für die Erlaubnis, in diesem Buch Skizzen zu verwenden, welche im Kontext mit meiner beruflichen Tätigkeit entstanden sind.

Ich möchte mich sehr beim Team des Springer Vieweg Verlages für das Vertrauen und die großartige Unterstützung bedanken.

Besonders danken möchte ich auch meiner Familie, meinen Freunden und Arbeitskollegen! Sei es durch Korrekturlesen, Feedback, Ermunterungen, Geduld usw.

– DANKE.

Inhaltsverzeichnis

Über den Autor

Paul Gruber hat einen Abschluss an der HTL-Maschinenbau Vöcklabruck, Österreich und arbeitet seit vielen Jahren bei der Firma PROMOT Automation GmbH in Roitham am Traunfall, Österreich, im Bereich Konstruktion und Entwicklung mit dem Schwerpunkt Automatisierungstechnik.

Teil I
Allgemeines und Informationen

Skizzieren ist eine ganzheitliche Tätigkeit, bei der man beim Tun haptisch das Papier und die Stifte spürt. Parallel wird durch das Sehen und Analysieren der entstehenden Skizze die Fantasie angeregt. Es werden also gleichzeitig mehrere Sinne aktiviert. Durch diese Wechselwirkung der Sinne entsteht ein besonderer kreativer Prozess. Man kommt durch das manuelle Tun und die visuelle Wahrnehmung sozusagen in einen aktiven, schöpferischen Flow. Dabei können auch unerwartete neue Lösungen, Sichtweisen, Ideen, Varianten usw. entstehen (s. Abb. 1.1). Skizzieren ist sinngemäß wie „Brainstorming mit sich selbst". Mit Skizzen kann sehr klar und effizient kommuniziert werden. Ideen können mit wenig Aufwand vermittelt werden. Durch das Visualisieren können Varianten bewertet und Entscheidungen beschleunigt werden. Skizzieren ist daher eine wertschöpfende Tätigkeit (vgl. Kap. 20 „Skizzieren – Denken mit dem Stift: Kreativität fördern, Entscheidungen vorbereiten")

Skizzieren befreit
Gedanken können vom Kopf auf das Papier gebracht werden. Damit wird der „Speicher im Kopf" entlastet.

Skizzieren bedeutet Freiheit. Man kann mit einfachen Mitteln überall „alles" erschaffen.

Im Wort Freihandzeichnen steckt der Begriff „frei".

© Der/die Herausgeber bzw. der/die Autor(en), exklusiv lizenziert an Springer Fachmedien Wiesbaden GmbH, ein Teil von Springer Nature 2025
P. Gruber, *Technisches Skizzieren für alle*, https://doi.org/10.1007/978-3-658-49618-0_1

Abb. 1.1 Durch das manuelle
Tun und Sehen entstehen neue,
kreative Lösungen

Ziel ist ein möglichst freihändiges und effizientes Skizzieren mit dem nötigen
theoretischen und methodischen Hintergrund und dem Wissen über den Einsatz
hilfreicher Werkzeuge.

Für das Erstellen von Skizzen kann es verschiedene Impulse geben:

- Man weiß schon, was man skizzieren will
- Man sucht nach neuen Lösungen
- Man will Varianten vergleichen
- Man will etwas Bestehendes optimieren oder verändern
- Man will eine Idee vermitteln oder präsentieren
- Man will mit jemandem über ein Thema visuell kommunizieren
- Man will ein Thema analysieren
- Man will räumliche oder funktionale Zusammenhänge verstehen
- Man will Informationen strukturieren oder ordnen
- Man will sich etwas merken oder dokumentieren
- Man will mit Skizzen einfach Gedanken oder Eindrücke festhalten
- Man hat Freude am Skizzieren

Ein wichtiges Ziel dieses Buches ist es auch, dass man mit einer Selbstverständlichkeit
und Leichtigkeit zu Stift und Papier greift – im Tun liegt die Kraft!

Beim Skizzieren entstehen mit einfachen Mitteln anschauliche und schöne Ergebnisse,
die Betrachtenden wie Gestaltenden Freude machen. Doch nicht nur die Ergebnisse sollen
Freude bereiten, auch das Skizzieren selbst kann man bewusst genießen.

Definitionen vom Begriff „Skizze" lt. Duden
„Mit groben Strichen hingeworfene, sich auf das Wesentliche beschränkende Zeichnung [die als Entwurf dient]"
© 2020 Cornelsen Verlag GmbH (Duden), Berlin.

Unterschied zwischen Zeichnen und Skizzieren
Zeichnen und Skizzieren sind zwei verwandte, aber unterschiedliche Aktivitäten.

Zeichnen ist in der Regel eine formale Darstellung eines Objekts oder einer Szene, die darauf abzielt, eine realistische oder genaue Darstellung zu schaffen. Skizzieren ist hingegen oft schneller und lockerer und dient dazu, Ideen festzuhalten, Konzepte zu skizzieren oder zu experimentieren. Da die Grenzen zwischen Zeichnen und Skizzieren teilweise fließend sind, werden in diesem Buch auch beide Begriffe verwendet.

Übersicht
Eigenschaften von Skizzen

- Skizzen müssen nicht perfekt sein.
- Skizzen müssen nicht vollständig sein.
- In Skizzen kann reduziert und vereinfacht werden.
- Skizzen sind nur Annäherungen an geometrisch korrekte Darstellungen.
- In Skizzen stehen der visuelle Eindruck und die beabsichtigte Botschaft im Vordergrund.

Theoretisch betrachtet – Verschiedene Darstellungsformen

Objekte können auf unterschiedliche Weise dargestellt werden. Damit diese Darstellungsformen je nach Situation und Ziel gezielt eingesetzt werden können, ist es wichtig, sie zu verstehen. Die wichtigsten Formen für das Skizzieren sind 2D-Darstellungen, Parallelperspektiven sowie Ein-, Zwei- und Dreipunktperspektiven. Vierpunkt- und „Fischaugenperspektiven" werden der Vollständigkeit halber erwähnt, jedoch nicht weiter behandelt.

Die Begriffe Bezugssystem und Bezugsraum werden kapitelübergreifend verwendet. Daher folgt hier eine kurze Erläuterung:

Bezugssystem: Das Bezugssystem definiert mit den Hauptachsen die geometrischen Grundlagen einer perspektivischen Darstellung. In Fluchtpunktperspektiven umfasst es zusätzlich den Horizont, das Blickzentrum (auch Hauptpunkt genannt) und die Fluchtpunkte (vgl. Abschn. 2.5.1).

Bezugsraum und Bezugsgeometrien: Der Bezugsraum beschreibt den dreidimensionalen Bereich innerhalb eines Bezugssystems, in dem Objekte positioniert werden. Er lässt sich vereinfacht als Quader oder Würfel darstellen, dessen Kanten entlang der Hauptachsen ausgerichtet sind und der die Szene oder das Objekt umfasst. Abhängig von der Skizzensituation kann der Bezugsraum zu Beginn grob festgelegt werden oder sich im Verlauf des Skizzierens entwickeln. Je nach Gesamtform einer Szene oder Objektes kann es sinnvoll sein, den Bezugsraum in Bezugsgeometrien aufzuteilen oder mehrere Bezugsgeometrien zusammenzusetzen (s. z. B. Abb. 13.21 und 13.23).

P. Gruber, *Technisches Skizzieren für alle*, https://doi.org/10.1007/978-3-658-49618-0_2

2.1   Wie kommt das Objekt auf das Papier? – Der Verkürzungsfaktor

Blickt man auf Linien oder Kanten in verschiedenen beliebigen Orientierungen, erscheinen diese je nach Lage zur Blickrichtung verkürzt. Nimmt man zwischen Objekt und Betrachter eine Darstellungsebene an, wird die Darstellung des Objektes auf diese Ebene projiziert. Daher wird die Darstellungsebene auch als Projektionsebene bezeichnet.

In Abb. 2.1 wird das Prinzip der Verkürzung vereinfacht dargestellt. In dieser Darstellung wird ein unendlich großer Betrachtungsabstand, bei dem die „Sehstrahlen" parallel sind, angenommen.

Der Verkürzungsfaktor

Der Verkürzungsfaktor (auch als Maß der perspektivischen Verkürzung bekannt) beschreibt, wie stark eine Linie in der Projektion verkürzt erscheint. Die projizierte und damit dargestellte Länge ergibt sich aus der tatsächlichen Länge, multipliziert mit einem „Verkürzungsfaktor". Ist bei unendlich großem Betrachtungsabstand eine Linie parallel zur Darstellungsebene, ist der Verkürzungsfaktor 1 und die Linie wird in der „realen" Länge projiziert. Je „steiler" der Winkel einer Linie zur Projektionsebene im Raum liegt, desto kürzer erscheint diese. Ist eine Linie senkrecht zur Darstellungsebene, wird diese zum Punkt und der Verkürzungsfaktor ist 0. Der Verkürzungsfaktor kann also bei unendlich großem

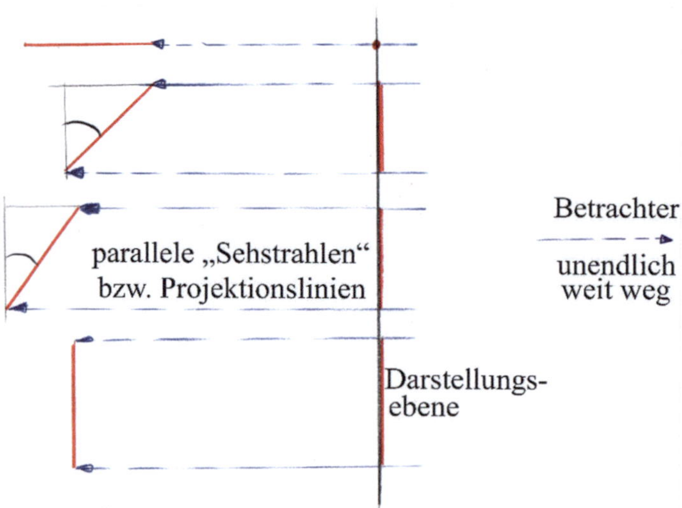

Abb. 2.1 Verkürzung von Objekten bei unendlich großem Betrachtungsabstand. Die theoretischen „Sehstrahlen" sind parallel und projizieren die Abbildung auf die Darstellungsebene

Abb. 2.2 Verkürzung von Objekten frei im Raum bei endlichem Betrachtungsabstand

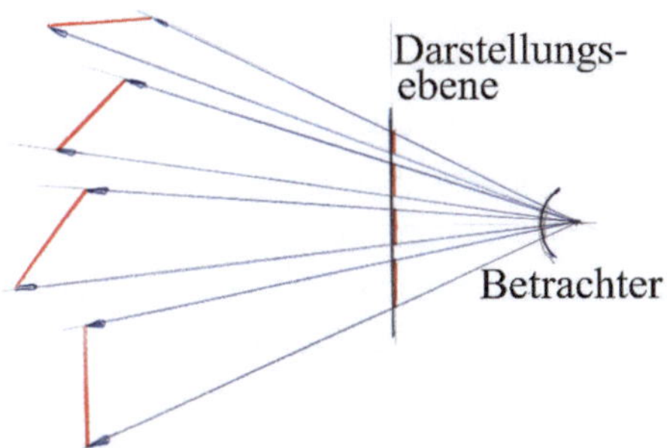

Betrachtungsabstand einen Wert von 0 bis 1 annehmen. Mathematisch kann der Verkürzungsfaktor je nach Situation mit entsprechenden Funktionen berechnet werden. Siehe dazu z. B. Abschn. 16.6.1 „Das ‚Einschneideverfahren' für isometrische Perspektiven".

Die mathematische Ermittlung der Lage einer Linie in Relation zur Projektionsebene und die Berechnung des Verkürzungsfaktors kann komplex sein. Die Komplexität erhöht sich weiter, wenn der Betrachtungsabstand zum Objekt nicht unendlich und die „Sehstrahlen" nicht mehr parallel sind (s. Abb. 2.2).

Dabei kann der „Verkürzungsfaktor" auch größer als 1 sein. Das ist der Fall, wenn Objekte oder Teile davon nicht hinter, sondern vor der Projektionsebene liegen (s. z. B. Abb. 16.37). Dieser Effekt tritt z. B. auch auf, wenn bei einem Schattenspiel die Wand, auf die der Schatten geworfen wird (Projektionsebene), hinter dem von einer punktförmigen Lichtquelle beleuchteten Objekt liegt.

Beim Skizzieren werden die Verkürzungsfaktoren daher nicht berechnet. Aber es ist wichtig, das Prinzip der Verkürzung zu verstehen.

In der Praxis werden beim Skizzieren Proportionen geschätzt oder mit einfachen Methoden ermittelt.

Der Maßstab

In den Abb. 2.1 und 2.2 entspricht die Darstellungs- bzw. Projektionsebene auch der Skizzierebene. Damit ein Objekt aber auf einem Blatt Papier in einer bestimmten Größe dargestellt werden kann, muss man sich die gesamte Situation um einen Maßstab angepasst vorstellen. Bei technischen Zeichnungen wird der Maßstab bewusst gewählt, beim Skizzieren ergibt sich der Maßstab aus verschiedenen Faktoren.

2.2   Zweidimensionale Skizzen – 2D-Skizzen mit Projektionen

In der Technik sind zweidimensionale Ansichten mit Projektionen sehr gängig. Die Proportionen und Abmessungen werden im gewählten Maßstab dargestellt. Bemaßungen können direkt und verständlich angebracht werden. Für technische Zeichnungen sind Normalansichten die Grundlage für die Darstellung. Bei 2D-Ansichten schaut man sinngemäß von unendlicher Entfernung senkrecht (normal) auf Objekte. Die Hauptachsen verlaufen dabei waagrecht und senkrecht in der Darstellungsebene sowie in Normalrichtung nach hinten. Der oben beschriebene Verkürzungsfaktor beträgt 1.

In der Regel gibt es drei Hauptansichten. Die Ansicht von vorn (Vorderansicht), die Ansicht von der Seite (Seitenansicht) und die Draufsicht (s. Abb. 2.3).

Je nachdem, wie komplex ein Objekt ist, können für die vollständige Beschreibung weitere Ansichten, Schnitte, unsichtbare Linien usw. erforderlich sein.

Vorteile von zweidimensionalen Darstellungen
Abmessungen können direkt von den Ansichten im Maßstab abgenommen und ggf. bemaßt werden. Details und Funktionen können in 2D-Skizzen einfach und schnell dargestellt werden.

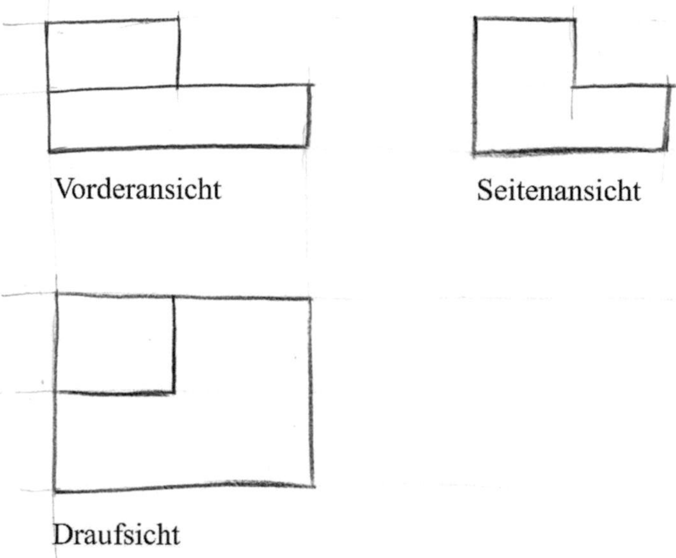

Abb. 2.3 Objekt in Vorderansicht, Seitenansicht und Draufsicht

Abb. 2.4 Gleiches Objekt wie
in Abb. 2.3 in perspektivischer
Darstellung

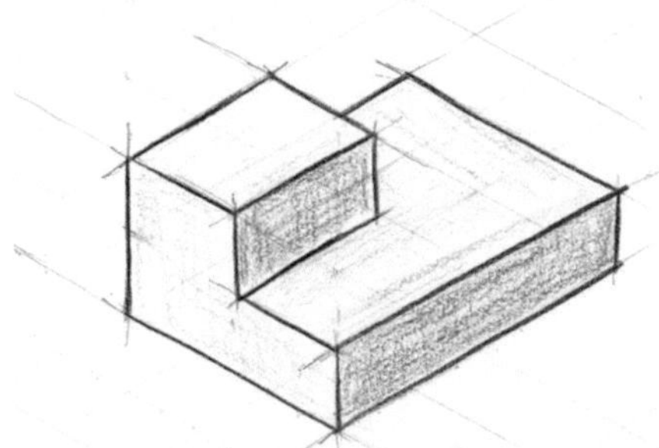

Nachteil von zweidimensionalen Darstellungen
Der Betrachter muss „die Lösung im Gehirn erst zusammenbauen".

Bei einer perspektivischen Darstellung hingegen ist „die Lösung" für den Betrachter auf einen Blick klar (s. Abb. 2.4). Beim Einsatz von 3D-CAD-Systemen werden daher häufig ergänzend 3D-Darstellungen mit auf Zeichnungen dargestellt, um das schnelle Erfassen eines Objektes zu unterstützen.

2.3   Parallelperspektiven – Isometrie, Dimetrie, Trimetrie

2.3.1   Parallelperspektiven allgemein

Eine Parallelperspektive wird auch als Axonometrie bezeichnet. In Parallelperspektiven ist der Betrachtungsabstand zu den Objekten „unendlich" groß. Dadurch werden unter anderem die Kanten von einem Kubus parallel dargestellt (s. Abb. 2.5).

Bei Normalansichten und Parallelperspektiven kann der Bezugsraum theoretisch unendlich groß sein. Dies liegt daran, dass das zugrunde liegende Bezugssystem in allen Bereichen des Raumes gleichbleibende geometrische Bedingungen vorgibt. Im Gegensatz dazu ist der Bezugsraum in Fluchtpunktperspektiven begrenzt (s. Abschn. 2.5.1).

Parallelperspektiven sind in Isometrie, Dimetrie und Trimetrie unterteilt.

Kavalierperspektive
Die sogenannte „Kavalierperspektive" (oder auch „Schrägbild" genannt), siehe Abb. 2.6, liefert durch die zu starke Vereinfachung nicht schlüssige Darstellungen und wird in diesem Buch nicht empfohlen.

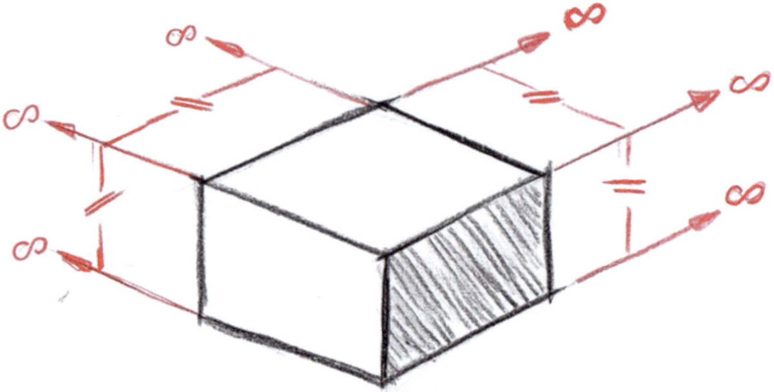

Abb. 2.5 Kubus in Parallelperspektive

Abb. 2.6 Die „Kavalierperspektive", auch „Schrägbild" genannt, wird in diesem Buch für das Skizzieren nicht empfohlen

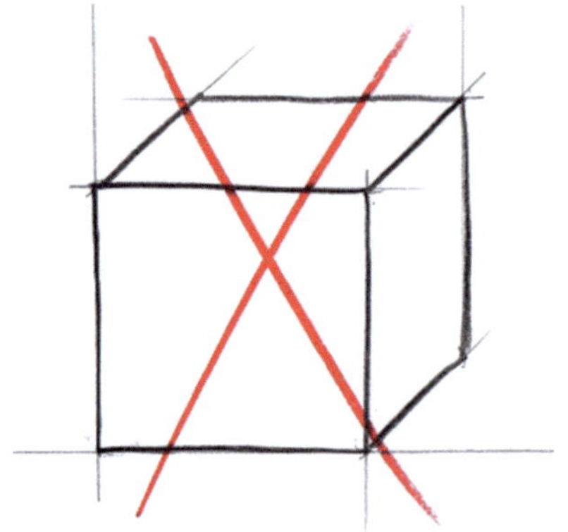

2.3.2 Isometrie

Bei der Isometrie sind alle drei Winkel der Raumachsen zur Betrachtungsebene gleich (s. Abb. 2.7 und 2.8). Diese Raumachsen entsprechen den Hauptachsen des Bezugssystems. Der Verkürzungsfaktor ist dadurch in allen drei Richtungen gleich groß, daher auch der Begriff Isometrie. Die Herleitung des Verkürzungsfaktors in der Isometrie mit dem Wert von 0,816 wird in Abschn. 16.6.1 „Das Einschneideverfahren für isometrische Perspektiven" dargestellt.

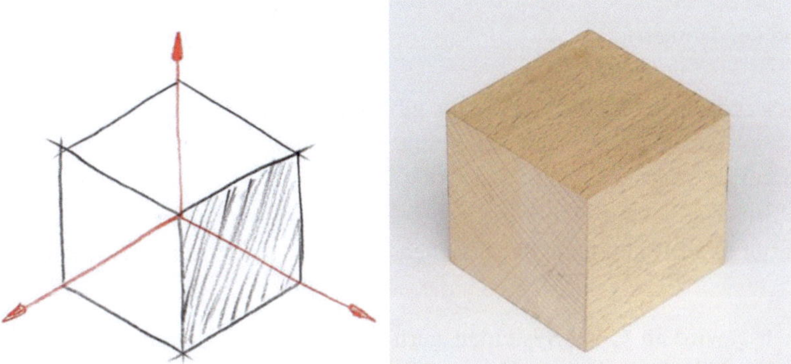

Abb. 2.7 Würfel in isometrischer Darstellung skizziert und mit einem Teleobjektiv aus relativ großer Entfernung fotografiert

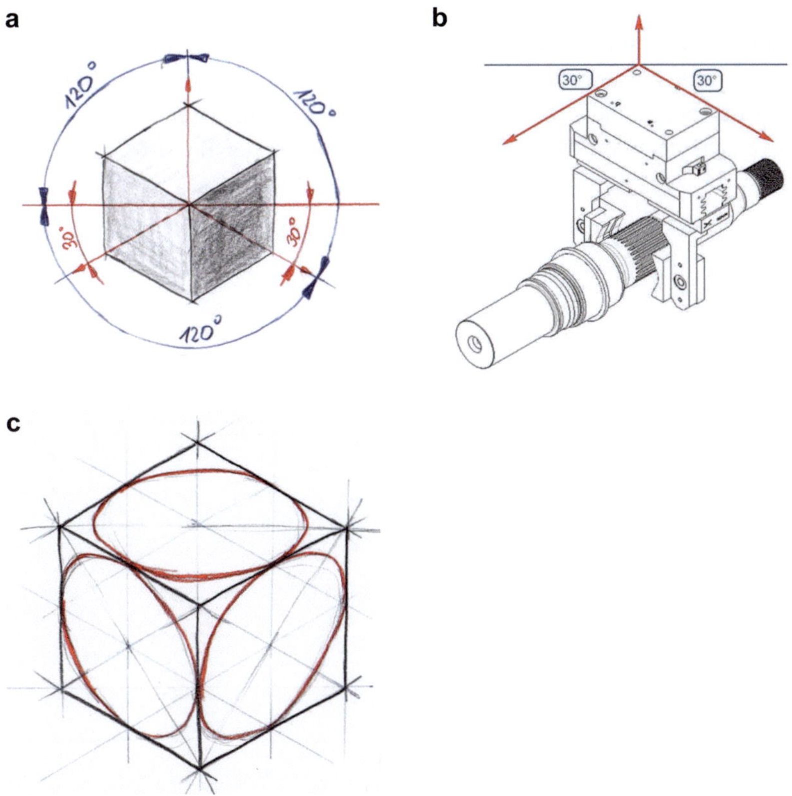

Abb. 2.8 Objekte in isometrischer Darstellung. **a** Würfel mit Winkelangaben in der Isometrie. **b** Isometrische Darstellung in einem CAD-System. **c** Würfel mit Ellipsen in den Flächen

Vorteile der Isometrie

- Da es nur einen Verkürzungsfaktor gibt, bleiben die Proportionen erhalten.
- Ellipsen haben in allen drei Richtungen das gleiche Verhältnis zwischen langer und kurzer Achse (s. Abb. 2.8c).
- Die Situation ist auf dem gesamten Zeichenblatt gleich. Eine Skizze in Isometrie kann in allen Richtungen bei gleichen Bedingungen erweitert werden.

Die Isometrie wird in CAD-Systemen gerne als Standardorientierung der Hauptachsen verwendet (s. Abb. 2.8b).

2.3.3 Dimetrie

Die Winkel und die Verkürzungsfaktoren in den horizontalen Flächen sind gleich (s. Abb. 2.9). Je nach Neigung hat die Vertikalachse einen anderen Verkürzungsfaktor als die Achsen der horizontalen Flächen (s. Abb. 2.10). Dimetrische Darstellungen haben also zwei verschiedene Verkürzungsfaktoren, daher auch der Begriff Dimetrie.

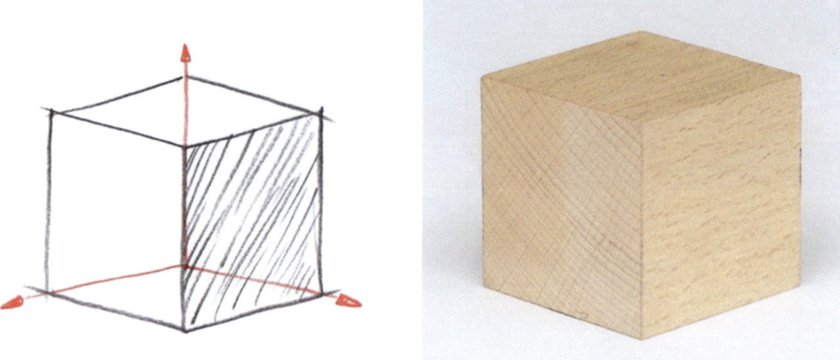

Abb. 2.9 Würfel in dimetrischer Darstellung skizziert und mit einem Teleobjektiv aus relativ großer Entfernung fotografiert

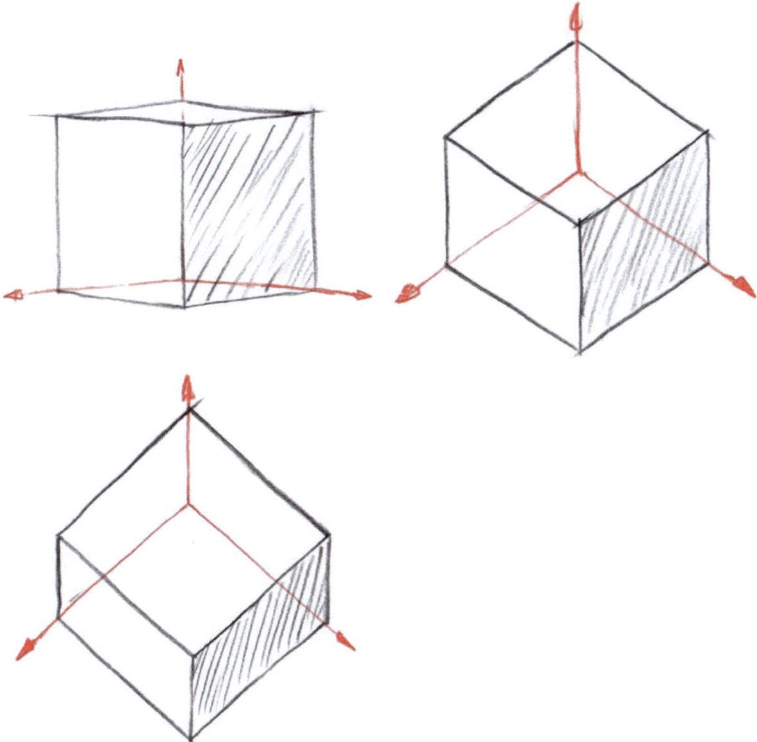

Abb. 2.10 Dimetrische Darstellung eines Würfels in verschiedenen Neigungswinkeln

2.3.4 Trimetrie

Die Winkel und damit die Verkürzungsfaktoren aller drei Hauptachsen sind verschieden
(s. Abb. 2.11). Je nachdem wie die Hauptachsen geneigt sind, verändern sich die Verkürzungsfaktoren (s. Abb. 2.12). Trimetrische Darstellungen haben also drei verschiedene
Verkürzungsfaktoren, daher auch der Begriff Trimetrie.

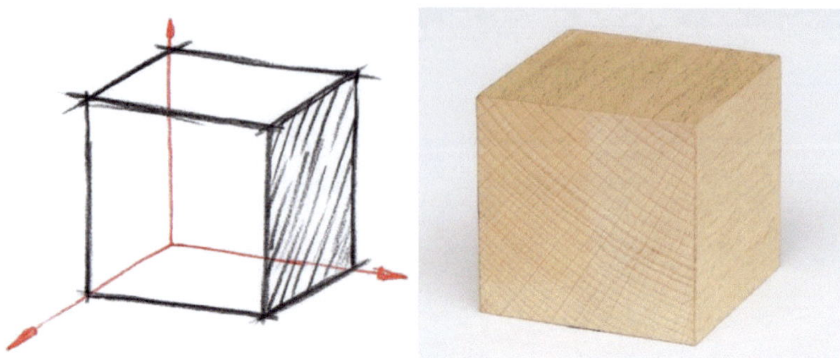

Abb. 2.11 Würfel in trimetrischer Darstellung skizziert und mit einem Teleobjektiv aus relativ großer Entfernung fotografiert

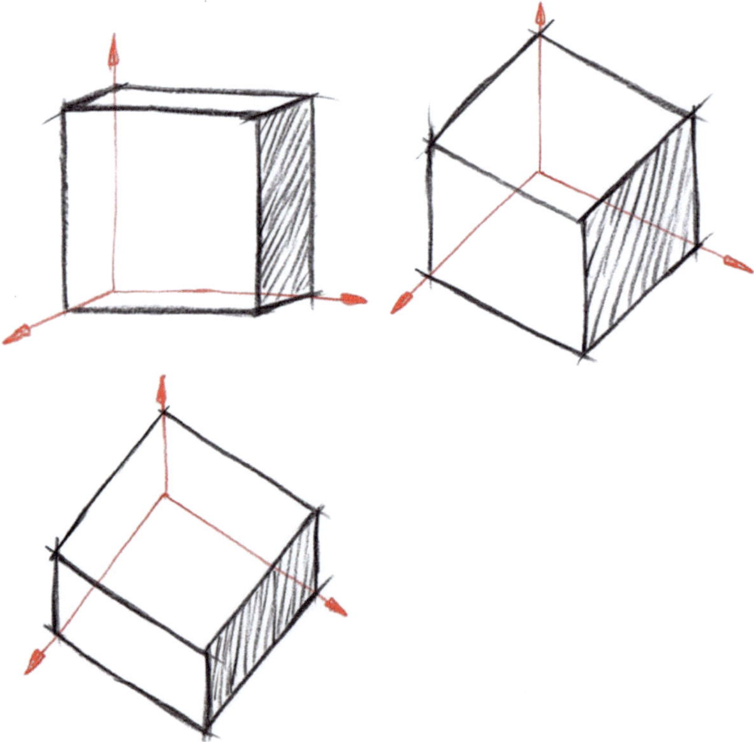

Abb. 2.12 Trimetrische Darstellung eines Würfels in verschiedenen Neigungswinkeln

2.4   Fluchtpunktperspektiven allgemein

Bei 2D-Ansichten und Parallelperspektiven ist der Betrachtungsabstand „unendlich" groß. Das entspricht naturgemäß nicht dem menschlichen Sehen.

Fluchtpunktperspektiven wirken trotz Vereinfachungen in vielen Situationen realistischer und interessanter als 2D-Darstellungen oder Parallelperspektiven. Die Perspektive hängt vor allem vom Betrachtungsabstand im Verhältnis zur Objektgröße und vom Blickwinkel auf das Objekt ab. Durch den endlichen Betrachtungsabstand ist in Fluchtpunktperspektiven der Bezugsraum im Gegensatz zu Parallelperspektiven nicht unendlich groß wählbar. Der Begriff „Bezugsraum" ist am Anfang dieses Kapitels allgemein beschrieben.

Verschiedene Perspektiven

Die Wirkung verschiedener Perspektiven kann gut anhand verschiedener Objektiv-Brennweiten in der Fotografie erläutert werden. Beim Fotografieren mit Teleobjektiven mit langen Brennweiten ist der Abstand zum Objekt in der Regel relativ groß und die Abbildung wird wenig verzerrt (s. Abb. 2.13a). Je kürzer die Brennweite bzw. der Betrachtungsabstand im Verhältnis zur Objektgröße ist, desto stärker ist die Verzerrung am Foto (s. Abb. 2.13b). Objektive mit kurzen Brennweiten bezeichnet man als Weitwinkelobjektive.

> Bei Skizzen in Fluchtpunktperspektiven kann die Perspektive vor allem durch die Lage des Horizontes und der Fluchtpunkte in Relation zu den skizzierten Objekten gesteuert werden.

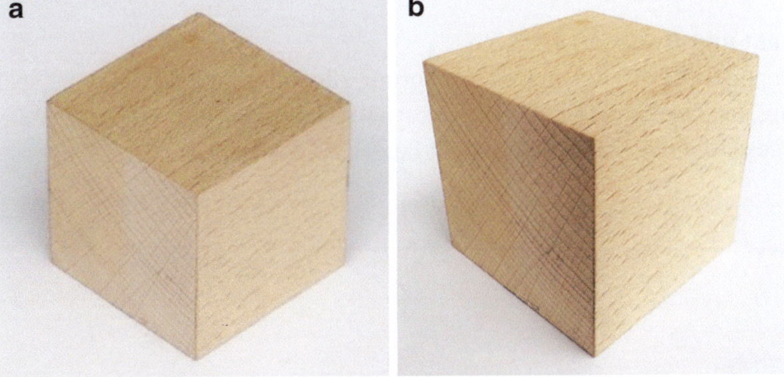

Abb. 2.13 Würfel mit **a** Teleobjektiv und mit **b** Weitwinkelobjektiv fotografiert

Je kleiner der Abstand der Fluchtpunkte im Verhältnis zum Darstellungsbereich ist, desto mehr entspricht die Skizze einer „Weitwinkeldarstellung" aus geringem Betrachtungsabstand. Auch beim Skizzieren ist, wie beim Fotografieren, die Verzerrung größer, je kürzer der Betrachtungsabstand im Verhältnis zur Objektgröße ist. Je nach Anzahl der Fluchtpunkte ist der Darstellungsfehler durch Verzerrungen verschieden. Die Vereinfachung bzw. der „Fehler" ist z. B. bei der Zwei-Punkt-Perspektive etwas größer als bei der Drei-Punkt-Perspektive. Großteils sind die „fehlerhaften Darstellungen" durch die Vereinfachungen in perspektivischen Skizzen untergeordnet. In der Technik gibt es jedoch Situationen, in denen eine möglichst korrekte Darstellung wichtig ist. Siehe dazu auch Kap. 12 „Geometrisch kritische und heikle Situationen schlüssig darstellen" sowie Kap. 16 „Körper gedreht, konstruierte Perspektiven und Verschneidungen versus Freihandskizze".

2.5   Perspektive mit zwei Fluchtpunkten – „Zwei-Punkt-Perspektive"

Die Zwei-Punkt-Perspektive ist die am häufigsten verwendete Fluchtpunktperspektive beim Skizzieren. Sie entsteht, wenn ein Objekt aus endlichem Abstand betrachtet wird und dessen Kanten nicht parallel zur Darstellungsebene verlaufen. Dabei scheinen parallele Linien in die Tiefe zu streben und laufen in zwei Fluchtpunkten auf dem Horizont zusammen. Diese Darstellungsform wirkt besonders realistisch, da sie der natürlichen Raumwahrnehmung entspricht. In diesem Abschnitt werden die wichtigsten Gesetzmäßigkeiten der Zwei-Punkt-Perspektive erläutert, um sie gezielt für das Skizzieren nutzen zu können. Die grundlegenden Begriffe werden zu Beginn des Abschnitts sowie in Abb. 2.14 beschrieben.

2.5.1   Begriffe und Eigenschaften der Zwei-Punkt-Perspektive

Augenpunkt und Horizont
Der Augenpunkt (AP) ist der gedachte Ursprung aller Sehstrahlen in einer perspektivischen Darstellung und beschreibt die Position des Betrachters. Er wird vereinfacht als einzelner Punkt dargestellt, obwohl der Mensch mit beiden Augen sieht.

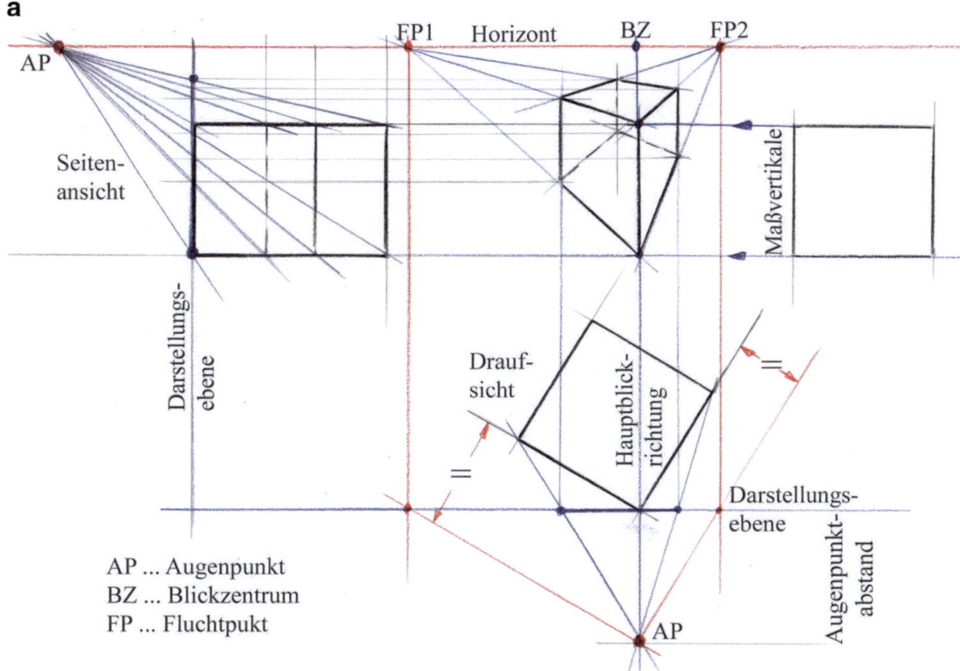

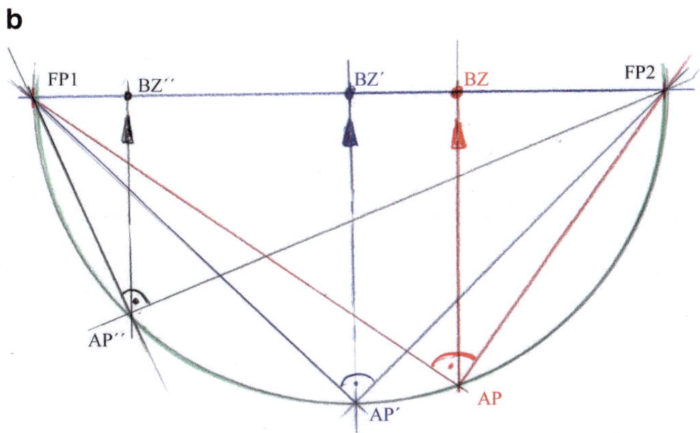

Abb. 2.14 Schematische Darstellung mit Begriffen der Zwei-Punkt-Perspektive. **a** Die Zwei-Punkt-Perspektive kann mithilfe einer Draufsicht und einer Seitenansicht oder durch eine Kombination aus Draufsicht und den gegebenen Höhenverhältnissen abgeleitet werden. Die Lage der Fluchtpunkte und des Blickzentrums wird durch die Orientierung der horizontalen Hauptachsen des Objekts und den Augenpunktabstand bestimmt. **b** Der Augenpunkt kann entlang eines Thaleskreises zwischen den Fluchtpunkten angeordnet sein. Dieser Kreis ergibt sich aus der Eigenschaft, dass alle möglichen Augenpunkte auf ihm einen konstanten (rechten) Blickwinkel auf die Fluchtpunkte haben. Der blau dargestellte Augenpunkt AP′ mit dem entsprechenden Blickzentrum BZ′ bildet eine zentrale Zwei-Punkt-Perspektive und definiert das Bezugssystem für Abb. 2.14c. **c** In einer zentralen Zwei-Punkt-Perspektive sind die Fluchtpunkte symmetrisch zum Blickzentrum angeordnet

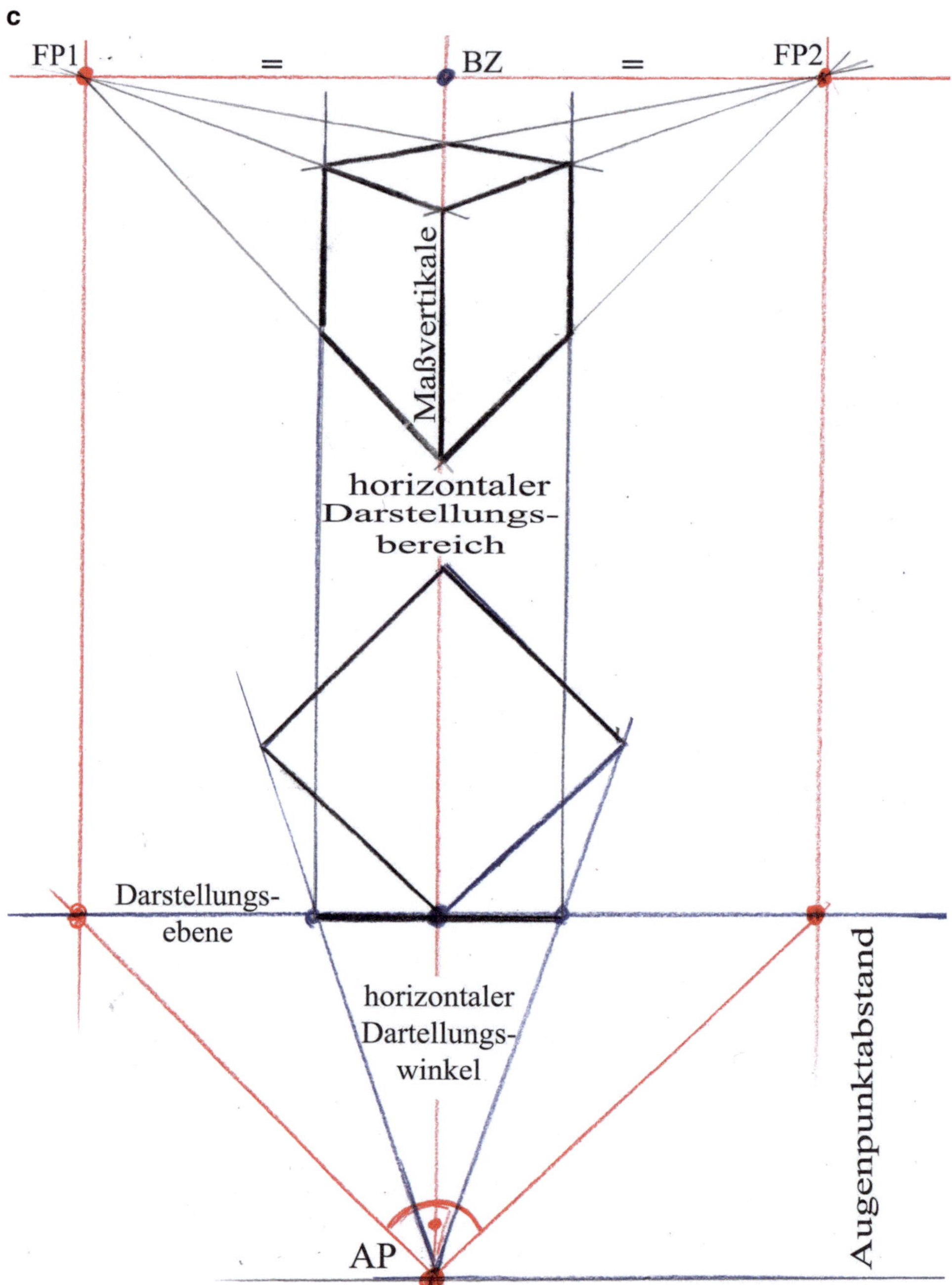

Abb. 2.14 (Fortsetzung)

Der Horizont repräsentiert die Augenhöhe des Betrachters und verläuft waagerecht. Auf ihm befinden sich die Fluchtpunkte (FP), die die Richtung der in die Tiefe verlaufenden Linien bestimmen (siehe Abb. 2.14).

Die möglichen Positionen des Augenpunkts liegen – in der Draufsicht – auf einem Halbkreis über dem Horizont zwischen den Fluchtpunkten, dem sogenannten Thaleskreis (grün dargestellt in Abb. 2.14b). Dieser ergibt sich aus der geometrischen Eigenschaft, dass die Verbindungslinien von allen Punkten auf diesem Halbkreis zu den beiden Fluchtpunkten einen rechten Winkel bilden.

Blickzentrum und Hauptblickrichtung

Das Blickzentrum (BZ), auch Hauptpunkt genannt, ist der Punkt auf dem Horizont, der der Hauptblickrichtung des Betrachters entspricht. Diese Blickrichtung verläuft ausgehend vom Augenpunkt senkrecht zur Darstellungsebene (s. Abb. 2.15).

Wenn eine Stirnfläche eines Objekts parallel zur Darstellungsebene liegt, laufen alle nach hinten verlaufenden Kanten im Blickzentrum zusammen. Solche Objekte erscheinen in der sogenannten Ein-Punkt-Perspektive (vgl. Abschn. 2.6 „Zentralperspektive – Ein-Punkt-Perspektive – Blickzentrum").

Darstellungsebene, Fluchtpunkte und Hauptachsen

Die Perspektive wird auf der Darstellungsebene abgebildet – einer gedachten, zweidimensionalen Fläche, auf der eine dreidimensionale Szene durch Projektion der Sehstrahlen dargestellt wird. Diese Ebene liegt meist zwischen dem Betrachter und den dargestellten Objekten, kann jedoch auch dahinter positioniert sein oder die Objekte durchqueren.

Fluchtpunkte entstehen, wenn Sehstrahlen, die parallel zu den Hauptachsen verlaufen, die Darstellungsebene schneiden. Sie liegen auf dem Horizont und geben die Richtung an, in welche die Körperkanten konvergieren, die an den Hauptachsen in die Tiefe ausgerichtet sind.

Die Hauptachsen definieren die wesentlichen Richtungen einer Komposition:

- Zwei horizontale Achsen, deren Linien zu den Fluchtpunkten konvergieren,
- eine vertikale Achse, die stets parallel bleibt.

Bezugssystem

Das Bezugssystem wird in Zwei-Punkt-Perspektiven durch den Horizont, die Fluchtpunkte und das Blickzentrum definiert (siehe auch Abb. 2.16a). Es bildet die geometrische Grundlage der Darstellung (vgl. allgemeine Definition am Beginn von Kap. 2).

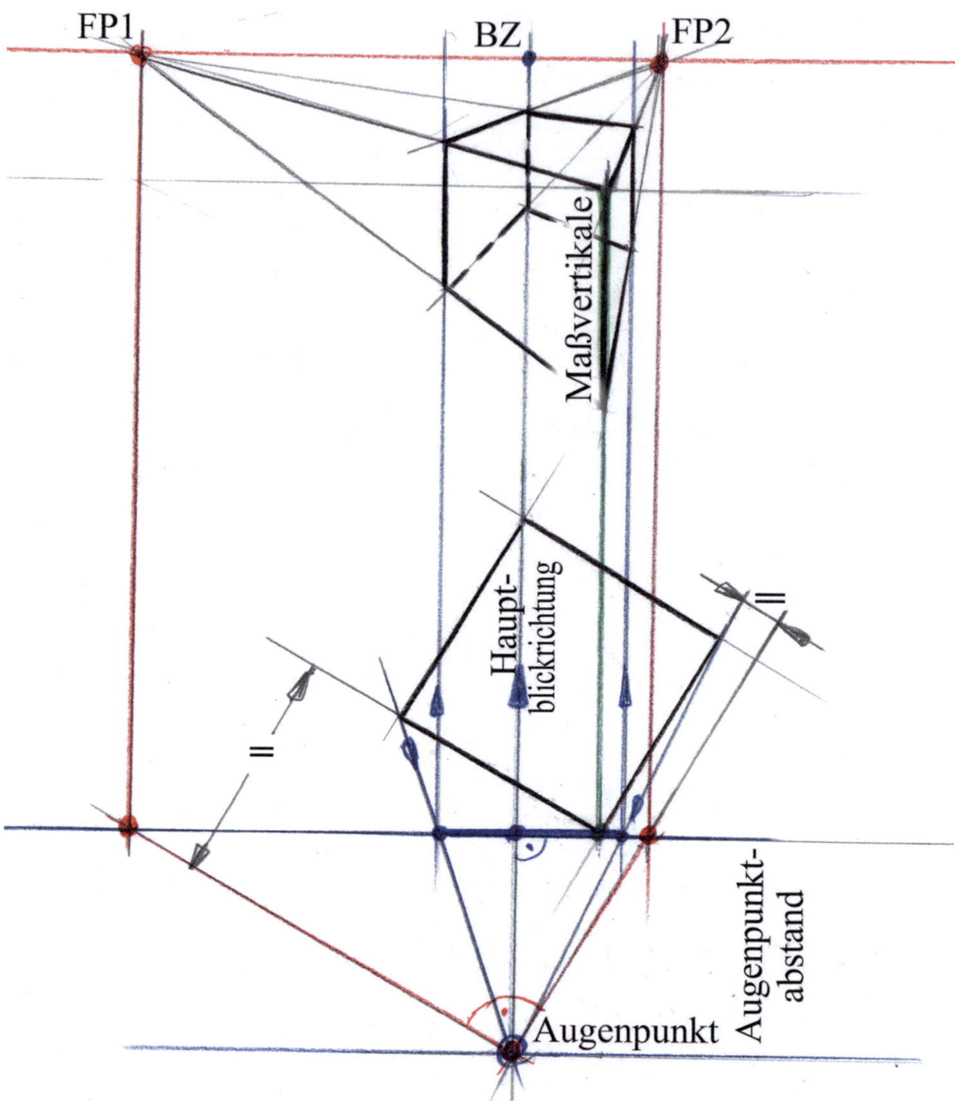

Abb. 2.15   Dasselbe Objekt wie in Abb. 2.14a, mit identischer Ausrichtung der Hauptachsen, gleichem Augenpunktabstand und unveränderten Höhenverhältnissen, jedoch mit veränderten horizontalen Positionen des Kubus im Bezugssystem

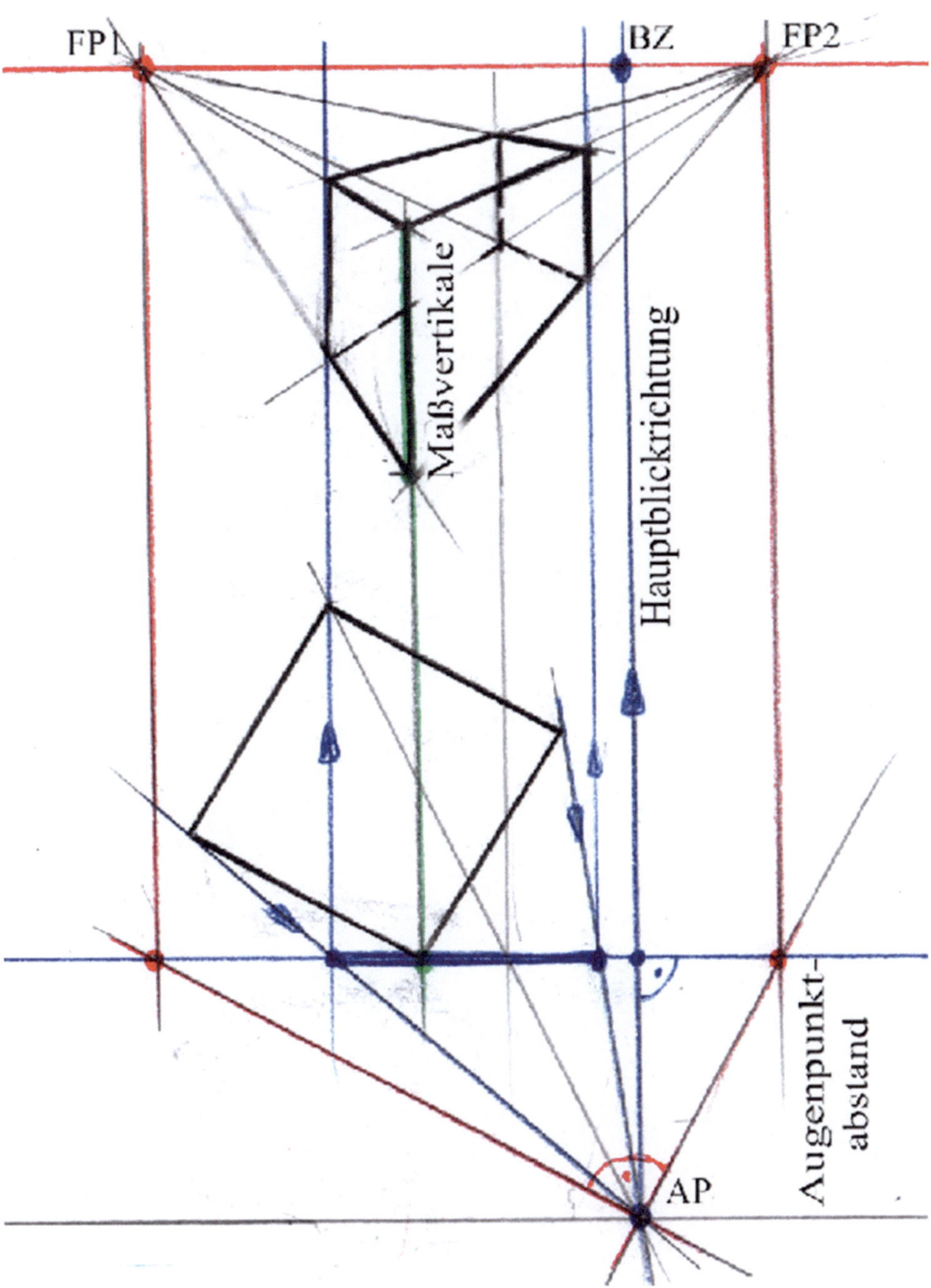

Abb. 2.15 (Fortsetzung)

Abb. 2.16 Beispiel für ein Bezugssystem mit Quader als Bezugsraum in einer allgemeinen (unsymmetrischen) Zwei-Punkt-Perspektive. **a** Draufsicht von Bezugssystem mit Darstellungsebene, Augenpunkt und Fluchtpunkte. **b** Bei kompakten Objekten, die an den Hauptachsen ausgerichtet sind, ergibt sich – wie bei diesem Quader – der Bezugsraum aus den Objektabmessungen

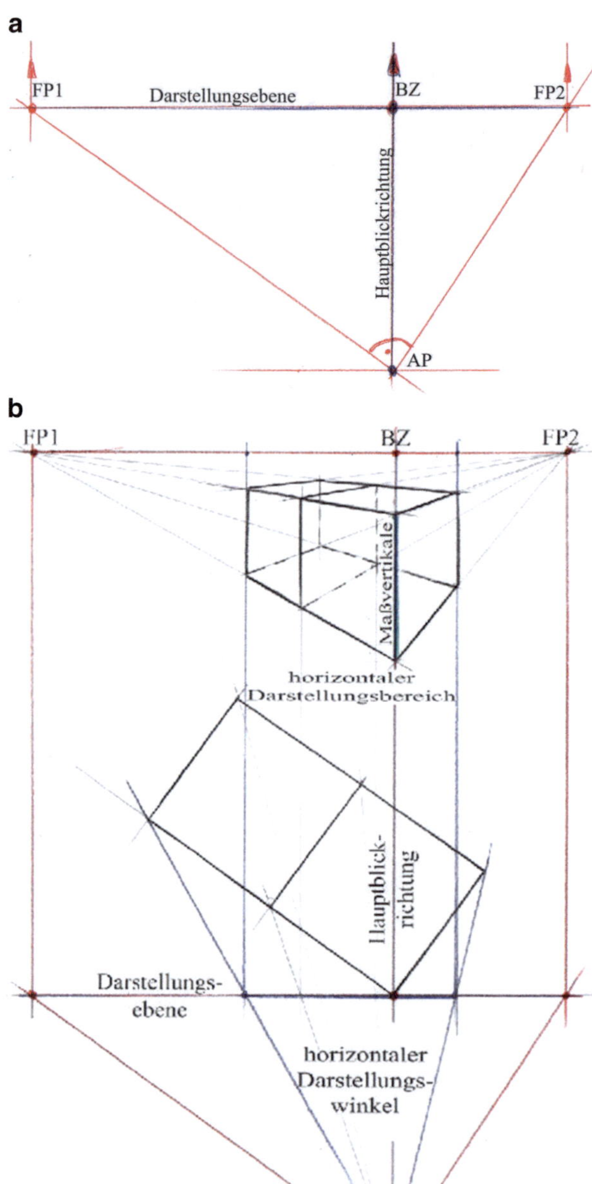

Maßvertikale

Die Maßvertikale ist eine Kante eines Objekts, die parallel zur vertikalen Achse verläuft und in ihrer originalen Größe dargestellt wird (s. z. B. Abb. 2.14a). Dafür muss sie in der Perspektive so erscheinen, als ob sie direkt auf der Darstellungsebene läge. Dies kann auch erreicht werden, wenn sie sich entlang des entsprechenden Sehstrahls davor oder dahinter befindet (vgl. Abb. 2.17c). Sie dient als Referenz für die exakte vertikale Proportionierung von Objekten in der Perspektive.

Zentrale Zwei-Punkt-Perspektive

Von einer zentralen Anordnung spricht man, wenn die horizontalen Hauptachsen des Bezugssystems einen Winkel von 45° zur Blickrichtung bilden. In dieser Konstellation sind die Fluchtpunkte symmetrisch zum Blickzentrum angeordnet (s. Abb. 2.14c).

Horizontaler Darstellungsbereich und vertikale Ausdehnung

Der horizontale Darstellungswinkel wird durch die äußersten Sehstrahlen bestimmt, die von den Randpunkten eines Objekts oder einer Szene ausgehen. Die Schnittpunkte dieser Sehstrahlen mit der Darstellungsebene definieren den horizontalen Darstellungsbereich. Die vertikale Ausdehnung einer Darstellung wird durch die Position des Horizonts relativ zu den dargestellten Objekten bestimmt.

Bezugsraum in der Zwei-Punkt-Perspektive

Der Bezugsraum beschreibt den dreidimensionalen Bereich innerhalb des Bezugssystems, in dem Objekte positioniert und in Beziehung gesetzt werden (vgl. die Definition am Beginn von Kap. 2). In der Zwei-Punkt-Perspektive wird er durch die Fluchtpunkte, den horizontalen Darstellungsbereich und die vertikale Ausdehnung relativ zum Horizont bestimmt. Wie in Abb. 2.16 dargestellt, kann sich die Form aus den Konturen eines an den Hauptachsen orientierten Objekt ergeben.

In Abb. 2.17 wird beispielhaft gezeigt, wie ein Bezugsraum am Beginn der Skizze für eine Szene als Grundlage vorbereitet und anschließend verwendet wird.

Ein Bezugsraum kann auf unterschiedliche Weise in eine Skizze eingebunden werden:

- Direkt in die Skizze integriert: als sichtbare Struktur, die das Objekt umschließt. Gerne wird er dabei nach vorne offen dargestellt.
- Mit Hilfslinien angedeutet: zur Orientierung ohne störende Linien im Vordergrund.
- Virtuell vorhanden: als gedankliche Referenz ohne explizite Darstellung.

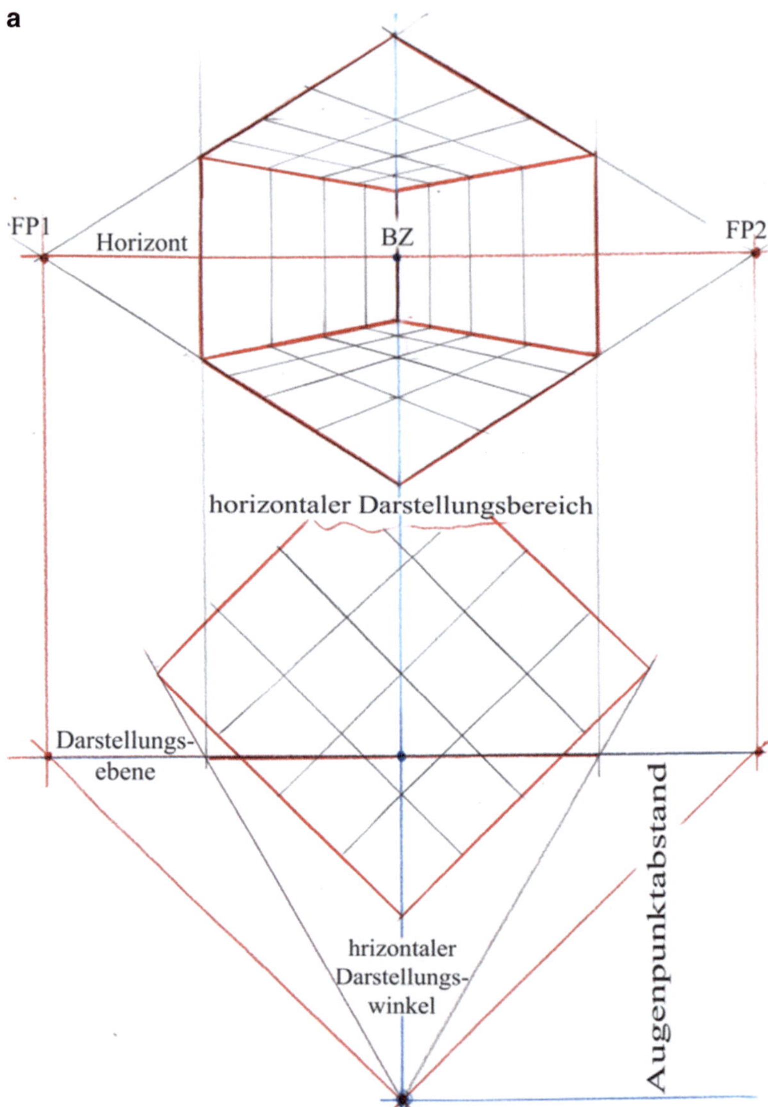

Abb. 2.17 Beispiel einer Szene mit Objekten in verschiedenen Ausrichtungen in einem Bezugsraum. **a** Bezugsraum mit Hilfslinien in geteilten Flächen ohne Objekte. **b** Gleicher Bezugsraum mit einer Szene bestehend aus Objekten in unterschiedlichen Ausrichtungen und angedeuteter Darstellungsebene in der Perspektive. **c** Objekte oder Szenen können entlang der Sehstrahlen beliebig in Relation zur Darstellungsebene positioniert werden, ohne dass sich die Perspektivdarstellung ändert – vorausgesetzt, Augenpunktabstand und Darstellungswinkel bleiben konstant. **d** Die gleiche Szene mit verkleinertem Augenpunktabstand führt zu einer entsprechenden Weitwinkeldarstellung

b

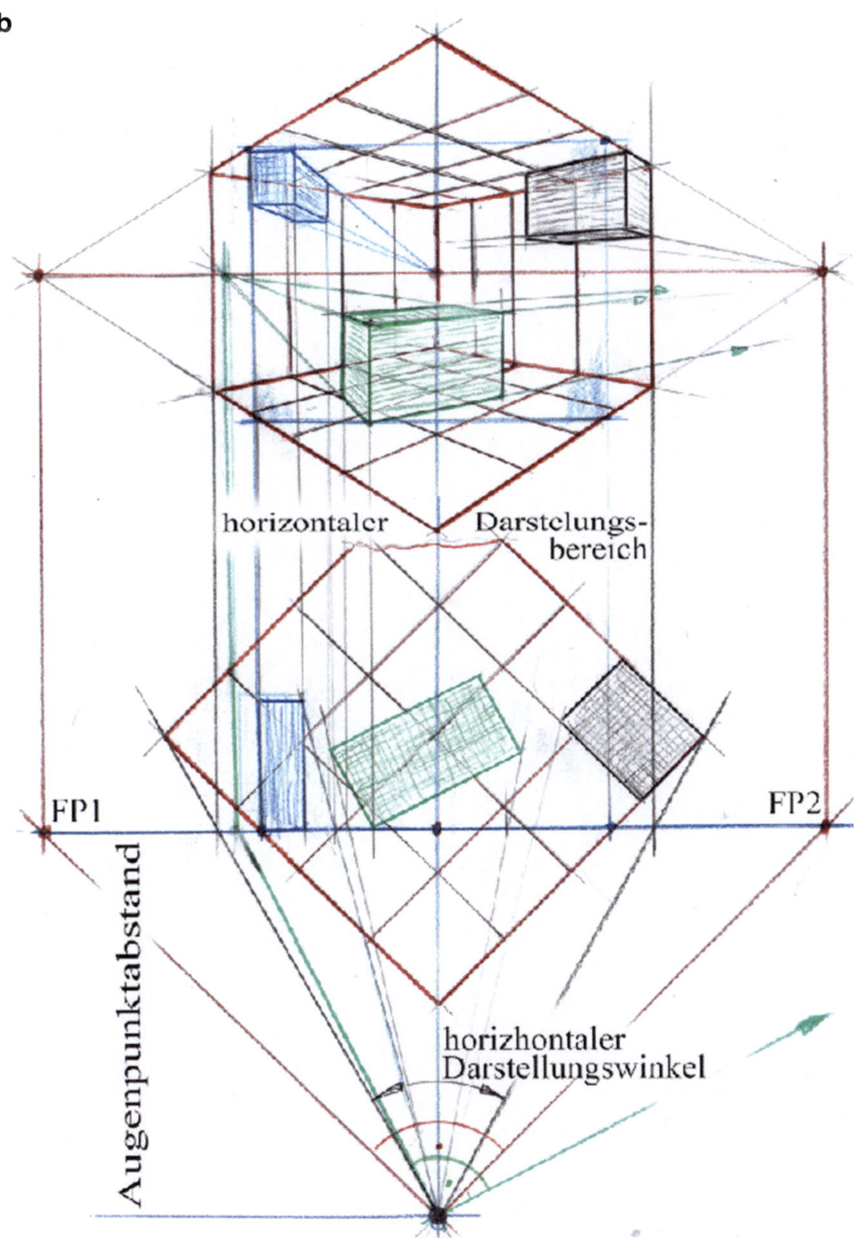

Abb. 2.17 (Fortsetzung)

c

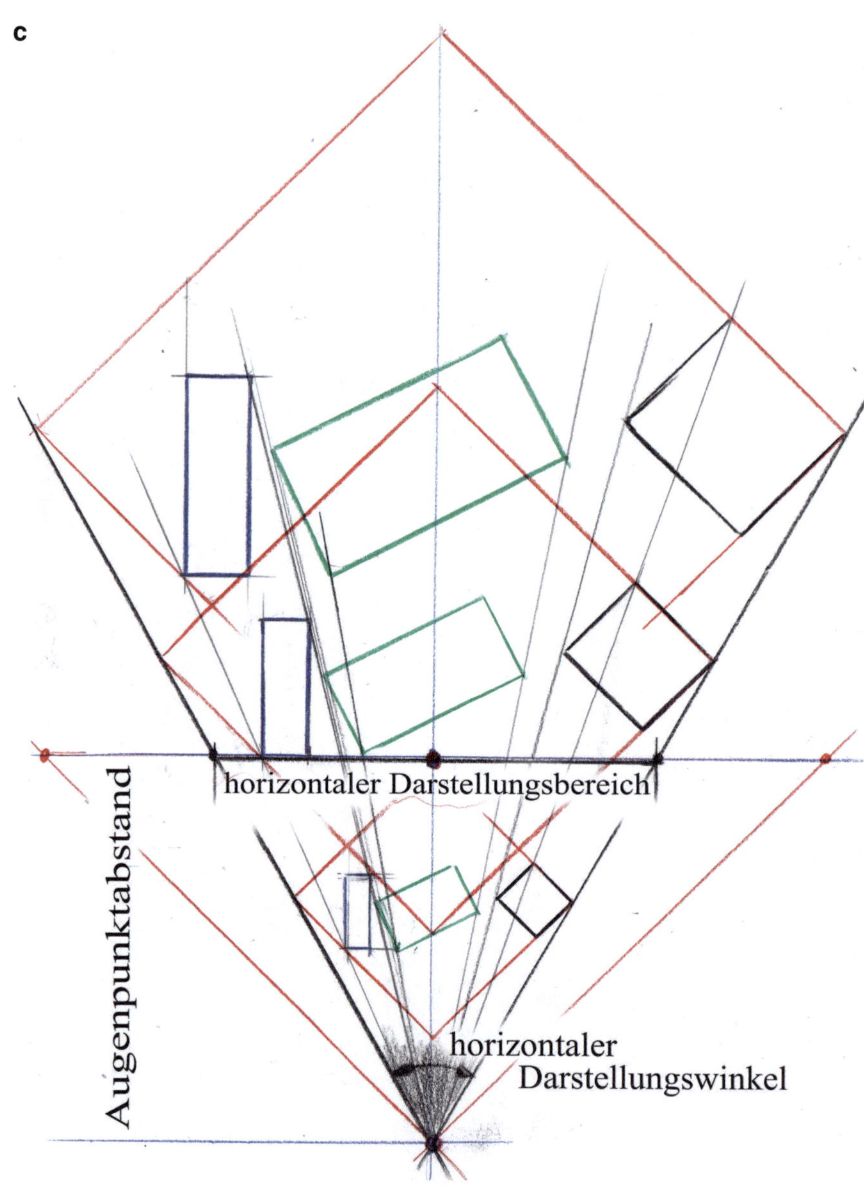

Abb. 2.17 (Fortsetzung)

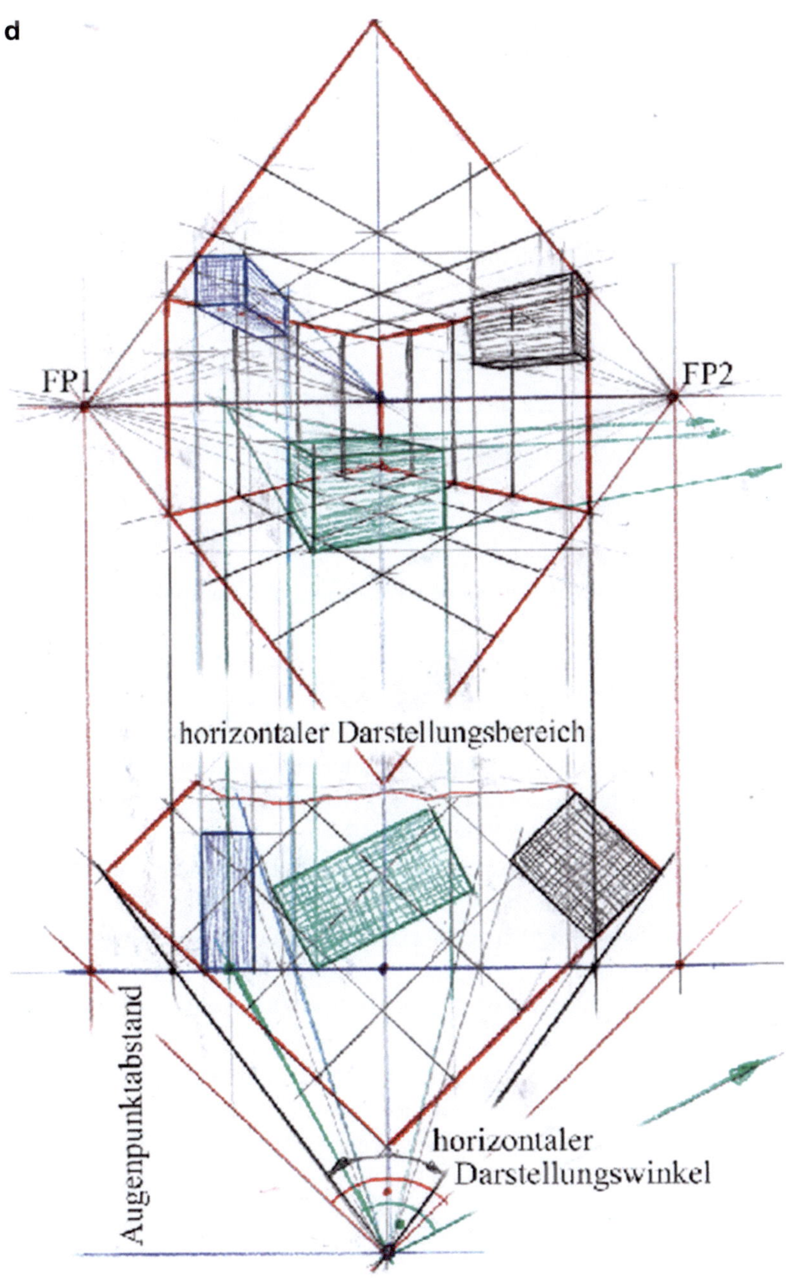

Abb. 2.17 (Fortsetzung)

Wie in Abb. 2.17c gezeigt, bleibt die perspektivische Darstellung eines Objekts unverändert, solange der Augenpunktabstand und der horizontale Darstellungswinkel konstant bleiben – unabhängig von seiner konkreten Position entlang der Sehstrahlen. Wird der Augenpunktabstand jedoch verkleinert, wie in Abb. 2.17d dargestellt ist, verkleinert sich der Abstand der Fluchtpunkte relativ zum horizontalen Darstellungsbereich. Dies führt zu einer Weitwinkelwirkung und verstärkten Verzerrungen innerhalb der Darstellung des Bezugsraums. Umgekehrt lässt sich durch gezielte Wahl der Fluchtpunkte und des horizontalen Darstellungsbereichs der Betrachtungsabstand steuern.

Der Betrachtungsabstand lässt sich durch die Wahl von Fluchtpunkten und horizontalem Darstellungsbereich gezielt beeinflussen – eine separate Draufsicht ist dafür nicht erforderlich.

Ableitung von Bezugssystem und Bezugsraum aus der Perspektive ohne zusätzliche Ansicht

In den vorangegangenen Betrachtungen wurden die perspektivischen Darstellungen stets aus der Draufsicht abgeleitet und ergänzend entweder durch zusätzliche Seitenansichten oder auf Basis gegebener Höhenverhältnisse vervollständigt. Beim Skizzieren wird jedoch angestrebt, direkt in der Perspektive zu arbeiten, ohne auf Zusatzansichten zurückzugreifen. Abb. 2.18 veranschaulicht schrittweise, wie ein Bezugssystem und ein Bezugsraum allein aus der Perspektive heraus entwickelt werden können.

Abb. 2.18a zeigt zwei Quader in einer Zwei-Punkt-Perspektive mit unterschiedlichen Orientierungen zur Darstellungsebene. Ohne zusätzliche Informationen oder einen Bezug zu einem Bezugsraum sind lediglich der Horizont und die verschiedenen Ausrichtungen der Quader definiert. Beide Orientierungen sind gleichwertig, sodass kein Bezugssystem für die gesamte Szene festgelegt ist. Dies ist ausreichend, solange keine weiteren Informationen erforderlich sind.

Um einen zusätzlichen Quader in Zentralperspektive einzufügen, muss zunächst das Blickzentrum festgelegt oder ermittelt werden. In Abb. 2.18b wird gezeigt, wie sich das gemeinsame Blickzentrum aus den Perspektiven der beiden Quader mithilfe der Thaleskreis-Methode bestimmen lässt. Diese Konstruktion basiert auf den Prinzipien aus Abb. 2.14b: Die Fluchtpunkte der beiden Quader ermöglichen durch ihre zugehörigen Thaleskreise die Bestimmung des gemeinsamen Augenpunkts und damit des Blickzentrums.

In der Praxis ist diese Methode beim freien Skizzieren nicht immer direkt umsetzbar – etwa wenn kein Zirkel zur Verfügung steht, bereits mehrere unterschiedlich orientierte Objekte vorhanden sind oder die Fluchtpunkte weit außerhalb des Blattes liegen. Für das Verständnis der Konstruktion ist sie jedoch hilfreich, da sie zeigt, dass ein gemeinsames

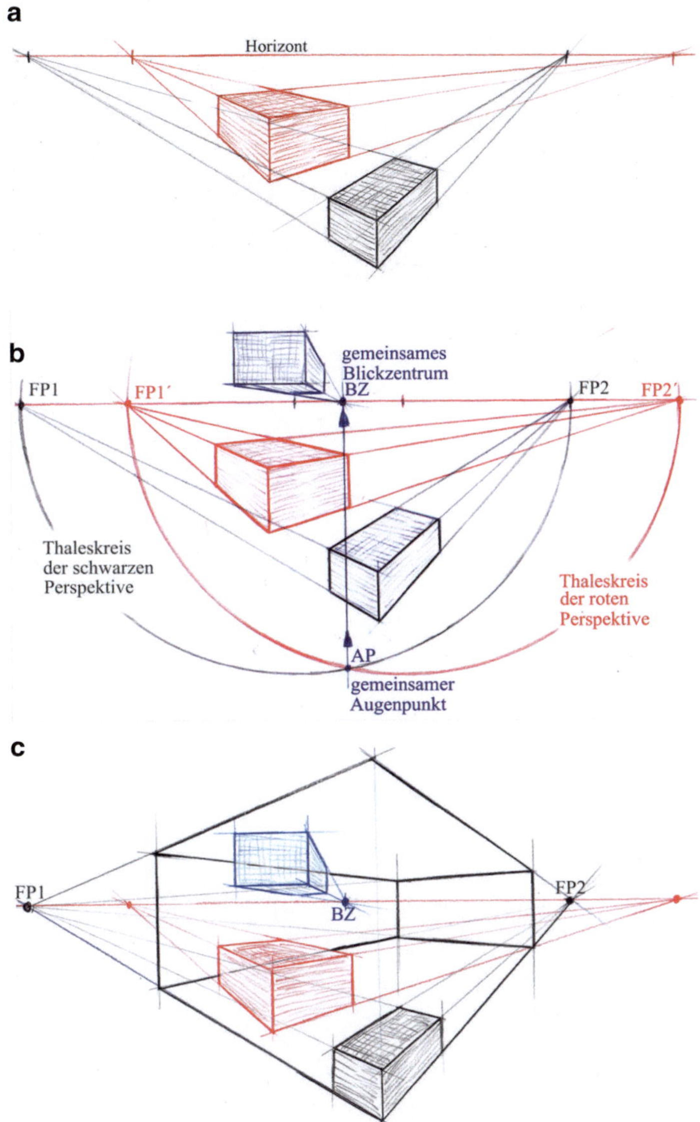

Abb. 2.18 Ableitung von Bezugssystem und Bezugsraum aus der Zwei-Punkt-Perspektive. **a** Zwei Quader in Zwei-Punkt-Perspektive mit unterschiedlichen Orientierungen zur Darstellungsebene, ohne Bezugssystem. **b** Ermittlung des gemeinsamen Blickzentrums für einen zusätzlichen Quader in Zentralperspektive mithilfe der Thaleskreis-Methode. **c** Ableitung eines Bezugsraums auf Basis der Hauptachsen des schwarzen Quaders. **d** Ableitung eines Bezugsraums auf Basis des roten Quaders. **e** Ergänzungen im entstandenen roten Bezugsraum

d

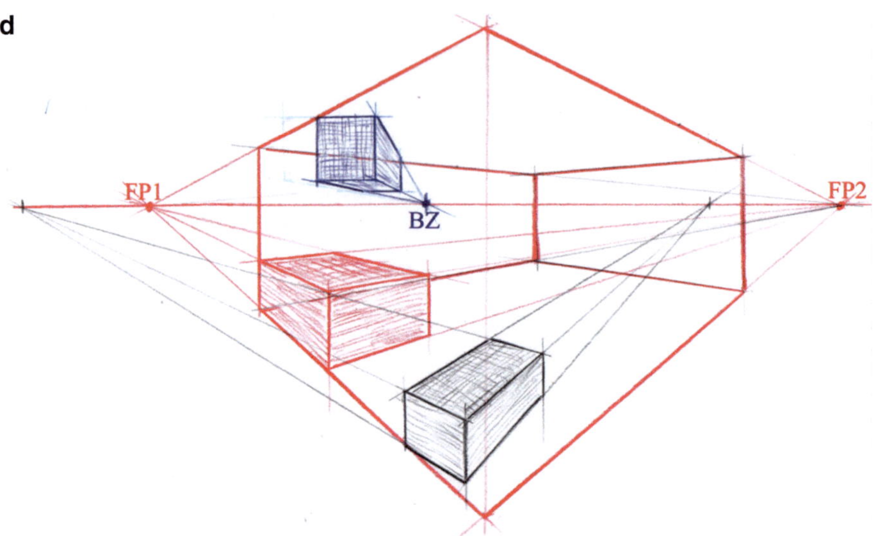

e

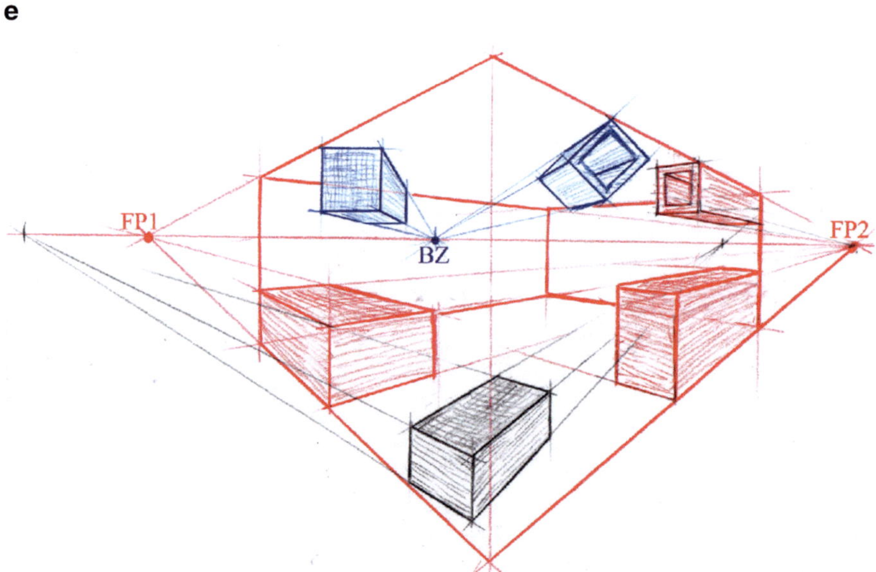

Abb. 2.18 (Fortsetzung)

Blickzentrum für die gesamte Szene besteht, unabhängig davon, welche weiteren Objekte hinzugefügt werden.

Obwohl das Blickzentrum nun definiert ist, bleibt die Wahl des Bezugssystems weiterhin offen, da die bestehenden Orientierungen der Quader gleichwertig sind. Ein Bezugssystem ist nicht zwingend erforderlich, kann aber zur systematischen Einordnung der Objekte festgelegt werden.

In Abb. 2.18c wird das Bezugssystem aus der Orientierung des schwarzen Quaders abgeleitet, was zu einem relativ stark verzerrten Bezugsraum führt. In Abb. 2.18d hingegen wird das Bezugssystem vom roten Quader abgeleitet, wodurch ein Bezugsraum mit weniger Verzerrung entsteht. Schließlich zeigt Abb. 2.18e, wie weitere Objekte in den entstandenen roten Bezugsraum eingefügt werden.

Für grundlegende Informationen zu den Begriffen *Bezugssystem* und *Bezugsraum* siehe die allgemeinen Erläuterungen am Anfang von Kap. 2.

2.5.2 Geometrische Verzerrungen in Zwei-Punkt-Perspektiven

Verzerrungen sind ein typisches Phänomen in der Zwei-Punkt-Perspektive. Sie entstehen durch das Zusammenspiel mehrerer Faktoren, insbesondere durch:

- den Abstand der Randbereiche des horizontalen Darstellungsbereichs zu den jeweiligen Fluchtpunkten im Verhältnis zum Fluchtpunktabstand,
- den vertikalen Abstand zum Horizont sowie
- die Orientierung der dargestellten Flächen.

Ein horizontaler Darstellungswinkel von etwa 40° bis 50° wird oft als natürlich empfunden, sowohl in Zeichnungen als auch in der Fotografie. In der Fotografie entspricht dies im Kleinbildformat (Sensorgröße 36 mm × 24 mm, auch Vollformat genannt) einer Objektiv-Brennweite von ca. 49 mm bis 39 mm (siehe Abb. 2.19a). Für eine realistisch wirkende Zwei-Punkt-Perspektive wird empfohlen, den Abstand der Fluchtpunkte auf das Zwei- bis Dreifache des horizontalen Darstellungsbereichs festzulegen. Anders ausgedrückt: Der horizontale Darstellungsbereich sollte etwa ein Drittel bis die Hälfte des Fluchtpunktabstands betragen, sofern die Fluchtpunkte symmetrisch angeordnet sind. Der vertikale Abstand zum Horizont sollte dabei maximal ca. zwei Drittel der Breite des horizontalen Darstellungsbereichs ausmachen. Solche Proportionen eignen sich gut für gängige DIN-A-Formate (z. B. A4 im Querformat).

Weitwinkeldarstellungen mit enger beieinander liegenden Fluchtpunkten – relativ zur horizontalen Darstellungsbreite – erzeugen stärkere Verzerrungen, die gezielt zur Bildwirkung genutzt werden können. Abb. 2.19b zeigt eine Weitwinkeldarstellung mit einem Betrachtungswinkel von etwa 70° (entspricht einer Objektiv-Brennweite von 24 mm). Für

a

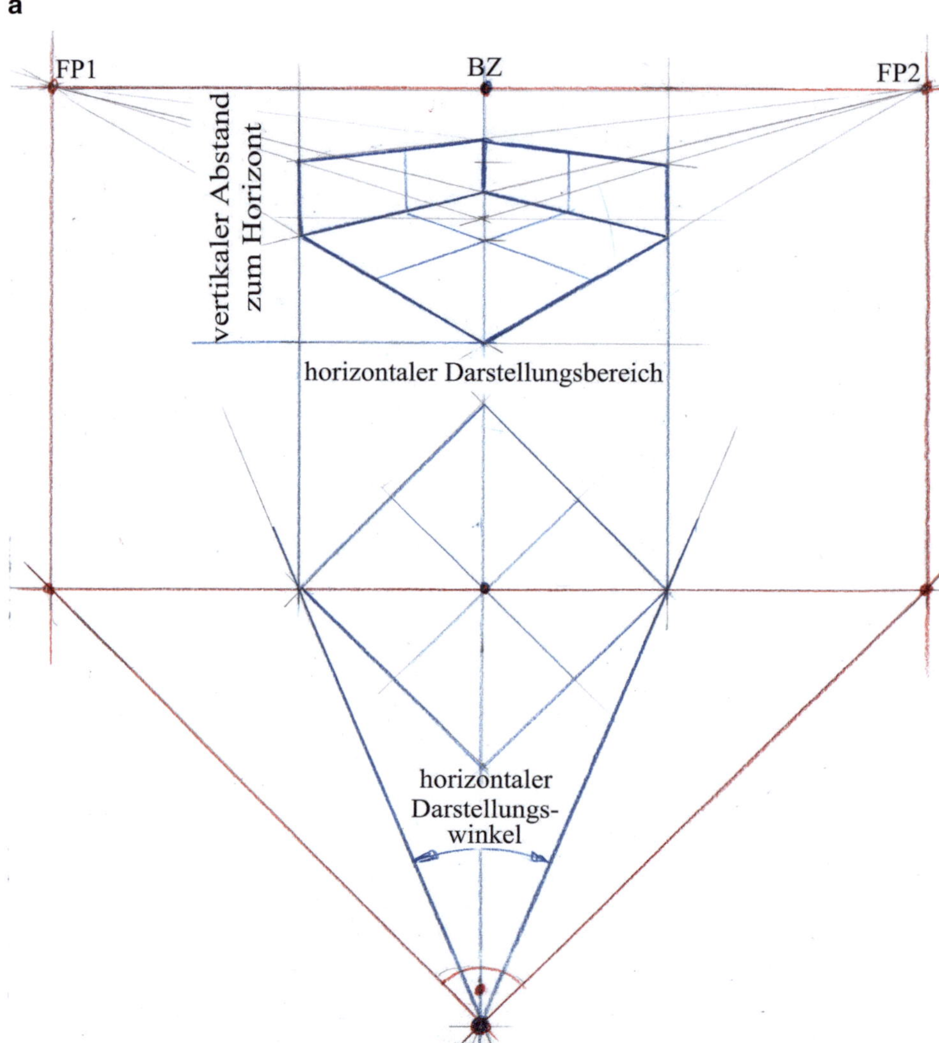

Abb. 2.19 Ableitung von Bezugsräumen mit quadratischer Grundfläche in zentraler Zwei-Punkt-Perspektive, ausgehend von verschiedenen Darstellungswinkeln. Mit Beispiel von Objekten im Skizzierbereich. **a** Ein horizontaler Darstellungswinkel von 40° bis 50° ergibt bei einer zentralen Zwei-Punkt-Perspektive einen Fluchtpunktabstand von ca. 2,5-mal dem horizontalen Darstellungsbereich. Objekte in diesem Bezugsraum entsprechen annähernd einer natürlichen Wahrnehmung. **b** Ein horizontaler Darstellungswinkel von ca. 70° ergibt bei einer zentralen Zwei-Punkt-Perspektive einen Fluchtpunktabstand von ca. 1,5-mal dem horizontalen Darstellungsbereich. Dies entspricht einer Weitwinkeldarstellung. **c** Objekte in einem Skizzierbereich (grün dargestellt), der bewusst als Ausschnitt aus dem Bezugsraum (blau dargestellt) gewählt wurde. Dabei liegt das Blickzentrum außerhalb des Skizzierbereichs. Der Bezugsraum entspricht dem aus Abb. 2.18a, mit einem Verhältnis von Fluchtpunktabstand zur Breite des horizontalen Darstellungsbereichs von ca. 2,5

b

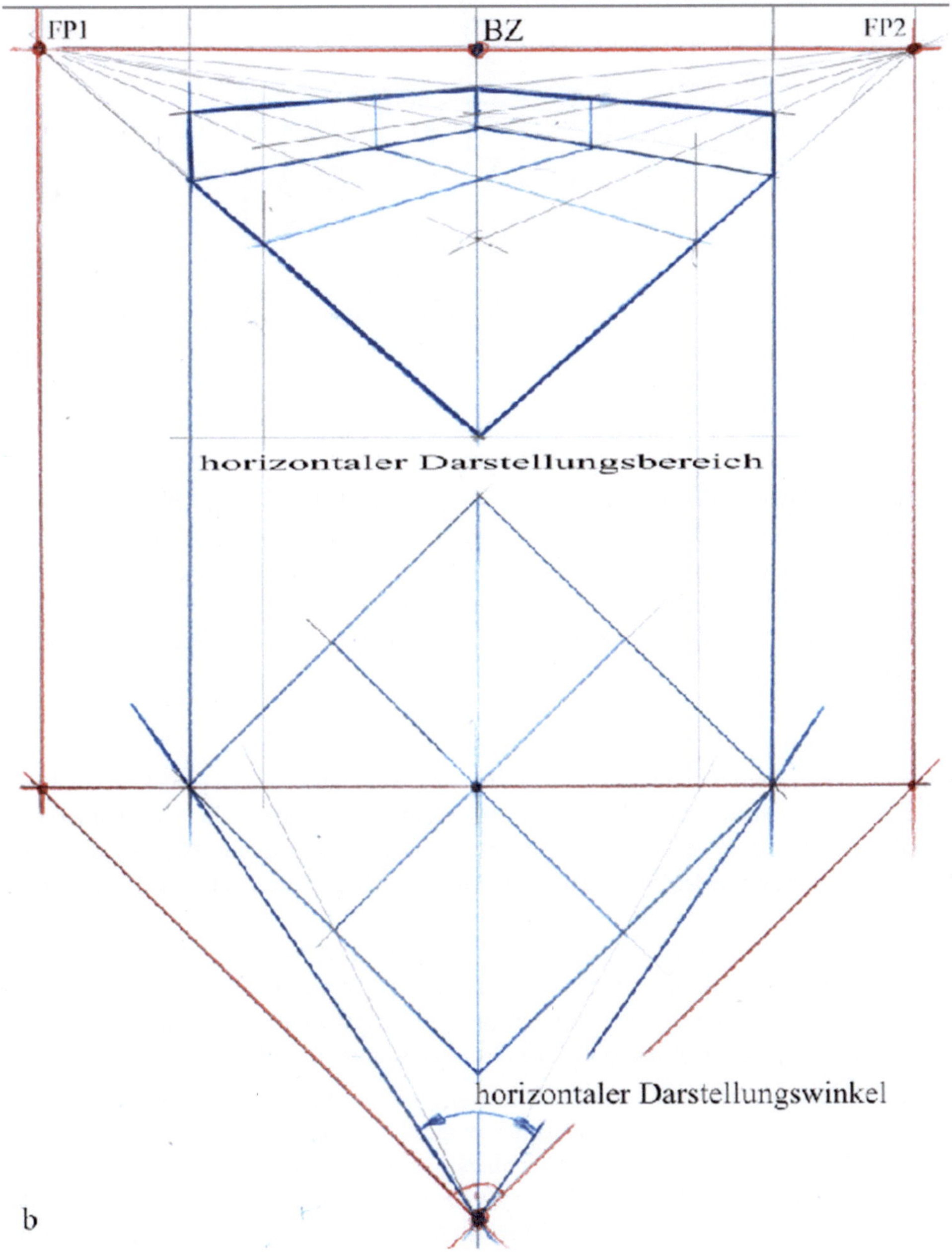

Abb. 2.19 (Fortsetzung)

c

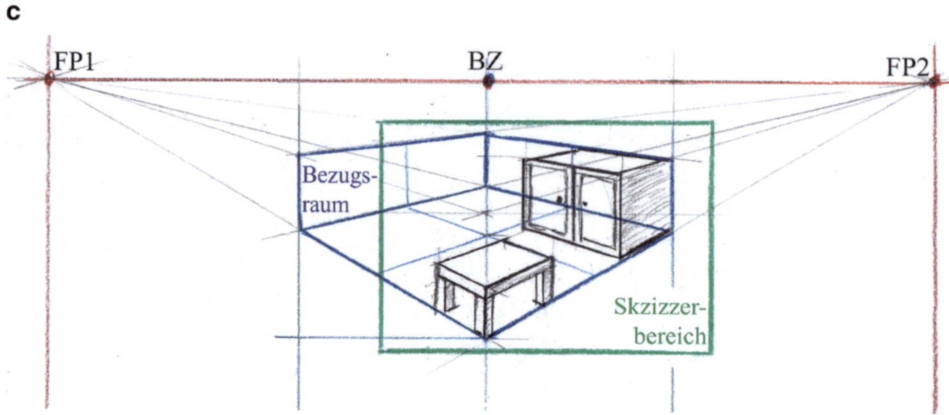

Abb. 2.19 (Fortsetzung)

solche Perspektiven sollte bei einer symmetrischen Zwei-Punkt-Perspektive der Abstand der Fluchtpunkte etwa das 1,5-Fache des horizontalen Darstellungsbereichs betragen.

Beim Skizzieren ist es oft praktisch, die Fluchtpunkte direkt auf dem Zeichenblatt oder knapp außerhalb des Blattrands zu platzieren. Bei einer Weitwinkeldarstellung dieser Art können etwa zwei Drittel der Blattbreite als horizontaler Darstellungsbereich genutzt werden.

Skizzierbereich

Der Bezugsraum beschreibt den gesamten konstruktiven Rahmen der Perspektive, während der Skizzierbereich nur den tatsächlich sichtbaren Ausschnitt umfasst. In vielen Fällen deckt sich der Skizzierbereich mit den Außenabmessungen des Bezugsraums. Es gibt jedoch auch Situationen, etwa wenn der Bezugsraum nur durch Hilfslinien angedeutet wird, in denen der Skizzierbereich lediglich einen Teil davon einnimmt. Ähnlich wie bei einem Foto kann dieser Ausschnitt frei gewählt werden, ohne die zugrunde liegende Perspektive zu verändern. Dabei muss sich das Blickzentrum nicht zwingend im Skizzierbereich befinden. In Abb. 2.19c ist beispielsweise ein grün markierter Bereich zu sehen, bei dem das Blickzentrum außerhalb des gewählten Ausschnitts liegt und Teile des Bezugsraums unsichtbar bleiben.

Abb. 2.20 a bis c zeigen verschiedene Bezugsräume für Zeichenblätter in DIN-A4-Querformat sowie A5, A3 oder A2 (grün dargestellt). Der Fluchtpunktabstand beträgt dabei ca. 2,5-mal die Breite des Zeichenblatts. Diese Proportionen erzeugen Darstellungen, die der natürlichen Wahrnehmung mit wenig Verzerrung entsprechen. Die Lage des Horizonts hat ebenfalls einen wesentlichen Einfluss auf Verzerrungen und damit auf die Wirkung der Perspektive:

- In Abb. 2.20a liegt der Horizont im oberen Bereich des Blatts.

- In Abb. 2.20b verläuft er mittig.
- In Abb. 2.20c befindet er sich im oberen Drittel.

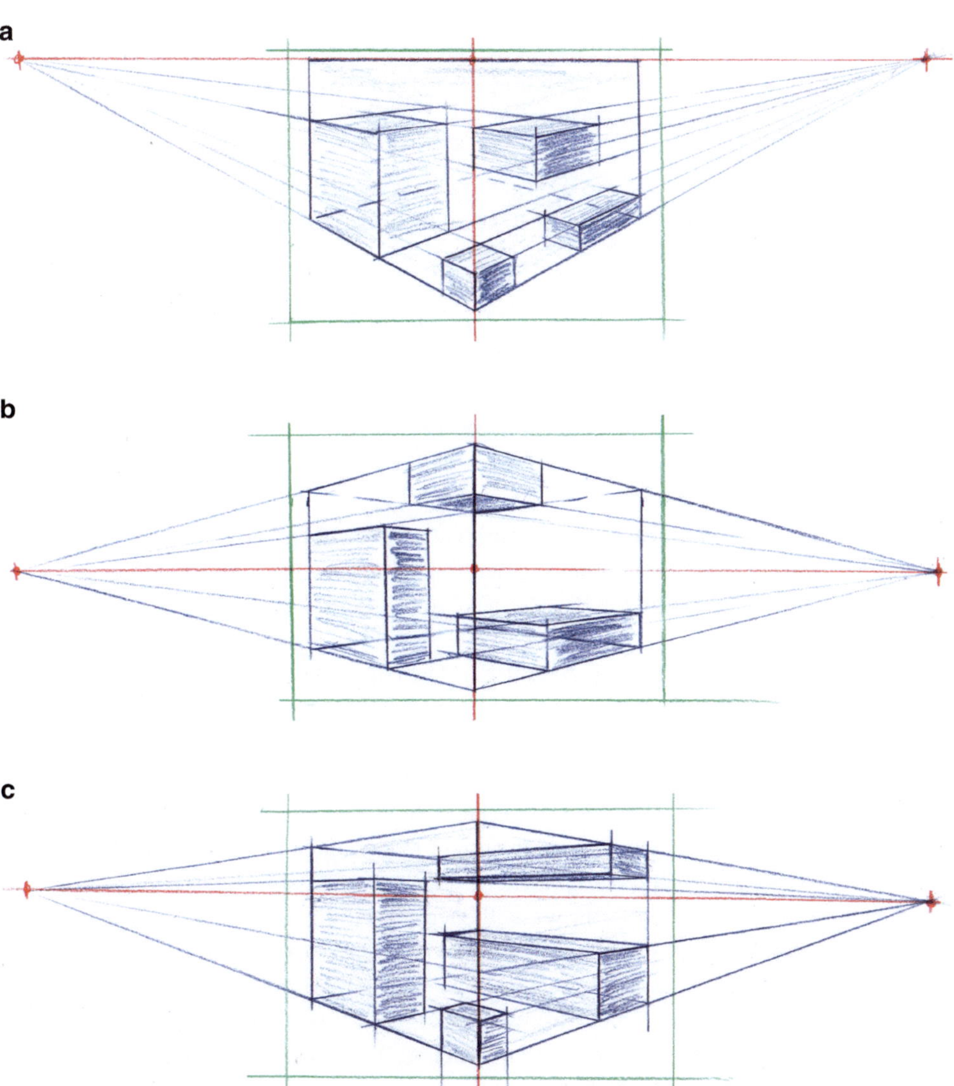

Abb. 2.20 Bezugsraum für Zeichenblätter im DIN-A4-Querformat (bzw. A5, A3, A2 usw.) mit einem Fluchtpunktabstand von ca. 2,5-mal der Breite des Zeichenblatts. In den Skizzierräumen sind Beispiele für Quader in Zwei-Punkt-Perspektive dargestellt. Diese Perspektive wird auch „Übereckperspektive" genannt. **a** Der Horizont liegt im oberen Bereich des Bezugsraumes. **b** Der Horizont verläuft mittig im Bezugsraum. **c** Der Horizont befindet sich im oberen Drittel des Bezugsraumes

Diese Variationen eröffnen unterschiedliche Gestaltungsmöglichkeiten. Die Lage des Horizonts beeinflusst dabei die Raumwirkung: Ein hoher Horizont vermittelt einen Blick von oben, ein tiefer Horizont erzeugt den Eindruck eines Blicks von unten.

Verzerrungsprinzipien in der Zwei-Punkt-Perspektive

Abb. 2.21 illustriert geometrische Verzerrungen anhand von zwölf Würfeln, die in unterschiedlichen Positionen in einer zentralen Zwei-Punkt-Perspektive dargestellt sind. Die Abbildung verdeutlicht folgende Prinzipien:

- Verzerrungen nehmen zu, wenn der horizontale Abstand der Objekte zu den Fluchtpunkten kleiner wird oder der vertikale Abstand zum Horizont größer wird – besonders, wenn beide Faktoren zusammenwirken.
- Verzerrungen nehmen ab, wenn die Fluchtpunkte im Verhältnis zum horizontalen Darstellungsbereich weiter außen gewählt werden.

Wenn die Fluchtpunkte so weit auseinanderliegen, dass sie praktisch unendlich weit entfernt erscheinen, verlaufen die zugehörigen Linien parallel. Dies zeigt den fließenden Übergang zwischen Zwei-Punkt-Perspektiven und Parallelperspektiven.

Ellipsen in verzerrten Quadraten – Geometrie vs. Skizzierpraxis

Bei der perspektivischen Darstellung von Kreisen entstehen Ellipsen. Deren genaue Lage und Achsenausrichtung hängt von der Perspektive und dem Verzerrungsgrad ab.

- **Geometrisch konstruiert** (vgl. Abb. 2.22): Die Ellipse entsteht durch perspektivische Projektion eines Kreises.
- **Praktische Näherung** (grüne Ellipsen in Abb. 2.21): In vielen Lehrwerken und bei freien Skizzen wird die Ellipse so eingezeichnet, dass ihre lange Achse senkrecht zur Fluchtrichtung verläuft. Diese Regel ist einfach anzuwenden und wirkt besonders bei moderater Verzerrung überzeugend, entspricht jedoch nicht der exakten geometrischen Projektion. Bei starker Verzerrung erscheinen Ellipsen auf dieser Basis häufig unstimmig (rote Ellipsen in Abb. 2.21). Ein wesentlicher Vorteil dieser Näherung liegt im freien Skizzieren, insbesondere dann, wenn kein Hilfsquadrat verwendet wird.
- **Tangentenmethode** (blaue Ellipsen in Abb. 2.21): Eine optisch oft überzeugendere Lösung ergibt sich, wenn die Ellipse so eingepasst wird, dass sie die Seitenmitten (Tangentenpunkte) eines verzerrten Quadrats berührt. Diese Methode kommt der perspektivischen Projektion meist näher, auch wenn die Achsen dadurch verdreht erscheinen – was wiederum bei mehreren Ellipsen entlang einer gedachten Drehachse als unnatürlich empfunden werden kann (vgl. Abb. 12.41).

Abb. 2.21 Zwölf Würfel in zentraler Zwei-Punkt-Perspektive zur Veranschaulichung von Verzerrungen und verschiedenen Methoden zur Einpassung von Ellipsen in verzerrte Quadrate:
Grüne Ellipsen: Einfache Skizzierregel mit langer Achse senkrecht zur Fluchtrichtung – bei moderater Verzerrung optisch stimmig, aber nicht exakt.
Rote Ellipsen: Beispiel für starke Verzerrung – die Einpassung über Achsenrichtung wirkt unnatürlich, da keine Berührung mit den Seitenmitten mehr möglich ist.
Blaue Ellipsen: Ellipsen sind über Tangentenpunkte an den Seitenflächen der Quadrate eingepasst – optisch plausibler und näher an der geometrischen Projektion.

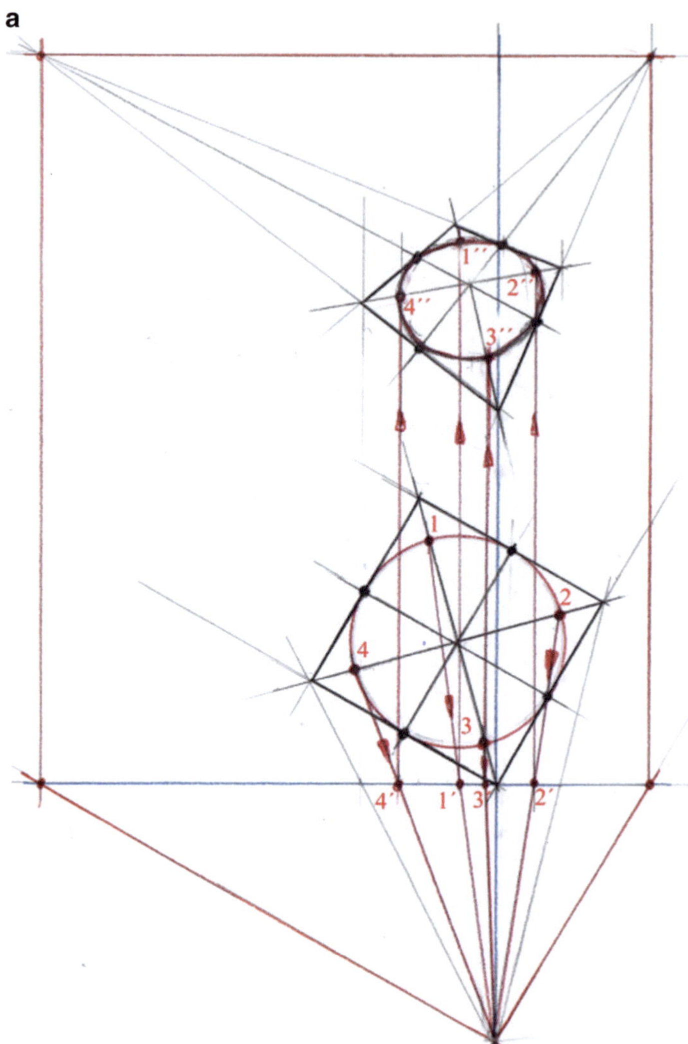

Abb. 2.22 Konstruktion von perspektivischen Kreisprojektionen, eingepasst in Quadrate. **a** Liegendes Quadrat mit eingepasstem Kreis: Ein Kreis wird in der Draufsicht in ein Quadrat eingepasst. Die perspektivische Projektion dieses Kreises ergibt eine Ellipse, die in ein verzerrtes Quadrat eingebettet ist. Die Tangentenpunkte der Ellipse lassen sich über Fluchtlinien durch den Diagonalmittelpunkt ermitteln. Weitere markante Punkte auf der Ellipse (Punkte 1 bis 4) ergeben sich aus den Schnittpunkten der Kreislinie mit den Diagonalen des Quadrats in der Draufsicht – diese werden perspektivisch in die Zwei-Punkt-Perspektive übertragen und mit den jeweiligen perspektivischen Diagonalen geschnitten. **b** Stehende Quadrate eines Würfels mit eingepassten Kreisen: Das Prinzip ist dasselbe wie in (a), allerdings müssen die Schnittpunkte des Kreises mit den Diagonalen zunächst – wie rot dargestellt – über den horizontalen Kreis des Würfels (grün dargestellt) in der Draufsicht auf die Seitenflächen übertragen werden. Diese Punkte werden anschließend in die Zwei-Punkt-Perspektive übertragen und mit den perspektivischen Diagonalen der jeweiligen Fläche geschnitten

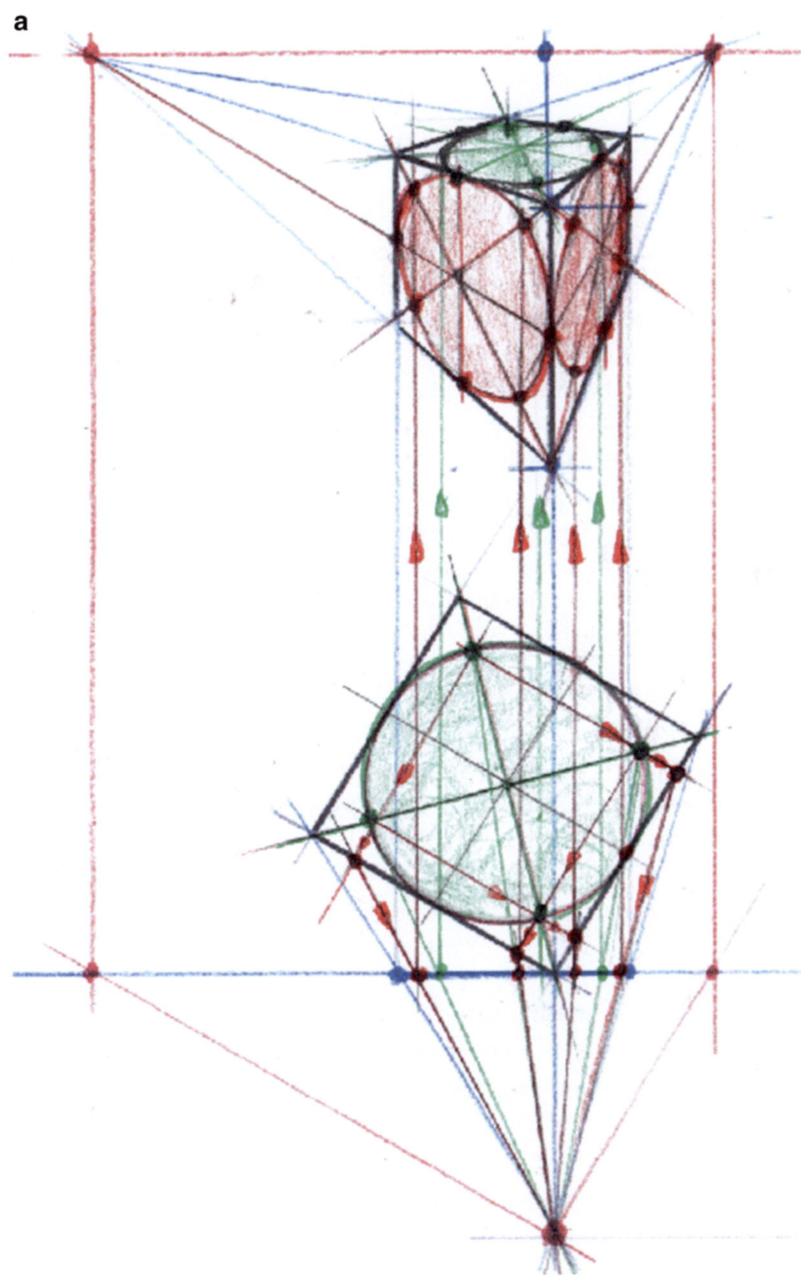

Abb. 2.22 (Fortsetzung)

Welche Methode verwendet wird, hängt vom Ziel der Darstellung ab:

- Für annähernd geometrisch korrekte Ellipsen empfiehlt sich die Einpassung über Tangenten.
- Für freies Skizzieren oder technische Entwürfe reicht oft die Näherung über die Fluchtrichtung.

Da Ellipsen beim freien Skizzieren häufig ohne Hilfsquadrate gezeichnet werden, wird in diesem Buch vorwiegend die einfachere Skizzierregel verwendet, bei der die lange Achse senkrecht zur Fluchtrichtung steht. Auf die Grenzen dieser Regel bei starker Verzerrung wird jedoch hingewiesen (vgl. Abb. 2.21 sowie Abschn. 12.4 „Darstellungsvarianten an einem Beispiel mit Übergängen zw. Kubus u. Zylinder").

Hinweis zur Lage des Mittelpunktes

Wie in Abb. 2.23 zu sehen ist, stimmt der Mittelpunkt einer perspektivischen Ellipse nicht immer mit dem geometrischen Mittelpunkt der verzerrten Quadratfläche überein. Der perspektivische Ellipsenmittelpunkt ergibt sich aus der verzerrten Kreisform und kann – insbesondere in asymmetrischen Perspektiven – deutlich vom durch Diagonalen ermittelten Quadratmittelpunkt abweichen.

2.5.3 Erkenntnisse aus theoretischen Grundlagen für das praktische Skizzieren von Zwei-Punkt-Perspektiven – mit Beispielen

Wie lassen sich die theoretischen Grundlagen auf die Praxis des Skizzierens anwenden?

Beim freihändigen Skizzieren arbeitet man vorzugsweise direkt in der Perspektive und verzichtet dabei – anders als in der darstellenden Geometrie – bewusst auf Zusatzansichten oder komplexe Herleitungsmethoden.

Dies funktioniert besonders gut, wenn die Objekte kompakt sind und entlang der Hauptachsen ausgerichtet sind. Skizziert man eine Szene mit mehreren Objekten, empfiehlt es sich, zu Beginn einen Bezugsraum vorzudefinieren und diesen gegebenenfalls in die Skizze mit aufzunehmen. In manchen Situationen kann es sinnvoll sein, als Bezugsraum nicht nur einen Quader, sondern bereits eine Kombination von Bezugsgeometrien zu verwenden (vgl. z. B. Abb. 13.21 und 13.23).

Werden Objekte horizontal gedreht, können die entstehenden Fluchtpunkte meist hinreichend genau in Relation zu den Hauptachsen des Bezugsraums geschätzt werden (siehe

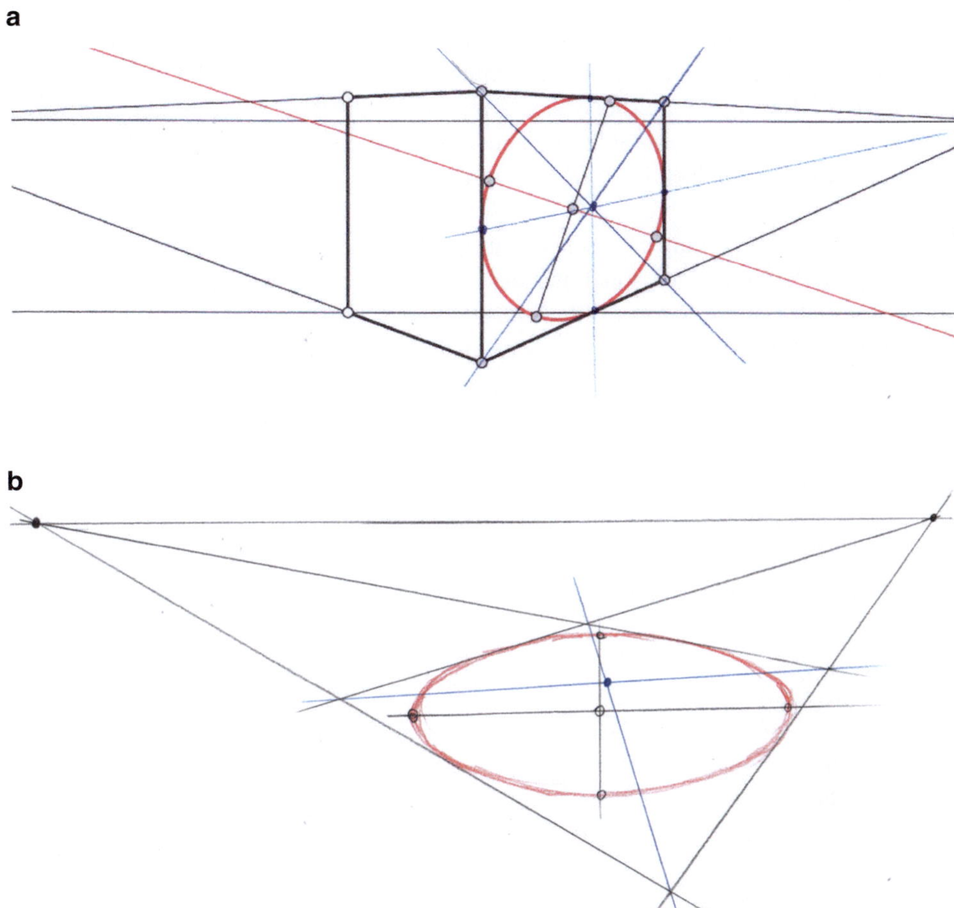

Abb. 2.23 Überlagerung von Ellipsen mit Quadraten. Je nach Verzerrung weichen der Mittelpunkte der Ellipsen und der aus den Quadratdiagonalen ermittelte Mittelpunkt voneinander ab. **a** Ellipse in ein stehendes Quadrat konstruiert. **b** Liegende Ellipse mit einem um sie herum gezeichneten Quadrat in einer allgemeinen (unsymmetrischen) Zwei-Punkt-Perspektive

Kap. 6 „Methodische Arbeitsweise allgemein, mit nützlichen Tipps" und Abschn. 16.3 „Körper horizontal in der Zwei-Punkt-Perspektive gedreht").

Das Blickzentrum ist beim freien Skizzieren nur dann relevant, wenn mindestens ein Quader, Zylinder oder ein anderer Körper so ausgerichtet ist, dass eine Stirnfläche parallel zur Betrachtungsebene liegt. In diesem Fall laufen alle nach hinten verlaufenden Objektkanten im gemeinsamen Blickzentrum zusammen – unabhängig von der Position des Objekts in der Szene. Solche Objekte erscheinen wie in der Ein-Punkt-Perspektive (siehe Abschn. 2.6 „Zentralperspektive – Ein-Punkt-Perspektive – Blickzentrum"). In der zentralen Zwei-Punkt-Perspektive liegt das Blickzentrum symmetrisch zwischen den beiden Fluchtpunkten. In einer unsymmetrischen Perspektive kann das Blickzentrum, wenn keine Draufsicht vorliegt, in bestimmten Situationen wie z. B. in Abb. 2.18b ermittelt werden. In der Regel reicht es beim Skizzieren, wenn das Blickzentrum geschätzt wird.

Eine Maßvertikale ist beim Skizzieren ein effizientes Mittel, mit dem vertikale Proportionen direkt in der Perspektive (ohne Zusatzansicht) abgeleitet werden können (s. z. B. Abb. 16.35).

Geometrische Verzerrungen lassen sich durch die Wahl des horizontalen Darstellungsbereichs in Relation zu den Fluchtpunkten sowie durch die vertikalen Abstände zum Horizont gezielt steuern. Größere Fluchtpunktabstände und moderate vertikale Abstände zum Horizont verringern die Verzerrungen und erleichtern eine natürliche Darstellung (siehe Abb. 2.24). In der Praxis können Verzerrungen auch durch gestalterische Anpassungen kaschiert werden, etwa durch bewusste Formmodifikationen oder perspektivische Korrekturen.

Die Wirkung einer Darstellung ist sowohl in der Fotografie als auch beim Skizzieren sehr stark von der Perspektive abhängig (s. Abb. 2.25 a bis d).

Die Zwei-Punkt-Perspektive wird gerne in der Architektur angewendet, daher wird sie teilweise auch als „Architektenperspektive" bezeichnet (s. Abb. 2.26).

Zusammenfassung: Die Zwei-Punkt-Perspektive bietet eine flexible Grundlage für realistische und schlüssige Darstellungen. Durch die gezielte Wahl von Bezugssystem und Bezugsraum lässt sich die Wirkung einer Perspektive bewusst steuern. Die Möglichkeit, Bezugssysteme aus der Perspektive selbst abzuleiten, erlaubt ein effizientes Skizzieren für verschiedenste Bereiche.

2.6   Zentralperspektive – „Ein-Punkt-Perspektive" – Blickzentrum

Wie bereits im vorherigen Abschn. 2.5 erläutert, ist die Ein-Punkt-Perspektive ein Spezialfall der Zwei-Punkt-Perspektive. In diesem Buch wird der Begriff „Zentralperspektive" synonym mit „Ein-Punkt-Perspektive" verwendet, um die Ausrichtung der Hauptblickrichtung auf einen zentralen Fluchtpunkt zu betonen. Sie entsteht, wenn z. B. ein horizontal liegender Kubus so positioniert wird, dass eine seiner Stirnflächen parallel zur Darstellungsebene liegt. In dieser Anordnung erscheinen die Kanten dieser Stirnfläche waagerecht und senkrecht, da sie parallel zu den Achsen der Darstellungsebene verlaufen. In dieser Ausrichtung liegt ein Fluchtpunkt im Blickzentrum der Skizze, während der zweite Fluchtpunkt in die Unendlichkeit verschwindet. Die in Abb. 2.27 blau dargestellten Objekte werden in Zentralperspektive dargestellt. Obwohl die Ein-Punkt-Perspektive

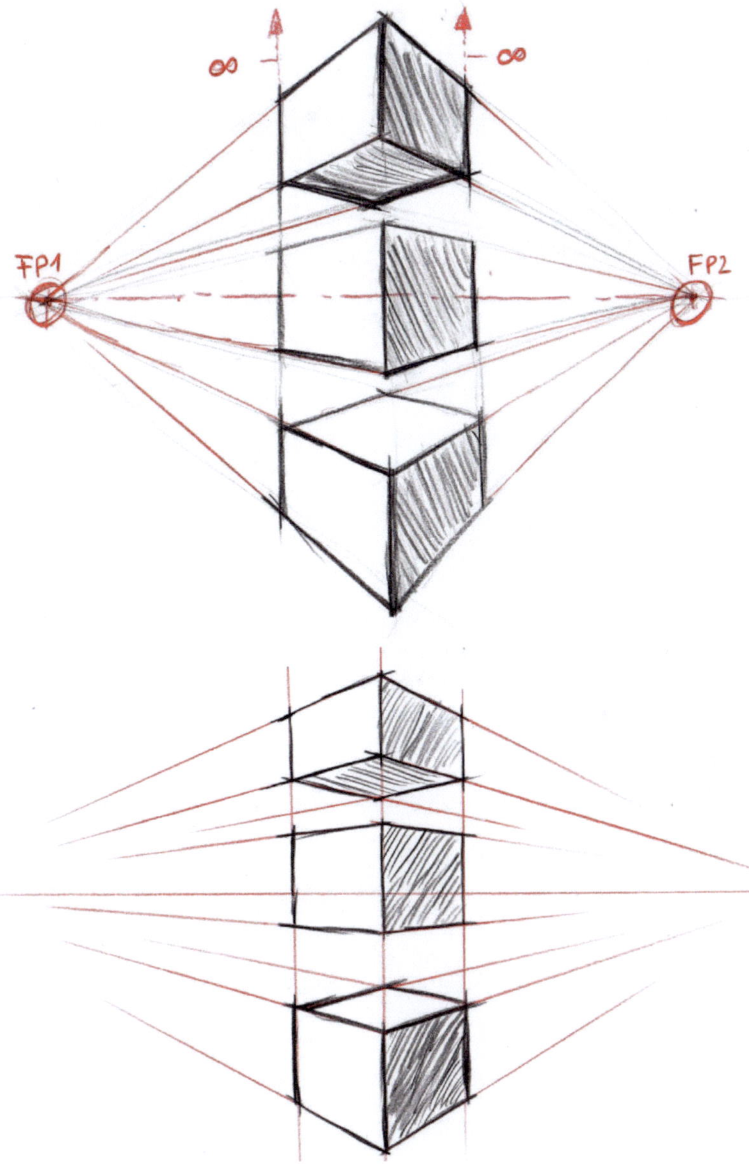

Abb. 2.24 Zwei-Punkt-Perspektiven mit kleinerem und größerem Abstand der Fluchtpunkte und deren Auswirkungen auf die Verzerrung

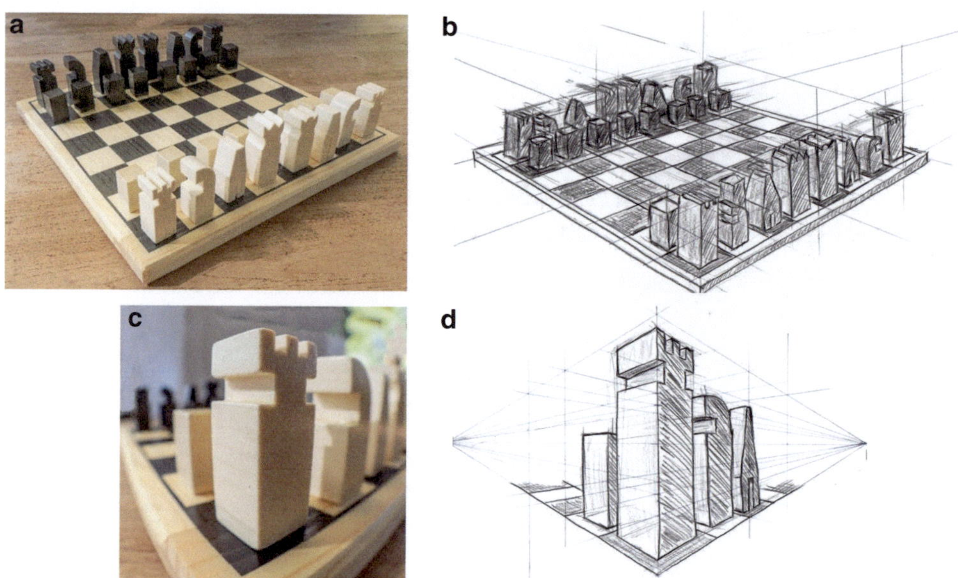

Abb. 2.25 Schachspiel aus verschiedenen Perspektiven fotografiert und skizziert (das fotografierte Schachspiel ist ein Produkt der Fa. Pinzgauer Holzspielzeug) **a** und **b** Darstellung aus größerem Abstand mit wenig Verzerrung. **c** und **d** Weitwinkeldarstellung aus geringem Betrachtungsabstand

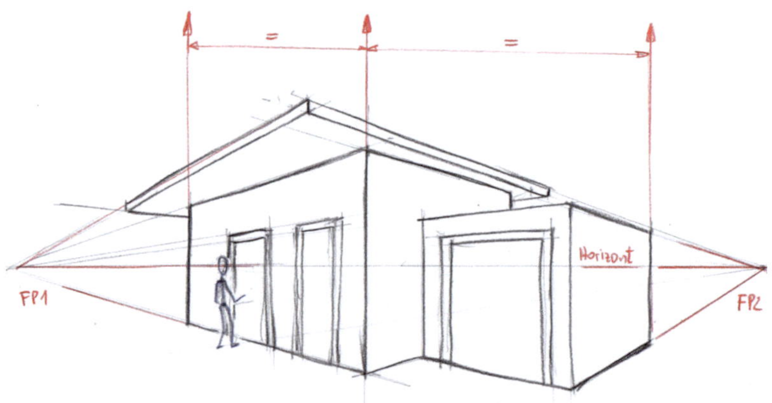

Abb. 2.26 Ein Haus mit Flachdach und Garage in Zwei-Punkt-Perspektive dargestellt

geometrisch aus der Zwei-Punkt-Perspektive abgeleitet werden kann, wird sie aufgrund ihrer gestalterischen Wirkung und der klaren Fokussierung oft als eigenständige Darstellungsform verwendet. Wählt man diese Orientierung als Bezugssystem, spricht man von einer Skizze in Zentralperspektive oder Ein-Punkt-Perspektive (s. Abb. 2.28).

Ein besonderes Merkmal der Zentralperspektive ist, dass Flächen, die parallel zur Darstellungsebene ausgerichtet sind, unverzerrt erscheinen – unabhängig davon, wo sie sich in der Szene befinden. Es verändert sich lediglich ihre Größe in Abhängigkeit vom Abstand zur Darstellungsebene. Wie bereits in Abschn. 2.2 „Zweidimensionale Skizzen – 2D-Skizzen mit Projektionen" beschrieben, werden Objekte in zweidimensionalen Skizzen ebenfalls unverzerrt dargestellt. Der wesentliche Unterschied zwischen der Zentralperspektive und der zweidimensionalen Darstellung liegt jedoch im endlichen Betrachtungsabstand. Alle in die Tiefe führenden Linien laufen im zentralen Fluchtpunkt zusammen. Dieser Fluchtpunkt liegt exakt im Blickzentrum, das die Hauptblickrichtung des Betrachters definiert (siehe Abschn. 2.5.1 „Begriffe und Eigenschaften der Zwei-Punkt-Perspektive").

Die Hauptachsen und das Bezugssystem in der Zentralperspektive

Das Bezugssystem der Ein-Punkt-Perspektive wird durch drei Hauptachsen definiert:

- **Hauptblickachse:** Diese Achse verläuft in Richtung der Hauptblickrichtung und steht senkrecht zur Darstellungsebene.
- **Horizontale und vertikale Achsen:** Diese Achsen sind parallel zu den entsprechenden Kanten der Darstellungsebene ausgerichtet (siehe Abb. 2.28).

Dieses Bezugssystem eignet sich besonders, wenn die Blickrichtung eindeutig festgelegt ist und der Fokus gezielt darauf gerichtet werden soll.

Der Bezugsraum einer Zentralperspektive

Ein Bezugsraum ist auch in der Ein-Punkt-Perspektive hilfreich, um Objekte kontrolliert in Relation zueinander zu setzen. Wie in Abb. 2.29 dargestellt, wird dieser Raum durch den horizontalen und vertikalen Darstellungsbereich in Relation zum Blickzentrum, dem Augenpunktabstand und der Tiefe des Bezugsraums definiert. Flächenunterteilungen erleichtern die Orientierung innerhalb des Bezugsraums, zum Beispiel bei der Anordnung von Objekten. Flächen lassen sich einfach durch Diagonalen teilen. Skizzen in Zentralperspektive werden, mit oder ohne Bezugsraum, in der Regel ohne zusätzliche Hilfsansichten direkt in der Perspektive gezeichnet.

Merkmale der Zentralperspektive

Tiefe: Alle in die Tiefe führenden Linien laufen im zentralen Fluchtpunkt im Blickzentrum zusammen.

Parallelität: Flächen, die parallel zur Darstellungsebene liegen, erscheinen unverzerrt.

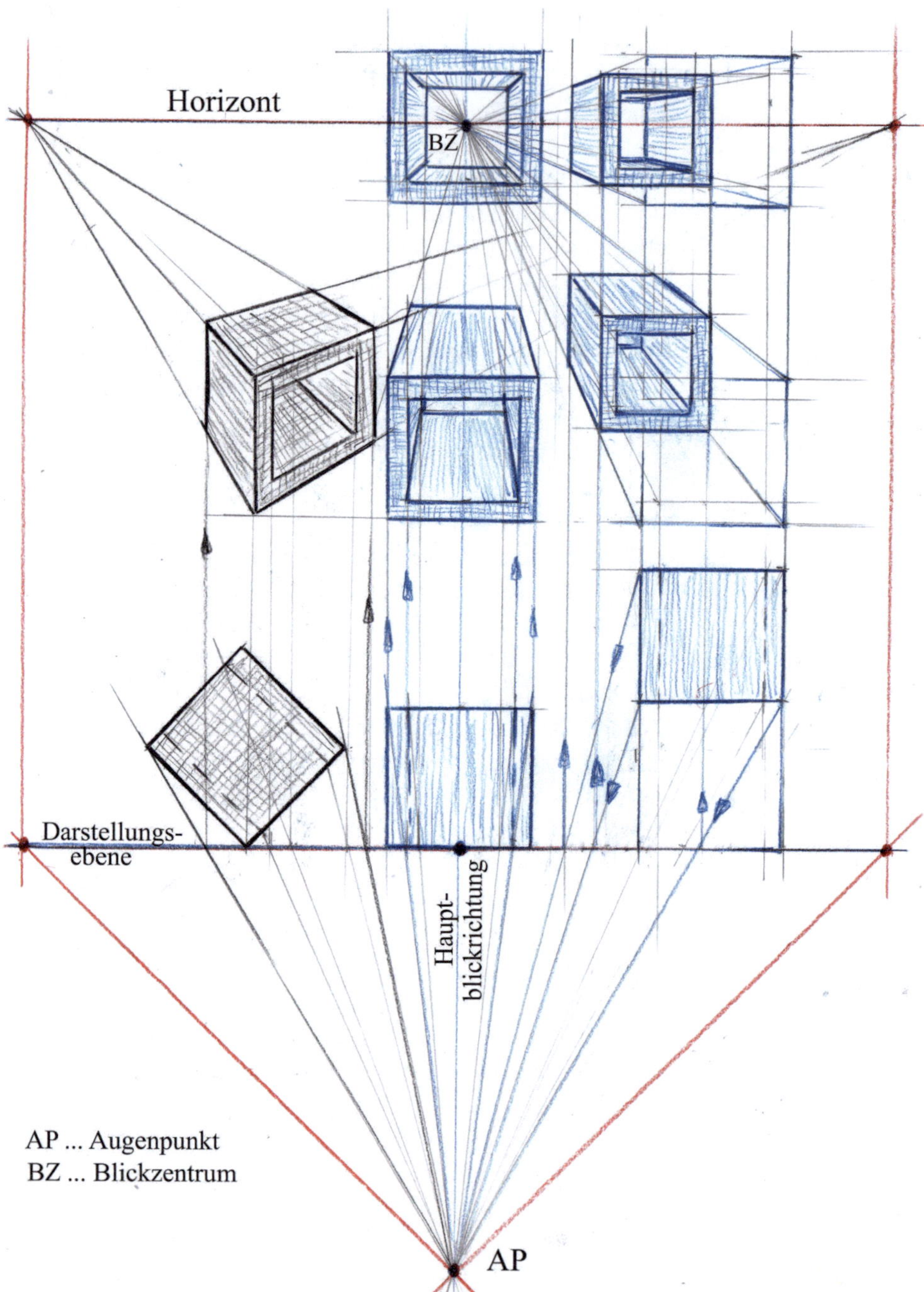

Abb. 2.27 Darstellung von Objekten in Zentralperspektive (Ein-Punkt-Perspektive) als Spezialfall der Zwei-Punkt-Perspektive. Die Stirnflächen der blau dargestellten Objekte sind parallel zur Darstellungsebene ausgerichtet, wodurch ein Fluchtpunkt im Blickzentrum der Skizze liegt, während der zweite Fluchtpunkt in der Unendlichkeit verschwindet

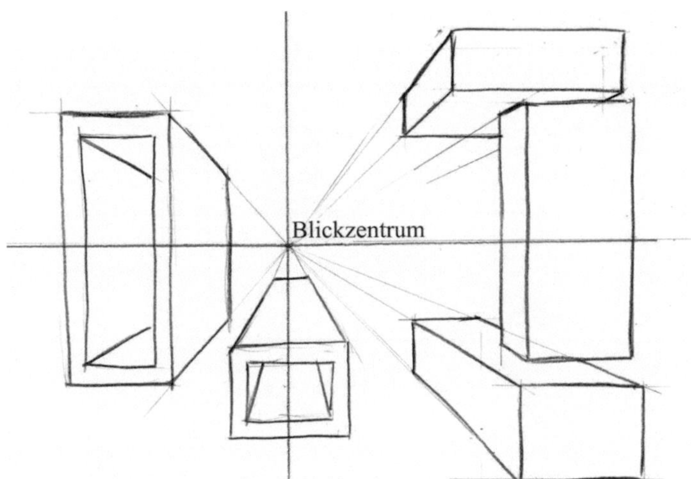

Abb. 2.28   Beispiel einer Szene, die vollständig in Zentralperspektive (Ein-Punkt-Perspektive) dargestellt ist. Das Bezugssystem basiert auf der Ausrichtung der Objekte, bei der alle Linien, die in die Tiefe führen, in einem gemeinsamen Fluchtpunkt im Blickzentrum der Skizze konvergieren

Bezugssystem: Die Orientierung der Hauptachsen ermöglicht eine klare und strukturierte Darstellung von Objekten in der Zentralperspektive.

Zusammenfassung Die Zentralperspektive (Ein-Punkt-Perspektive) ist eine spezielle Orientierung innerhalb der Zwei-Punkt-Perspektive. Wird diese Orientierung als Bezugssystem verwendet, entsteht eine Skizze in der Darstellungsform der Zentralperspektive, die durch ihre klare Fokussierung und starke Tiefenwirkung besonders wirkungsvolle Darstellungen ermöglicht. Obwohl sie ein Spezialfall der Zwei-Punkt-Perspektive ist, wird sie aufgrund ihrer gestalterischen Eigenheiten häufig als eigenständige Perspektive genutzt. Beispiele dazu werden in Kap. 17 „Zentralperspektive – besondere Anwendungen und Sichtweisen" erläutert.

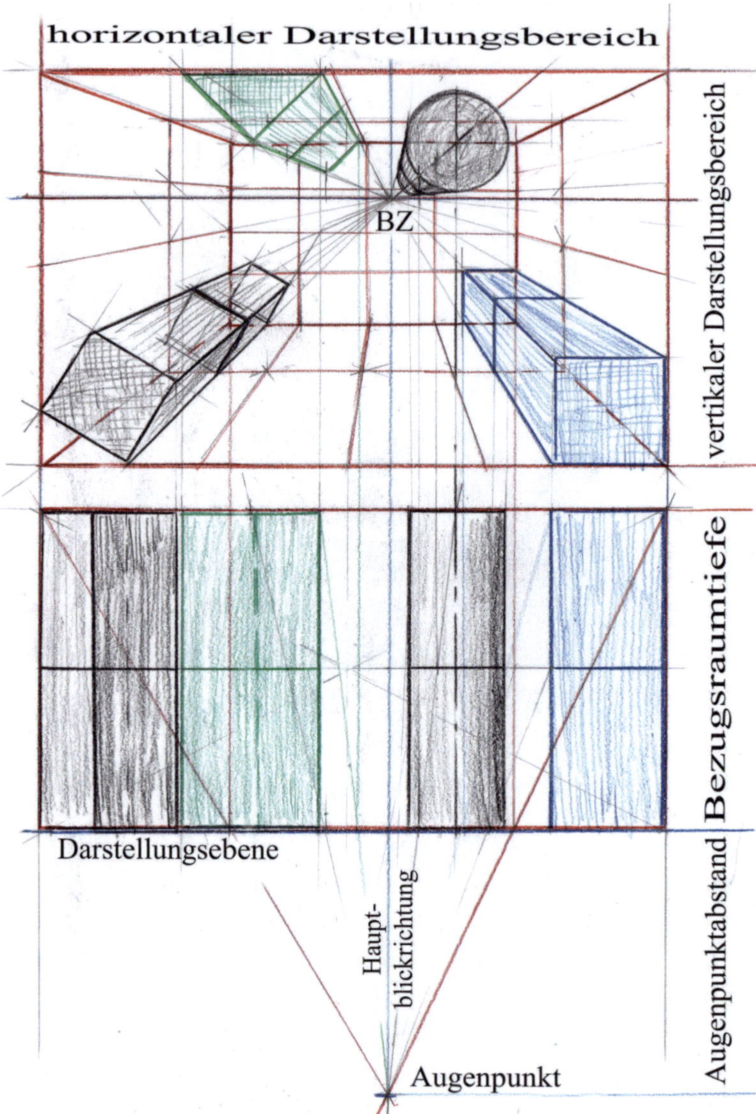

Abb. 2.29 Bezugsraum in Zentralperspektive mit darin angeordneten Objekten

2.7   Perspektive mit drei Fluchtpunkten – „Drei-Punkt-Perspektive"

Bei der Drei-Punkt-Perspektive laufen die vertikalen Linien nicht parallel, sondern treffen sich in einem dritten Fluchtpunkt, der je nach Perspektive über oder unter dem Horizont liegt (s. Abb. 2.30 und 2.31). Diese Perspektive entspricht dem menschlichen Sehen besonders nah und liefert geometrisch genauere Darstellungen als die Zwei-Punkt-Perspektive.

Ein dritter Fluchtpunkt ist vor allem sinnvoll bei der Darstellung von hohen oder tiefen Objekten, Weitwinkelansichten oder Szenen bei relativ kleinen Betrachtungsabständen, die eine realistische Wirkung vermitteln sollen. Durch die Betonung der vertikalen Dimension können Höhe oder Tiefe eines Objekts deutlich hervorgehoben werden (s. z. B. Abb. 2.32).

Merkmale der Drei-Punkt-Perspektive

- **Zusätzlicher Fluchtpunkt:** Vertikale Linien laufen zu einem dritten Fluchtpunkt zusammen.
- **Realistische Wirkung:** Verzerrungen durch extreme Höhen oder Tiefen werden berücksichtigt.
- **Höhen- und Tiefenwirkung:** Diese Perspektive betont die vertikale Dimension und verleiht Objekten eine dynamische Wirkung.

Die schematische Darstellung in Abb. 2.30 und 2.31 sowie die Beispiele in Abb. 2.32 veranschaulichen die Anwendung der Drei-Punkt-Perspektive.

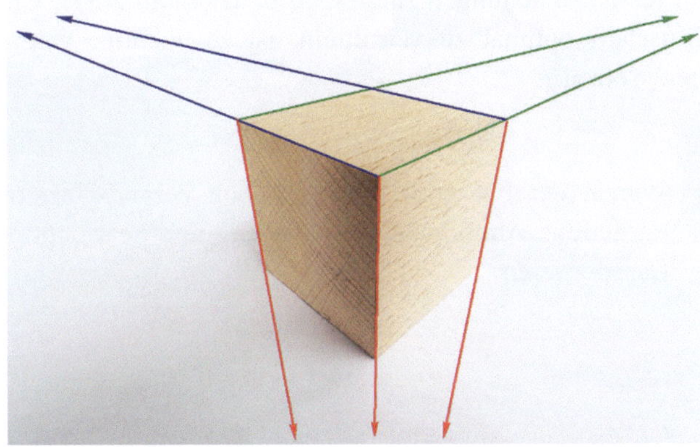

Abb. 2.30 Würfel fotografiert mit Fluchtlinien zu drei Fluchtpunkten

Abb. 2.31 Schematische
Darstellung der
Drei-Punkt-Perspektiven:
a von unten und **b** von oben

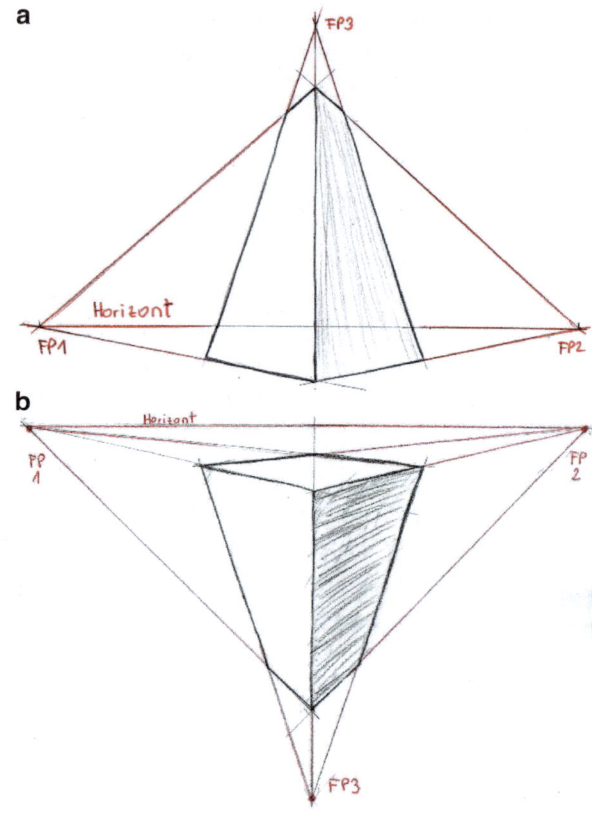

2.8   Vier-Punkt- und „Fischaugenperspektive" – gekrümmte Kanten

Die Vier-Punkt-Perspektive verdeutlicht, dass Skizzen stets vereinfachte Annäherungen
an reale Darstellungen sind (s. Abb. 2.33 und 2.34). Um eine gewünschte Wirkung oder
Botschaft optimal zu vermitteln, ist es wichtig, Vereinfachungen gezielt und bewusst
einzusetzen.

> Wie in der Fotografie geht es auch beim Skizzieren weniger um exakte, reali-
> tätsgetreue Abbildungen als darum, eine beabsichtigte Aussage oder Idee klar zu
> transportieren.

Abb. 2.32 Vereinfachte Darstellung von Gebäuden aus der (**a**) Frosch- und (**b**) Helikopter-Perspektive

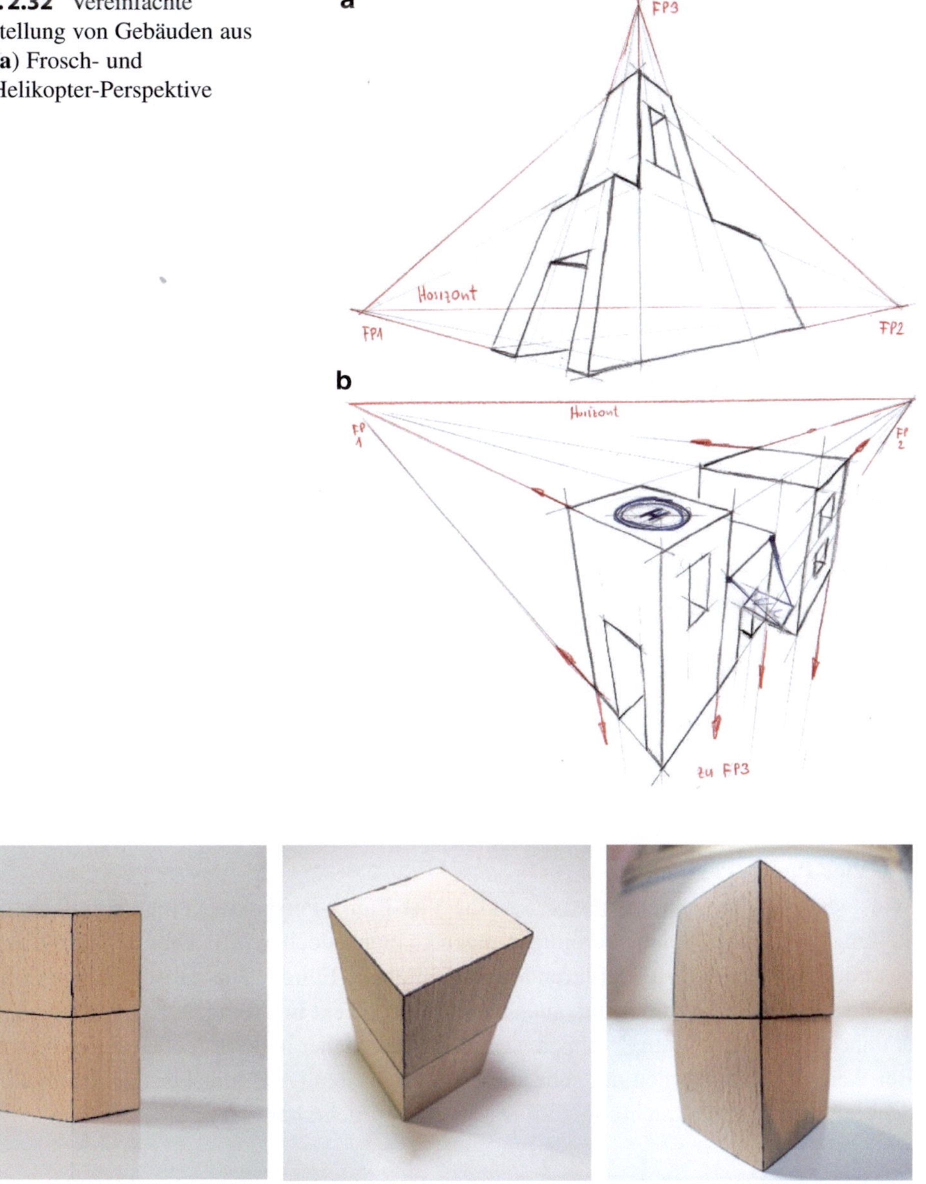

Abb. 2.33 Stehender Quader in sehr unterschiedlichen, teils extremen Perspektiven fotografiert. Diese Darstellung zeigt den Einfluss von Perspektive und Objektivwahl

Abb. 2.34 Stehender Quader in stark verzerrter „Weitwinkelperspektive" skizziert. **a** Die Skizze mit vier Fluchtpunkten führt hier zu einer irreführenden Darstellung, da sie die natürliche Wahrnehmung nicht berücksichtigt. **b** In der Fischaugenperspektive kann durch das Berücksichtigen der Krümmungen die gewünschte Wirkung gut vermittelt werden. Die Wirkung bezieht sich hier auf eine relativ große Objektgröße im Verhältnis zum Betrachtungsabstand

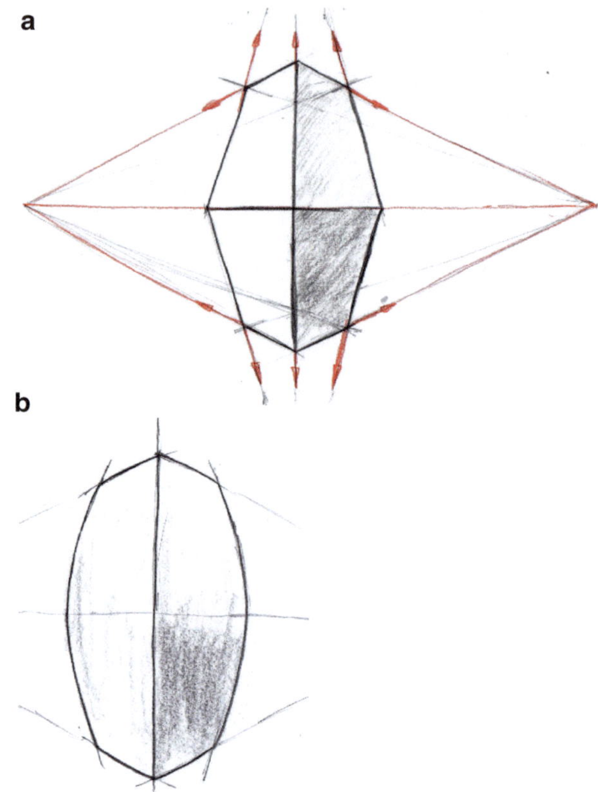

Die Vier-Punkt-Perspektive

Wie andere Fluchtpunktperspektiven ist die Vier-Punkt-Perspektive eine vereinfachte Darstellung der Realität. Solche Vereinfachungen können jedoch, wie in Abb. 2.34a zu sehen, bei bestimmten Szenarien zu irreführenden Darstellungen führen. Theoretisch nehmen wir alle Linien als leicht gekrümmt wahr, auch wenn dieser Effekt im Alltag meist so gering ist, dass er unbemerkt bleibt. Beim Zeichnen ist dieser Effekt daher in der Regel zu vernachlässigen. Bei Weitwinkelaufnahmen mit sehr kurzen Brennweiten (z. B. mit Fischaugenobjektiven) oder bei bewusster Betrachtung wird er jedoch wahrnehmbar.

Die Fischaugenperspektive

Fischaugenobjektive betonen diesen Effekt, indem sie extreme Weitwinkelansichten mit stark gekrümmten Linien erzeugen. In Skizzen können solche Krümmungen gezielt dargestellt werden, insbesondere um die relative Größe eines Objekts im Verhältnis zum Betrachtungsabstand hervorzuheben (s. Abb. 2.34b). Diese bewusste Darstellung kann dabei helfen, dramatische oder realistische Effekte zu erzielen.

Grenzen und Möglichkeiten extremer Perspektiven
Die Vier-Punkt-Perspektive und die Fischaugenperspektive zeigen die Grenzen realistischer Darstellungen auf und bieten zugleich neue gestalterische Möglichkeiten. Während gekrümmte Linien meist vernachlässigt werden können, ist ihr bewusster Einsatz bei extremen Weitwinkelszenarien sinnvoll. Eine gezielte Wahl zwischen vereinfachten geraden Kanten und gekrümmten Linien ermöglicht es, die gewünschte Wirkung oder Aussage möglichst genau zu vermitteln.

2.9 Zusammenfassung der Darstellungsformen

Die Wahl der Darstellungsform beeinflusst die Wirkung und Aussage einer Skizze maßgeblich. In diesem Abschnitt werden die grundlegenden Perspektiven zusammengefasst und deren wesentliche Eigenschaften beschrieben.

Je nach Darstellungsform ergeben sich die Richtungen der Hauptachsen, welche das Bezugssystem einer Skizze definieren. Der Bezugsraum bildet, gegebenenfalls gemeinsam mit bestimmten Bezugsgeometrien, darauf aufbauend die Grundlage für die Darstellung. Beim Skizzieren kann sich der Bezugsraum aus den gewählten Hauptachsen und den Objektgrenzen ergeben oder, insbesondere bei Szenen mit mehreren Objekten, sinnvollerweise zu Beginn der Skizze vordefiniert werden.

Normalansichten und Parallelperspektiven
Bei Normalansichten und Parallelperspektiven ist der Betrachtungsabstand unendlich groß, wodurch die Kanten von kubischen Körpern parallel verlaufen.

- Normalansichten: Die Hauptachsen verlaufen waagerecht, senkrecht und parallel nach hinten, in das Blatt hinein.
- Parallelperspektiven: Hier können die Hauptachsen je nach Darstellung in charakteristischen Winkeln zueinander stehen (z. B. Isometrie, Dimetrie, Trimetrie).

Mehr-Punkt-Perspektiven
In Mehr-Punkt-Perspektiven bestimmen die Fluchtpunkte die Richtung der Hauptachsen sowie die Position des Horizonts. Der Betrachtungsabstand kann durch die Wahl der Fluchtpunkte in Verbindung mit dem Darstellungsbereich variiert werden, wodurch unterschiedliche Perspektiven und Tiefenwirkungen entstehen.

Zentralperspektive
Die Zentralperspektive (Ein-Punkt-Perspektive) ähnelt den Normalansichten: Die Hauptachsen verlaufen horizontal, senkrecht und nach hinten. Allerdings konvergieren die Linien, die in die Tiefe führen, zu einem zentralen Fluchtpunkt. Dieser liegt in der Mitte des Blickfeldes,

direkt in Blickrichtung des Betrachters. Änderungen im Betrachtungsabstand beeinflussen die Größe der Objekte, nicht jedoch deren Form.

Anmerkung

In den meisten Darstellungen dieses Buches orientieren sich die Objekte an den Hauptachsen des Bezugssystems. Ab dem Kapitel „16 Körper gedreht, konstruierte Perspektiven u. Verschneidungen versus Freihandskizze" werden auch gedrehte oder frei orientierte Objekte beschrieben, die von dieser Orientierung abweichen.

2.10 Empfehlungen zu Darstellungsformen

Es gibt verschiedene Möglichkeiten, Skizzen darzustellen. Wichtig ist, vor Beginn der Skizze bewusst die passende Darstellungsform zu wählen, abhängig von Ziel und Absicht. Die folgenden Darstellungsformen werden in diesem Buch für das praktische Skizzieren besonders empfohlen:

Zweidimensionale Skizzen – 2D-Skizzen mit Projektionsansichten
2D-Skizzen eignen sich hervorragend, um perspektivische Darstellungen zu ergänzen oder als Grundlage für diese zu dienen. Sie ermöglichen eine einfache und klare Darstellung von Bemaßungen und Details.

Isometrie
Die Isometrie ist besonders geeignet, wenn Proportionen unverändert dargestellt werden sollen. Da die Verkürzungsfaktoren in allen drei Richtungen gleich sind, bleiben die Proportionen erhalten. Diese Darstellungsform kommt ohne Horizont aus und kann in alle Richtungen gleichmäßig erweitert werden. Durch ihre genaue Darstellung von Proportionen eignet sich die Isometrie besonders für technische oder konstruktive Skizzen, bei denen eine exakte Geometrie im Vordergrund steht.

Zwei-Punkt-Perspektive
Die Zwei-Punkt-Perspektive ist die bevorzugte Darstellungsform, da sie der natürlichen Sichtweise nahekommt. Sie ermöglicht eine anschauliche Darstellung von Objekten und Szenen und eignet sich besonders für Skizzen, bei denen Teile eines Objekts sowohl oberhalb als auch unterhalb des Horizonts liegen. Verzerrungen, die durch die Fluchtpunkte und den Horizont entstehen können, sollten, wie in Abschn. 2.5.2 beschrieben, bei der Planung berücksichtigt werden.

Drei-Punkt-Perspektive
Die Drei-Punkt-Perspektive ergänzt die Zwei-Punkt-Perspektive und betont die vertikale Dimension. Sie eignet sich besonders für Szenarien, in denen Höhe oder Tiefe eine zentrale Rolle spielen, wie etwa bei Gebäuden, Schächten oder anderen vertikal dominanten Objekten. Durch die Einführung eines dritten Fluchtpunkts konvergieren auch die vertikalen Kanten, was eine realistischere und dynamischere Wirkung ermöglicht. Diese Perspektive bietet größere Flexibilität und Genauigkeit und ist ideal für extreme Perspektiven oder szenische Darstellungen. Je nach Zielsetzung kann der dritte Fluchtpunkt gezielt eingesetzt werden, um besondere Effekte oder eine realistische Wirkung zu verstärken.

Ein-Punkt-Perspektive
Die Ein-Punkt-Perspektive (Zentralperspektive) richtet sich auf das Blickzentrum aus und ist ideal, um Objekte in direkter Blickrichtung hervorzuheben. Durch ihren zentralen Fluchtpunkt wirkt diese Darstellungsform klar und effektvoll. Weitere Anwendungen dieser Perspektive werden in Kap. 17 „Zentralperspektive – besondere Anwendungen und Sichtweisen" behandelt.

Kombinationen von Darstellungsformen
In einigen Fällen kann die Kombination unterschiedlicher Darstellungsformen sinnvoll sein, um Objekte umfassend zu beschreiben. Diese Methode ist besonders bei komplexen Szenen hilfreich und wird ausführlich in Kap. 19 „Kombinieren und Vereinfachen von Darstellungen" behandelt.

> **Zusammenfassende Empfehlung zu Darstellungsformen**
> Die Zwei-Punkt-Perspektive wird als grundlegende Darstellungsform für die meisten Skizzen empfohlen, da sie eine gute Balance zwischen Natürlichkeit und Klarheit bietet. Die Drei-Punkt-Perspektive ist eine wertvolle Ergänzung, insbesondere für Darstellungen mit extremer Höhe oder Tiefe sowie für eine verstärkte räumliche Wirkung. Die Zentralperspektive liefert besonders klare und fokussierte Darstellungen, während isometrische Perspektiven und Normalsichten vor allem für sachlich neutrale Darstellungen geeignet sind.
>
> Experimentieren Sie mit verschiedenen Perspektiven und Darstellungsformen, um die optimale Lösung für Ihr Ziel zu finden. Falls nötig, kombinieren Sie unterschiedliche Ansätze, um eine umfassendere und wirkungsvollere Darstellung zu erzielen. Wählen Sie die Darstellungsform, die der gewünschten Aussage oder Wirkung am besten dient.

Werkzeuge, Material und nützliche Hilfsmittel 3

Im Prinzip kann jeder „Stift" verwendet werden, vom Finger im Sand über die Kreide bis zum Kugelschreiber und jedes beschreibbare Material kann eingesetzt werden, wie Papier oder Servietten. Oder man skizziert z. B. mit einem elektronischen Stift auf einem Tablet. Wie bei anderen manuellen Tätigkeiten, macht es auch beim Skizzieren Freude, mit qualitativ gutem Werkzeug zu arbeiten. Die Kosten einer guten und sinnvollen Ausstattung für das Zeichnen sind verhältnismäßig gering. In diesem Kapitel finden Sie Vorschläge und Empfehlungen für entsprechendes Equipment. Es ist schön, gutes Werkzeug und Material mit den Händen haptisch zu erleben.

3.1 Einfaches Material

In diesem Buch werden die folgenden Materialien verwendet und empfohlen.

Papier

Es wird normales weißes Papier mit 80 g/m^2 ohne Linien, wie es z. B. auch in Druckern oder Kopierern verwendet wird, empfohlen. Dieses Papier ist sowohl in A4 als auch in A3 gut und preiswert verfügbar. Beim Skizzieren ist es vorteilhaft, wenn Papier großzügig eingesetzt werden kann. Mit 80 g/m^2 scheint das Papier schon leicht durch.

Ergänzend kann weißes Papier mit 50 g/m^2 hilfreich sein. Dieses Papier ist etwas transparenter als Papier mit 80 g/m^2 und kann daher besser zum Durchpausen verwendet werden. A4-Papier mit 50 g/m^2 kann im Gegensatz zu Pauspapier in Rollen einfach kopiert und gescannt werden.

Grundsätzlich sind alle Formate möglich. Empfohlen wird A4-Papier im Querformat. Wenn die Fluchtpunkte weiter außen sind und am Papier sein sollen, bei umfangreicheren

P. Gruber, *Technisches Skizzieren für alle*, https://doi.org/10.1007/978-3-658-49618-0_3

Skizzen oder wenn einfach mehr Platz benötigt wird, kann Papier im A3-Format sinnvoll sein.

Es gibt eine Vielzahl an Papieren mit unterschiedlichsten Strukturen, Farben und Formaten. Experimentieren Sie damit und Sie werden sehen, wie differenziert Skizzen auf verschiedenen Papieren wirken.

Stifte

Mit Buntstiften in guter Qualität wie Polychromos Stifte der Firma Faber-Castell (s. Abb. 3.1) kann man Linien und Flächen optimal und differenziert gestalten. Schwarze Filzstifte werden z. B. für Schlagschatten und Texte eingesetzt. Für das Vorskizzieren sind Bleistifte hilfreich. B2 ist ein günstiger Bleistifthärtegrad, der sowohl für Hilfslinien als auch für das Hervorheben erster Konturen geeignet ist.

Spitzer

Ein Spitzer in guter Qualität ist ein wichtiges Werkzeug! Der Charakter von einem Strich hängt sehr stark davon ab, wie der Stift gespitzt ist.

Abb. 3.1 Polychromos Buntstifte der Firma Faber-Castell

Abb. 3.2 Spitzer mit
verschiedenen Winkeln

Abb. 3.3 Schabender Anspitzer und Beispiele einiger Spitzer, die am Stift angebracht werden können. Erwähnt sei an dieser Stelle „Der perfekte Bleistift" von Faber-Castell. Diesen gibt es von
preiswerten bis sehr hochwertigen Ausführungen

Manchmal ist ein stumpferer Winkel besser. Das kann z. B. bei Stiften mit weichen Farben
oder für dickere Linien hilfreich sein. Es gibt Spitzer mit der Möglichkeit, verschiedene
Winkel zu spitzen (s. Abb. 3.2).

Zu empfehlen sind auch schabende Anspitzer, bei welchen in der Regel die Feinheit der
Spitze eingestellt werden kann, siehe Abb. 3.3. In Abb. 3.3 werden auch Spitzer gezeigt,
welche am Stift angebracht werden können. Diese dienen zusätzlich als Schutzkappe und

als Stiftverlängerung, wenn Stifte schon etwas kürzer werden. Spitzer in dieser Art gibt es mit und ohne Behälter für Späne.

3.2 Vorschläge, Tipps und Optionen für die Ausrüstung

3.2.1 Vorschlag für die Basisausstattung

Im Wesentlichen reichen Papier, ein schwarzer Polychromos-Stift (black – Nr. 199) und ein Spitzer.

> Der schwarze Farbstift ist der wichtigste Stift. Mit diesem Stift wird die Skizze an sich erstellt.

Ergänzend werden für die Basisausrüstung folgende Farbtöne vorgeschlagen:

- Dunkelroter Polychromos-Stift, zum Beispiel dunkelrot – Nr. 225 oder kadmiumrot mittel – Nr. 217.
- Dunkelblauer Polychromos-Stift, zum Beispiel helioblau rötlich – Nr. 151 oder indanthrenblau – Nr. 247.
- Hellroter Polychromos-Stift, zum Beispiel scharlachrot tief – Nr. 219. Z. B. für besondere Hervorhebungen.

> **Tipp** Insbesondere in der Technik sollte man Skizzen nicht zu bunt gestalten. Aber Farbunterschiede können in vielen Situationen die Verständlichkeit verbessern.
>
> Mit dunklen Farben kann man, ähnlich wie mit Schwarz, Linien und Flächen gut differenzieren.

Ein Bleistift in Härte B2 ist, wie bereits oben erwähnt, beim Starten einer Skizze, in der viele Hilfslinien zu erwarten sind, sinnvoll. Wenn man bei umfangreicheren Skizzen bereits die Hilfslinien mit dem schwarzen Farbstift ausführt, wird die Gesamtskizze schnell zu dunkel und unübersichtlich.

Den Bleistift aber nicht für Linien der finalen Skizze an sich verwenden! Bleistifte sind nicht schwarz, sondern grau bis „silbrig". Beim Kopieren und Scannen werden diese Linien schwächer. Das ist für wichtige Linien natürlich nicht gewünscht. Für Hilfslinien kann das aber ein Vorteil sein, weil dadurch im Scan oder in der Kopie die eigentliche Skizze besser hervorgehoben wird.

Schwarze Filzstifte für Schlagschatten, Texte usw. vervollständigen die Basisausrüstung.

3.2.2 Optionen zu Materialien und Anmerkungen zu Farben

Anmerkungen zu Farben

Produkt- oder situationsbezogen können Farben gezielt eingesetzt werden.

Einige Beispiele für den Einsatz von speziellen Farben:

- Blau für Metall, kühl, Wasser, Pneumatik, Hydraulik, Flüssigkeit usw.
- Rot in verschiedenen Nuancen für wichtig, kritisch, gefährlich, heiß usw.
- Grün für „sicher", „erledigt" usw.
- Orange für Roboter, aktiv, lebendig usw.
- Braun für Holz
- Usw.

Entscheiden Sie selbst, welche optionalen Farbstifte für Ihre Skizzen hilfreich sein könnten.

Lineal, Zirkel, diverse Schablonen usw

Anwendungsvorschläge für die in Abb. 3.4 gezeigten Hilfswerkzeuge werden in den entsprechenden Kapiteln angeführt.

Radierer

Abb. 3.5 zeigt einige Beispiele von Radierer. U. a. auch Radierer in Form von Schutzkappen für Stifte, welche eine sinnvolle Doppelfunktion haben. Es gibt auch Bleistifte mit integriertem Radiergummi. Bei guter Qualität ist die Härte des Radiergummis auf den Härtegrad des Bleistiftes abgestimmt.

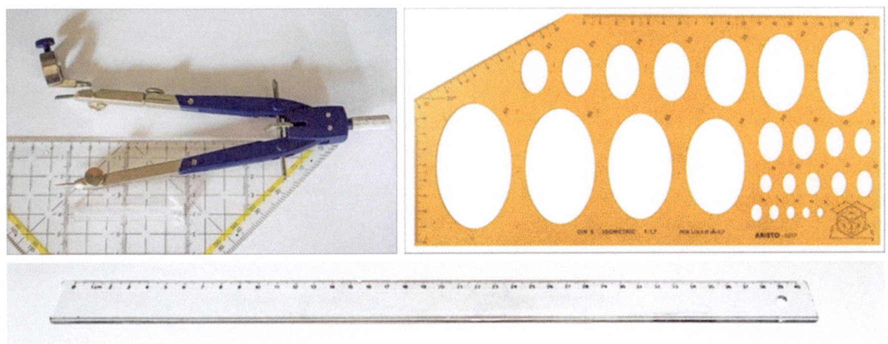

Abb. 3.4 Optionale Zeichenwerkzeuge

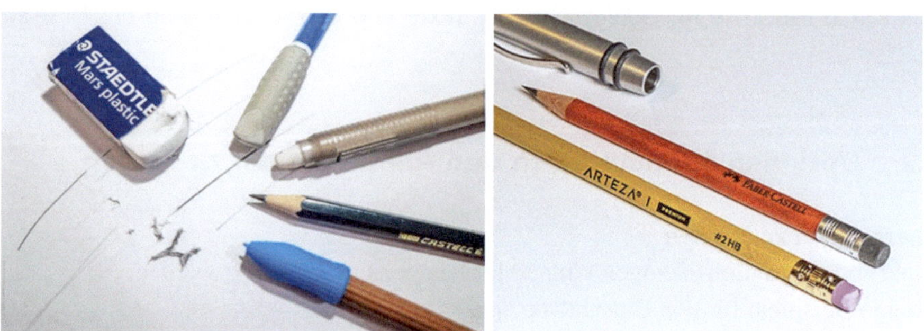

Abb. 3.5 Beispiele für Radierer

Hilfslinien sind Teil einer Skizze und stören meist nicht. Das Radieren zahlt sich also oft nicht aus – oder vielleicht doch (s. Abb. 3.6)? Radieren macht, an sich, nur bei dünnen Hilfslinien in Bleistift Sinn. An Stelle von Radieren eventuell Neubeginn mit Durchpausen andenken.

Oder wie es ein Sprichwort zum Ausdruck bringt: „Das Leben ist wie Zeichnen ohne Radiergummi."

Kopier- bzw. Druckvorlagen und Unterlagen („Linienspiegel") mit Hilfslinien für bevorzugte Darstellungsformen
Diese Vorlagen enthalten Linien und Flächen, die an den Hauptachsen orientiert sind. In Fluchtpunkt-Perspektiven werden sie oft mit horizontalen und vertikalen Begrenzungen kombiniert, um **Bezugsräume** für verschiedene Darstellungsformen zu definieren. Bezugsräume in Verbindung mit Zwei-Punkt-Perspektiven werden im Abschn. 2.5.1 „Begriffe und Eigenschaften der Zwei-Punkt-Perspektive" erläutert.

Abb. 3.6 Skizziert nach der Idee eines Cartoons aus dem Buch „BUSINESS UNUSUAL" von Kai Felmy

Zwei empfohlene Arbeitsweisen

- Direktes Zeichnen auf der Vorlage: Die Vorlage wird kopiert oder gedruckt und dient mit ihren dünn vorgezeichneten Hilfslinien als Grundlage. Diese Linien bleiben sichtbar und unterstützen die Skizze.
- Zeichnen auf einem Overlay: Eine Vorlage mit dickeren Hilfslinien wird unter ein durchscheinendes Papier gelegt. Die durchscheinenden Linien dienen hier lediglich als Orientierung und bleiben in der fertigen Skizze unsichtbar.

Anwendungsbereiche und Beispiele
Innenarchitektur
Vorlagen mit angedeuteten Raumelementen – wie Unter- und Oberschränken in Küchen – unterstützen räumliche Skizzen (siehe Abb. 3.7). Die Proportionen orientieren sich dabei an typischen Höhenverhältnissen. So liegt die Augenhöhe bei ca. 1,65 m und die Raumhöhe

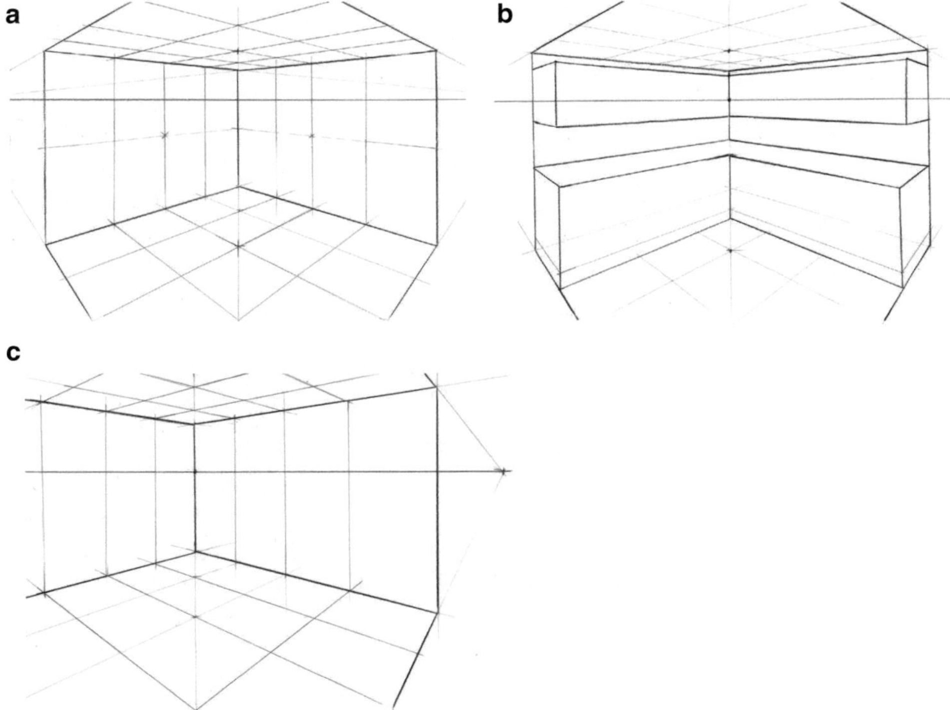

Abb. 3.7 Vorlagen für Innenräume. **a** Raum in zentraler Zwei-Punkt-Perspektive. **b** Raum in zentraler Zwei-Punkt-Perspektive mit angedeuteten Unter- u. Oberschränken. **c** Unsymmetrischer Ausschnitt von Raum in zentraler Zwei-Punkt-Perspektive (das Blickzentrum befindet sich im Schnittpunkt von Horizont und hinterer Raumkante)

meist zwischen 2,40 m und 2,80 m. Für Arbeitsflächen wird oft eine Höhe von ca. 90 cm gewählt. Als Maßvertikale (s. Abschn. 2.5.1) für das Auftragen der Höhenverhältnisse dient in Abb. 3.7b die hintere Kante des Raumes.

Grundlegende Skizzenformen

Für bevorzugte Perspektiven können geeignete Vorlagen entweder gekauft oder selbst erstellt werden. Einige Beispiele sind in diesem Abschnitt dargestellt.

- Für **zweidimensionale Darstellungen** eignen sich z. B. karierte oder gepunktete Blätter (Abb. 3.8).
- **Isometrische Skizzen** basieren auf einer Vorlage mit festgelegten Achsenwinkeln, wie in Abb. 3.9 gezeigt.
- In der **Zwei-Punkt-Perspektive** unterstützen verschiedene Varianten die Orientierung und das exakte Eintragen von Fluchtlinien. Abb. 3.10 zeigt eine Vorlage mit oberem Horizont und seitlich außerhalb liegenden Fluchtpunkten, wie sie bei weit auseinander-liegenden Fluchtpunkten sinnvoll ist. Abb. 3.11 stellt eine Variante mit Fluchtpunkten

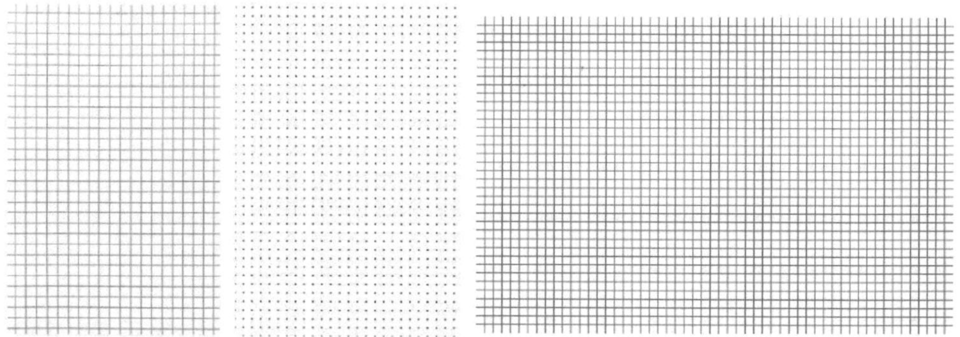

Abb. 3.8 Für 2D-Skizzen eventuell kariertes oder gepunktetes Papier versuchen. Als Unterlage kann ein klassischer Linienspiegel hilfreich sein

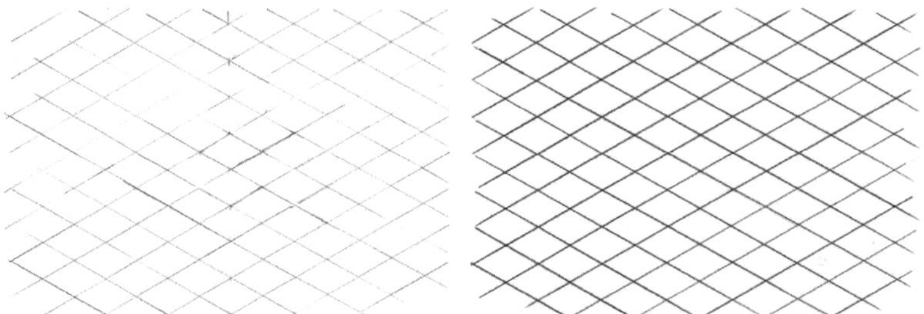

Abb. 3.9 Kopier- bzw. Druckvorlage und Unterlage für Skizzen in Isometrie

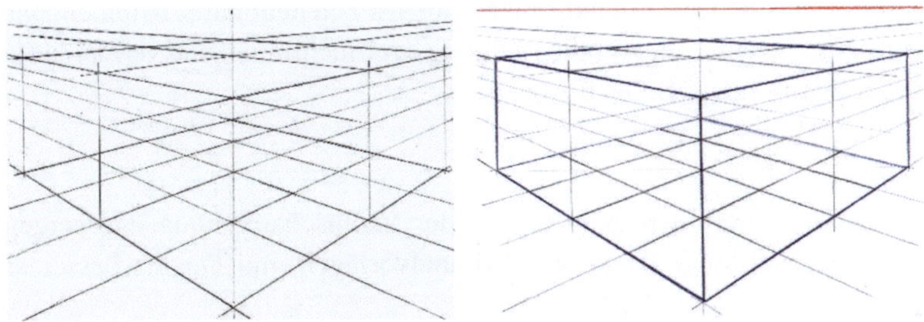

Abb. 3.10 Kopier- bzw. Druckvorlage und Unterlage für Zwei-Punkt-Perspektive mit Horizont am oberen Blattrand und Fluchtpunkten außerhalb der seitlichen Blattränder

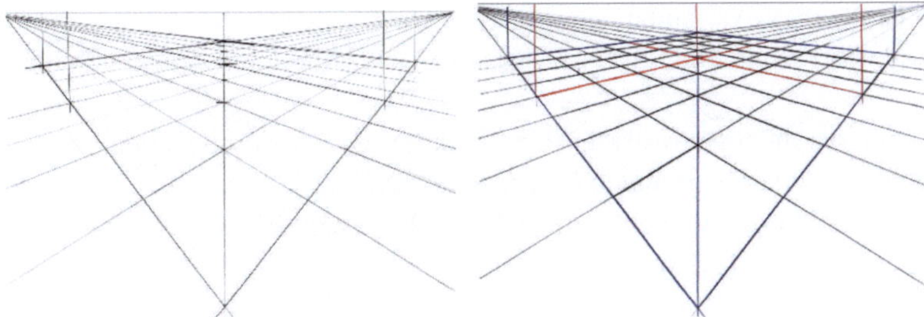

Abb. 3.11 Kopier- bzw. Druckvorlage und Unterlage für Zwei-Punkt-Perspektive mit Fluchtpunkten in den oberen Eckpunkten und geteilter Grundfläche. *Anmerkung:* Das Teilen von Flächen und Linien in der Zwei-Punkt-Perspektive wird im Abschn. 12.2 „Teilungen und Muster" behandelt

in den oberen Ecken und geteilter Grundfläche dar. Eine weitere Möglichkeit bietet Abb. 3.12 mit mittigem Horizont und seitlich platzierten Fluchtpunkten.

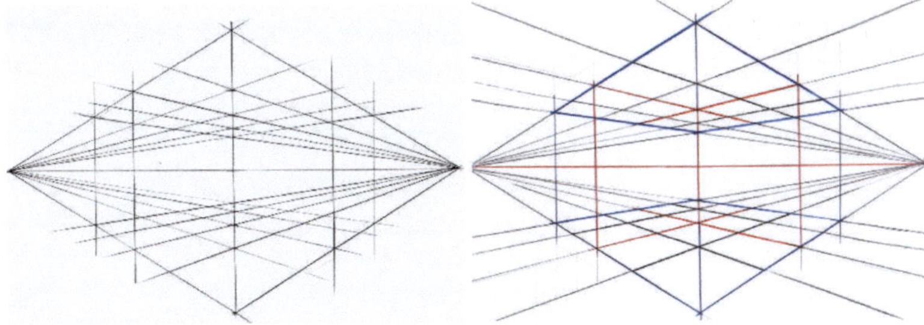

Abb. 3.12 Kopier- bzw. Druckvorlage und Unterlage für Zwei-Punkt-Perspektive mit mittigem Horizont und Fluchtpunkten an den seitlichen Blatträndern

Besonders wenn sich die Fluchtpunkte außerhalb des Zeichenblattes befinden, bieten solche Vorlagen eine gute Orientierung für die Richtung der Fluchtlinien und vermeiden zusätzliche Hilfskonstruktionen (vgl. z. B. auch Abb. 5.4).

Anmerkung:
Die Abbildungen in diesem Kapitel dienen der Veranschaulichung und zeigen die Vorlagen mit dunkleren Linien als in den Originalvorlagen, um Details besser sichtbar zu machen.

Durchpausen
Das Durchpausen, oder auch Overlay-Technik genannt, ist in vielen Situationen sinnvoll:

- Beim Erstellen von Varianten.
- Wenn eine Skizze fehlerhaft ist oder durch zu viele Hilfslinien unübersichtlich geworden ist.
- Wenn Radieren nicht sinnvoll ist, Skizze neu mit Durchpausen starten.
- Beim Erstellen einer bereinigten Skizze ohne Hilfslinien.
- Beim Zusammenführen mehrerer, auf verschiedenen Blättern erzeugter Skizzenelemente (s. z. B. Abb. 13.23).

Wenn im frühen Stadium einer Skizze die Hilfslinien noch zu wenig durchscheinen.

- Kann das Blatt ggf. gegen eine Fensterscheibe gehalten werden.
- Kann, wie schon weiter oben angeführt, Papier mit 50 g/m^2 verwendet werden.
- Kann eine beleuchtete Unterlage beim Durchpausen unterstützen (s. Abb. 3.13).

Kopierer
Kopierer und Scanner sind in vielen Situationen wichtig und hilfreich.

Abb. 3.13 Durchpausen mit beleuchteter Unterlage

- Beim Erstellen von Varianten.
- Beim Sichern wichtiger Zwischenschritte.
- Vor dem Ergänzen von Texten und anderen Ergänzungen, wie Schatten.
- Beim Kombinieren von Skizzen mit digitalen Elementen.
- Usw.

Copic-Filzstifte

Copic-Stifte sind professionelle Marker, die von der japanischen Firma Too Corporation hergestellt werden. Sie bieten eine breite Palette an leuchtenden Farben (s. Abb. 3.14) und eignen sich dadurch für gehobene Präsentationsskizzen. Beispiele und Anwendung, siehe Abschn. 21.3 „Skizzenwirkung durch Linien, Flächen, Texturen und Licht gezielt gestalten". In technischen Präsentationen eignen sich besonders Grau- und Blautöne.

Skizzenbücher

Bücher für Notizen und Skizzen gibt es in verschiedenen Größen, mit unterschiedlichsten Papierqualitäten. Sie haben einen besonderen haptischen Reiz beim Arbeiten und bieten Vorteile, wenn man unterwegs skizzieren möchte (s. Abb. 3.15).

Abb. 3.14 Copic-Stifte

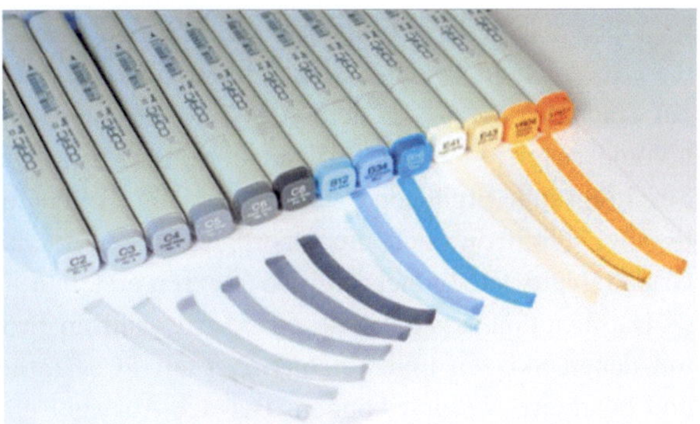

Abb. 3.15 Skizzenbuch

Experimentieren Sie beim Skizzieren mit verschiedenen Materialien.

Zum Beispiel mit unterschiedlichen Papiersorten und Stiften wie Kugelschreibern, Farb- und Filzstiften, Finelinern, Bleistiften oder Markern.

3.3 Digitale Werkzeuge im Zusammenspiel mit manuellem Arbeiten

Es geht *nicht* um die Frage, ob man mit Stift und Papier *oder* digital skizzieren und zeichnen will. In vielen Situationen stellt sich vielmehr die Frage, wie sich beide Arbeitsweisen sinnvoll miteinander kombinieren lassen.

Die Themen dieses Buches sind sowohl für das manuelle als auch für das digitale Skizzieren von Bedeutung.

Es gibt verschiedene Eingabegeräte, die ein manuelles, aber dennoch digitales Arbeiten ermöglichen. Touch-Displays in Verbindung mit geeigneten digitalen Stiften erlauben ein Zeichenerlebnis, das dem Arbeiten auf Papier nahekommt. Bei entsprechender Technologie reagieren diese Stifte auch drucksensitiv und ermöglichen eine differenzierte Strichführung. Ergänzend stehen spezielle Folien für Tablets und Bildschirme zur Verfügung, durch die sich die Oberfläche haptisch ähnlich wie Papier anfühlt. Auch mit Grafiktabletts lassen sich digitale Skizzen erstellen – etwa in Verbindung mit einem PC.

Darüber hinaus steht eine große Auswahl an Programmen und Apps zur Verfügung, mit denen Skizzen und Zeichnungen auf PCs, Tablets oder Smartphones digital erstellt und bearbeitet werden können. Bei der Auswahl eines passenden Tools sollte man sich zunächst darüber klar werden, **wofür** man es verwenden möchte. Ebenso wichtig ist die Frage nach dem gewünschten Funktionsumfang: Umfangreiche Programme bieten viele Möglichkeiten und Zusatzfunktionen, sind aber oft auch komplexer in der Bedienung. Für einfache Anwendungen reicht in vielen Fällen bereits eine leicht zugängliche App oder ein Standardprogramm aus.

Kombiniert arbeiten

Wenn man manuell erstellte und digitale Inhalte kombinieren möchte, gibt es verschiedene Herangehensweisen. Eine einfache Möglichkeit besteht darin, auf Papier erstellte Skizzen zu scannen oder zu fotografieren. Die digitalisierten Skizzen können anschließend direkt weiterverwendet oder gezielt ergänzt werden. Dazu lassen sie sich in geeignete Programme laden und dort weiterbearbeiten – etwa durch das Hinzufügen von Texten, Symbolen, Bildern usw. (s. Abb. 3.16). In der Regel genügen dafür, wie angeführt, einfache Standardprogramme oder Apps.

Wird die Skizze digital erstellt, können ebenfalls verschiedene Inhalte geladen, kombiniert und ergänzt werden (s. z. B. Abb. 3.17).

Eine interessante Anwendung besteht auch darin, direkt in ein Foto hinein zu skizzieren. Dabei ist es hilfreich, die Hauptachsen und Fluchtpunkte des Bildes zu identifizieren und gegebenenfalls als Hilfslinien darzustellen. Die in Abb. 3.18 gezeigte Kombination aus Foto und ergänzender digitaler Skizze wurde auf einem Grafiktablett in Verbindung mit einem Laptop erstellt.

Ergänzend ein paar persönliche Gedanken dazu

Ich arbeite schon sehr lange mit einem 3D-CAD-Programm. Auch wenn ich mit dem Programm relativ gut vertraut bin, geht doch ein gewisser Anteil der Energie in das Beherrschen und Bedienen des Werkzeugs an sich. Beim Arbeiten mit Apps zum Skizzieren ist das ähnlich – auch hier fordert das Werkzeug Aufmerksamkeit.

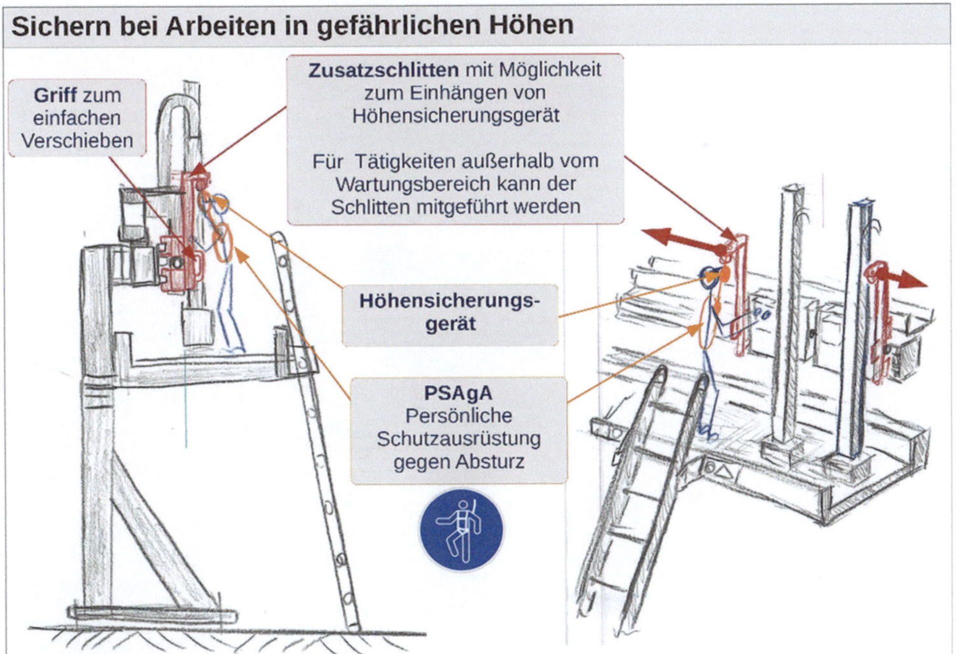

Abb. 3.16 Beispiel einer Kombination von Skizzen mit digitalen Ergänzungen. Wenn in einer Skizze relativ viele und verschiedene Informationen ergänzt werden, sind digitale Werkzeuge empfehlenswert. Siehe dazu auch Kap. „18 Texte und andere ergänzende Informationen in Skizzen"

Abb. 3.17 Fotografiertes
Modellfahrzeug, kombiniert
mit einer digitalen
Skizze – erstellt mit einer App
auf einem Tablet

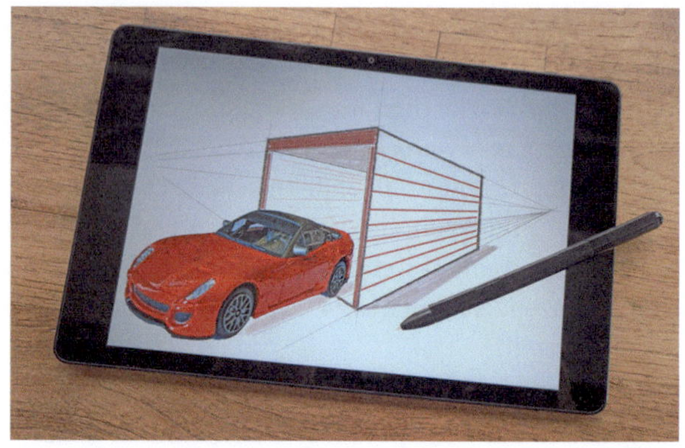

Abb. 3.18 Digitale Skizze,
direkt in einem Foto mit einem
Grafiktablett auf einem Laptop
erzeugt

Meine Erfahrung ist: Das Arbeiten mit der Hand auf Papier ist ein schöner Gegenpol zur digitalen Welt. Es ist angenehm, Materialien direkt zu spüren. Beim manuellen Skizzieren ergibt sich ein anderer kreativer Prozess im Rhythmus „Tun > Sehen > Tun". Außerdem bedeutet es ein Stück Freiheit, wenn man mit Stift und Papier überall „alles erschaffen" – oder genauer gesagt: alles darstellen – kann.

Auch wenn die Digitalisierung durch neue Technologien wie z. B. künstliche Intelligenz immer ausgefeilter wird, bleibt das manuelle Tun in Verbindung mit Kreativität eine wertvolle und sinngebende Tätigkeit.

Ich möchte einladen, sich hier auf das manuelle Tun einzulassen.

Linien und Flächen sind die Basis jeder Skizze   4

Linien und Flächen prägen die Wirkung einer Skizze entscheidend. Der Charakter einer Linie entsteht durch ihre Führung, wobei Strichstärke und Ausführung den Ausdruck maßgeblich beeinflussen. In diesem Kapitel werden einige Grundvarianten von Linien und Flächen als Anregung für das praktische Üben gezeigt. Eine Linie beschreibt die sichtbare Form oder Kontur einer Skizze. Ein Strich bezeichnet die Weise, in der eine Linie gezogen wird. Durch Strichstärke, Schwung, Rhythmus und das verwendete Zeichenwerkzeug erhält eine Skizze ihren individuellen Ausdruck.

4.1   Tipps und Praktisches zu Linien und Flächen

Eine erste Herausforderung sind horizontale und vertikale Linien. Auch parallele Linien und Linien, welche an einem Punkt zusammenlaufen, sind nicht banal und kommen in Skizzen häufig vor (s. Abb. 4.1).

Unsere Augen bzw. unser Gehirn ist in gewissen Bereichen sehr heikel. Man hat eine Vorstellung, wie etwas aussehen soll, gespeichert und man erkennt (unbewusst) Abweichungen davon. Siehe dazu auch Kap. 12 „Geometrisch kritische und heikle Situationen schlüssig darstellen". Es kann daher sinnvoll sein, gewisse Hilfslinien mit Lineal, Zirkel, Schablonen oder anderen Hilfsmitteln zu erstellen. Die finalen Linien einer Skizze sollten jedoch nach Möglichkeit mit der Hand nachgezogen bzw. erstellt werden. Dadurch bleibt der Charakter einer Handskizze erhalten.

© Der/die Herausgeber bzw. der/die Autor(en), exklusiv lizenziert an Springer Fachmedien Wiesbaden GmbH, ein Teil von Springer Nature 2025
P. Gruber, *Technisches Skizzieren für alle*, https://doi.org/10.1007/978-3-658-49618-0_4

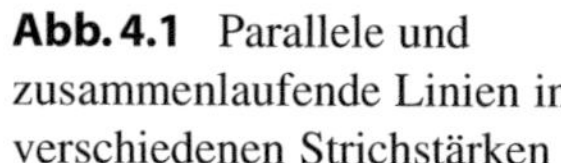

Abb. 4.1 Parallele und zusammenlaufende Linien in verschiedenen Strichstärken

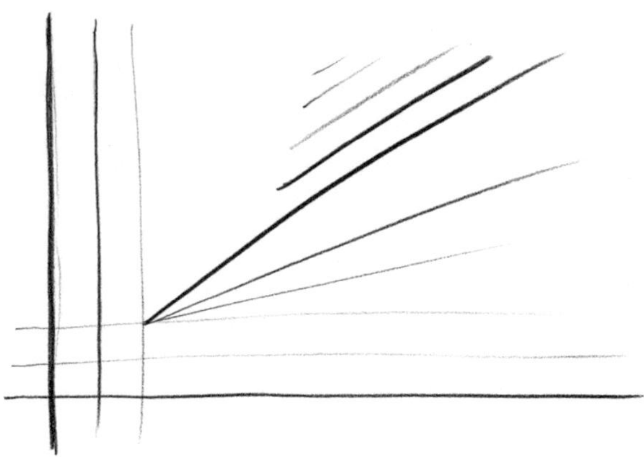

▶   **Tipps**

- Hilfslinien können in der Skizze bleiben.
- Großzügig durchgezogene Hilfslinien verlaufen tendenziell gerader.
- Auch wenn der Strich nicht aufs Erste passt. Nicht sofort radieren. Einfach den Strich so lange zeichnen, bis Position und Richtung ungefähr passen. Eine Skizze verträgt einiges an nebensächlichen Strichen.
- Soll der Zielpunkt möglichst genau getroffen werden, kann es – insbesondere bei langen Hilfslinien – hilfreich sein, die Linie während des Ziehens gelegentlich zu unterbrechen, um die Richtung zu korrigieren.
- Für gerade Linien ggf. die Hand an der Tischkante anhalten – vor allem bei den ersten horizontalen und vertikalen Linien.

> Linien und Flächen beeinflussen die Wirkung und den Charakter einer Skizze wesentlich.

Mit Farbstiften können Linien sehr gezielt durch differenzierte Strichführung gestaltet werden (s. Abb. 4.2). Ihre Wirkung hängt z. B. vom Härtegrad und der Spitze des Stiftes, vom Anpressdruck sowie von der Struktur des Papiers ab. Linien können dabei z. B. exakt begrenzt sein oder schwungvoll mit abnehmender Intensität auslaufen. Solche Linien geben einer Skizze Dynamik. Linien, welche nicht geradlinig verlaufen, vermitteln einen weniger technischen und weicheren Eindruck.

Auch Flächen können mit einfachen Mitteln unterschiedlich gestaltet werden (s. Abb. 4.3).

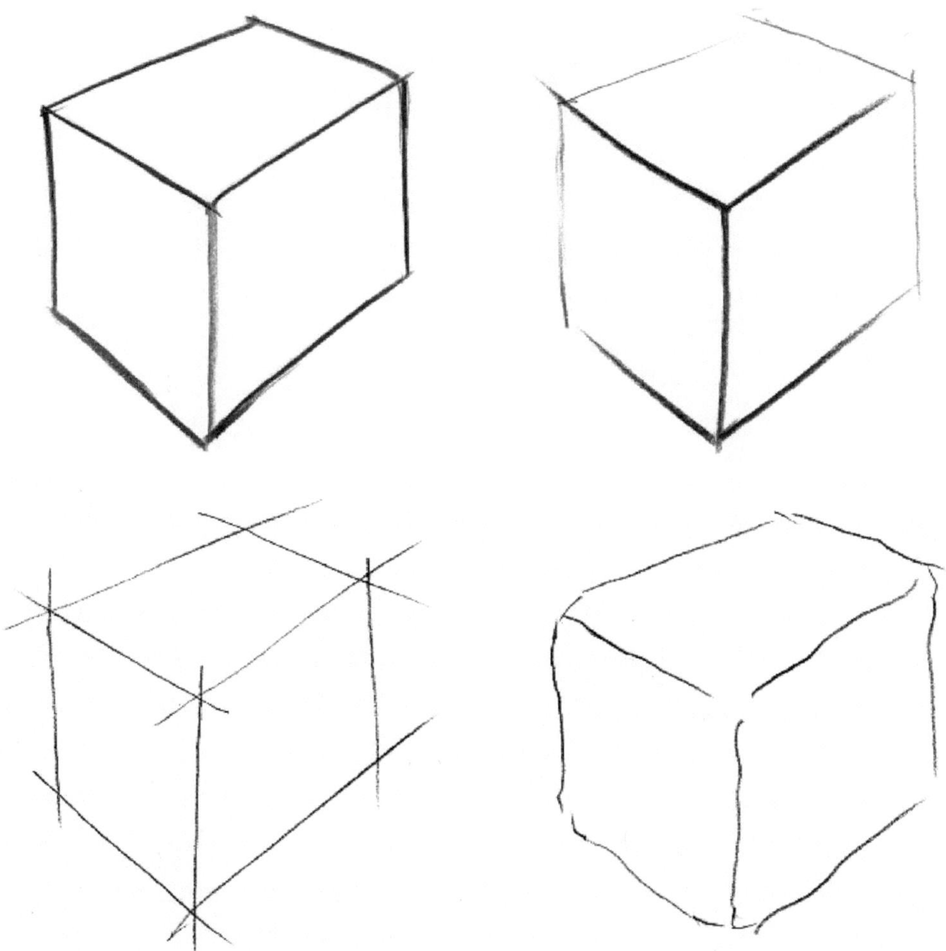

Abb. 4.2 Beispiele für die Wirkung verschiedener Linien bei unterschiedlichen Strichführungen

Flächen können vollflächig eingefärbt oder mit Schraffuren und Muster in verschiedene Richtungen versehen werden. Schraffuren und Muster haben den Vorteil, dass diese auch mit Stiften gemacht werden können, mit denen man nicht „malen" kann.

Anmerkung Verschiedene Arten von Flächen werden in späteren Teilen, etwa in Kap. 11 „Licht und Schatten" sowie in Abschn. 21.3 „Skizzenwirkung durch Linien, Flächen, Texturen und Licht gezielt gestalten", noch behandelt.

Abb. 4.3 Beispiele für die Wirkung verschiedener Flächen

4.2　　Anregungen für das Üben von Linien und Flächen

Beim Üben keine Vorsicht walten lassen! Keine Scheu, und voll drauflos. Papier ist geduldig.

Skizzieren Sie verschiedene Linien- und Stricharten (s. Abb. 4.4)

- horizontal
- vertikal
- schräg

Abb. 4.4 Anregungen für das Üben von Linien in verschiedenen Stricharten

- parallel
- auf einen Punkt zusammenlaufen
- dünne Hilfslinien
- Hilfslinien nachziehen
- dicke Linien direkt skizzieren

- gerade
- „kurvig"
- exakte Enden
- Schwungvoll auslaufende Linien
- usw.

Skizzieren Sie verschiedene Flächen (s. Abb. 4.5)

- Eckig
- Rund
- Freie Formen

Abb. 4.5 Anregungen für das Üben von Flächen

- Schraffiert
- verschiedene Muster
- flächig ausgefüllt
- usw.

Würfel, Quader und Objekte aus kubischen Elementen   5

Der Kubus ist in vielen Skizzen der wichtigste Grundkörper. Viele Skizzen beginnen mit einem Würfel oder Quader. Zum Beispiel als Körper an sich, als Körper in Kombination mit anderen Elementen oder als **Bezugsraum** für grobe äußere Proportionen und Orientierung der Gesamtskizze.

5.1   Würfel und Quader in verschiedenen Darstellungsformen

Das Skizzieren von Würfeln und Quadern in den wichtigsten Darstellungsformen ist für das Skizzieren allgemein essenziell. Sie dienen in vielen Situationen als wichtige Basiselemente.

Auf Basis der Grundlagen in Kap. 2 „Theoretisch betrachtet – verschiedene Darstellungsformen" können kubische Körper in den verschiedenen Perspektiven einfach und klar skizziert werden. Zum Beispiel in Isometrie (s. Abb. 5.1), Zwei-Punkt-Perspektive (s. Abb. 5.2) und in Dreipunktperspektive (s. Abb. 5.3).

Anmerkung Schattierungen werden in Kap. 11 „Licht und Schatten" behandelt.

5.2   Das Skizzieren von Würfeln und Quadern als Grundübung

Skizzieren Sie verschiedene Würfel und Quader in folgenden Darstellungsformen:

- Isometrie, wie in Abb. 5.1.
- Zwei-Punkt-Perspektive aus verschiedenen Blickwinkeln, wie in Abb. 5.2 und 5.5.

© Der/die Herausgeber bzw. der/die Autor(en), exklusiv lizenziert an Springer Fachmedien Wiesbaden GmbH, ein Teil von Springer Nature 2025
P. Gruber, *Technisches Skizzieren für alle*, https://doi.org/10.1007/978-3-658-49618-0_5

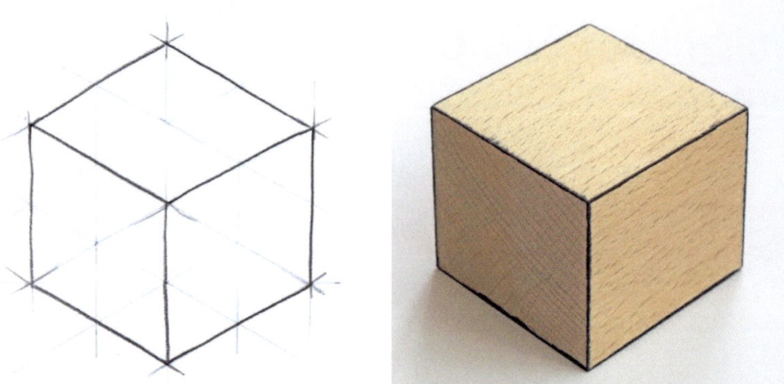

Abb. 5.1 Würfel in isometrischer Darstellungsform skizziert und annähernd in isometrischer Perspektive fotografiert

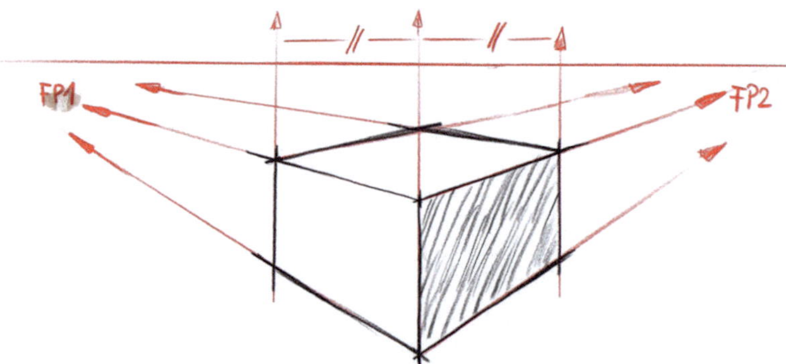

Abb. 5.2 Quader in zentraler Zwei-Punkt-Perspektive skizziert

- Drei-Punkt-Perspektive aus Frosch- und Vogelperspektive, wie in Abb. 5.3.

Abb. 5.3 Quader in Dreipunktperspektive. Durch verschiedene Lagen des Horizontes ergeben sich sehr verschiedene Sichtweisen mit unterschiedlicher Wirkung. Zum Beispiel, Frosch- und Vogelperspektive

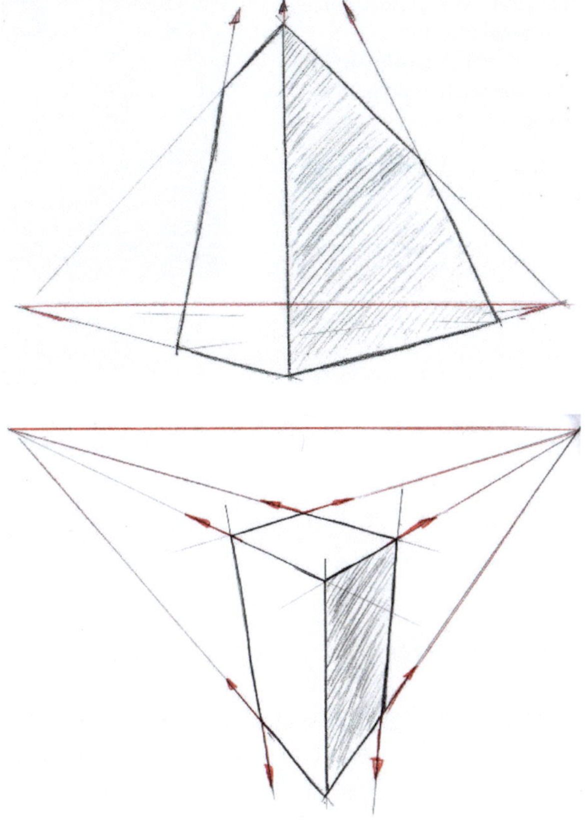

Diese Übungen wirken vielleicht banal, sind aber eine wichtige Grundlage für weitere Themen!

▶ **Tipp** Insbesondere am Anfang ist es besser, wenn die Fluchtpunkte auf dem Blatt sind. Daher ggf. mit A3 beginnen, oder seitlich mit zusätzlichen Blättern verbreitern (s. Abb. 5.4 und 5.5).

▶ **Tipp** Besonders herausfordernd sind Linien, welche sehr flach und nahe am Horizont verlaufen. Hier sollte man gut darauf achten, dass diese möglichst gerade gezeichnet werden. Bei Linien dieser Art ggf. ein langes Lineal verwenden (s. auch Abschn. 12.1 „Allgemeines und Beispiele zu kritischen Bereichen").

Abb. 5.4 Vorbereitung eines Zeichenblattes für Zwei-Punkt-Perspektive mit Fluchtpunkten außerhalb des Blattes

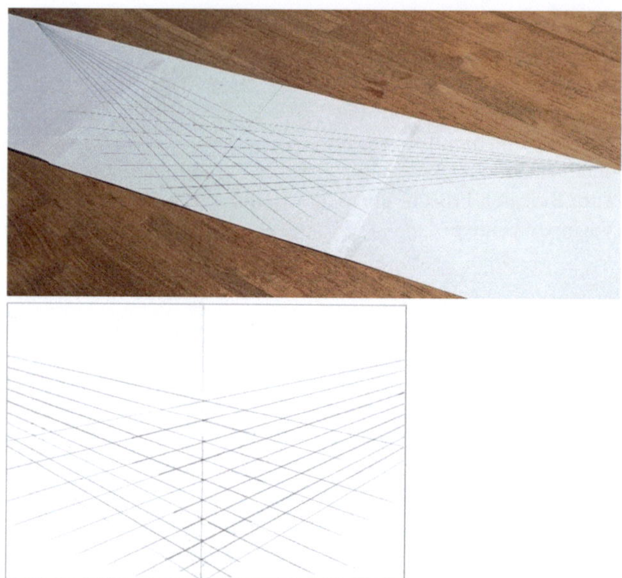

5.3   Würfel und Quader mit Ausnehmungen kombinieren

Mit kubischen Körpern und Ausnehmungen können schon vielfältige Objekte skizziert werden. Durch die Wahl des Horizontes lassen sich in Zwei-Punkt-Perspektiven einfach sehr verschiedene Eindrücke von Objekten erzielen. In Abb. 5.6 ist der Horizont oben, in Abb. 5.7 unten und in Abb. 5.8 im mittleren Bereich gewählt.

> ▶ **Tipp** Wenn alle Objekte zur Gänze von oben oder unten dargestellt werden, kann auch direkt der obere bzw. untere Blattrand als Horizont verwendet werden.

Die Abb. 5.9 und 5.10 zeigen, dass sich bereits mit kubischen Körpern – sowohl in isometrischer als auch in Zwei-Punkt-Perspektive – umfangreichere Objekte anschaulich darstellen lassen. Besonders bei komplexeren Szenen ist es in der Zwei-Punkt-Perspektive von Vorteil, die Fluchtpunkte weit außen zu positionieren. Die Vorteile der isometrischen Darstellung sind in Abschn. 2.3.2 „Isometrie" beschrieben.

Erfinden Sie selbst Kombinationen aus Würfel und Quader, mit und ohne Ausnehmungen. Die Abb. 5.6, 5.7, 5.8, 5.9 und 5.10 dienen dabei als Anregung. Sie werden überrascht sein, welche vielfältigen Möglichkeiten sich bereits mit diesen einfachen Elementen ergeben.

Abb. 5.5 Ergänzende Anregungen in Zwei-Punkt-Perspektive für die Grundübung „Skizzieren von Würfel und Quader". **a** Der Horizont ist oberhalb und die Fluchtpunkte sind außerhalb des Zeichenblattes. Dadurch werden alle Quader von oben dargestellt, und die Verzerrung ist relativ gering. **b** und **c** Hier geht der Horizont durch die Szene. Ein Teil der Quader ist also unter- und ein Teil ist oberhalb des Horizontes. Durch die relativ nahen Fluchtpunkte am Rand des Zeichenblattes ist die Verzerrung größer

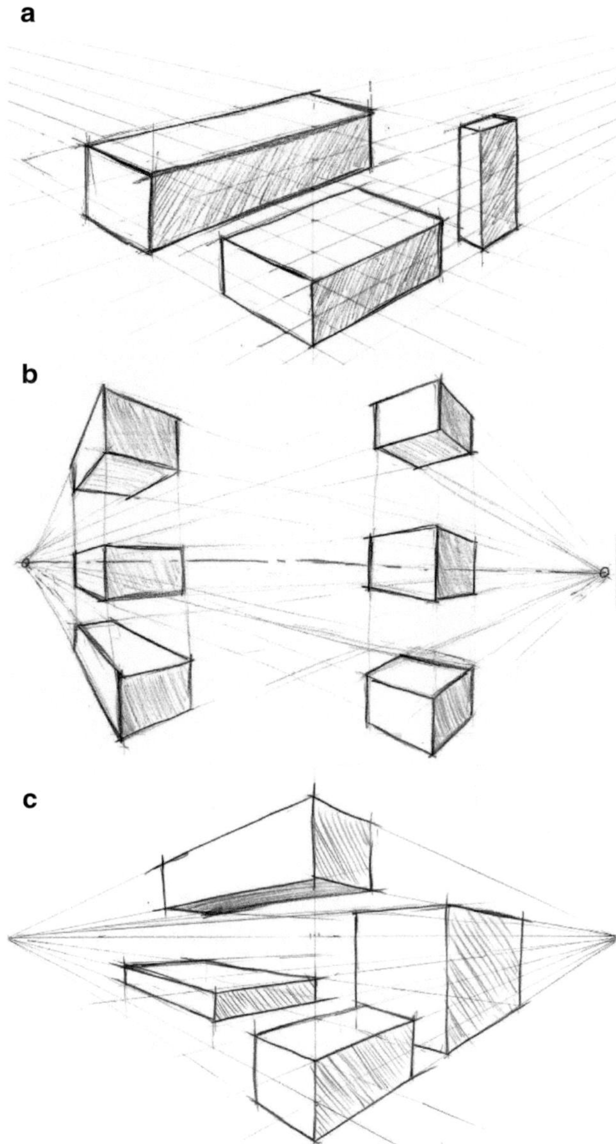

Abb. 5.6 Kubische Objekte in Zwei-Punkt-Perspektive mit Horizont im oberen Bereich

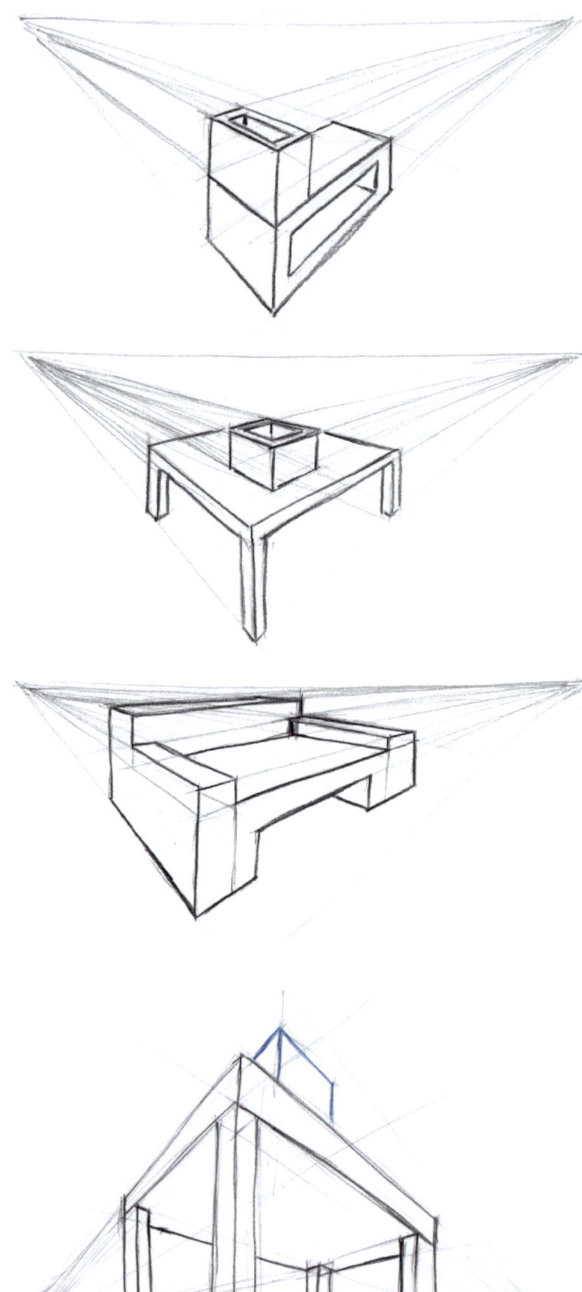

Abb. 5.7 Kubische Objekte in Zwei-Punkt-Perspektive mit Horizont im unteren Bereich

Abb. 5.8 Kubische Objekte in
Zwei-Punkt-Perspektive mit
Horizont im mittleren Bereich
durch das Objekt

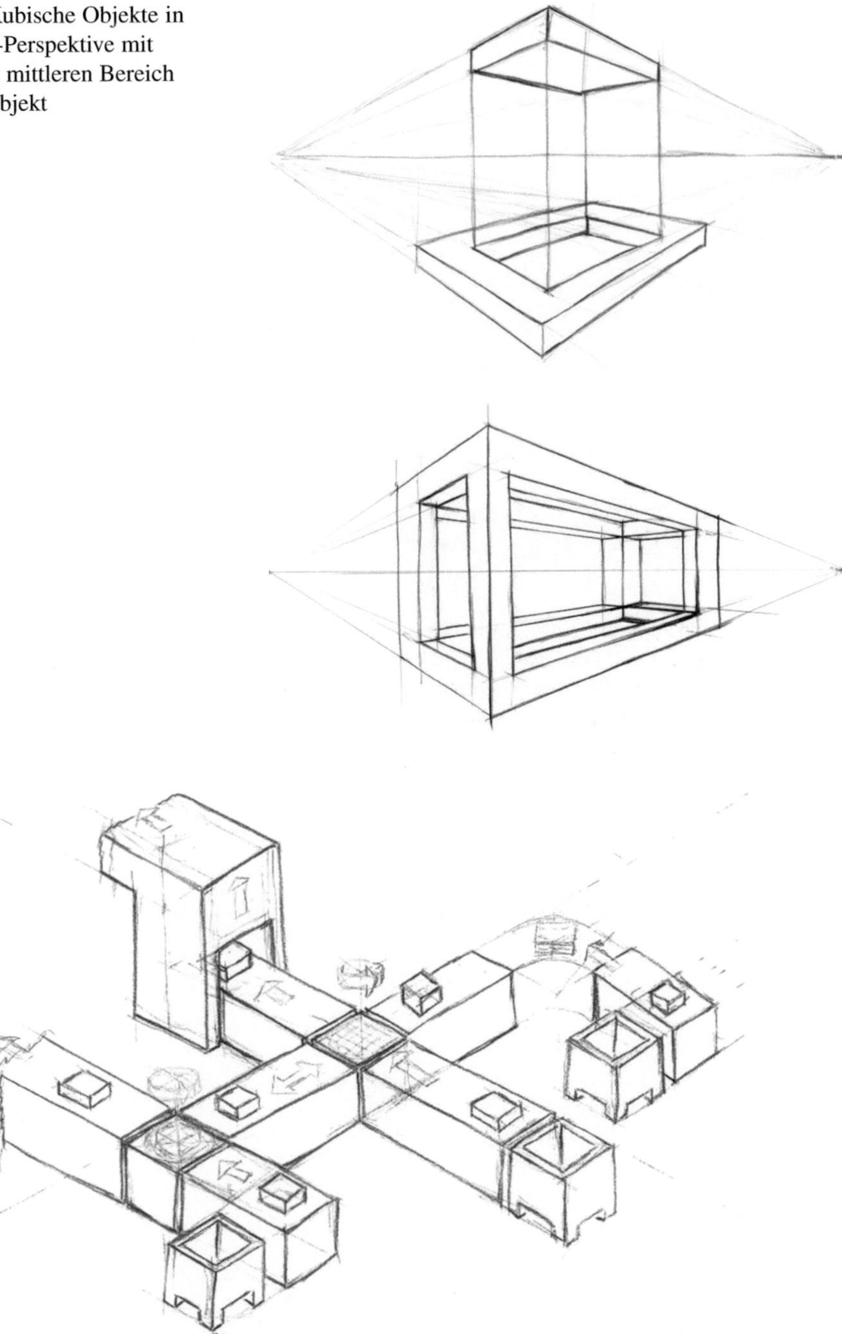

Abb. 5.9 Isometrische Darstellung einer Förderanlage

Abb. 5.10 Grobe Skizze einer automatisierten Fertigungsanlage mit Portalroboter, Maschinen, Werkstückspeichern und Zusatzstationen. Grundlage ist ein Bezugsraum in Zwei-Punkt-Perspektive mit relativ weit außen liegenden Fluchtpunkten. *Anmerkung:* Die Einbindung von Personen wird in Kap. 14 „Personen in Skizzen einbinden" behandelt

Methodische Arbeitsweise allgemein, mit nützlichen Tipps 6

Am Anfang lohnt es sich, kurz innezuhalten und zu fragen: **Was wollen wir für wen wie darstellen?** Was ist das zentrale Thema, und welche Darstellungsformen und welcher Detaillierungsgrad sind dafür geeignet? Sind diese Punkte geklärt, kann das eigentliche Skizzieren beginnen. In Kap. „5 Würfel, Quader und Objekte aus kubischen Elementen" wurden bereits Grundlagen für den Aufbau von Skizzen gezeigt. Jetzt ist ein guter Zeitpunkt, bewusst auf den Arbeitsablauf einer Skizze zu achten. Arbeitsweisen können in Abhängigkeit von Motiv, Darstellungsform und Absicht differieren. Bei einfachen schnellen Skizzen oder mit entsprechender Erfahrung kann es effizient sein, gleich mit dem finalen Stift in der finalen Strichstärke zu skizzieren. Häufig ist aber ein schrittweiser Aufbau besser geeignet.

Zu Beginn ist die gewünschte Darstellungsart, wie Zwei-Punkt-Perspektive, Isometrie oder 2D-Normalrisse festzulegen. In den Abb. 6.1, 6.2, 6.3, 6.4, 6.5, 6.6 und 6.7 wird ein einfacher und erprobter Arbeitsablauf für eine Zwei-Punkt-Perspektive vorgestellt.

Die Lage des Horizontes wählen

Je nachdem, ob das Objekt eher von oben oder unten gezeichnet wird, ist der Horizont entsprechend zu wählen (s. Abb. 6.1).

> ► **Tipp** Wie bereits in Kap. „5 Würfel, Quader und Objekte aus kubischen Elementen"
> angeführt, kann der Horizont am oberen oder unteren Blattrand gewählt werden,
> wenn ein Objekt zur Gänze von oben oder unten dargestellt wird.

Abb. 6.1 Festlegung des Horizontes entsprechend der gewünschten Blickhöhe

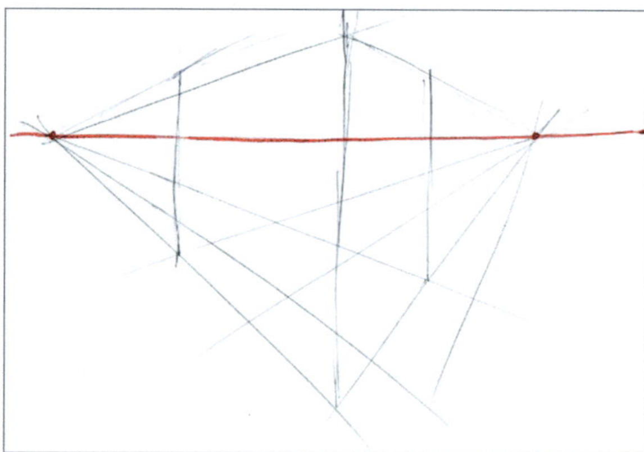

Abb. 6.2 Vorbereitung der Perspektivkonstruktion durch Festlegen der Fluchtpunkte und der Grundproportionen des Bezugsraums

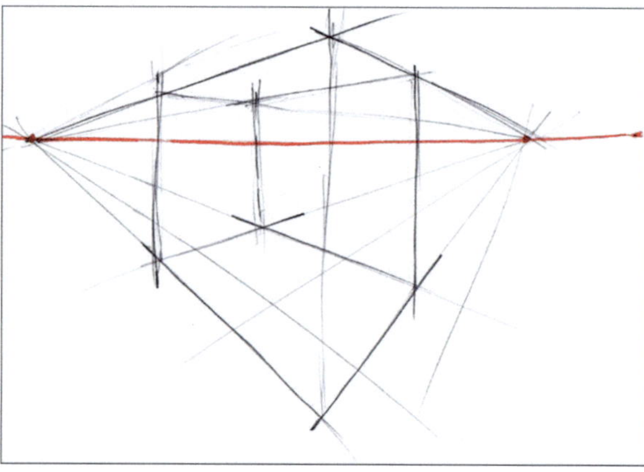

Abb. 6.3 Grobe Konturen mit dem Bleistift skizzieren

Abb. 6.4 Wenn der
Skizzenstart nicht optimal
gelingt – einfach neu beginnen:
a Zu viele Linien und
ungenaue Senkrechte
erschweren die Übersicht.
b Neustart durch Durchpausen
der wesentlichen Umrisse

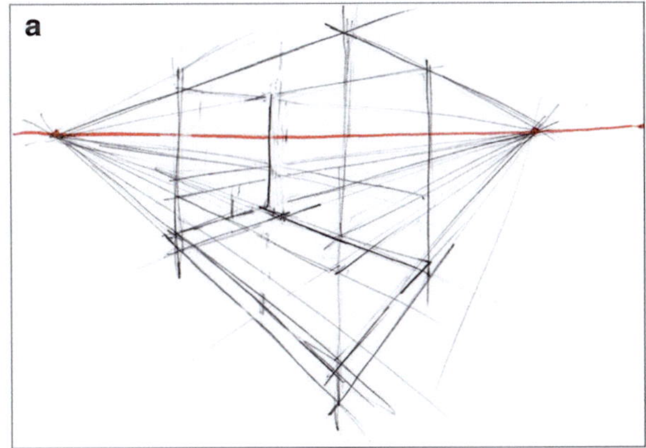

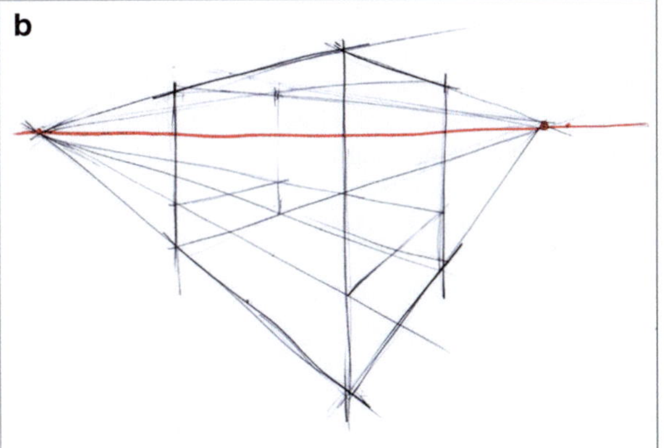

Abb. 6.5 Hervorheben der
wesentlichen Linien für mehr
Klarheit in der Skizze

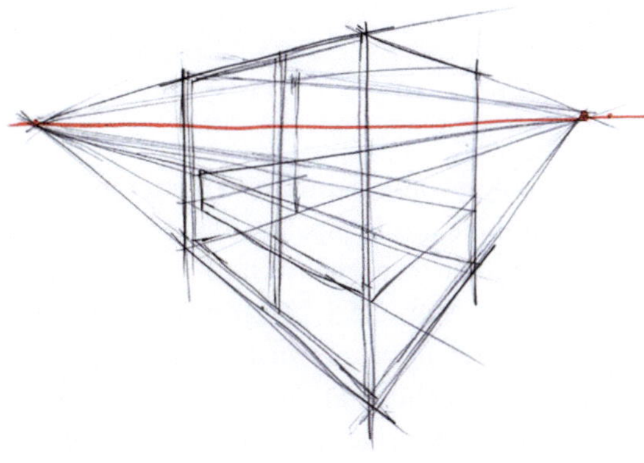

Abb. 6.6 Die fertige Skizze mit Blick in das Innere des Schrankes

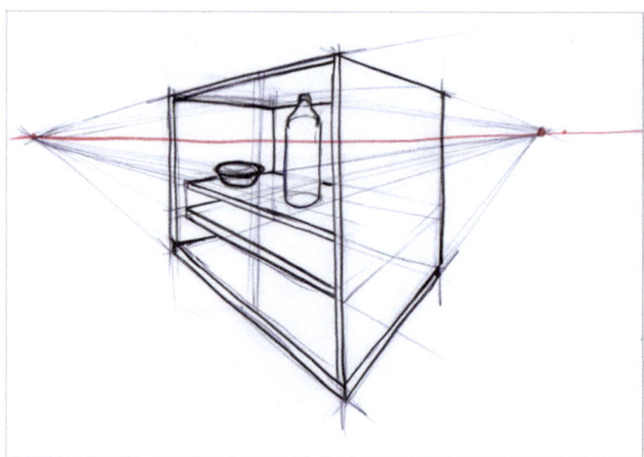

Abb. 6.7 Variante des Objektes mit geänderter Farbgebung und neuer Anordnung der Elemente im Schrank – direkt von einer anderen Variante durchgepaust

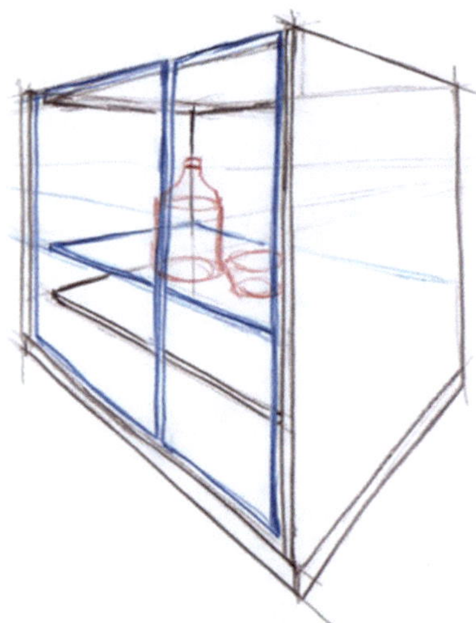

Die Fluchtpunkte wählen und mit einem Quader erste Proportionen prüfen

Skizziert man ein relativ kompaktes Objekt mit klaren Hauptachsen, ergibt sich der Bezugsraum durch die Kanten und die Größe des Objekts. Beim Skizzieren umfangreicherer Szenen ist es, wie in Abschn. 2.5.1 „Begriffe und Eigenschaften der Zwei-Punkt-Perspektive" beschrieben, hilfreich, bereits zu Beginn der Skizze einen Bezugsraum festzulegen. Der Bezugsraum kann sichtbar als Teil der Skizze dargestellt werden, in Form von Hilfslinien angedeutet oder rein virtuell existieren. Unabhängig davon, ob er sichtbar ist oder nicht, bleibt der Bezugsraum mit seinen Fluchtpunkten und dem Blickzentrum für die gesamte skizzierte Szene gültig.

In Kap. 9 „Objekte und physische Räume" wird die Wirkung physischer Räume genauer behandelt. Durch das Skizzieren eines Quaders oder anderer einfacher Grundformen wird das

Objekt oder der Bezugsraum vordefiniert, und es lassen sich bereits die groben Proportionen analysieren (siehe Abb. 6.2 und 6.3).

Bei den ersten Konturen ist es zu empfehlen, noch nicht zu viele Details darzustellen. Falls aufgrund zu vieler Linien trotzdem die Übersicht verloren geht oder Fehler passieren (s. Abb. 6.4a), könnte ein Neustart mittels Durchpausen sinnvoll sein. Einfach ein ausreichend durchscheinendes Papier darüberlegen, und die wichtigsten Elemente neu durchpausen (s. Abb. 6.4b).

►   **Tipp** Wie schon in Kap. 3 „Werkzeuge, Material und nützliche Hilfsmittel" angeführt, kann beim Durchpausen zur Unterstützung ggf. ein Papier mit 50 g/m^2, eine beleuchtete Hintergrundfläche oder einfach eine Fensterscheibe dienen.

In weiterer Folge können die wichtigsten Linien mit Bleistift so weit hervorgehoben werden, dass in der Skizze klar ist, was dargestellt werden soll (s. Abb. 6.5).

►   **Tipp** Vor und nach dem Nachziehen der Körperkanten ist ein guter Zeitpunkt, ggf. eine Sicherheitskopie bzw. einen Sicherheitsscan anzufertigen.

Anschließend kann mit Polychromos-Stifte nachgezogen und final skizziert werden (s. Abb. 6.6). Beim Nachziehen von Linien darauf achten, dass nicht versehentlich verdeckte Kanten in dicker Strichstärke gezeichnet werden. Daher ist es empfehlenswert, die Skizze von vorn nach hinten zu finalisieren.

Mit Skizzen kann man effizient Varianten von Objekten darstellen. Siehe dazu auch die Abschn. 20.2 „Mit Skizzen effizient Varianten visualisieren und vergleichen" und 21.3 „Skizzenwirkung durch Linien, Flächen, Texturen und Licht gezielt gestalten". Dabei ist Durchpausen sehr hilfreich. Es kann, je nachdem, was in der neuen Varianten verändert wird, großteils ohne Hilfslinien direkt auf dem durchscheinenden Papier final skizziert werden (s. Abb. 6.7).

►   **Tipp** Für Striche in Farbe eignen sich dunklere Farbtöne, da Linien in hellen Farben oft unklar wirken wirken (vgl. auch Abb. 11.6, 11.42 u. 19.3).

Dieses Beispiel wird im Abschn. 11.6 „Der Schlagschatten hinter Glaselementen" noch näher beleuchtet, und die methodische Arbeitsweise für das Anbringen von Schattenfortgesetzt.

Zusammenfassung zu Strichführung Folgende Reihenfolge der Strichführung hat sich für viele Situationen bewährt:

1. Erste Hilfslinien dünn mit Bleistift großzügig und möglichst lang durchziehen. Dadurch können Richtungen zu Fluchtpunkten und Parallelitäten besser beherrscht werden.
2. Erste Konturen für Bezugsraum und Geometrien mit Bleistift leicht hervorheben.
3. Detailliertere Konturen mit Bleistift oder Farbstift skizzieren und hervorheben.
4. Finale Konturen mit Farbstiften nachziehen und die Skizze ggf. vervollständigen.
5 Eigenschatten anbringen (siehe Kap. 11).
6. Gegebenenfalls Texturen, Texte, Schlagschatten oder andere Ergänzungen hinzufügen.

Durch das Beobachten der kontinuierlich entstehenden Geometrien kann die Skizze während des Zeichnens gelenkt werden, und dabei können entstehende Gedanken einfließen.

Weitere Grundkörper wie Fasen, Pyramiden, Zylinder, Kegel usw

Technische und alltägliche Gegenstände bestehen häufig aus Kombinationen von einfachen geometrischen Grundelementen. Damit im nächsten Kap. 8 „Grundkörper kombinieren" entsprechend komplexere zusammengesetzte Objekte skizziert werden können, werden in diesem Kapitel die wichtigsten geometrischen Grundformen ergänzend zu Würfel und Quader vorgestellt.

7.1 Fasen, Pyramiden, Pyramidenstumpfe ...

Fasen, Pyramiden, Pyramidenstumpfe usw. sind einfache Ergänzungen an Würfel und Quader. Beim Zeichnen dieser Elemente ist es hilfreich, sich an Punkte und Linien an den Flächen der kubischen Grundkörper zu orientieren (s. z. B. Abb. 7.1; zum Teilen von Flächen siehe Abschn. 12.2.4).

Die Abb. 7.2 zeigt, dass dieses Prinzip auch für mehrere Kanten an einem Grundkörper angewendet werden kann.

Punkte und Linien am kubischen Grundkörper sind immer wichtige Orientierungselemente (s. z. B. Abb. 7.3 und 7.4).

Skizzieren Sie selbst Körper mit Fasen, Pyramiden und Pyramidenstumpfe.

7.2 Ellipsen, Zylinder und rotatorische Drehkörper

Bei Ellipsen, Zylindern und anderen rotatorischen Körpern ist ein gewisser Unterschied in der Herangehensweise zwischen Isometrie und Zwei-Punkt-Perspektive. Daher werden die verschiedenen Darstellungsformen in verschiedenen Abschnitten behandelt.

© Der/die Herausgeber bzw. der/die Autor(en), exklusiv lizenziert an Springer Fachmedien Wiesbaden GmbH, ein Teil von Springer Nature 2025
P. Gruber, *Technisches Skizzieren für alle*, https://doi.org/10.1007/978-3-658-49618-0_7

Abb. 7.1 Fasen an Quadern am Beispiel von Spannbacken. Die Orientierung an Linien und Flächen des Kubus erleichtert das Anbringen der Fasen. Vgl. auch Schattierungen in Kap. 11

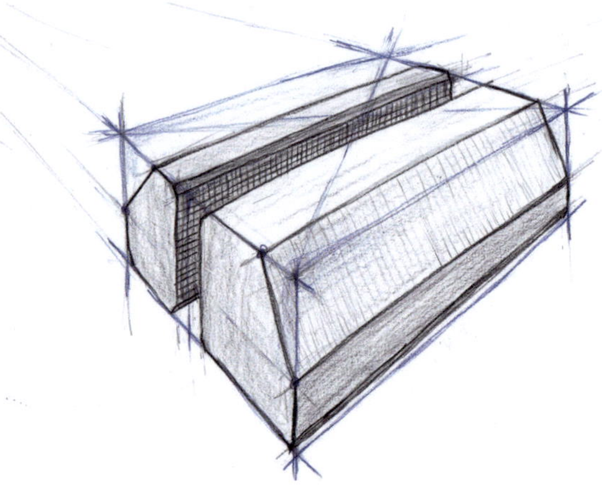

Abb. 7.2 Eckelement eines Profilsystems mit Fasen an mehreren Kanten eines Quaders

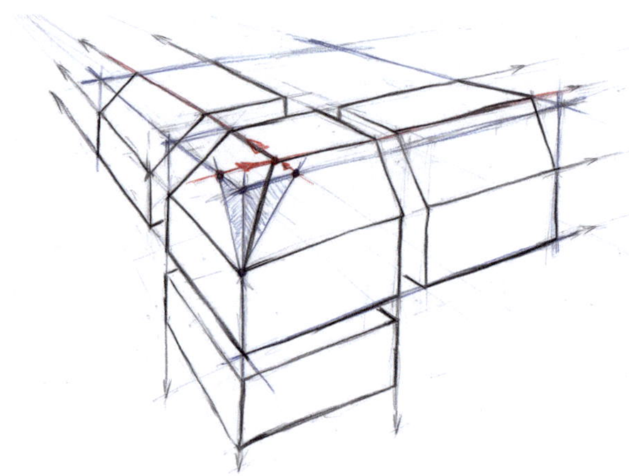

Abb. 7.3 Stützelemente in Form von Pyramidenstümpfen in Zwei-Punkt-Perspektive. Vgl. Schattierungen Kap. 11 und unsichtbare Bereiche Abschn. 19.3

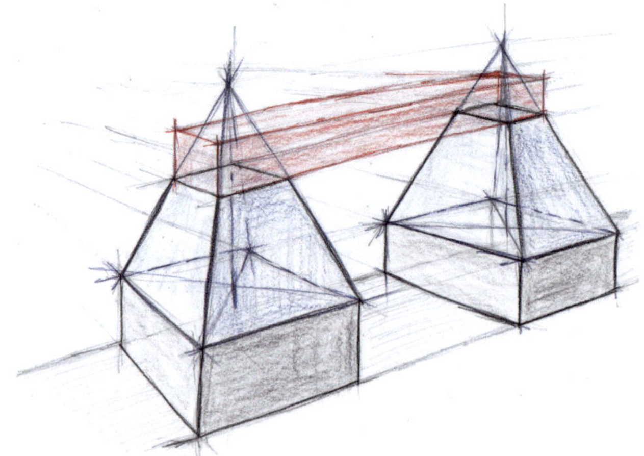

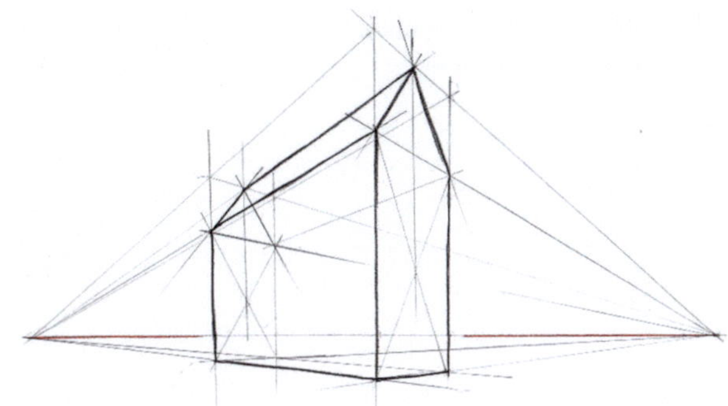

Abb. 7.4 Gebäude mit Dach in Zwei-Punkt-Perspektive. Der Horizont wurde relativ tief angenommen. Die Höhe des Gebäudes kommt dadurch gut zur Wirkung. *Anmerkung:* Das Teilen von Flächen und Linien wird im Abschn. 12.2 „Teilungen und Muster" beschrieben

7.2.1 Ellipsen, Zylinder und Drehkörper in Isometrie

Durch den gleichen Verkürzungsfaktor in den Hauptachsen haben in der Isometrie alle Ellipsen das gleiche Verhältnis zwischen langer und kurzer Achse. Die Tangentenpunkte können direkt von den entsprechenden Punkten der Quadrate des Würfels übernommen werden. (s. Abb. 7.5). Siehe dazu auch Abschn. „2.3.2 Isometrie".

Mit diesen grundlegenden Informationen kann bereits ein stehender Zylinder gezeichnet werden. Wie in Abb. 7.6 dargestellt, dient ein Quader als Hüllkörper. In den oberen und unteren Flächen werden, wie oben beschrieben, die Ellipsen eingepasst. Es müssen nur noch die beiden Ellipsen mit seitlichen Tangenten verbunden werden, und schon ist der stehende Zylinder fertig.

Beim liegenden Zylinder wird, wie in Abb. 7.7 dargestellt, sinngemäß gleich vorgegangen.

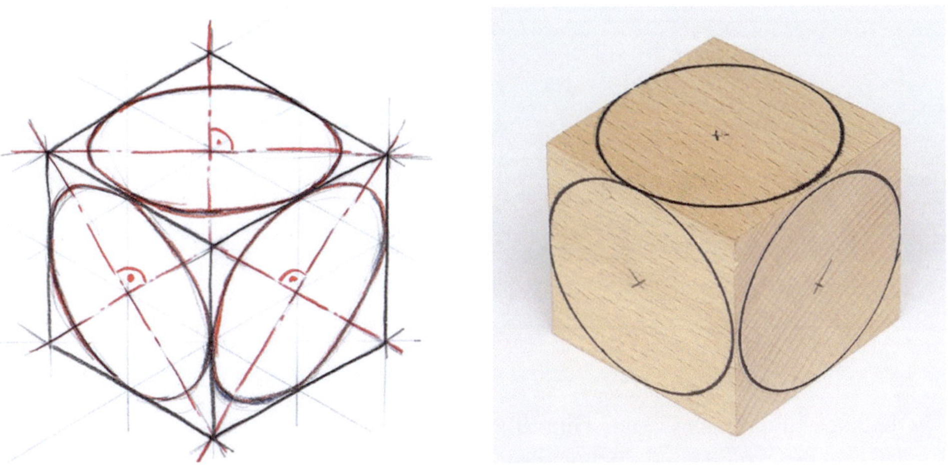

Abb. 7.5 Würfel mit Ellipsen in den Flächen in isometrischer Darstellung

Abb. 7.6 Stehender Zylinder
in isometrischer Darstellung

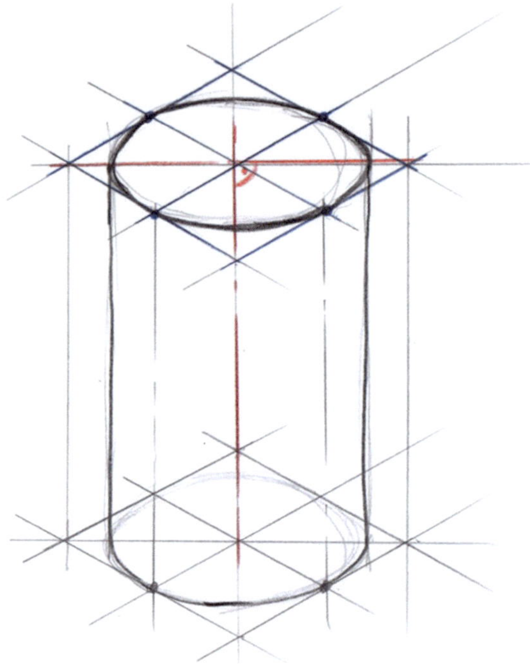

Abb. 7.7 Liegender Zylinder
in isometrischer Darstellung

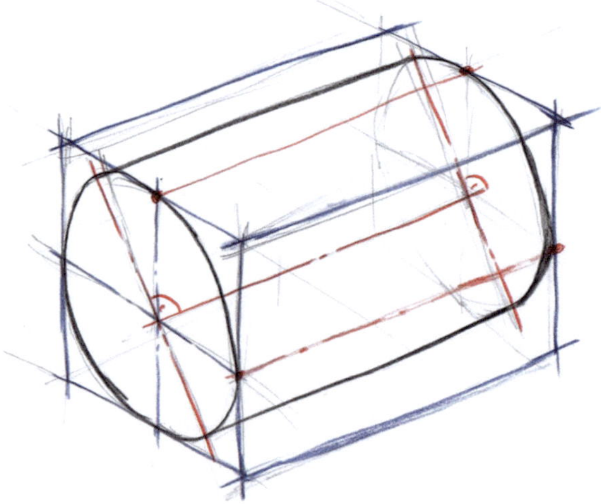

Die lange Ellipsenachse kann beim Skizzieren vereinfacht in allen Darstellungsformen senkrecht zur Zylinderrichtung angenommen werden. Ergänzend dazu siehe die Abschn. 2.5.2 „Geometrische Verzerrungen in Zwei-Punkt-Perspektiven" und 12.4 „Darstellungsvarianten an einem Beispiel mit Übergängen zw. Kubus u. Zylinder".

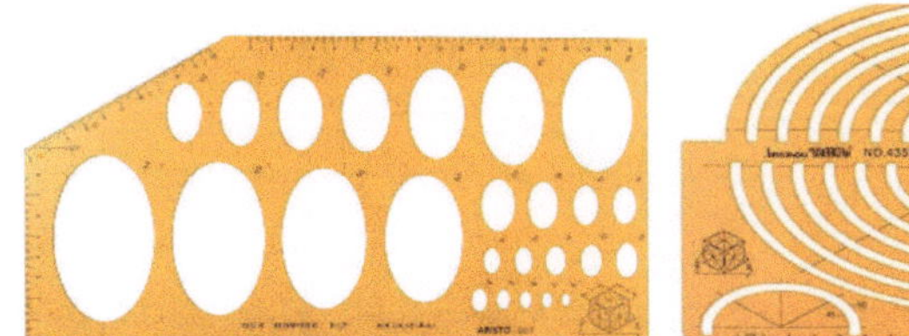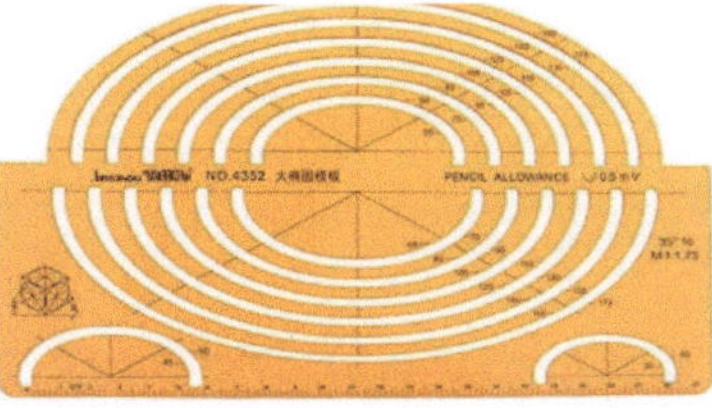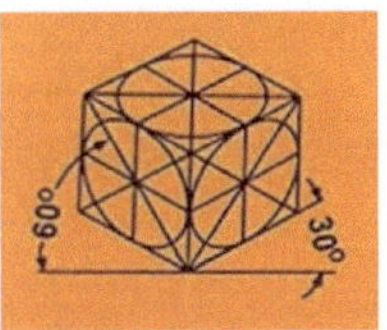

Abb. 7.8 Ellipsenschablonen im Verhältnis 1:1,7 für das Zeichnen von kreisrunden Flächen oder Kurven in isometrischer Darstellung. Siehe auch Kap. 3 „Werkzeuge, Material und nützliche Hilfsmittel."

> **Tipp** Ähnlich wie bei Kreisen mit dem Zirkel, kann es sinnvoll sein, Ellipsen mit Schablonen vorzuzeichnen und mit der Hand nachzuziehen. Insbesondere für Skizzen in isometrischer Perspektive gibt es spezielle Schablonen im Verhältnis 1:1,7 (s. Abb. 7.8).

Bei den Beispielen in Abb. 7.9 und 7.10 wurden die Ellipsen mit Schablonen vorgezeichnet.

Skizzieren Sie Objekte mit Ellipsen in isometrischer Darstellung freihändig und ggf. mit Schablone vorgezeichnet (s. Abb. 7.11).

Abb. 7.9 Rohrelement mit Ellipsen, welche mit Schablone vorgezeichnet wurden

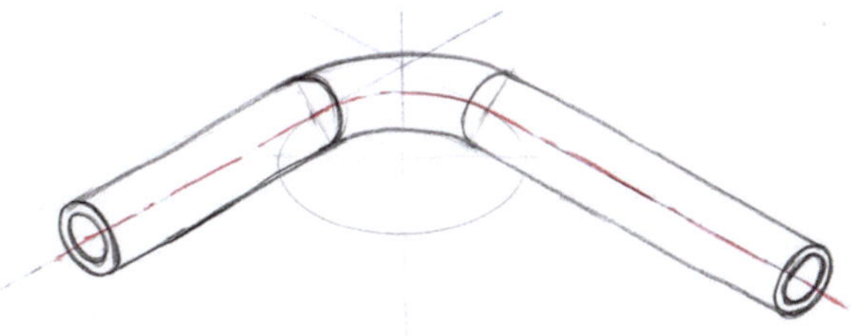

Abb. 7.10 Hantelstange mit Gewichten mit isometrischer Unterlage, wie in Kap. 3 „Werkzeuge, Material und nützliche Hilfsmittel" beschrieben, skizziert

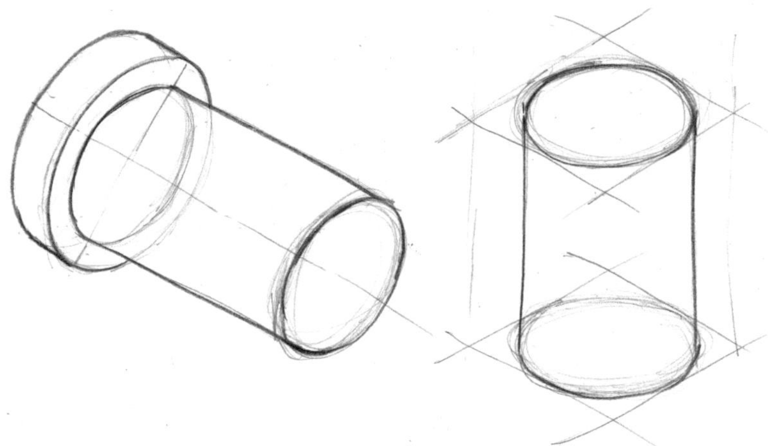

Abb. 7.11 Übungsbeispiele für Ellipsen in isometrischer Darstellung

▶   **Tipp** Freihändig gelingen Ellipsen in der Regel besser, wenn man sich mit dem Stift mehrmals rotierend der gewünschten Form annähert.

7.2.2   Der Würfel mit Ellipsen in der Zwei-Punkt-Perspektive

Wie bereits in Abschn. 2.5.2 „Geometrische Verzerrungen in Zwei-Punkt-Perspektiven" erläutert, spielt die Verzerrung bei der Darstellung von Kreisen in Quadraten eine zentrale Rolle. In den dort beschriebenen Methoden werden die Ellipsen in zuvor konstruierte, geometrisch korrekte Quadrate eingefügt. Vergleiche dazu z. B. Abb. 2.22b.

Beim freien Skizzieren in der Zwei-Punkt-Perspektive ohne Draufsicht oder Konstruktionshilfe ist es schwierig, die Verkürzungsfaktoren der Würfelkanten entlang der Fluchtlinien richtig abzuschätzen. Das gilt besonders dann, wenn Ellipsen stimmig in die verzerrten Quadrate eingebettet werden sollen.

Vereinfachte Methode zur Herleitung von Quadraten mit innenliegenden Kreisen in Zwei-Punkt-Perspektive

In der folgenden Methode wird der Konstruktionsansatz umgekehrt: **Das Quadrat wird aus der Ellipse abgeleitet.** Diese Herangehensweise ist einfach anzuwenden, in vielen Situationen hilfreich und wird in den Abb. 7.12, 7.13 und 7.14 gezeigt und erklärt.

Anmerkung: Wie bereits in Abb. 2.23 erläutert, stimmen der Mittelpunkt einer perspektivischen Ellipse und der durch Diagonalen bestimmte Mittelpunkt des zugehörigen Quadrats je nach Verzerrung nicht exakt überein.

Abb. 7.12 Flächen in
Zwei-Punkt-Perspektive mit
eingepasster Ellipse

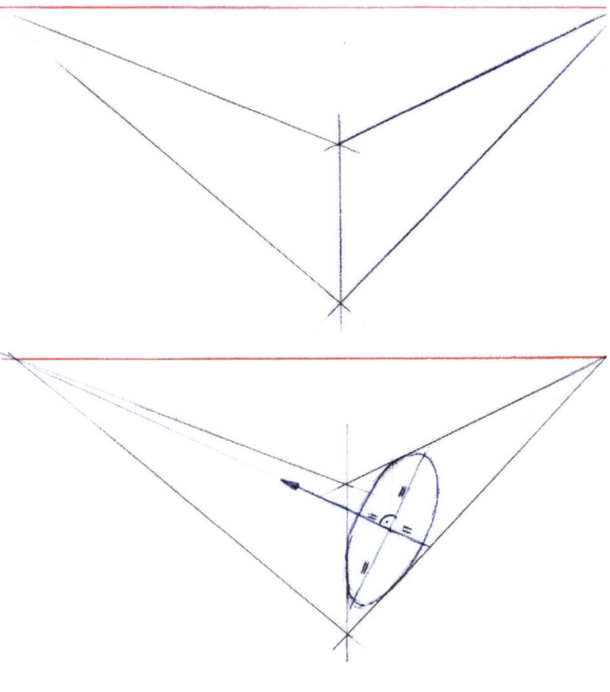

Abb. 7.13 Vierte Tangente
und die Fluchtlinie des oberen
Quadrates

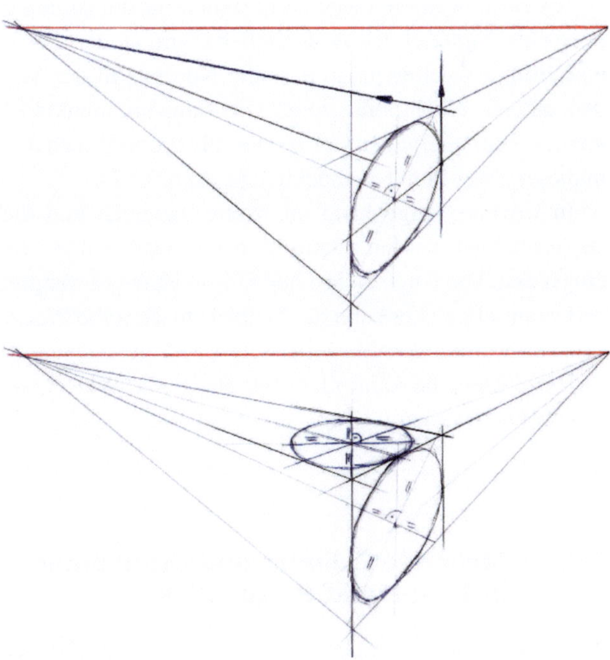

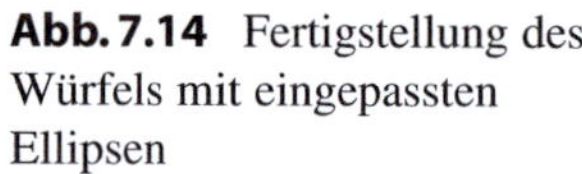

Abb. 7.14 Fertigstellung des Würfels mit eingepassten Ellipsen

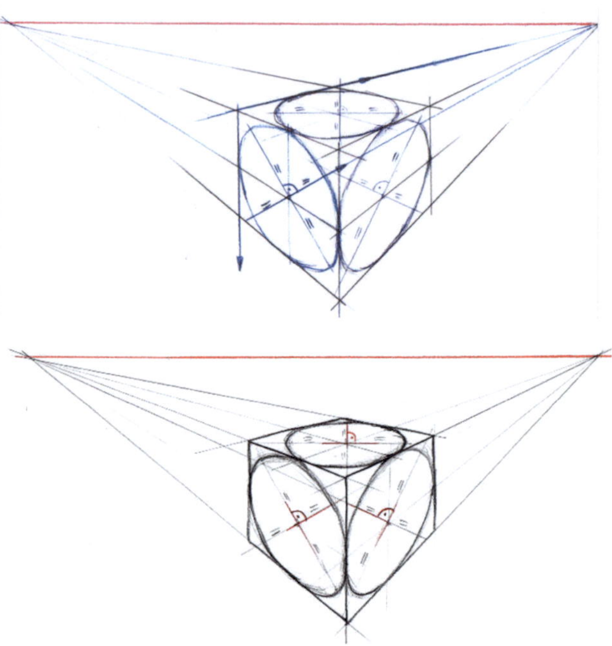

Als Basis werden jeweils drei Linien für die beiden seitlichen Ebenen der Zwei-Punkt-Perspektive gezeichnet. Anschließend wird an die drei Tangenten einer der beiden Ebenen eine Ellipse so eingepasst, dass die Normale in der Mitte der langen Achse ungefähr auf den anderen Fluchtpunkt zeigt. Die Tangentialpunkte können bei dieser Methode genutzt werden. Daraus ergeben sich bereits alle Proportionen des Würfels und der weiteren Ellipsen in dieser Zwei-Punkt-Perspektive (s. Abb. 7.12).

In weiterer Folge kann die vierte Tangente und die Fluchtlinie des oberen Quadrates gezeichnet werden. Dann wird die obere Ellipse an die drei bestehenden Tangenten eingepasst. Die lange Achse der Ellipse ist dabei waagrecht (s. Abb. 7.13).

Daraus abgeleitet kann der Würfel auf dieselbe Weise mit den passenden Ellipsen fertig skizziert werden (s. Abb. 7.14).

Diese Methode kann nicht nur für ganze Würfel, sondern auch für einzelne Flächen, angewendet werden.

7.2.3   Stehende Zylinder und Drehkörper in Zwei-Punkt-Perspektive

Je näher horizontale Ellipsen am Horizont sind, desto flacher werden diese (s. Abb. 7.15). Die „horizontale Ellipse" am Horizont erscheint nur mehr als Strich.

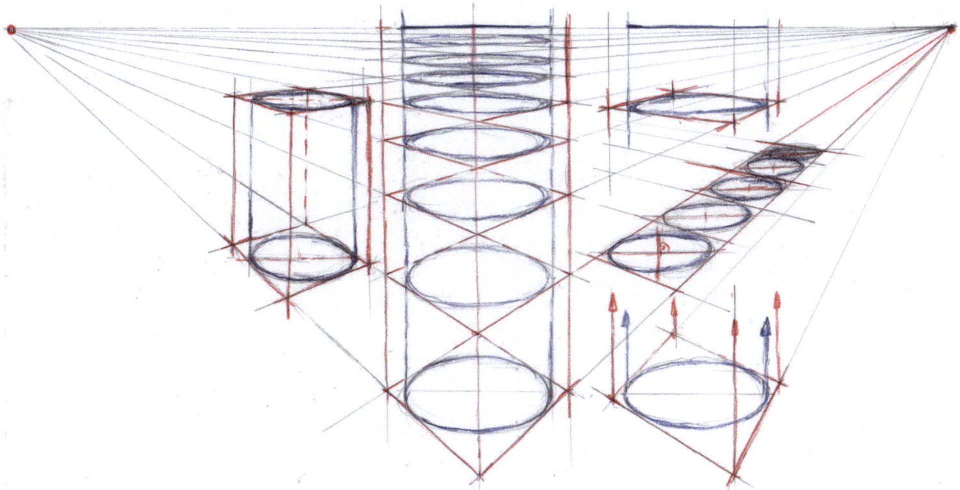

Abb. 7.15 Horizontale Ellipsen in verschiedenen Abständen vom Horizont

Für einen isolierten stehenden Zylinder bzw. Drehkörper in der Zwei-Punkt-Perspektive sind an sich keine Hilfsflächen oder Linien erforderlich (s. Abb. 7.16).

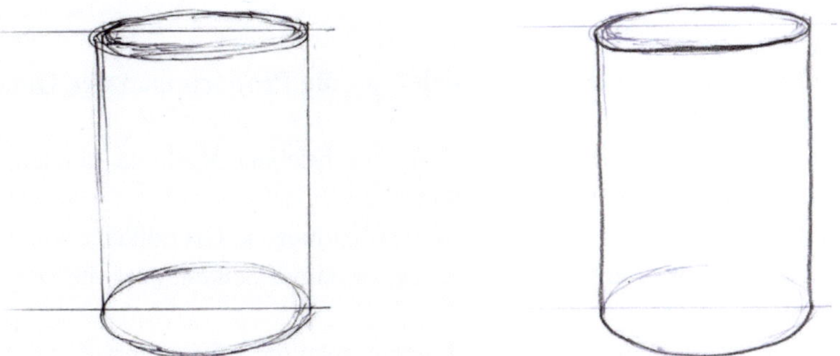

Abb. 7.16 Stehender Zylinder in Zwei-Punkt-Perspektive ohne Hilfslinien skizziert

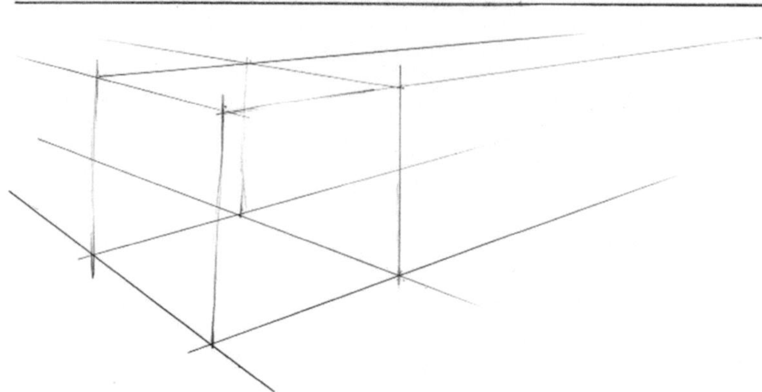

Abb. 7.17 Quader mit quadratischen Grundflächen als Hüllkörper für einen stehenden Zylinder in Zwei-Punkt-Perspektive

Man muss nur die eben angeführten Stichworte beachten:

- Die langen Ellipsenachsen sind im rechten Winkel zur gedachten Rotationsachse, also hier waagrecht.
- Ellipsen erscheinen umso „runder", je weiter sie vom Horizont entfernt sind – und umgekehrt umso flacher, je näher sie am Horizont liegen.

Sollen stehende Zylinder oder andere Drehkörper in Beziehung zu weiteren Elementen der Skizze gesetzt werden, müssen sie von Anfang an im Raum der Zwei-Punkt-Perspektive aufgebaut werden.

Eine sehr einfache und effiziente Vorgehensweise ist, den Hüllquader mit quadratischer Grundfläche zu schätzen, und als Hilfskontur anzudeuten (s. Abb. 7.17).

Anschließend wird eine der beiden Ellipsen frei in das Quadrat eingepasst, die Tangenten zum anderen Quadrat gezogen und die zweite Ellipse in das Quadrat skizziert (s. Abb. 7.18).

Nachfolgend eine etwas genauere Methode, um die Proportionen der Quadrate und der Ellipsen zu ermitteln

Diese Methode ist an jene im vorigen Abschnitt beschriebene Methode, um den Würfel mit Kreisen bzw. Ellipsen zu erzeugen, angelehnt.

Wie in Abb. 7.19 dargestellt, werden nur drei Hilfslinien der Grundfläche zur Orientierung angedeutet und die Ellipse grob eingepasst. Dabei darauf achten, dass die lange Seite der Ellipse waagrecht ist!

Nun kann das Basisquadrat durch die Tangenten an die Ellipse vervollständigt werden (s. Abb. 7.20).

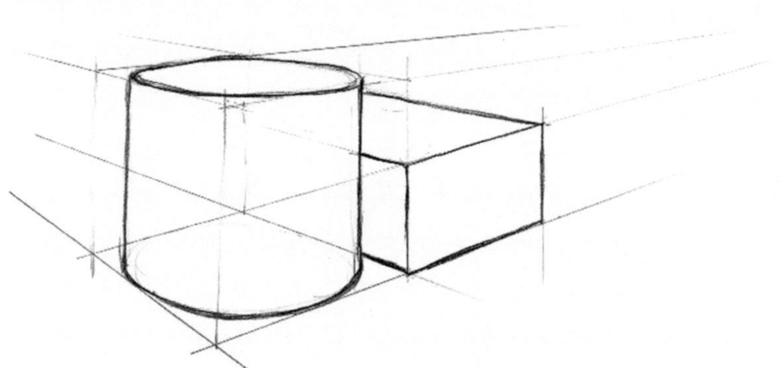

Abb. 7.18 Stehender Zylinder im Kontext einer Zwei-Punkt-Perspektive

Abb. 7.19 Drei Tangenten einer quadratischen Fläche mit eingepasster Ellipse

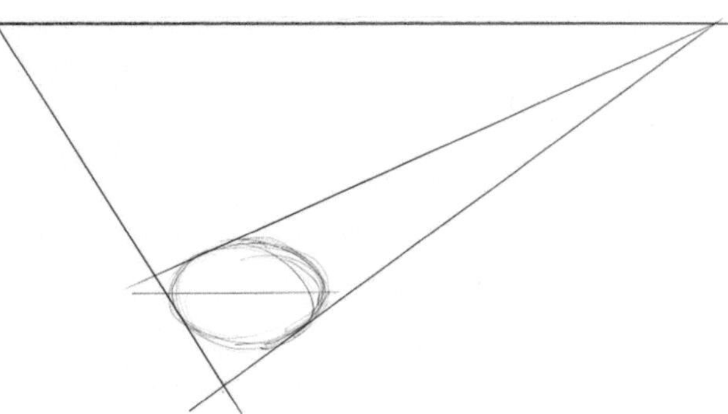

Abb. 7.20 Die Tangente an die eingepasste Ellipse ergibt die vierte Seite des Quadrates

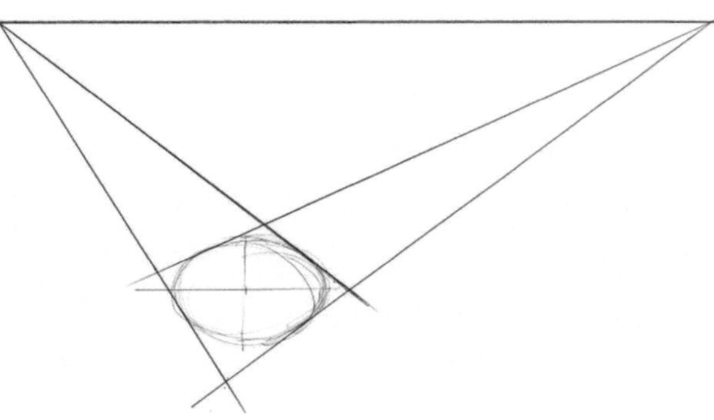

Dann kann der Hüllquader in der gewünschten Höhe fertig aufgebaut werden (s. Abb. 7.21).

In weiterer Folge können die Tangenten von der Basisellipse nach oben gezogen und der Zylinder fertig dargestellt werden (s. Abb. 7.22).

Abb. 7.21 Hüllquader auf Basis von Grundquadrat

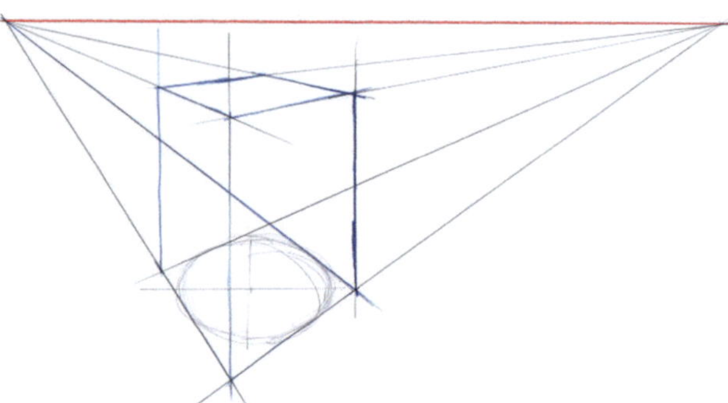

Abb. 7.22 Stehender Zylinder in der Zwei-Punkt-Perspektive

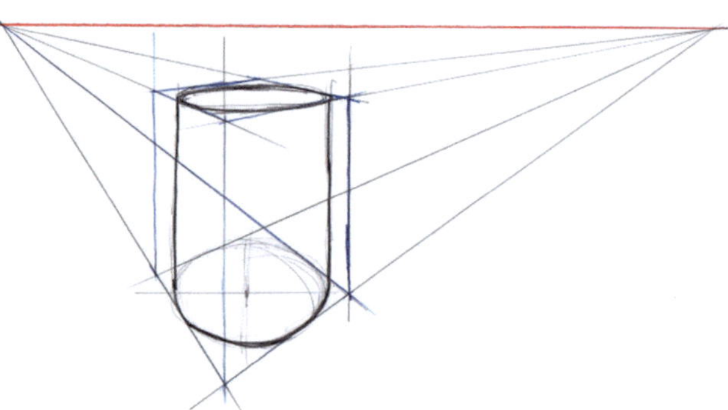

Beim vorigen Beispiel wurde eine relativ starke Verzerrung gewählt, damit die Effekte in der Zwei-Punkt-Perspektive sichtbar werden. In der Praxis ist es, wie in Abb. 7.23 dargestellt, empfehlenswert, die Fluchtpunkte weiter nach außen zu setzen.

Abb. 7.23 Stehende Gläser in Zwei-Punkt-Perspektive mit weit außen liegenden Fluchtpunkten, gezeichnet auf einer Druckvorlage, wie sie in Kap. 3 „Werkzeuge, Material und nützliche Hilfsmittel" beschrieben ist

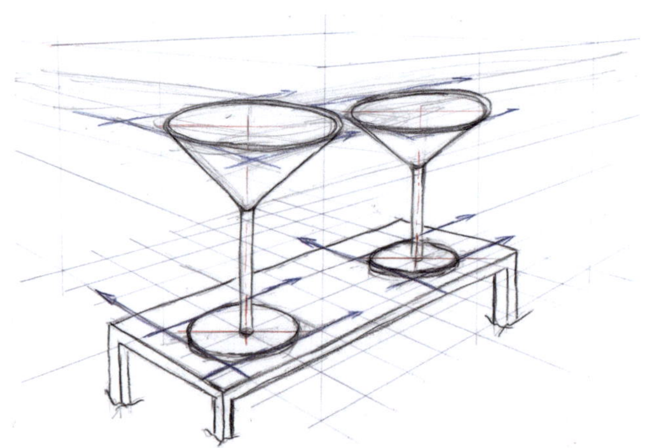

▶   **Tipp** Insbesondere, wenn mehrere Ellipsen in einer Skizze vorkommen, reicht es meist, die Ellipsen „nach Gefühl" zu zeichnen. Denn beim Skizzieren soll das freie Zeichnen im Vordergrund stehen. Ggf. je nach Situation einzelne Ellipsen mit Fluchtlinien oder Flächen kontrollieren.

In den Abb. 7.24 und 7.25 wurde der Horizont so gewählt, dass ein Teil der Ellipsen ober- und ein Teil unterhalb ist.

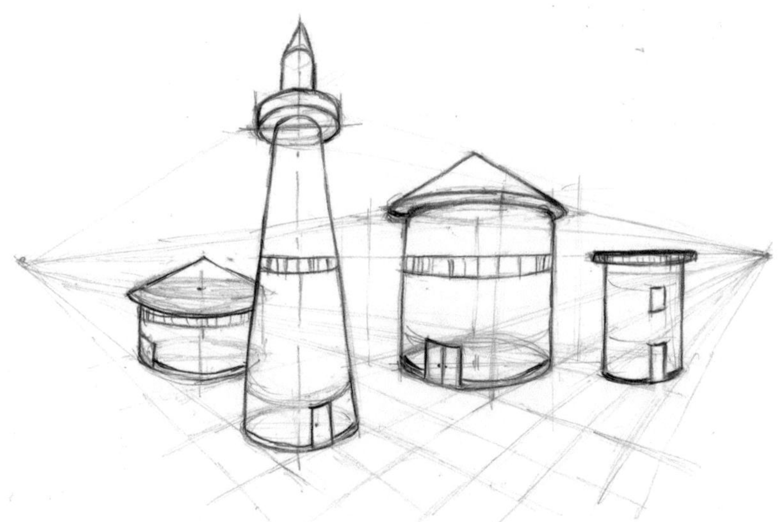

Abb. 7.24   Runde Gebäude als Beispiele stehender Zylinder in Zwei-Punkt-Perspektive

Abb. 7.25   Anregungen für Skizierübungen mit horizontalen Ellipsen und stehenden Zylinder und Drehkörper in Zwei-Punkt-Perspektive. Der Horizont geht mitten durch die Szene, daher ist ein Teil der runden Geometrien von oben und ein Teil von unten dargestellt. Die Ellipsen wurden hier frei geschätzt. *Anmerkung:* Schattierungen werden in Kap. 11 behandelt

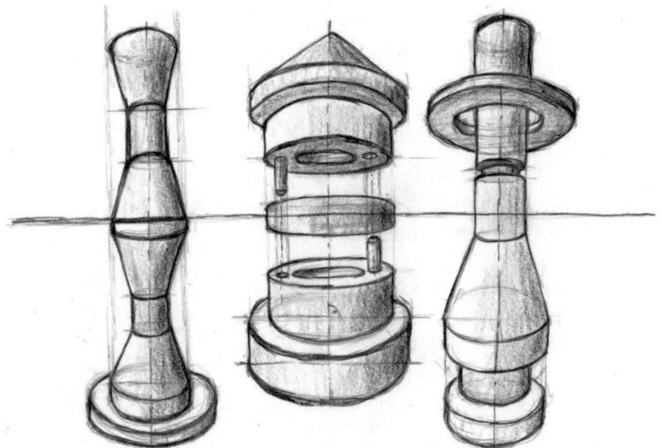

7.2.4 Liegende Zylinder und Drehkörper in Zwei-Punkt-Perspektive

In Abb. 7.26 sind die wichtigsten Eigenschaften eines liegenden Zylinders dargestellt.

Die Abb. 7.27 zeigt eine einfache Methode mit geschätztem vorderem Grund-Quadrat. Skizzieren heißt vereinfachen. Daher reicht es in den meisten Fällen, die Tangenten an der grob eingepassten vorderen Ellipse nach hinten zu ziehen. Die zweite Ellipse kann auf Basis der Tangenten einfügt werden.

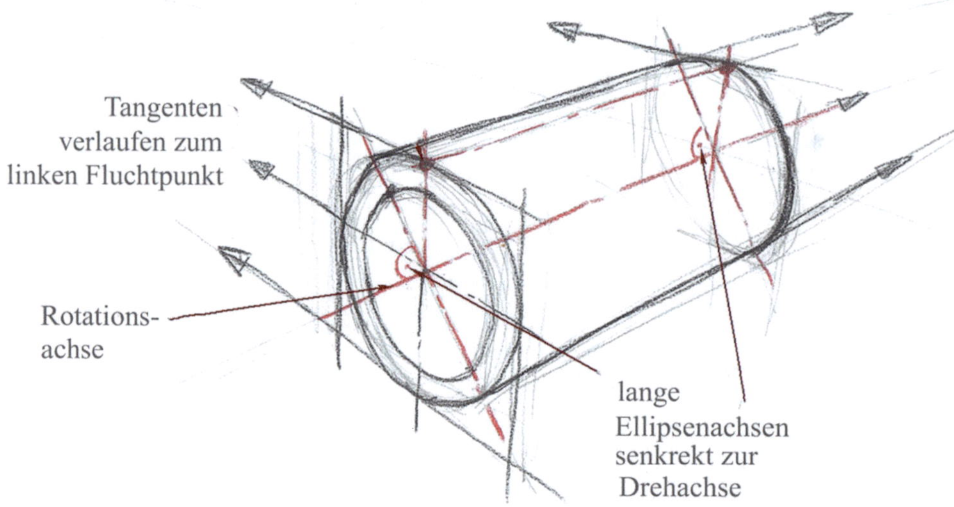

Abb. 7.26 Die wichtigsten Eigenschaften eines liegenden Zylinders. Da die Verzerrung des vorderen Quadrates bei diesem Beispiel relativ gering ist, können die Tangentenpunkte und die lange Achse der Ellipse senkrecht zur Drehachse in Richtung des rechten Fluchtpunktes vereinbart werden (vgl. Abschn. 2.5.2 „Geometrische Verzerrungen in Zwei-Punkt-Perspektiven")

Abb. 7.27 Liegende Zylinder in Zweipunkt-Perspektive aus verschiedenen Blickwinkeln. *Anmerkung:* Schattierungen werden in Kap. 11 „Licht und Schatten" behandelt

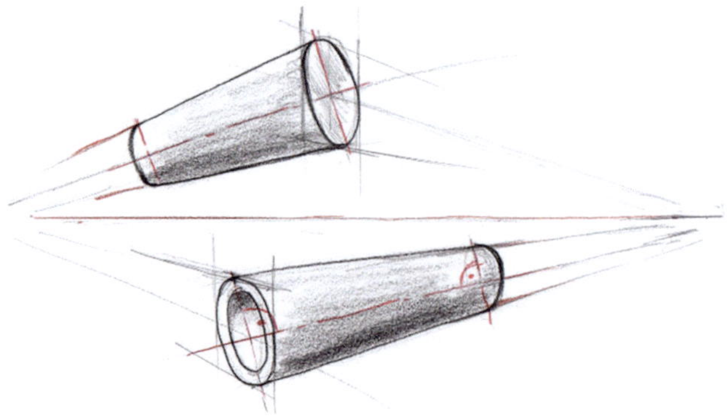

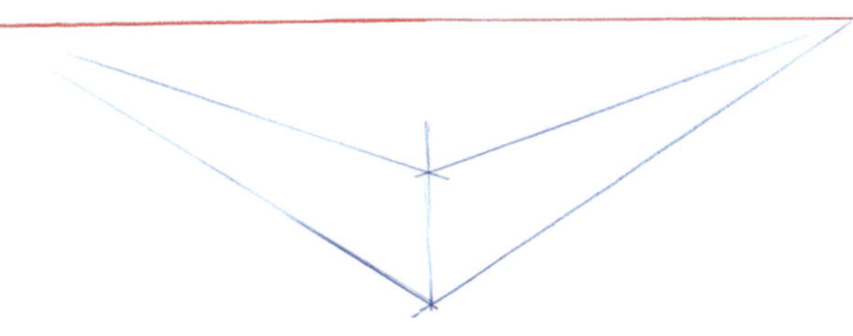

Abb. 7.28 Drei Seiten einer Fläche und die Fluchtrichtung

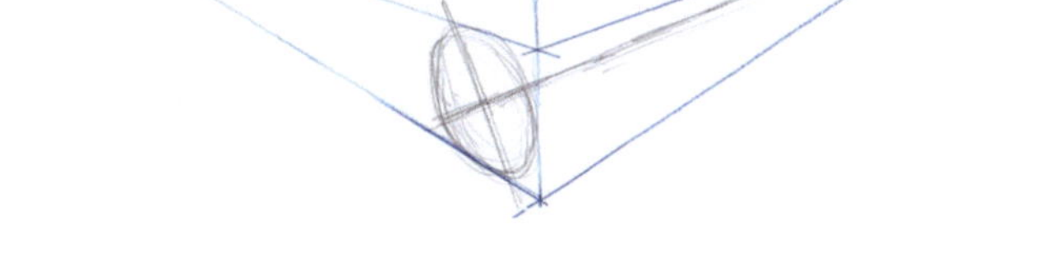

Abb. 7.29 Die Ellipse so einpassen, dass die drei gegebenen Seiten tangiert werden, und die Normale auf die lange Ellipsenachse in Fluchtrichtung des Drehkörpers zeigt

Analog zum stehenden Zylinder auch hier die Methode, für die Ermittlung der Proportionen des Grund-Quadrats

Wie in Abb. 7.28 und 7.29 dargestellt, werden nur drei Hilfslinien der ersten Fläche zur Orientierung angedeutet und die Ellipse grob eingepasst. Dabei darauf achten, dass die lange Seite der Ellipse senkrecht zu Linie Richtung Fluchtpunkt ist!

Dann kann der Hüllquader in der gewünschten Länge fertig aufgebaut werden. In weiterer Folge können die Tangenten von der Basisellipse nach hinten gezogen und der Zylinder fertig dargestellt werden (s. Abb. 7.30).

Die Abb. 7.31, 7.32, 7.33 und 7.34 zeigen Beispiele von liegenden Drehkörpern.

In diesem Buch werden die langen Achsen der Ellipsen in allen Darstellungsformen größtenteils vereinfacht senkrecht zur Fluchtrichtung dargestellt (ergänzend siehe Abschn. 2.5.2 und 12.4).

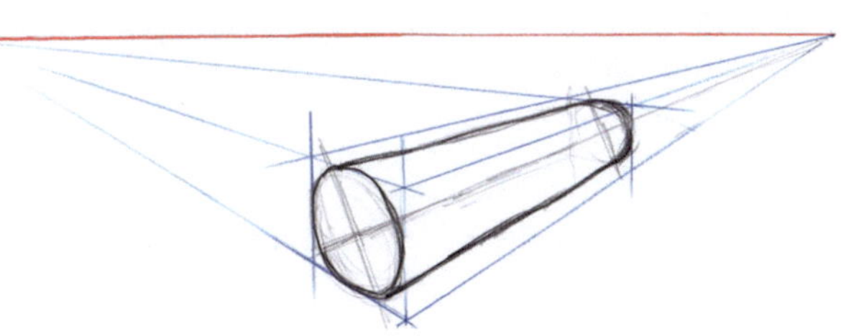

Abb. 7.30 Liegender Zylinder in der Zwei-Punkt-Perspektive

Abb. 7.31 Liegender Drehkörper in Zwei-Punkt-Perspektive

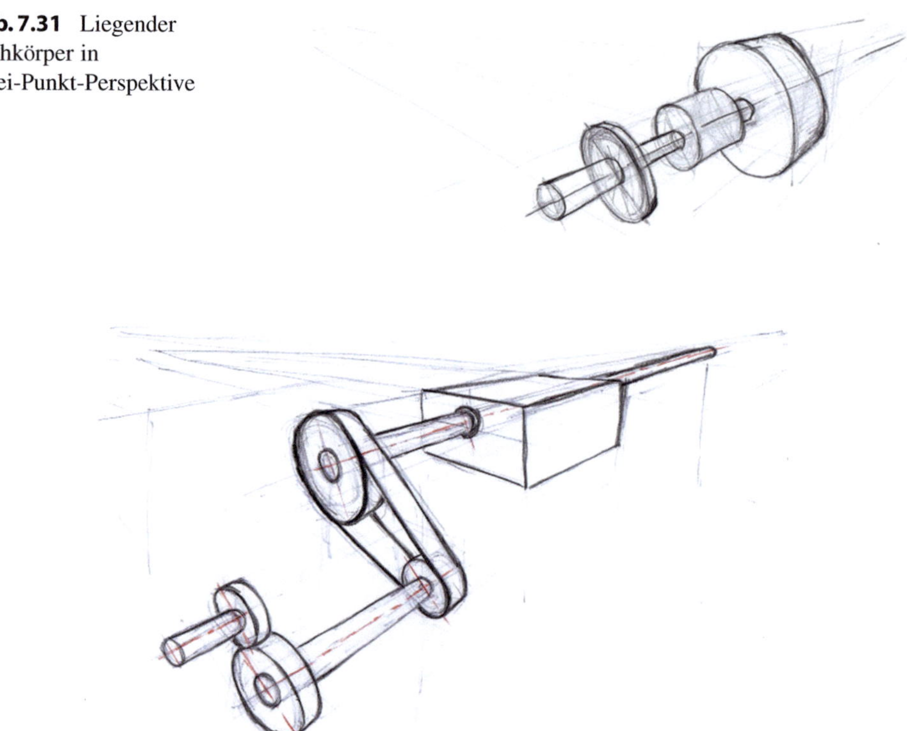

Abb. 7.32 Antriebssystem mit liegenden Rotationskörpern. *Anmerkung:* Das Kombinieren von Grundkörpern wird im nächsten Kap. 8 „Grundkörper kombinieren" behandelt

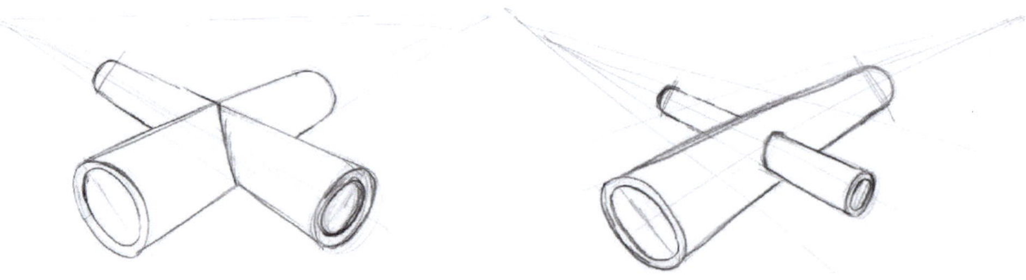

Abb. 7.33 Liegende Rohre mit Durchdringungen. *Anmerkung:* siehe auch Abschn. 13.3 „Verschneidungen und Durchdringungen frei skizziert"

Dadurch ergibt sich im Beispiel in Abb. 7.32, dass die zwei Achsen des Riemens zwei etwas unterschiedliche Richtungen haben.

Abb. 7.34 Liegender
Drehkörper

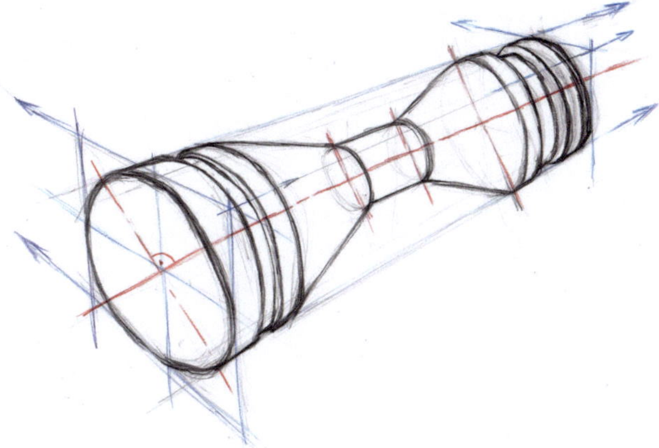

▶   **Tipp** Bei Drehkörper mit mehreren Ellipsen reicht es meist, nur eine Ellipse
herzuleiten und die weiteren Ellipsen darauf aufbauend frei zu skizzieren.

▶   **Tipp** Wenn mehrere liegende Ellipsen in einem Objekt sind, eher weniger Verzerrung wählen, und damit die Fluchtpunkte weiter außen ansetzen. Bei starker
Verzerrung muss man mehr kaschieren, um eine schlüssige Gesamtdarstellung
zu erhalten. Die Thematik, wenn mehrere Ellipsen aufgrund der Geometrie des
Gesamtobjektes richtig dargestellt werden sollen, wird u. a. im Abschn. 12.4 „Darstellungsvarianten an einem Beispiel mit Übergängen zw. Kubus u. Zylinder"
behandelt.

Nutzen Sie beim Üben die in diesem Kapitel angeführten Beispiele als Impuls für eigene
Skizzen von verschiedenen Rotationskörpern.

Grundkörper kombinieren 8

Dieses Kapitel ist der eigentliche Schritt, um umfangreichere Objekte skizzieren zu können. In den Kap. 5 „Würfel, Quader und Objekte aus kubischen Elementen" und 7 „Weitere Grundkörper wie Fasen, Pyramiden, Zylinder, Kegel usw." wurden die wichtigsten Geometrien dafür vorgestellt. Die gelernten Regeln und Methoden der Einzelkörper können nun für verschiedenste umfangreichere Objekte in Kombination angewendet werden.

8.1 Beispiele für Kombinationen aus Grundkörpern

> Das Kombinieren von Grundkörpern ist der entscheidende Schritt, um umfangreichere Objekte skizzieren zu können.

Es ist empfehlenswert, sich für diesen Schritt etwas Zeit zu nehmen, und einige Übungsbeispiele zu erstellen. Der Schwerpunkt in diesem Kapitel liegt in den Beispielen, in denen das bisher Gelernte praktisch angewendet wird. Nutzen Sie die nachfolgenden Skizzen als Anregung und finden Sie selbst Objekte. Sie werden erkennen, dass sich viele scheinbar komplexe Formen auf einfache Grundkörper reduzieren lassen. Ihr analytischer Blick dafür wird sich schärfen.

Die Abb. 8.1, 8.2, 8.3, 8.4, 8.5 und 8.6 zeigen Kombinationen aus einfachen Grundelementen in Zwei-Punkt-Perspektive. Die besonderen Eigenschaften der Zwei-Punkt-Perspektive sind im Abschn. „2.5 Perspektive mit zwei Fluchtpunkten – Zwei-Punkt-Perspektive" beschrieben.

P. Gruber, *Technisches Skizzieren für alle*, https://doi.org/10.1007/978-3-658-49618-0_8

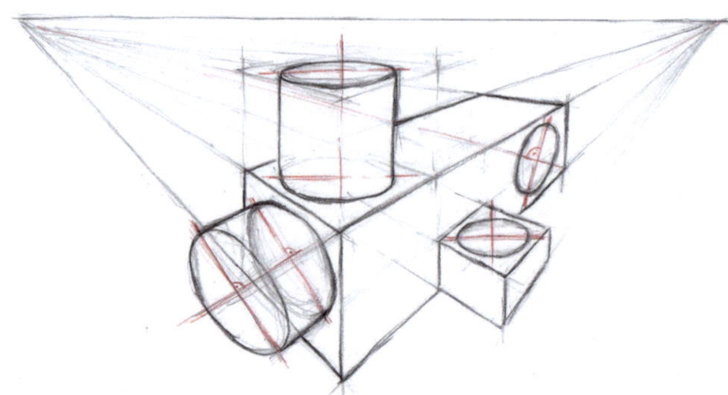

Abb. 8.1 Einfache Kombination von Quader und Zylinder in Zwei-Punkt-Perspektive. Die Flucht-punkte sind bei diesem Beispiel relativ nahe. Das vermittelt bei einer stärkeren Verzerrung einen relativ nahen Betrachtungsabstand. Wie schon angeführt, können in der Regel Hilfslinien sichtbar bleiben. Wenn ein Strich nicht auf Anhieb passt, einfach die Linie so lange wiederholen, bis die Richtung schlüssig ist

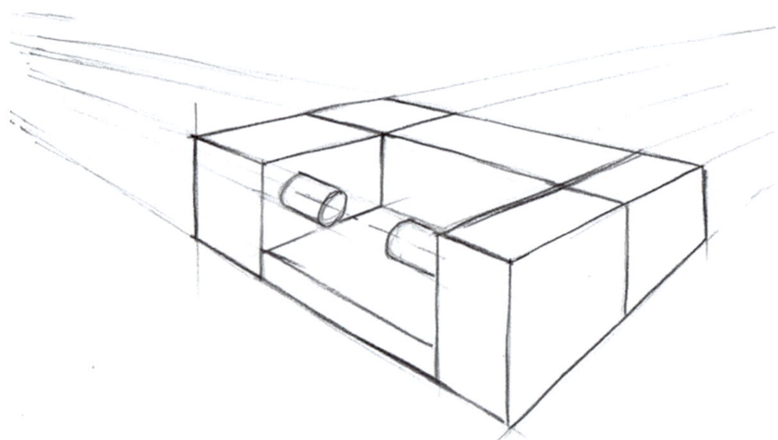

Abb. 8.2 Mit sehr einfachen Geometrien können bereits Objekte wie diese Doppelspindel-Drehmaschine skizziert werden

Die Abb. 8.7, 8.8 und 8.9 zeigen Kombinationen aus einfachen Grundelementen in isometrischer Parallelperspektive. Die besonderen Eigenschaften der Isometrie sind im Abschn. 2.3.2 „Isometrie" beschrieben.

Abb. 8.3 Schematische Darstellung einer einfachen Fördertechnik. Hier wurden die Fluchtpunkte in einem größeren Abstand außerhalb des Zeichenblattes gewählt. Dadurch ergibt sich ein größerer Betrachtungsabstand mit weniger Verzerrung

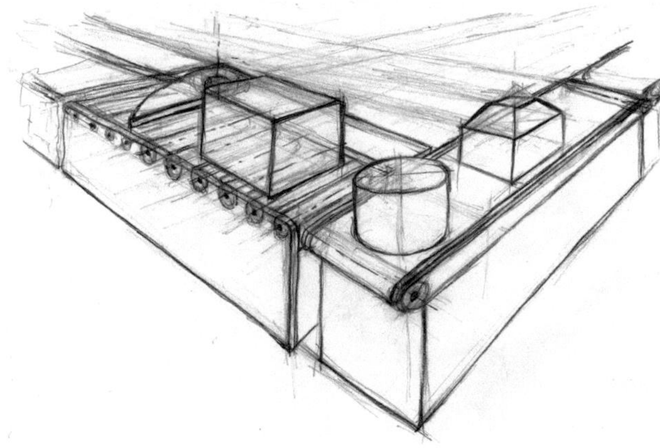

Abb. 8.4 Das Beispiel dieses Plattenspielers zeigt ebenfalls, dass eine günstige Wahl der Fluchtpunkte eine sehr gefällige Perspektive entstehen lässt

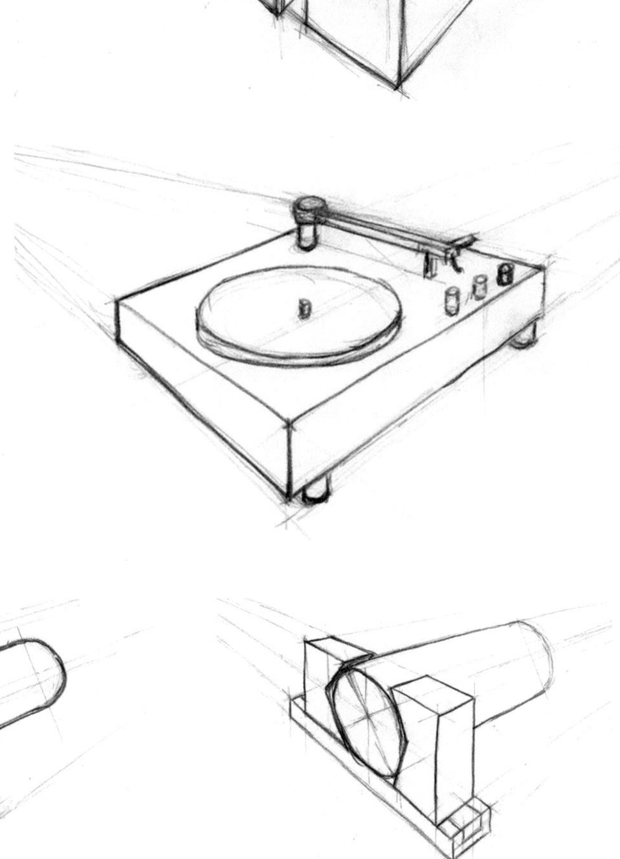

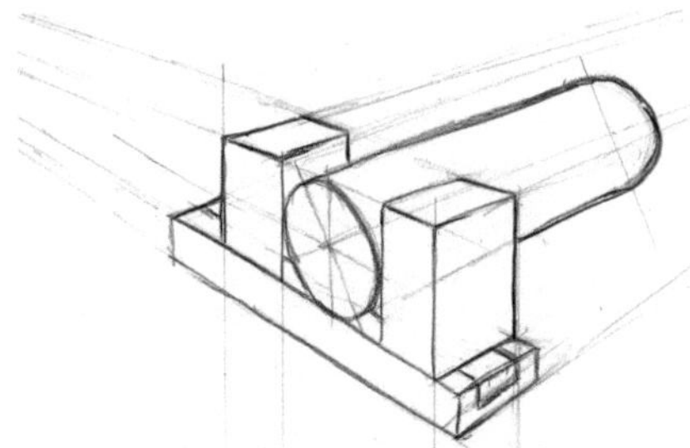

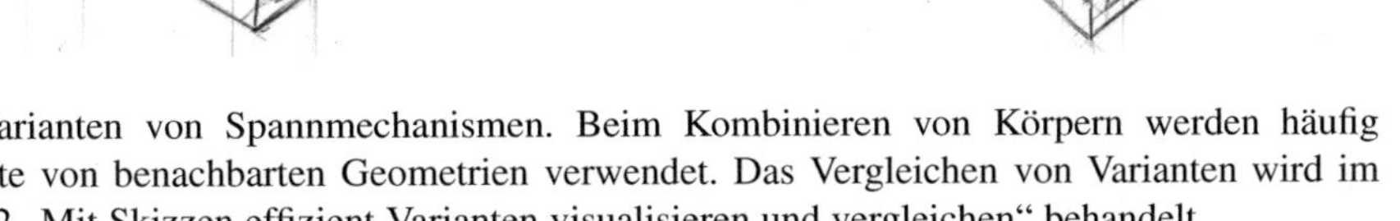

Abb. 8.5 Varianten von Spannmechanismen. Beim Kombinieren von Körpern werden häufig Bezugspunkte von benachbarten Geometrien verwendet. Das Vergleichen von Varianten wird im Abschn. 20.2 „Mit Skizzen effizient Varianten visualisieren und vergleichen" behandelt

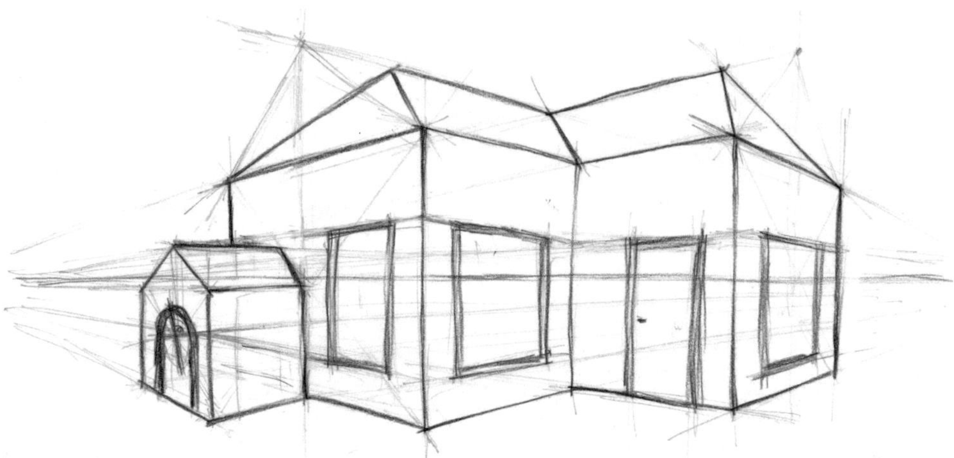

Abb. 8.6 Bei dieser Skizze eines Hauses verläuft der Horizont durch das Objekt. Der Horizont ist die Augenhöhe in Relation zum Objekt. Hier entspricht das in etwa einer am Boden stehenden erwachsenen Person. Für die Darstellung der Dachschrägen sind entsprechende Hilfslinien, welche sich am Basisquader orientieren, erkennbar

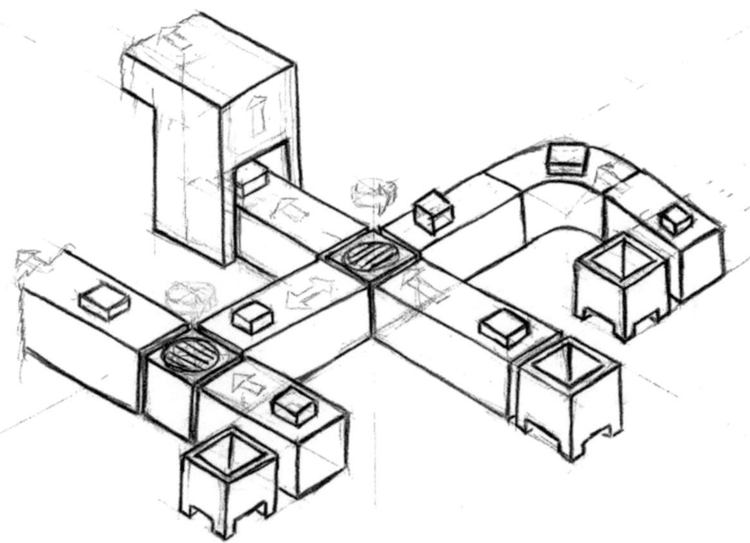

Abb. 8.7 Fördertechnik in isometrischer Darstellung. In der isometrischen Parallelperspektive kann eine Skizze in alle Richtungen bei gleichen Bedingungen erweitert werden

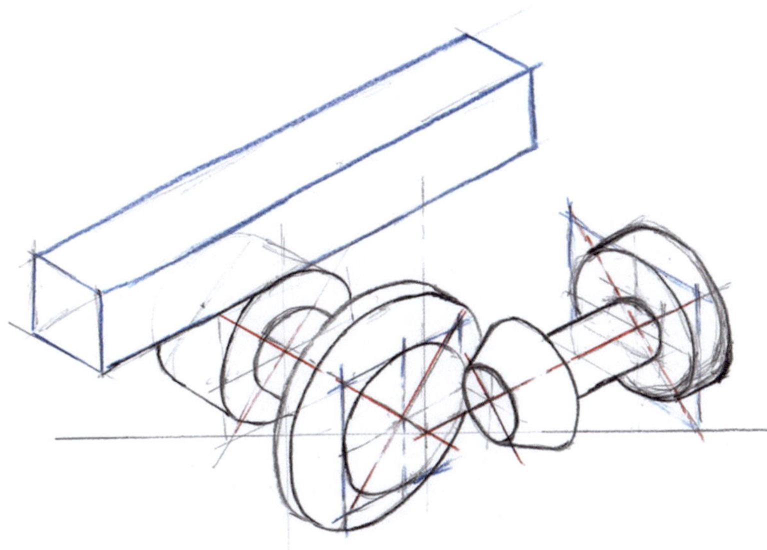

Abb. 8.8 Beispiel eines Antriebsstrangs. Die Ellipsen haben in der Isometrie in allen Richtungen und Größen das gleiche Verhältnis zwischen langer und kurzer Achse. Beim Kombinieren kann man sich dadurch gut an anderen Ellipsen in der Skizze orientieren

Abb. 8.9 Beispiel eines Zylinders mit Ventil und Zuleitung aus der Fluidtechnik. Wenn Einzelkörper nicht unmittelbar über Flächen verbunden sind, ist es wichtig, dass die Relation zueinander schlüssig dargestellt ist. *Anmerkung:* Die Ellipsen sind hier mit Schablonen als Hilfslinien vorgezeichnet

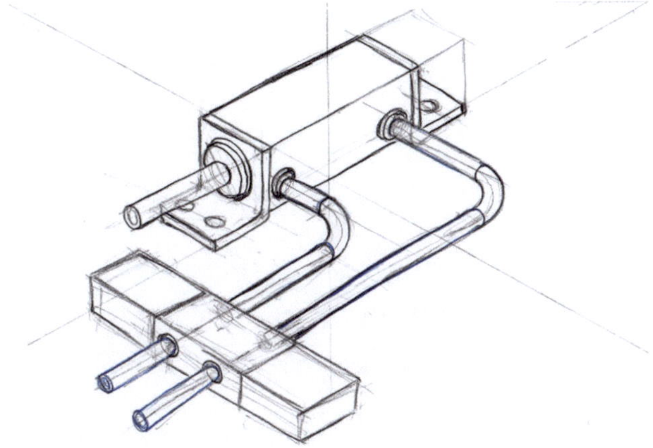

8.2   Körper zusammensetzen und/oder „schnitzen"

Wenn die Geometrie aus einem Körper „geschnitzt" wird, ist die umhüllende Form eine wichtige Orientierungshilfe. Beim Beispiel in Abb. 8.10 dient ein Quader als **Bezugsraum.**

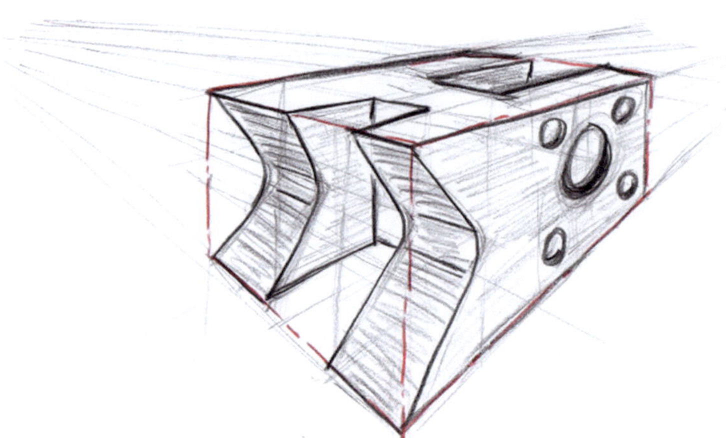

Abb. 8.10 Greifbacke aus einem Quader als Bezugsraum herausgearbeitet („gefräst")

Beim Zusammensetzen von Elementen zu einem Gesamtobjekt sind die Bezüge zwischen den Elementen wichtig (s. Abb. 8.11, 8.12 und 8.13).

Häufig ist eine Kombination aus zusammengesetzten und „geschnitzten" Elementen sinnvoll (s. z. B. Abb. 8.14 und 8.15).

Auch verdeckte Kanten können, wie in Abb. 8.16 als strichlierte Linien dargestellt, für das Verständnis der Skizze wichtig sein.

Abb. 8.11 Mechatronisches Drehmodul aus verschiedenen Objekten zusammengesetzt. Dabei können zuvor gezeichnete Geometrien wie geteilte Linien, Diagonalen oder Symmetrien genutzt werden (vgl. Abschn. 12.2 „Teilungen und Muster")

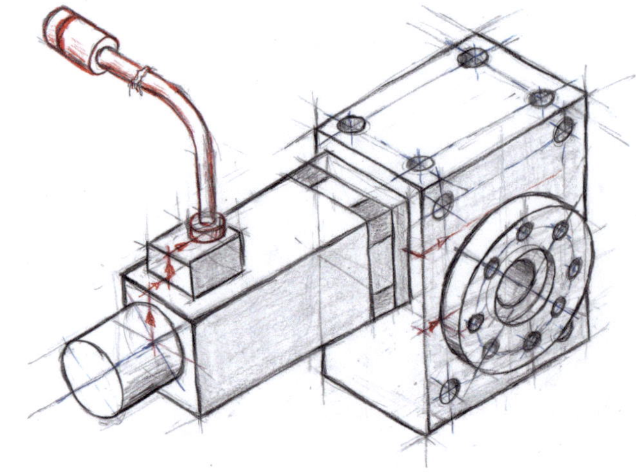

Abb. 8.12 Beispiel Kamera. Hier werden nicht nur Quader und Zylinder kombiniert. *Anmerkung:* Schattierungen werden in Kap. 11 behandelt

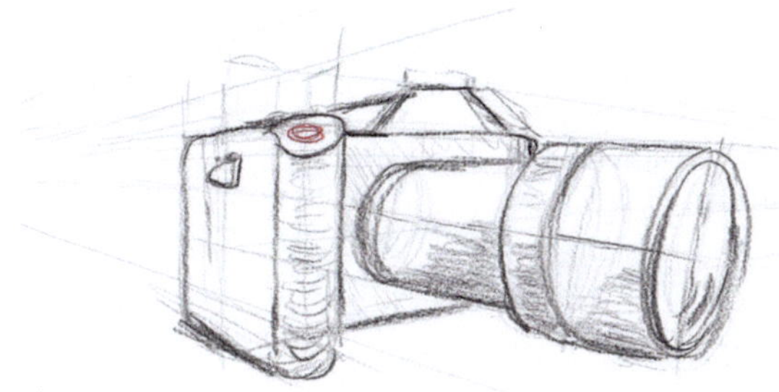

Abb. 8.13 Das Beispiel aus der Automatisierungstechnik wirkt schon etwas komplexer. Dieser Roboter ist aber einfach aus Grundelementen Schritt für Schritt zusammengebaut. Durch die isometrische Darstellungsform konnten alle Ellipsen mit einer Standard-Schablone im Verhältnis 1:1,7 vorgezeichnet werden. *Anmerkung:* Pfeile werden im Abschn. 15.1 behandelt

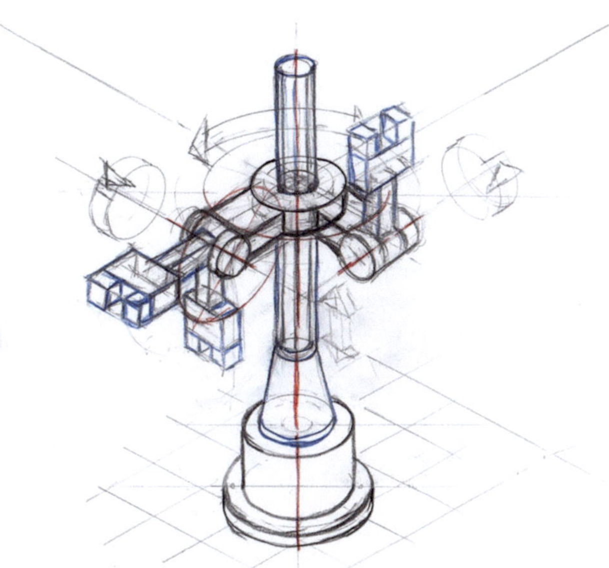

Analysieren Sie Gegenstände in Bezug auf deren Geometrien.

Sie werden in Ihrem Umfeld Objekte mit interessanten Geometriekombinationen finden. In Abb. 8.17 sind einige Beispiele als Anregung zur Geometrieanalyse dargestellt.

In technischen Baugruppen und Werkstücken kommen Kombinationen von klaren Geometrien häufig vor. Die Beispiele in den Abb. 8.18 und 8.19 zeigen technische Baugruppen aus zusammengebauten und „gefrästen" Elementen.

▶   **Tipp** Liegt die Absicht einer Skizze vorwiegend darin, umfangreichere technische Inhalte zu vermitteln, ist gegenüber der Zwei-Punkt-Perspektive eher eine isometrische Darstellung zu empfehlen (s. z. B. Abb. 8.19).

Abb. 8.14 Kombination aus
zusammengesetzten und
„geschnitzten" Elementen.
Anmerkung: Schattierungen
werden in Kap. 11 behandelt

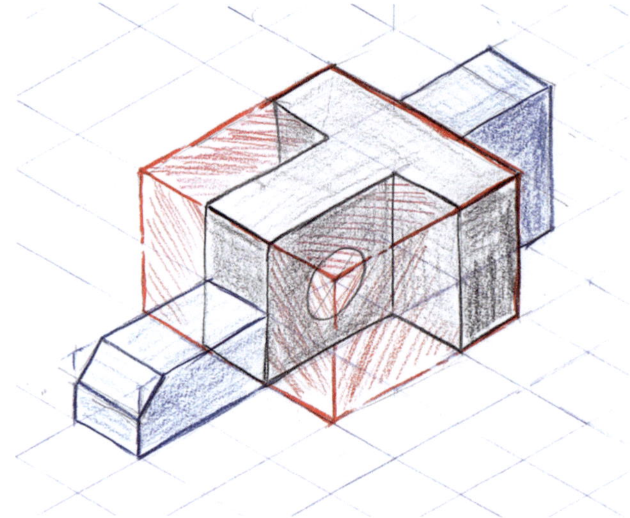

Abb. 8.15 Beim Kombinieren
bewusst situationsbedingt
entscheiden, ob man
„anbauen" oder
„wegschneiden" will

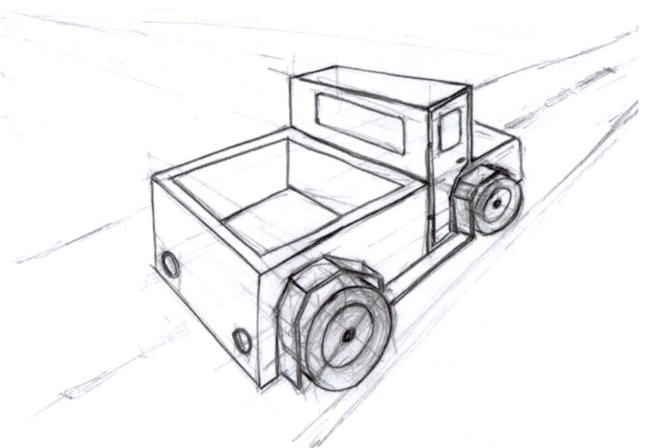

Soll hingegen bei technisch umfangreicheren Themen ein zusätzlicher räumlicher
Eindruck oder ein „Blick durch eine Szene" vermittelt werden, bieten sich auch Flucht-
punktperspektiven an. Manchmal ist eine Kombination aus Darstellungsformen sinnvoll.
Siehe dazu auch Kap. 19 „Kombinieren und vereinfachen von Darstellungen".

Abb. 8.16 Historische Holzverbindung in isometrischer Darstellung mit unsichtbaren Linien. Anmerkung: Pfeile werden im Abschn. 15.1 behandelt

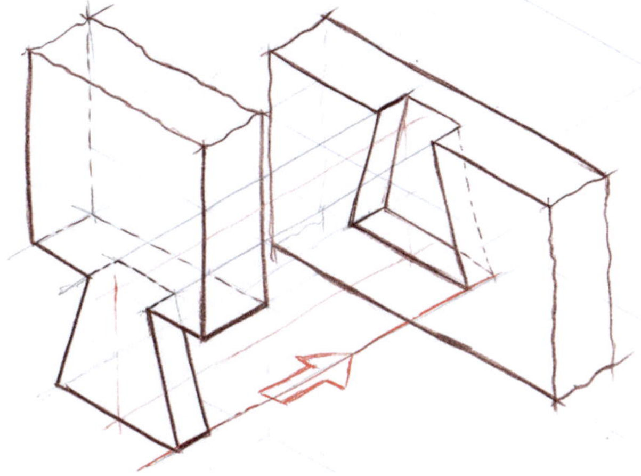

Abb. 8.17 Anregungen für das Üben von „geschnitzten" (in diesem Fall gefrästen) und zusammengebauten Objekten

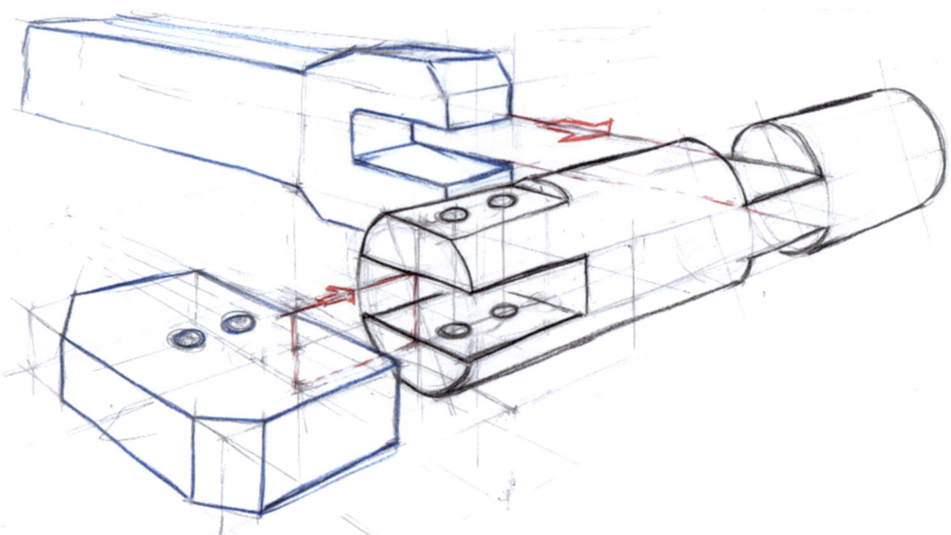

Abb. 8.18   Technische Baugruppe als Explosionszeichnung in Zwei-Punkt-Perspektive. *Anmerkung:* Pfeile, siehe Abschn. 15.1

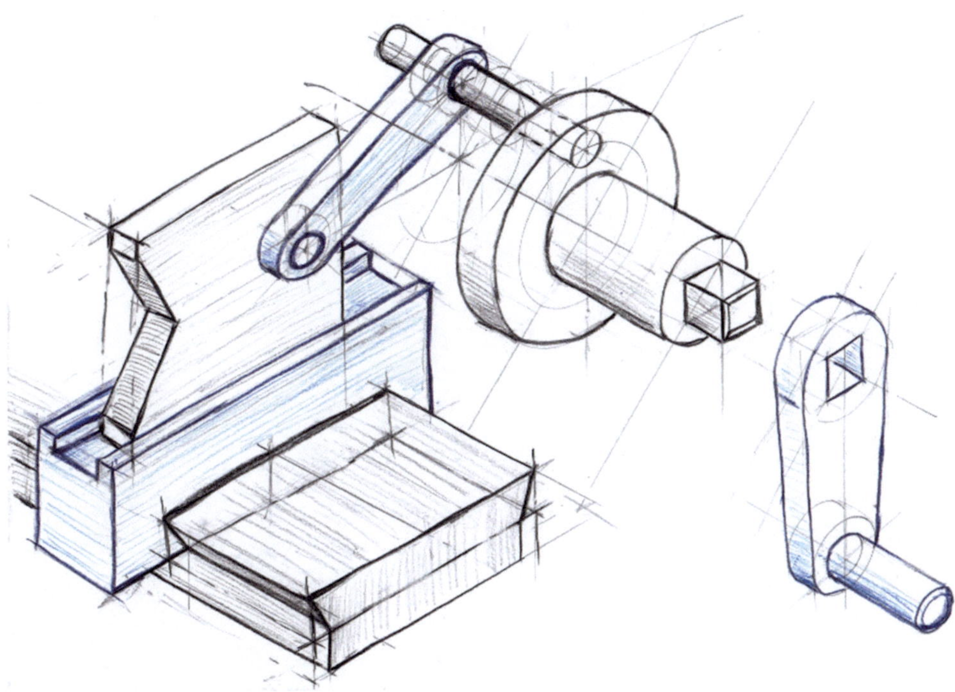

Abb. 8.19 Technische Baugruppe in isometrischer Darstellung. Das Beispiel ist symbolhaft, um das Hinzufügen und Entfernen von Elementen im Kontext einer Baugruppe zu zeigen. *Anmerkung:* Schattierungen, siehe Kap. 11

Objekte und physische Räume

Räume sind Teil unseres Alltags. Dinge existieren häufig in Beziehung zu ihrer Umgebung. In einer Skizze kann bewusst entschieden werden, ob ein Objekt für sich allein wirken soll oder im Kontext seiner Umgebung dargestellt wird. Dieses Kapitel erläutert die verschiedenen Wirkungen physischer Räume und Umgebungen in Skizzen. Mit „physischem Raum" ist hier – im Gegensatz zum „virtuellen Bezugsraum" – ein realer Bezug der Elemente zu ihrer Umgebung innerhalb einer dargestellten Szene gemeint.

Die Darstellung eines physischen Raumes oder einzelner Elemente davon beeinflusst direkt die Wahrnehmung der Skizze. Der Schwerpunkt dieses Kapitels liegt auf der zeichnerischen Einbindung physischer Räume. Dies kann durch die vollständige Darstellung des Raumes, das Andeuten einer Bodenfläche oder einzelner Kanten erfolgen.

9.1 Wenn erforderlich oder hilfreich, den physischen Raum einbeziehen

Die Einbindung eines physischen Raumes in eine Skizze kann deren Aussagekraft und Wirkung erheblich beeinflussen. Die Abb. 9.1, 9.2, 9.3 und 9.4 veranschaulichen anhand von Beispielen, wie unterschiedliche Darstellungen von Räumen, mit oder ohne Objekte, die Wahrnehmung verändern.

Insbesondere in der Innenarchitektur sind Räume ein zentraler Bestandteil der Skizzenaussage, da sie die Beziehung zwischen Objekten und ihrer Umgebung verdeutlichen.

Es ist oft sinnvoll, bereits zu Beginn einer Skizze zu entscheiden, ob und in welchem Umfang ein physischer Raum einbezogen werden soll. Erfahrungsgemäß kann ein Raum oder eine Bodenfläche jedoch auch nachträglich ergänzt oder hervorgehoben werden, um die Skizze zu verstärken (siehe Abb. 9.5).

© Der/die Herausgeber bzw. der/die Autor(en), exklusiv lizenziert an Springer
Fachmedien Wiesbaden GmbH, ein Teil von Springer Nature 2025
P. Gruber, *Technisches Skizzieren für alle*, https://doi.org/10.1007/978-3-658-49618-0_9

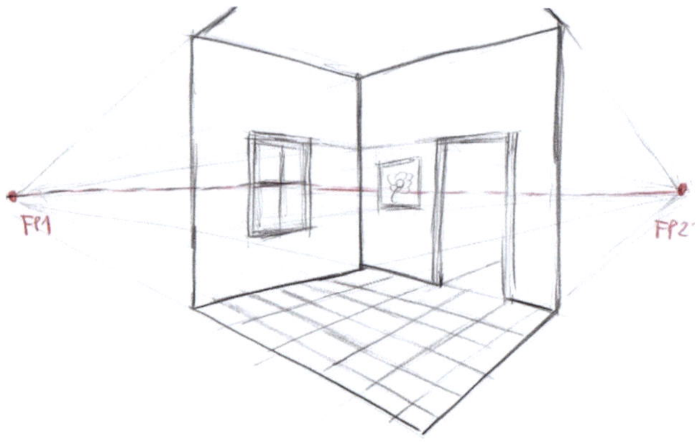

Abb. 9.1 Ein leerer Raum
ohne Objekte. Insbesondere in
der Innenarchitektur spielen
Räume eine wichtige Rolle

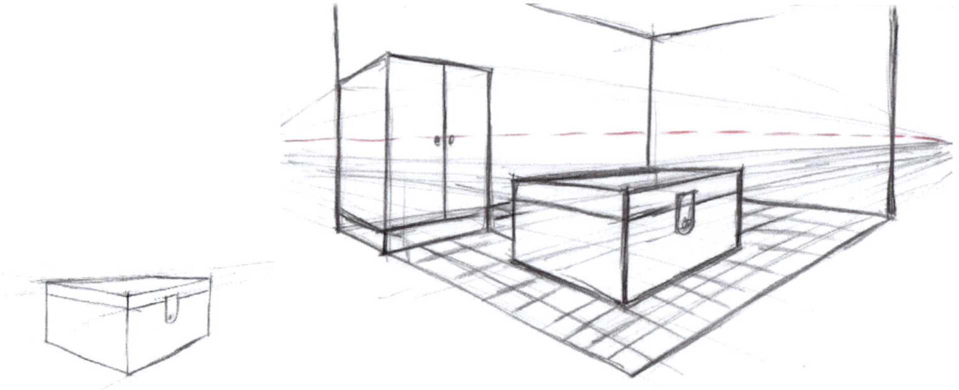

Abb. 9.2 Eine Kiste ohne physischen Raum im Vergleich zu einer Kiste im Kontext eines einfachen
Raumes. Der Raum vermittelt Stabilität und Zusammenhang

Abb. 9.3 Regale in einem
Raum, der lediglich durch rote
Striche angedeutet wird. Diese
Reduktion reicht aus, um eine
räumliche Orientierung zu
schaffen

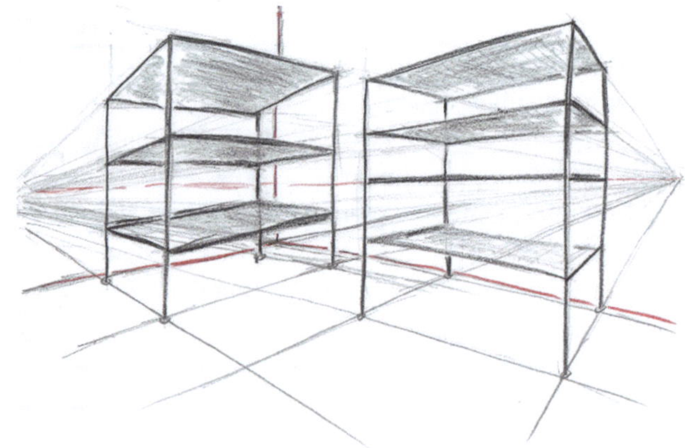

Abb. 9.4 Ein Wohnzimmer in Zwei-Punkt-Perspektive, aus einem erhöhten Blickwinkel darge-stellt. *Anmerkung:* Schattierungen werden in Kap. 11 behandelt

Abb. 9.5 Eine Möbelwand, bei der der Raum nur mit wenigen Strichen im rechten Bereich ange-deutet wurde. Diese Elemente – zusammen mit dem angedeuteten Boden – unterstreichen die Aussage der Skizze. *Anmerkung:* Schattierungen werden in Kap. 11 behandelt

Abb. 9.6 Schlagzeug ohne und mit Boden. Besonders wenn ein Objekt nicht oder kaum aus kubischen Grundkörpern besteht, und die Elemente nicht oder nur lose verbunden sind, ist für das schnelle Erfassen der Skizze der angedeutete Boden hilfreich. *Anmerkungen:* Das Drehen von Körpern im Raum wird in Kap. 16 behandelt. Des Weiteren sieht man hier auch, dass nicht alle Scanner und Drucker die dieselbe Farbwiedergabe aufweisen

Erdung durch Bodenflächen

Die Abb. 9.6, 9.7, 9.8 und 9.9 verdeutlichen, wie bereits eine einfache Andeutung des Bodens die Skizze für den Betrachter besser erfassbar macht. Diese „Erdung" schafft eine klare Orientierung und verhindert den Eindruck, dass Objekte frei im Raum schweben.

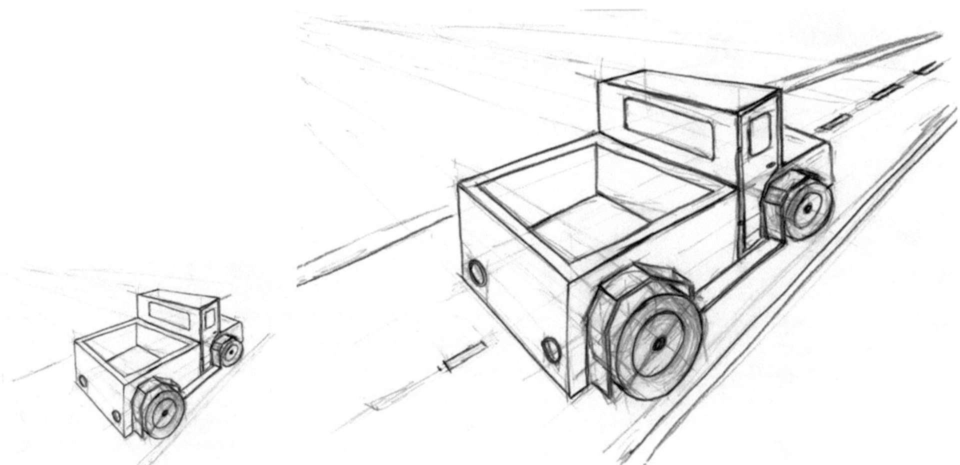

Abb. 9.7   Durch das Andeuten der Straße nimmt das Lastauto aus dem Kap. 8 „Grundkörper kombinieren" Fahrt auf und bekommt dadurch Dynamik

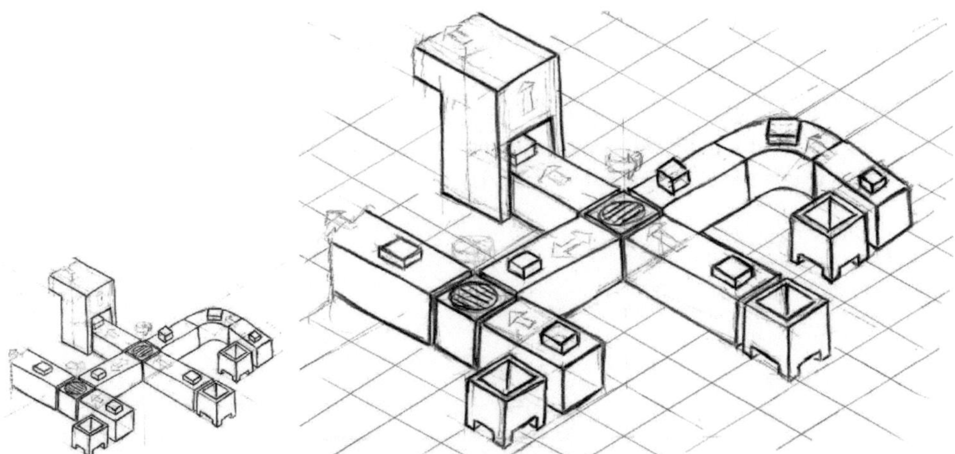

Abb. 9.8   Dieses Beispiel einer Fördertechnik zeigt, dass der Bodenbezug für weniger kompakte, eher weitläufige, Objekte wichtig ist. In der linken Darstellung ohne Boden wirkt es, als ob das gesamte Gebilde frei im Raum schweben würde. Der angedeutete Boden vermittelt hingegen Stabilität und räumliche Verankerung

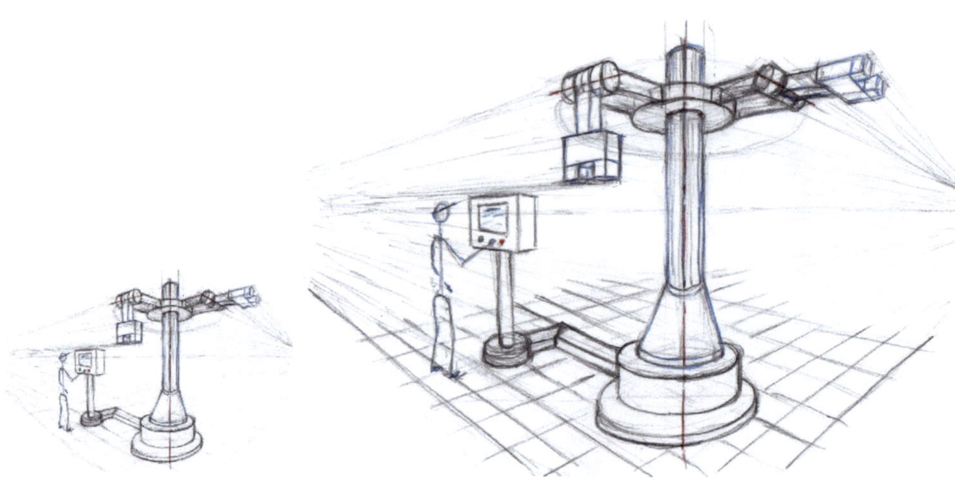

Abb. 9.9 Besonders, wenn Personen in die Skizze eingebunden werden, ist eine „Erdung" mit angedeutetem Boden gut für das Verständnis. *Anmerkung:* Das Einbinden von Personen wird in Kap. 14 behandelt

9.2 Benötigt ein Objekt einen physischen Raumbezug?

Bei kompakten Objekten, die keinen direkten Raumbezug erfordern, ist es oft effizienter, die Skizze mit dem Objekt selbst zu beginnen, ohne zunächst einen Raum darzustellen (s. Abb. 9.10). Die Hauptachsen werden dabei direkt beim Skizzieren des Objekts festgelegt.

Abb. 9.10 Greifer mit angedeutetem Werkstück. Direkt in Zwei-Punkt-Perspektive mit relativ weit außen liegenden Fluchtpunkten skizziert

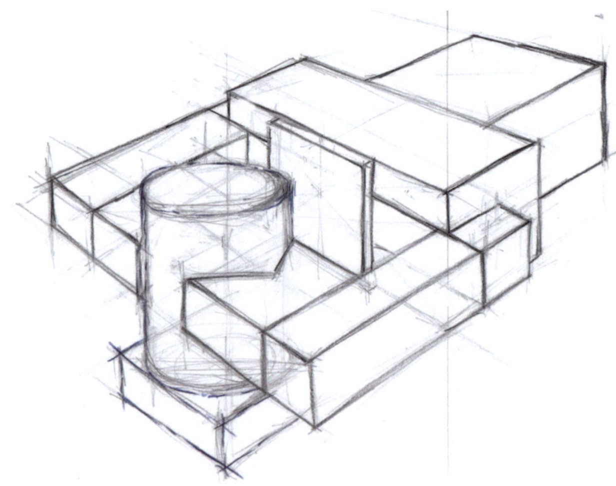

Abb. 9.11 Hubschrauber über
einem kleinen Stadtteil

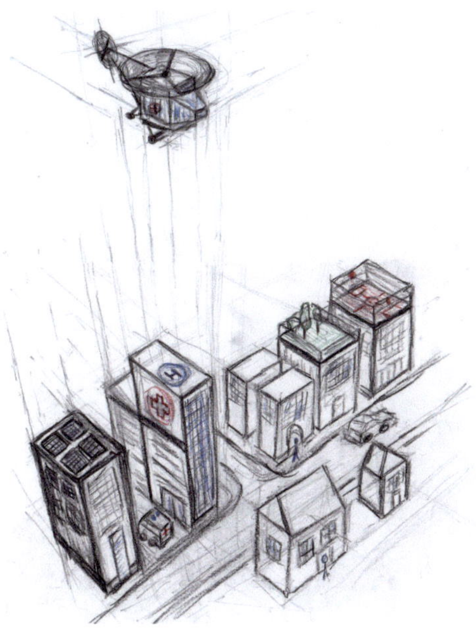

Beim direkten Skizzieren von Objekten ist bei Zwei-Punkt-Perspektiven besonders darauf zu achten, dass die Linien sauber zu den Fluchtpunkten konvergieren. Bei Parallelperspektiven sollte hingegen auf die konsequente Parallelität der Linien geachtet werden. Der Bezugsraum ergibt sich dabei aus den gewählten Hauptachsen und den Abmessungen des dargestellten Objekts.

Es kann aber ebenso gut sein, dass der eingebundene Raum einen wesentlichen Anteil an der Botschaft der Skizze hat. Dann benötigt ein Objekt unter Umständen einen Kontext. Der „Raum" kann dabei zum Beispiel auch eine Landschaft oder eine urbane Umgebung sein (s. Abb. 9.11).

Der Hubschrauber ist sehr vereinfacht skizziert und steht als Objekt im Vordergrund. Die Drei-Punkt-Perspektive erlaubt zugleich einen Blick in die darunterliegende Stadt. So entsteht ein Zusammenhang zwischen Objekt und Umgebung – die Vorstellungskraft des Betrachters kann in dieser Szene verschiedene Geschichten entfalten.

Praktische Übung

- Skizzieren Sie ein Objekt in einem Raum, ein Objekt mit angedeutetem Raum und ein Objekt ohne jeglichen Raumbezug.
- Beobachten Sie, wie sich die Wahrnehmung des Objekts ändert, abhängig davon, ob und wie der Raum dargestellt wird.

Mit den bisher behandelten Methoden und Techniken haben Sie die wichtigsten Werkzeuge an der Hand, um die unendlichen Möglichkeiten des Skizzierens zu erkunden. Nun können Sie beginnen, die Räume des Skizzierens zu erschließen und Ihre Ideen und Projekte einfach zu visualisieren. Durch das Kombinieren von Grundkörpern, mit oder ohne Einbindung eines physischen Raumes, lassen sich unterschiedlichste, auch bereits komplexe Objekte und Szenen darstellen.

Dieses Kapitel markiert einen entscheidenden Meilenstein: Mit den erlernten Grundlagen können Sie Situationen aus nahezu jedem gewünschten Blickwinkel und in verschiedenen Darstellungsformen skizzieren. Sie haben das Fundament gelegt, um selbst anspruchsvolle Skizzen zu meistern und nahezu beliebige Darstellungen zu entwickeln.

Die Darstellungen in Abb. 10.1 symbolisieren diese neue Freiheit und die vielen Möglichkeiten, die Ihnen nun offenstehen. Sie verdeutlicht, dass die bis hierhin vermittelten Methoden und Prinzipien Ihnen die Wege zu den „unendlichen Weiten des Skizzierens" öffnen.

Mit diesem Wissen können Sie bereits eine Vielzahl von Ideen visualisieren – sei es für kreative Projekte, technische Entwürfe oder alltägliche Anwendungen. Doch beim Skizzieren ergeben sich immer wieder neue Facetten.

Im praktischen Teil III, *„Fortgeschrittene Techniken"*, erwarten Sie weitere spannende Themen. Dort werden Inhalte wie das Schattieren von Objekten, das Zeichnen von Rundungen und Freiformflächen, das Drehen von Körpern, das Einbinden von Personen sowie die Gestaltung von Bewegung, Texten und Oberflächenstrukturen behandelt.

Ob klassisch mit Stift und Papier oder digital auf einem Tablet – die Möglichkeiten des Skizzierens sind vielfältig und passen sich Ihren Vorlieben und Arbeitsweisen an. Ziel

P. Gruber, *Technisches Skizzieren für alle*, https://doi.org/10.1007/978-3-658-49618-0_10

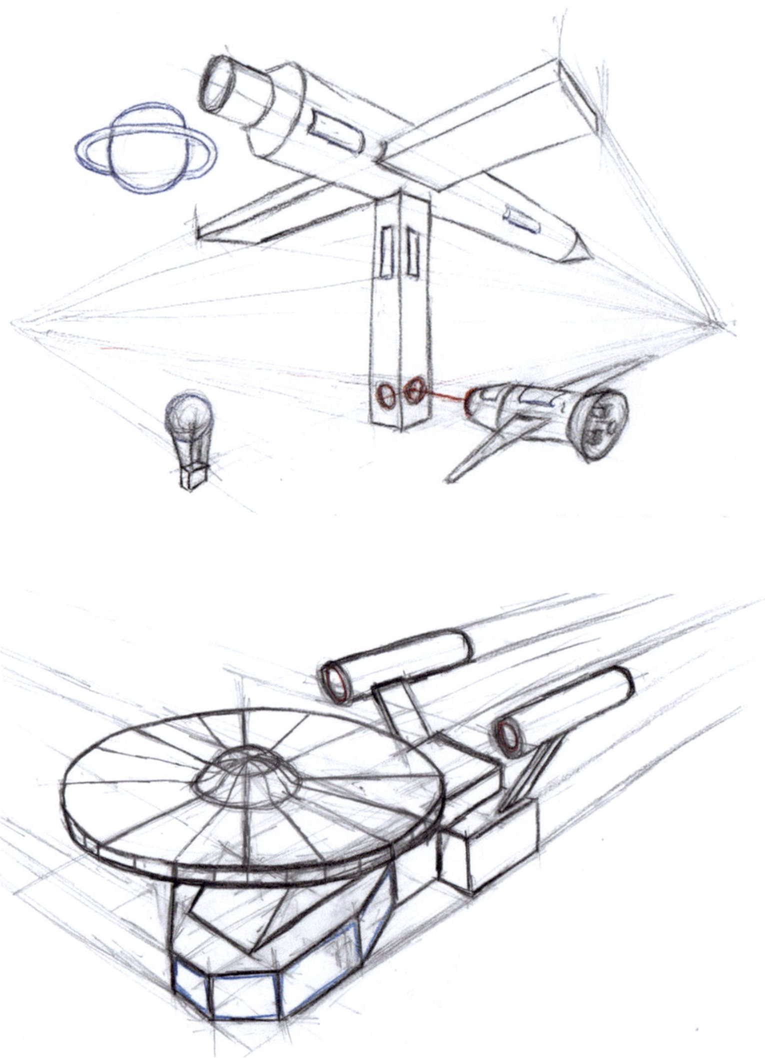

Abb. 10.1   Die unendlichen Weiten des Skizzierens stehen nun offen

der weiterführenden Kapitel ist es, Ihnen zu helfen, effizient ansprechende und ausdrucksstarke Skizzen zu erstellen, sodass das Skizzieren zu einer selbstverständlichen und gern genutzten Technik wird.

Teil III

Praktischer Teil – Fortgeschrittene Techniken

Licht und Schatten 11

Licht spielt in unserem Leben eine große Rolle. Wenn wir Dinge, Räume usw. betrachten, hat das Licht einen wesentlichen Anteil auf unsere Wahrnehmung. Daher ist es gut, wenn wir auch beim Skizzieren die Möglichkeit haben, das Licht mit aufzunehmen. Dadurch wird die Skizze für den Betrachter natürlicher und realistischer. Dieses Kapitel bietet Informationen und Methoden zum Thema Schatten und eine umfangreiche Sammlung an hilfreichen Beispielen.

11.1 Licht unterstützt die natürliche Wahrnehmung von Skizzen

Perspektivische Darstellungen unterstützen uns bei der natürlichen Wahrnehmung einer Skizze.

> Nachdem in der Realität immer Licht im Spiel ist, verbessern Schattierungen die Wirkung einer Skizze erheblich.

Wie in Abb. 11.1 zu sehen ist, kann das Wechselspiel von Licht und Schatten sehr komplex sein. LichtWie schon angeführt, ist beim Skizzieren Vereinfachung hilfreich. Daher werden in diesem Kapitel Methoden und Tipps gezeigt, wie in Skizzen effizient Wirkungen mit Schattierungen erzielt werden können.

P. Gruber, *Technisches Skizzieren für alle*, https://doi.org/10.1007/978-3-658-49618-0_11

Abb. 11.1   Kunstobjekt von „ArteLaVista – brazilian handicraft & design" – www.artelavista.com.
Das Spiel zwischen Licht und Schatten kann sehr komplex sein", fotografiert 2021

11.2   Der Eigenschatten ist immer empfehlenswert

Der Körper- oder Eigenschatten ist jener Schatten, der von einem Objekt auf sich selbst
geworfen wird (s. Abb. 11.2).

> Eigenschatten sind beim Skizzieren an sich immer zu empfehlen. Sie unterstützen
> mit relativ wenig Aufwand die Dreidimensionalität und damit das Verständnis von
> Skizzen.

Der Eigenschatten kann in verschiedenen Arten aufgebracht werden. Die Abb. 11.3, 11.4
und 11.5 zeigen einige Varianten.

Schraffuren und Muster haben den Vorteil, dass diese auch mit Stiften gemacht werden
können, mit denen man nicht „malen" kann. Zum Beispiel bei schnellen Skizzen mit
einem Kugelschreiber.

Wie Vieles beim Skizzieren, ist auch beim Eigenschatten einiges Ansichtssache.
Schattierungen können auch situationsbezogen verschieden hilfreich sein.

Abb. 11.2 Quader mit
Eigenschatten

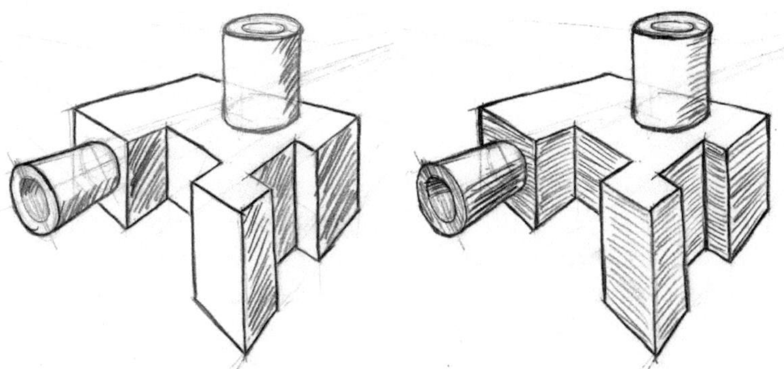

Abb. 11.3 Eigenschatten durch Schraffuren in verschiedenen Richtungen

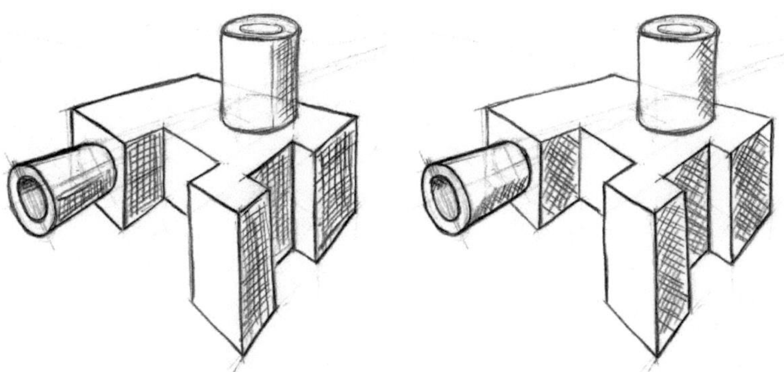

Abb. 11.4 Eigenschatten durch Muster in verschiedenen Richtungen

Abb. 11.5 Eigenschatten
durch das Füllen von Fläche in
verschiedener Helligkeit

- Schraffierungen geben etwas mehr Dynamik
- Muster geben etwas mehr Struktur
- Gefüllte Fläche geben etwas mehr Volumen

Werden Eigenschatten farbig ausgeführt, sollten Linien für Kanten und Übergänge besser mit schwarzen oder entsprechend dunklen Stiften gezeichnet werden (s. Abb. 11.6).

Die Abb. 11.7, 11.8, 11.9, 11.10, 11.11, 11.12 und 11.13 zeigen Beispiele mit gefüllt schattierten Flächen als Eigenschatten. Man nimmt für eine Skizze eine Richtung an, aus der das Licht kommt. Je nachdem, wie Flächen zum angenommenen Licht stehen, werden diese in verschiedener Helligkeit gefüllt. Meist reicht eine grobe Abstufung der Schattenintensitäten. Bei runden Flächen sind die Übergänge zwischen den Stufen verlaufend.

Abb. 11.6 Beispiel Tisch mit Eigenschatten in dunklerem und hellerem Holz. Linien für Kanten und Übergänge sollten in Schwarz oder einem dunklen Farbton gezeichnet werden, damit die Formen klar erkennbar bleiben

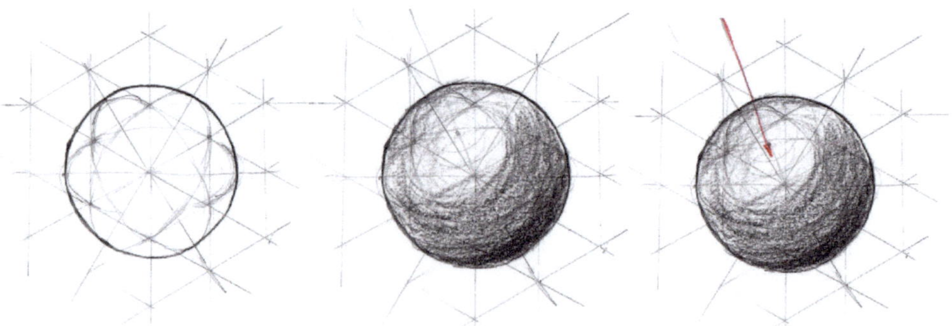

Abb. 11.7 Kugel mit verlaufendem Eigenschatten

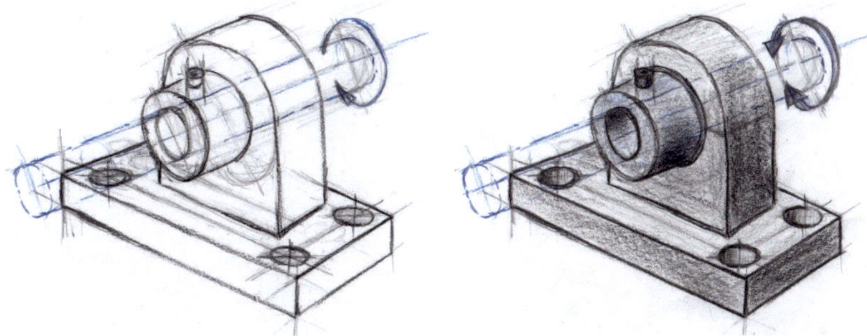

Abb. 11.8 Stehlager ohne und mit Eigenschatten (Pfeile siehe Abschn. 15.1)

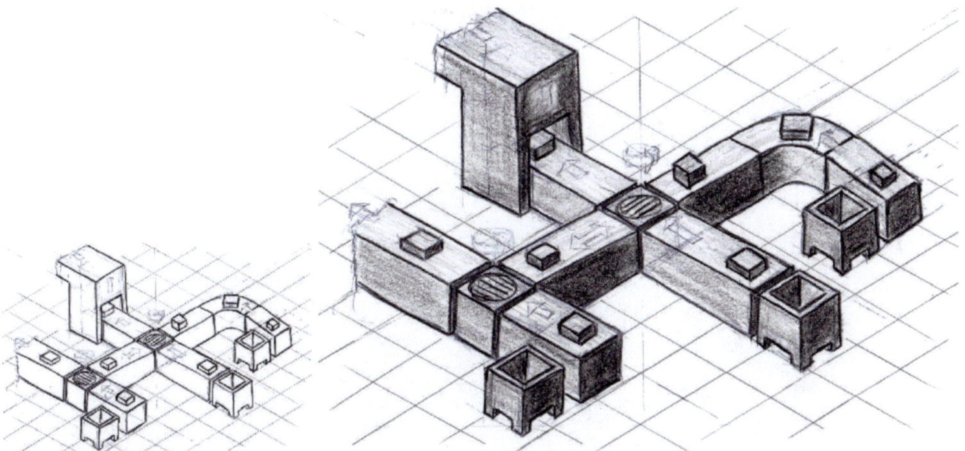

Abb. 11.9 Die Wahrnehmung der Fördertechnik aus dem Kap. 9 „Raum und Objekte" ist mit dem einfachen Anbringen der Eigenschatten wesentlich verbessert

> **Tipp** Insbesondere bei isometrischen Darstellungen kann es sinnvoll sein, die wichtigsten Hilfslinien mit einem Lineal vorzuzeichnen oder wie im Beispiel 11.9 eine Vorlage, aus dem Kap. 3 „Werkzeuge, Material und nützliche Hilfsmittel" zu verwenden. Die Skizze selbst kann anschließend frei mit der Hand ausgefertigt werden.

Manchmal sind bei der Entstehung einer Skizze relativ viele Hilfslinien erforderlich. Eine Skizze mit vielen Hilfslinien kann unübersichtlich werden. Durch das Füllen der Flächen kommen die wesentlichen Elemente einer Skizze wieder klar in den Vordergrund (s. Abb. 11.12).

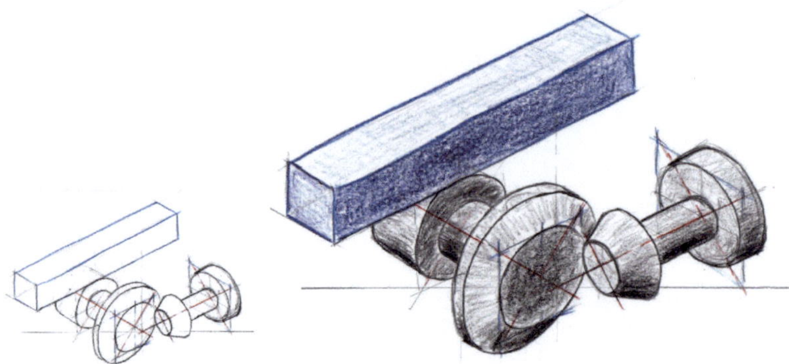

Abb. 11.10 Beispiel eines Antriebsstrangs. Bei Mantelflächen von Kegeln ist der Verlauf des Eigenschattens ähnlich jenem bei zylindrischen Flächen

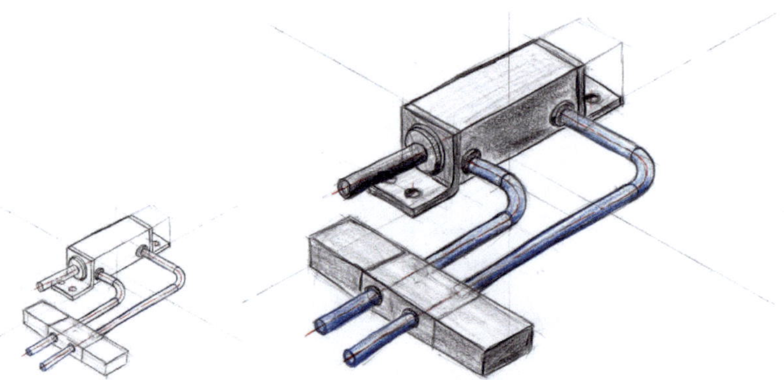

Abb. 11.11 Dieses bereits aus vorherigen Kapiteln bekannte Beispiel aus der Fluidtechnik zeigt auch, dass Eigenschatten und Farben sehr einfache, und effiziente Mittel sind, eine Skizze optisch aufzuwerten, und die Aussage einer Skizze zu unterstützen

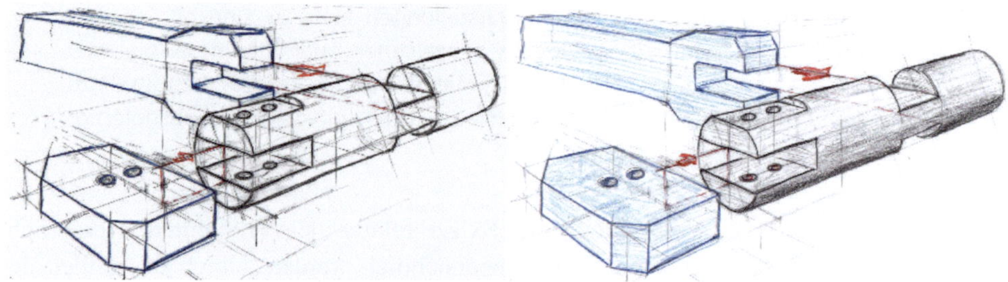

Abb. 11.12 Eigenschatten heben bei Skizzen mit vielen Hilfslinien die wesentlichen Elemente wieder in den Vordergrund. *Anmerkung:* Pfeile, siehe Abschn. 15.1

Abb. 11.13 Labyrinth ohne und mit Eigenschatten

Dieses letzte Beispiel zu Eigenschatten eines Labyrinthes zeigt, dass Schattierungen nicht nur eine optische Aufwertung sind, sondern dass diese manchmal für ein schnelles Verständnis einer Skizze sogar beinahe erforderlich sind (s. Abb. 11.13).

11.3 Informationen und Methoden zu Schlagschatten

Ein Schlagschatten wird erzeugt, wenn ein beleuchtetes Objekt einen Schatten auf andere Oberflächen von Körpern oder auf den Boden wirft.

Beim Thema Schlagschatten muss man beim Licht etwas genauer unterscheiden:

- Welches Licht möchte man darstellen? Sonnenlicht, bei dem die Lichtstrahlen durch die große Entfernung der Sonne gewissermaßen parallel sind, oder eine punktuelle, künstliche Lichtquelle?
- Aus welcher Richtung und Höhe nimmt man das Licht an?

Erfahrungsgemäß liefert die Annahme einer Lichtquelle, welche etwas von vorn relativ steil auf das Objekt leuchtet, sehr anschauliche und effektvolle Ergebnisse. Die Entfernung der Lichtquelle wird sehr groß angenommen, sodass die Lichtstrahlen, wie bei der Sonne, parallel dargestellt werden können.

Die Methode, den Schlagschatten dieser Lichtquelle darzustellen, ist einfach und daher wird in diesem Buch vorwiegend mit dieser Lichtquelle gearbeitet. Vereinfacht wird dieses Licht auch „von ca. 11 Uhr kommend" bezeichnet. In der Abb. 11.14 ist dieses Licht mit einer Lampe künstlich nachgestellt. Man sieht bei den Fotos in dieser Abbildung schon andeutungsweise, wie sich der Schlagschatten von Objekten bei diesem Licht verhält.

Die Abb. 11.15 zeigt ein Kunstobjekt in Ton von Franz Josef Altenburg (geb. 1941), ebenfalls in einem Licht „von ca. 11 Uhr kommend".

Die Abb. 11.15 und 11.16 zeigen die Methode zur Erstellung des Schlagschattens am Boden eines Quaders in Zwei-Punkt-Perspektive bei einem Licht „von ca. 11 Uhr kommend". Die Linien werden wie nachfolgend beschrieben gezogen:

1. Horizontale Hilfslinie am untersten Punkt des Quaders.
2. Schattenlinie im Winkel von ca. 10 bis 15 Grad.
3. Lichtlinie vom oberen Eckpunkt des Quaders im Winkel von ca. 15 bis 20 Grad bezogen auf die Senkrechte.
4. Schattenlinie vom Schnittpunkt der Linien 2 und 3 in Richtung des rechten Fluchtpunktes.
5. Lichtlinie parallel zu Linie 3 vom oberen rechten Punkt des Quaders.
6. Schattenlinie vom Schnittpunkt der Linien 4 und 5 in Richtung des linken Fluchtpunktes.

Nun kann der Schlagschatten am Boden mit einem dunklen Stift gefüllt werden. Der Schlagschatten der Sonne ist in der Regel sehr dunkel. Daher wird der Schlagschatten häufig mit einem schwarzen Filzstift ausgefüllt. Später werden auch noch andere Varianten des Schlagschattens erläutert.

Abb. 11.14 Die Lichtquelle leuchtet leicht von vorn relativ steil auf die Holzobjekte

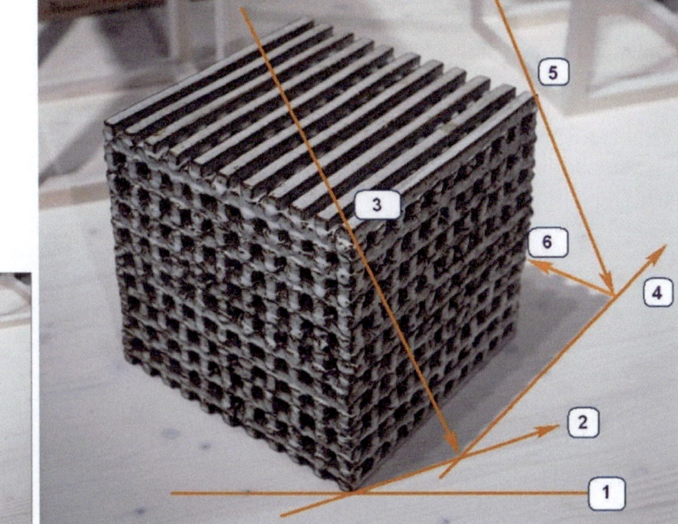

Abb. 11.15 Foto mit würfelförmigem Kunstobjekt von Franz Josef Altenburg (geb. 1941), mit Ableitung der Konstruktion des Schlagschattens bei einem Licht „von ca. 11 Uhr kommend", fotografiert 2021

Abb. 11.16 Methode zur Erstellung des Schlagschattens eines Quaders in Zwei-Punkt-Perspektive bei einem Licht, welches relativ steil von oben, etwas von vorn auf das Objekt leuchtet

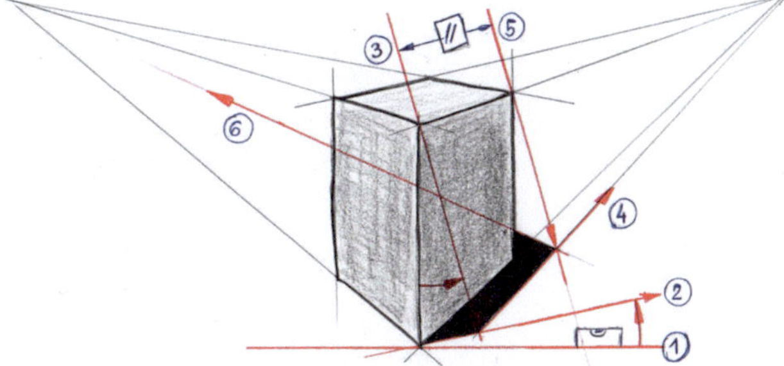

Diese Methode kann auf andere Richtungen und Höhen einer parallelen Lichtquelle sowie auf andere Objekte übertragen ebenfalls angewendet werden.

Das Sonnenlicht bzw. die Lichtquelle kann aus verschiedenen Höhen und Richtungen kommen. Die Abb. 11.17 a bis d zeigen einige solcher Varianten:

- Ist die Schattenlinie 2 oberhalb der horizontalen Linie 1, dann ist die Lichtquelle vor dem Objekt.
- Ist die Schattenlinie 2 unterhalb der horizontalen Linie 1, dann ist die Lichtquelle hinter dem Objekt.

Abb. 11.17 Quader mit Schlagschatten von Lichtquellen, mit parallelen Lichtstrahlen aus verschiedenen Richtungen in verschiedenen Höhen.
a Relativ flaches Licht von rechts vorn. **b** Relativ steiles Licht von links hinten.
c Relativ flaches Licht von links hinten. **d** Relativ steiles Licht von der linken Seite

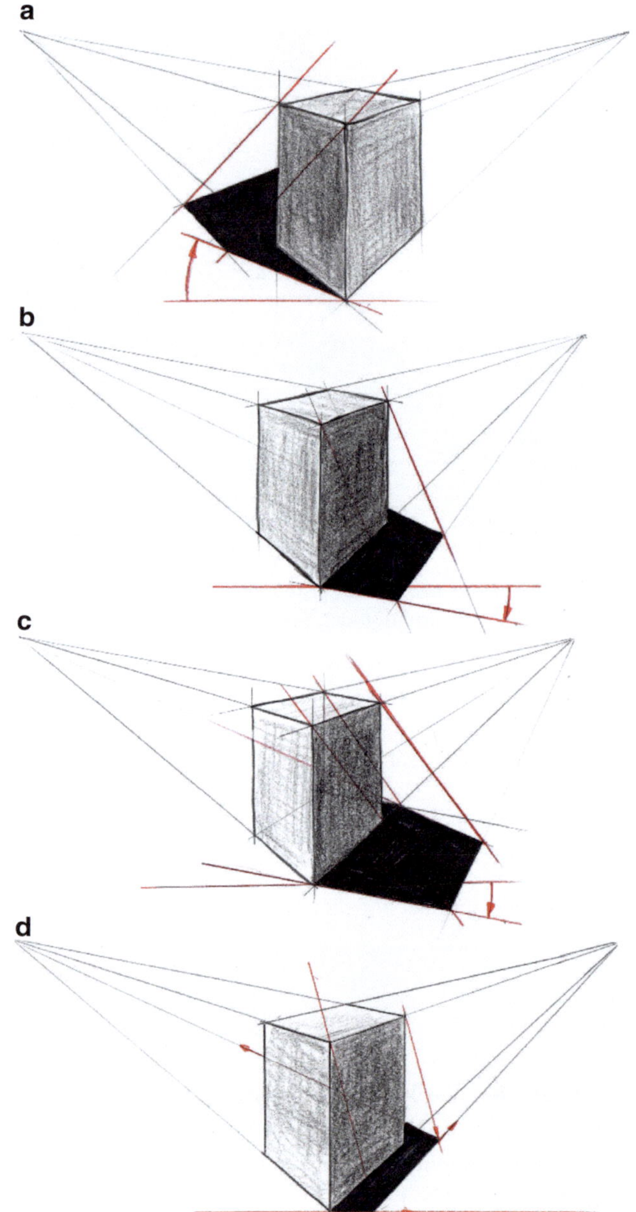

- Ist die Schattenlinie 2 horizontal und deckt sich mit der Linie 1, dann ist die Lichtquelle genau seitlich vom Objekt.
- Die Neigung der Lichtlinien 3 und 5 stellt die Höhe der Sonne bzw. Lichtquelle dar. Je steiler die Linien sind, desto höher steht die Sonne.

Diese Methode kann auch für isometrische Darstellungen angewendet werden, nur dass die Richtung der Schattenlinien zu den Fluchtpunkten parallel zu den Körperkanten ist. (s. Abb. 11.18).

Nun zu der etwas komplizierteren punktuellen künstlichen Lichtquelle. Dabei muss am Boden ein entsprechender Schatten-Fluchtpunkt definiert bzw. gefunden werden. Die Lichtquelle ist im Beispiel in Abb. 11.19 in der Mitte der Decke des angenommenen Raumes angebracht. Der Schatten-Fluchtpunkt ist also senkrecht darunter in der Mitte

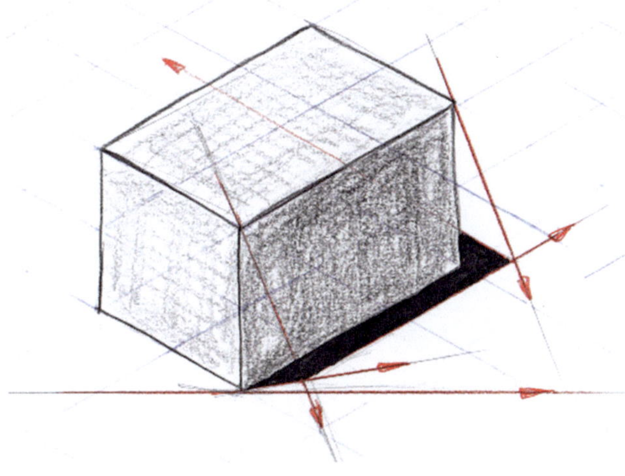

Abb. 11.18 Erstellung des Schlagschattens bei isometrischer Darstellung

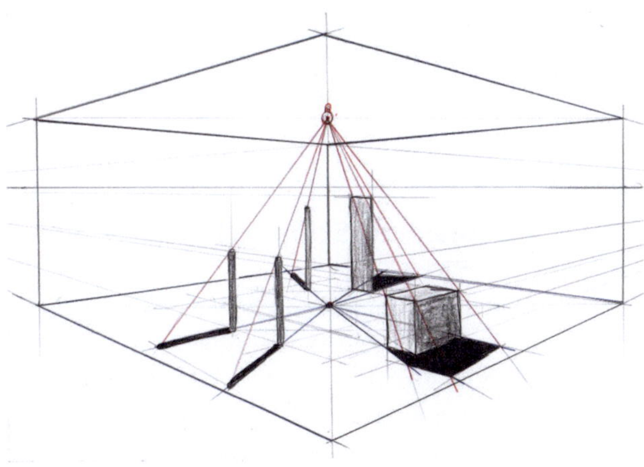

Abb. 11.19 Konstruktion des Schlagschattens am Boden von einer künstlichen punktförmigen Lichtquelle

Abb. 11.20 Ein Zylinder steht direkt auf dem Boden und wirft einen Schlagschatten darauf

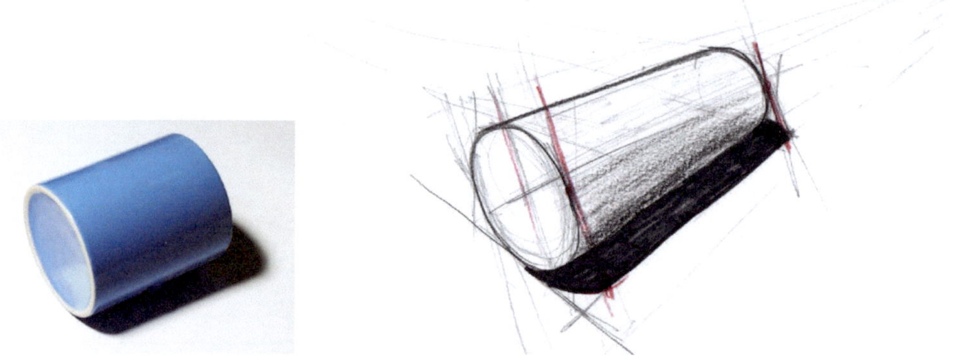

Abb. 11.21 Ein Zylinder liegt direkt auf dem Boden und wirft einen Schlagschatten darauf

des Bodens. Wie in Abb. 11.19 zu sehen ist, verlaufen alle Schlagschatten am Boden in Richtung des Schatten-Fluchtpunktes.

Die Lichtstrahlen kommen nicht parallel, sondern gehen von der punktförmigen Lichtquelle aus.

11.4   Beispiele zu Schlagschatten – eine hilfreiche Bibliothek

Die angeführten Beispiele können bei der schnellen und praktischen Umsetzung von Schatten als Nachschlagewerk unterstützen.

In den Abb. 11.20, 11.21, 11.22, 11.23, 11.24 und 11.25 werden Beispiele gezeigt, bei denen die Objekte direkt am Boden, auf den der Schlagschatten geworfen wird, stehen oder liegen. Wie bereits oben angeführt, wird nur das Licht mit parallelen Lichtstrahlen

Abb. 11.22 Offenes Objekt mit Schlagschatten auf den Boden und auf andere Körperflächen. Die Linie zwischen zwei Schlagschatten im Inneren des Objektes wurde hier mit einem weißen Farbstift nachgezogen

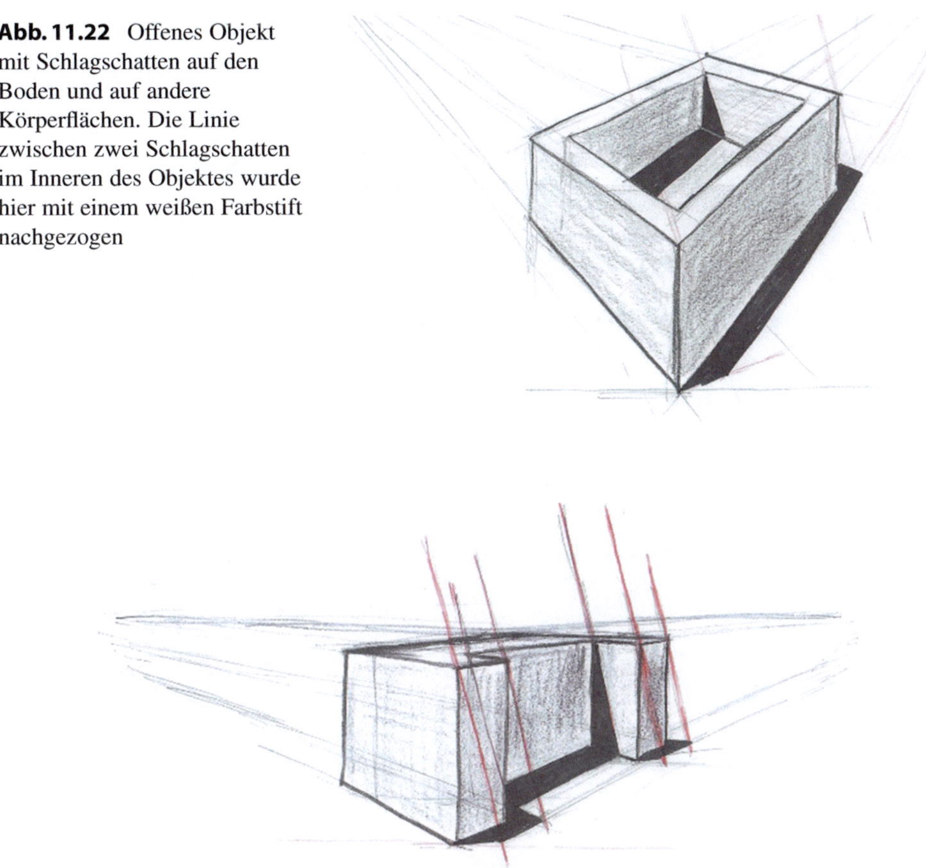

Abb. 11.23 Objekt mit Schlagschatten auf den Boden und auf andere Körperflächen. Die Linie zwischen zwei Schlagschatten ist hier nicht nachgezogen

„von ca. 11 Uhr kommend" angewendet. Die Beispiele sind in Form von Skizzen und Fotos dargestellt.

Die Abb. 11.22, 11.23, 11.24 und 11.25 zeigen Beispiele, in denen Schlagschatten sowohl auf den Boden als auch auf andere Körperflächen geworfen werden. Linien, bei denen zwei Schlagschatten aufeinandertreffen, können ggf. mit einem weißen Farbstift wieder sichtbar gemacht werden (s. Abb. 11.22).

Die Abb. 11.25 und 11.26 zeigen aus Zylinder zusammengesetzte Objekte mit Schlagschatten.

In den Abb. 11.27, 11.28, 11.29 und 11.30 werden Beispiele gezeigt, bei denen die Objekte einen Abstand zum Boden, auf den der Schlagschatten geworfen wird, haben. Die Methode ist im Grund analog zu der bereits gezeigten, nur dass es im Eckbereich hinten links noch einen weiteren Schnittpunkt gibt (s. Abb. 11.27).

Abb. 11.24 Anschauungsbeispiele für Schlagschatten am Boden und andere Körperflächen

Abb. 11.25 Objekt aus Zylindern zusammengesetzt von oben, mit Schlagschatten auf Boden und andere Körperflächen

Abb. 11.26 Objekt aus Zylindern zusammengesetzt „schwebend" von unten, mit Schlagschatten auf Körperflächen

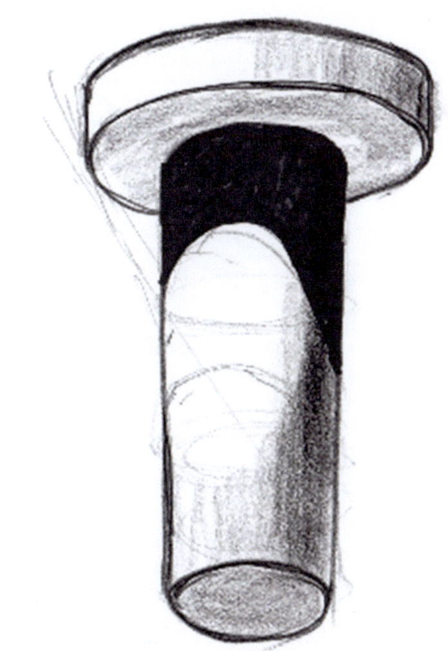

Abb. 11.27 Quader mit Abstand zum Boden auf den der Schlagschatten geworfen wird

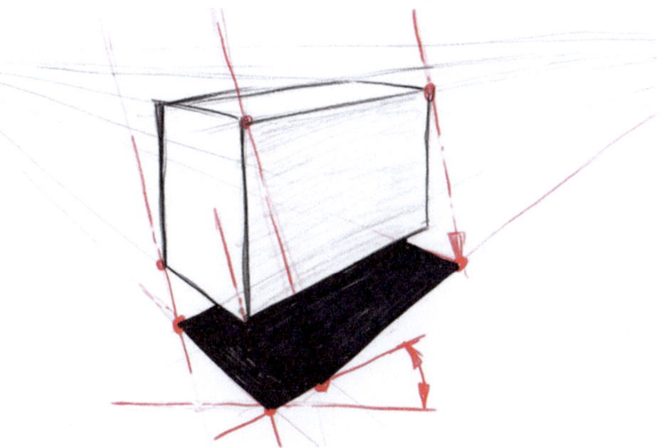

Abb. 11.28   Kubisch zusammengesetztes Objekt mit Abstand zum Boden, auf den der Schlagschatten geworfen wird, ohne und mit Trennlinie bei zusammenfallenden Schlagschatten

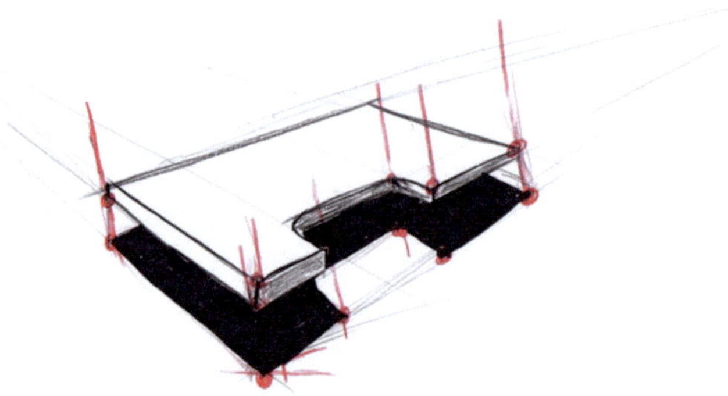

Abb. 11.29   Flaches Objekt mit Abstand zu Boden, auf den der Schlagschatten geworfen wird

Abb. 11.30   Zylinder mit
Abstand zu Boden, auf den der
Schlagschatten geworfen wird

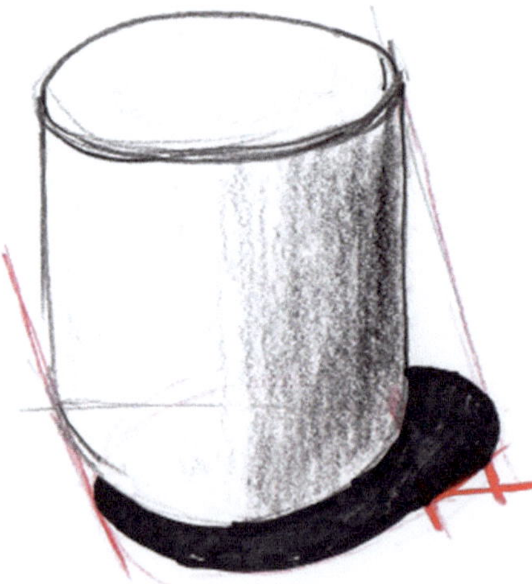

11.5 Beispiele mit verschiedenen Ausführungen von Schatten

Die Abb. 11.31, 11.32, 11.33, 11.34, 11.35 und 11.36 zeigen Vergleiche zwischen verschiedenen Ausführungen von Schatten allgemein. Machen Sie sich selbst ein Bild, und entscheiden Sie in Skizzen, wie Sie Schattierungen situationsbedingt ausführen wollen.

An dem, in den Abb. 11.31 und 11.32 dargestellten Beispiel ist ebenfalls besonders gut zu sehen, dass Schattierungen Wesentliches für das Verständnis von einem Objekt beitragen. Ein Eigenschatten ist, wie bereits angeführt, immer zu empfehlen. Die Form des Eigenschattens kann sehr verschieden sein und hängt von der Situation und vom persönlichen Geschmack ab. Der Charakter einer Skizze wird auf jeden Fall wesentlich davon beeinflusst.

Wenn, wie im Beispiel in Abb. 11.35, durch den Schlagschatten wesentliche Elemente „verschluckt werden", kann es sinnvoll sein, den Schlagschatten mit einem Copic-Stift

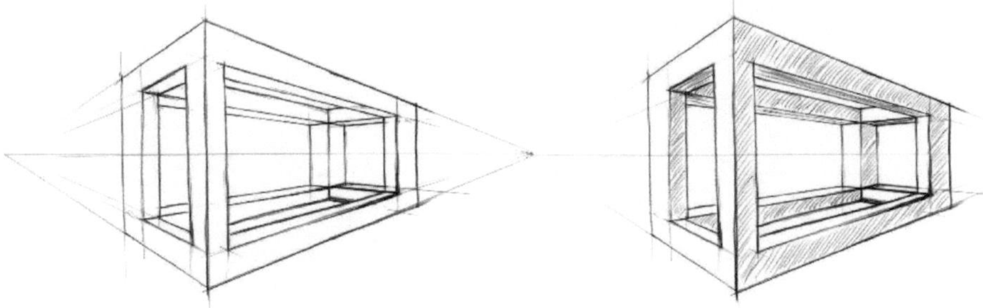

Abb. 11.31 Das Beispiel aus dem Kap. 5 „Würfel, Quader und Objekte aus kubischen Elementen" in Varianten ohne Schatten und mit Eigenschatten in Form von Schraffur

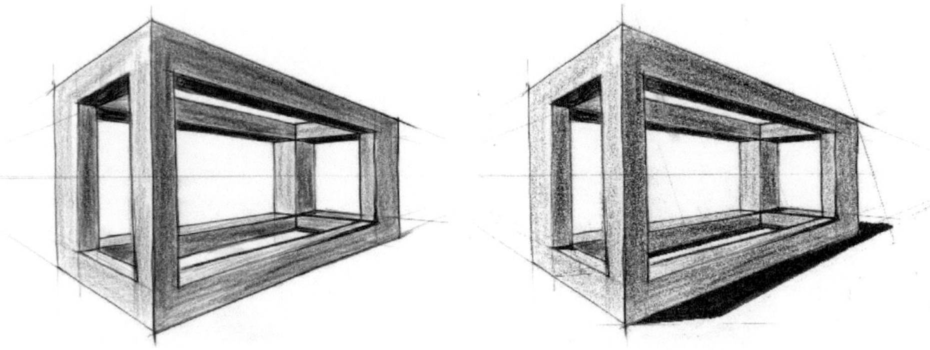

Abb. 11.32 Das Beispiel aus dem Kap. „5 Würfel, Quader und Objekte aus kubischen Elementen", in Varianten nur mit Eigenschatten und mit Eigen- und Schlagschatten am Boden

Abb. 11.33 Schlagzeug in Varianten nur mit Eigenschatten und mit Eigen- und Schlagschatten. Die Wirkung der Skizze wird durch die Einbindung des Bodens zusätzlich verbessert

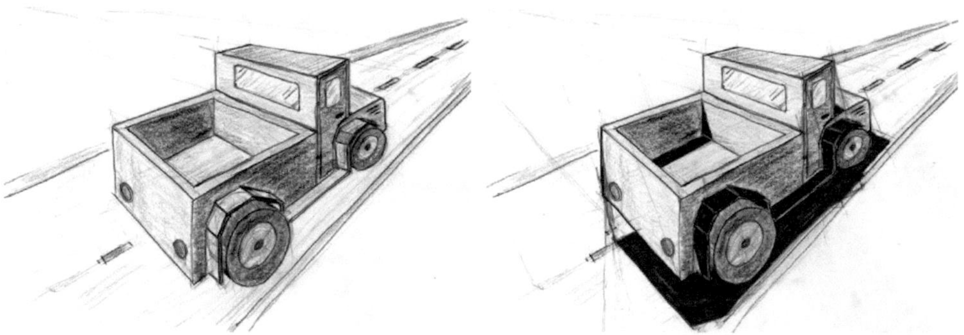

Abb. 11.34 Lastauto in Varianten nur mit Eigenschatten und mit Eigen- und Schlagschatten. Wenn Schlagschatten ineinander gehen, ist es wichtig, relevante Konturen in diesem Bereich z. B. mit einem weißen Stift hervorzuheben. Es würden durch eine durchgehend schwarze Fläche wichtige Informationen verloren gehen

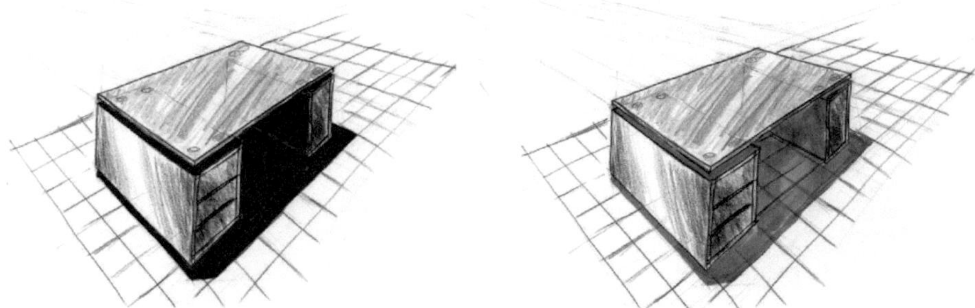

Abb. 11.35 Schreibtisch mit verschiedenen Schlagschatten-Varianten. Verschluckt ein dunkler Schlagschatten wichtige Elemente, kann er transparent ausgeführt werden

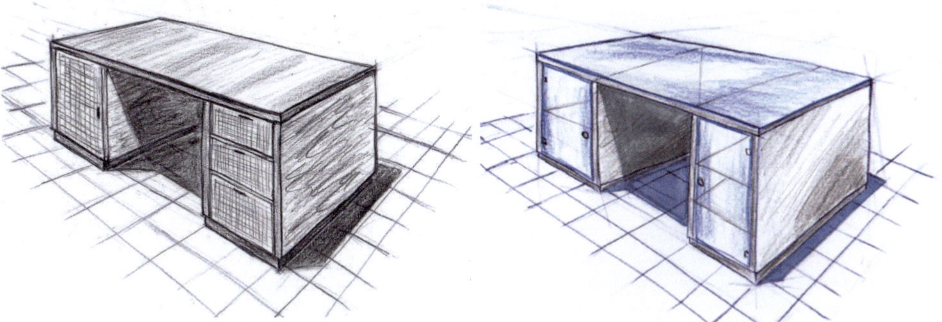

Abb. 11.36 Schreibtisch mit unterschiedlichen Schattenvarianten. Die Orientierung ist so gewählt, dass wichtige Elemente dem Licht zugewandt sind. Schon einfache Eigen- und Schlagschatten steigern die plastische Wirkung einer Skizze. Die Beispiele geben einen Vorgeschmack auf Abschn. 21.3 „Skizzenwirkung durch Linien, Flächen, Texturen und Licht gezielt gestalten"

(hier im Farbton C5) transparent auszuführen. Siehe dazu in Kap. 3 „Werkzeuge, Material und nützliche Hilfsmittel".

> Objekte vorzugsweise so orientieren, dass eher wichtige und interessante Elemente auf der „Sonnenseite", also dem Licht zugewandt sind (s. Abb. 11.36).

Ggf. kann auch, wie in Abb. 11.17 dargestellt, das Licht entsprechend angepasst werden.

Je dunkler ein Schlagschatten dargestellt wird, desto heller ist das zugehörige Licht (siehe z. B. Abb. 11.37).

In Abb. 11.38 wird das Licht selbst zum zentralen Thema der Skizze. Als Beispiel dient ein manueller, visueller Prüfplatz: Ein spezielles Prüflicht, das Oberflächenrisse sichtbar macht, beleuchtet ein kubusförmiges Werkstück. Die punktförmige, künstliche Lichtquelle strahlt dabei von links oben auf das Objekt und erzeugt einen deutlich ausgeprägten

Abb. 11.37 Gitarre mit verschieden starker Beleuchtung und mit daraus resultierenden verschiedenen Schatten

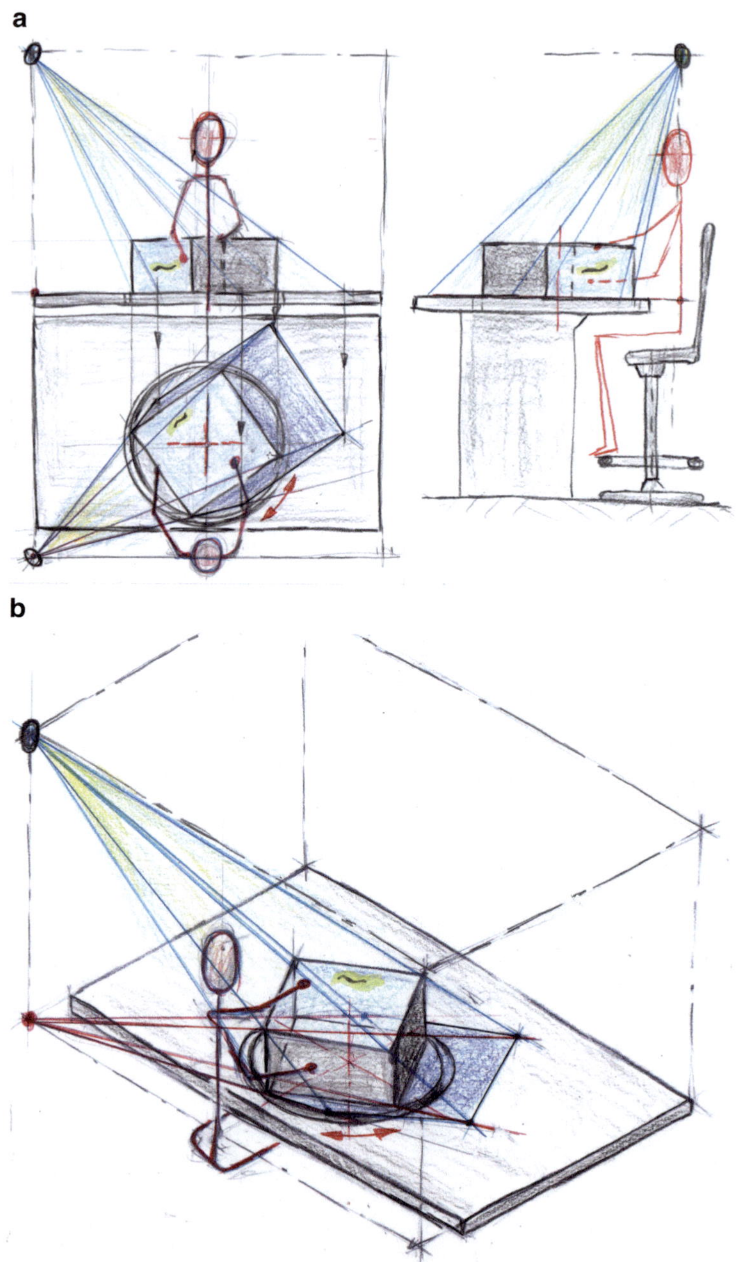

Abb. 11.38 Manueller visueller Prüfplatz – hier bilden das Licht selbst und die Schatten den Kern der Skizzenaussage. **a** Darstellung in drei Normalansichten. **b** Darstellung in isometrischer Perspektive. **c** Zentralperspektive aus Sicht der prüfenden Person. *Anmerkung: Das Einbinden von Personen wird in* Kap. 14 *behandelt*

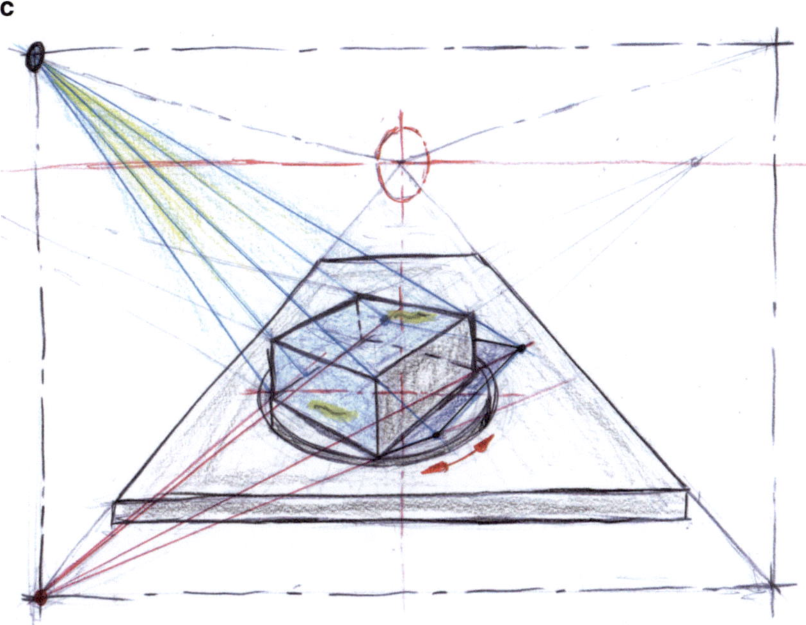

Abb. 11.38 (Fortsetzung)

Schlagschatten. Der Schlagschatten und der Eigenschatten sind Teil der beabsichtigten Aussage der Skizze. Der Schlagschatten wird in allen drei Darstellungsformen, analog zu Abb. 11.19, auf die gleiche Weise konstruiert: Die Lichtquelle befindet sich links oberhalb der Person, der zugehörige Schatten-Fluchtpunkt liegt senkrecht darunter auf Höhe der Tischplatte. Die Schlagschattenlinien der senkrechten Objektkanten verlaufen auf diesen Punkt zu. Die Schnittpunkte dieser Linien mit den zugehörigen Lichtstrahlen ergeben die Eckpunkte des Schattens.

Die Szene wird in drei verschiedenen Darstellungsformen gezeigt: in Abb. 11.38a durch drei Normalrisse, in Abb. 11.38b in isometrischer Perspektive und in Abb. 11.38c in Zentralperspektive aus Sicht der prüfenden Person. Vergleiche dazu auch Kap. 19 **„Kombinieren und Vereinfachen von Darstellungen"**. Tisch und Quader bilden gemeinsam den Bezugsraum mit den Hauptachsen. Das zu prüfende Werkstück ist gegenüber diesen Hauptachsen über die manuell drehbare Werkstückauflage gedreht.

11.6 Der Schlagschatten hinter Glaselementen

Wie in Kap. „6 Methodische Arbeitsweise allgemein, mit nützlichen Tipps" angeführt, wird das Beispiel eines Schrankes mit Glastüren „genauer beleuchtet". Abb. 11.39 zeigt dieses Beispiel mit und ohne Schlagschatten am Boden. In Abb. 11.40 werden auch die Schlagschatten im Inneren des Schrankes dargestellt.

▶ **Tipp** Vor dem Anbringen der Schlagschatten ggf. eine Sicherheitskopie machen.

Die Herausforderung beim Anbringen der Schlagschatten im inneren Bereich, liegt hier darin, dass der transparente Charakter erhalten bleibt, und dabei interessante Details nicht von Schatten überdeckt werden. Dazu wird bei diesem Beispiel empfohlen, die Schlagschatten der Glastüren mit grauem Copic-Stift auszuführen.

In den Abb. 11.41 und 11.42 wird als Fortsetzung von Kap. 6 ein kurzer Arbeitsablauf für das Erstellen von Farb- und Schattenvarianten beschrieben:

Für das Weiterarbeiten mit Varianten eignet sich Durchpausen ausgezeichnet. Siehe dazu auch Abschn. 20.2 „Mit Skizzen effizient Varianten visualisieren und vergleichen".

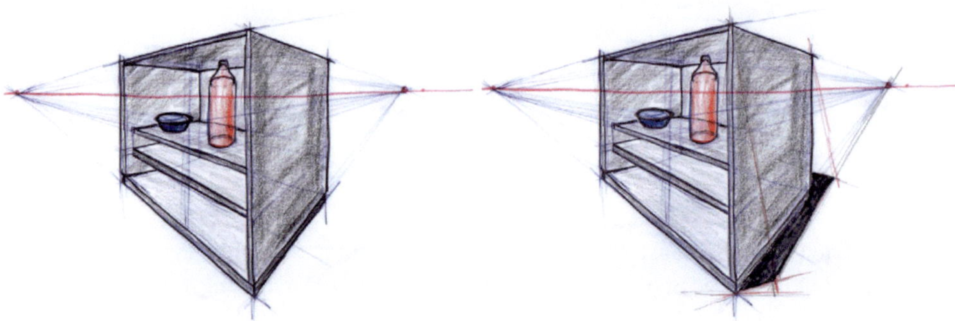

Abb. 11.39 Glasschrank ohne und mit Schlagschatten am Boden

Abb. 11.40 Glasschrank mit Eigen- und Schlagschatten – sowohl auf dem dargestellten Boden als auch im Inneren des Schrankes. Die Schatten wurden mit einem grauen Copic-Stift (C4) angelegt

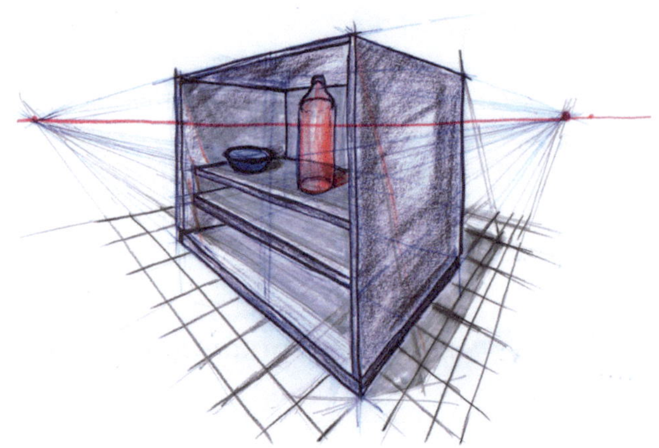

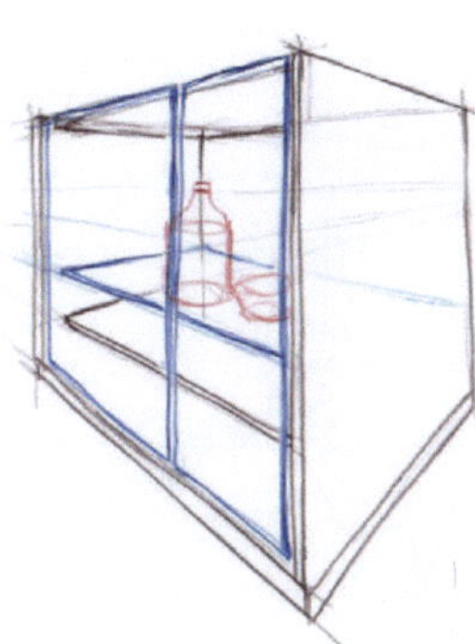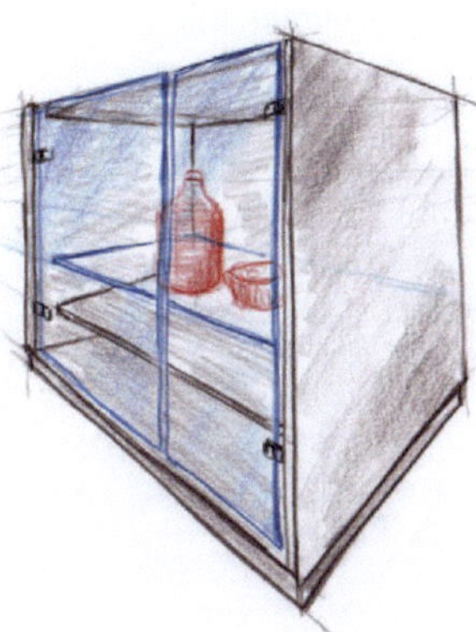

Abb. 11.41 Es kann direkt von einer vorherigen Version durchgepaust werden. Die Flächen und Eigenschatten können in den gewünschten Farben gefüllt werden

Danach können auf die gewählte Farbvariante die Schlagschatten angebracht werden. Mit der Intensität der Schlagschatten kann insbesondere im Inneren variiert werden, siehe Abb. 11.42. Bei der Variante a) mit Copic-Stift C4 wirkt der Schlagschatten im Inneren relativ dominant. In der Variante b) mit Copic-Stift C2 hingegen unterstützt der Schlagschatten die gewünschte Aussage, dass Objekte im Schrank durch das einfallende Licht zur Wirkung kommen.

Für weitere Varianten ggf. den Vorgang mit Durchpausen wiederholen. Man sieht bei diesem Beispiel gut, dass durch feine Nuancen in der Schattierung die Wirkung und die Aussage einer Skizze relativ stark beeinflusst werden können.

Abb. 11.42 Glasschrank mit
Schlagschatten im Inneren in
verschiedenen Intensitäten.
a Schlagschatten im Inneren
mit Copic-Stift C4.
b Schlagschatten im Inneren
mit Copic-Stift C2

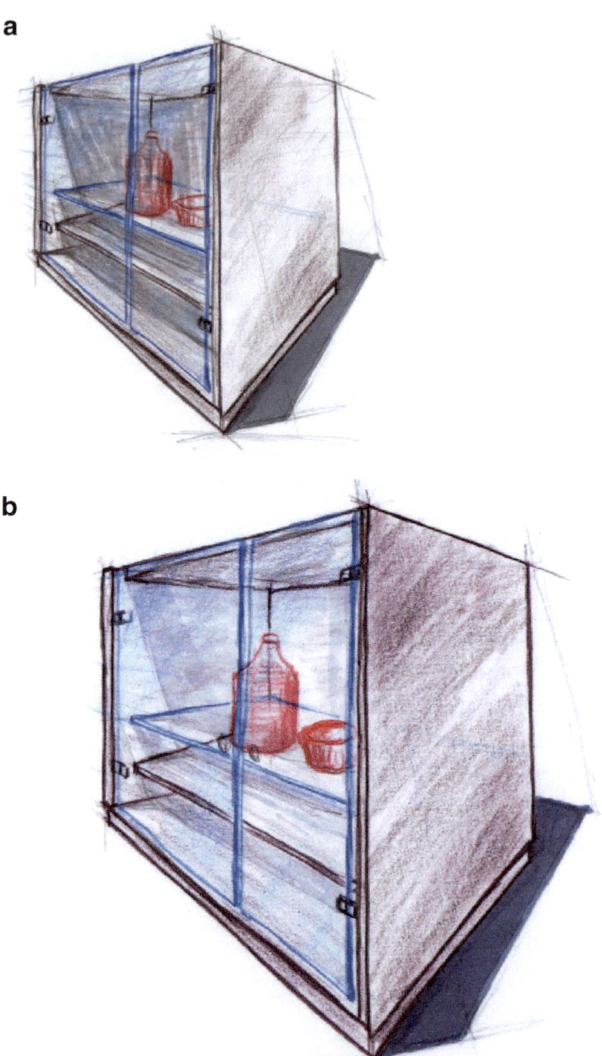

11.7 Zusammenfassung und Übungsempfehlungen zu Schatten

Schatten können für verschiedenste Objekte in verschiedensten Varianten erstellt werden.
Wie schon am Beginn dieses Kapitels angeführt, sind Eigenschatten eigentlich immer
zu empfehlen. Auch wenn diese nur sehr rudimentär dargestellt werden. Eigenschatten
werten eine Skizze mit wenig Aufwand auf.

Schlagschatten auf den Boden oder andere Körper sind aufwendiger und dominie-
ren manchmal eine Skizze stark. Anderseits wirken Skizzen mit Schlagschatten noch

plastischer und sind daher in Präsentationsskizzen ein feines Mittel Betrachter zu begeistern. Wie schon angeführt, ist es bei umfangreicheren Skizzen empfehlenswert, vor dem Anbringen von Schlagschatten eine Sicherungskopie zu erstellen.

Es bereichert das Spektrum beim Skizzieren sehr, wenn man auch Schlagschatten beherrscht. Schlagschatten können z. B. auf Basis der Beispiele in diesem Kapitel auch, ohne diese exakt herzuleiten, nach Gefühl angebracht werden. Dabei ist etwas Übung sehr hilfreich.

Anregungen für das Üben von Schatten

- Skizzieren Sie Objekte mit Eigenschatten.
- Skizzieren Sie Objekte mit Eigenschatten und Schlagschatten am Boden, wenn diese direkt am Boden stehen oder liegen.
- Skizzieren Sie Objekte mit Eigenschatten und Schlagschatten mit Abstand zum Boden.
- Skizzieren Sie Objekte mit Schlagschatten auf den Boden und andere Objektflächen.

> Licht und Schatten bereichern Skizzen deutlich. Nutzen Sie dieses Potenzial gezielt und experimentieren Sie mit verschiedenen Varianten.

Geometrisch kritische und heikle Situationen schlüssig darstellen

Manchmal sieht man eine Skizze oder Zeichnung, und man hat das Gefühl, dass etwas nicht passt. Da das Gehirn von gewissen Objekten und Situationen schon fixe Vorstellungen gespeichert hat, werden Abweichungen davon schnell bewusst oder unbewusst wahrgenommen. In diesem Kapitel wird auf derartige Situationen hingewiesen, und es werden Lösungen dazu vorgeschlagen. Siehe dazu auch den Abschn. 16.6 „Konstruktive Methoden für Verschneidungen und Perspektiven".

12.1 Allgemeines und Beispiele zu kritischen Bereichen

Wie bereits in Kap. 1 „Skizzieren als ganzheitliche Tätigkeit" beschrieben, ist das Skizzieren durch die Wechselwirkung von Tun und Sehen ein besonderer kreativer Prozess.

> Es ist wichtig, dass man während des Skizzierens immer wieder auf die Skizze blickt, und prüft, ob der Gesamteindruck der Skizze schlüssig ist.

Es gibt einige geometrisch heikle Situationen, in welchen durch an sich kleine „Fehler" der Eindruck einer gesamten Darstellung negativ beeinflusst wird.

Flache, lange und eng zusammenlaufende Linien
Kritische Bereiche sind erfahrungsgemäß u. a. sehr flache, lange und eng zusammenlaufende Linien (s. Abb. 12.1). Beim Ziehen dieser Linien, z. B. nahe am Horizont, ist ein Lineal in entsprechender Länge hilfreich.

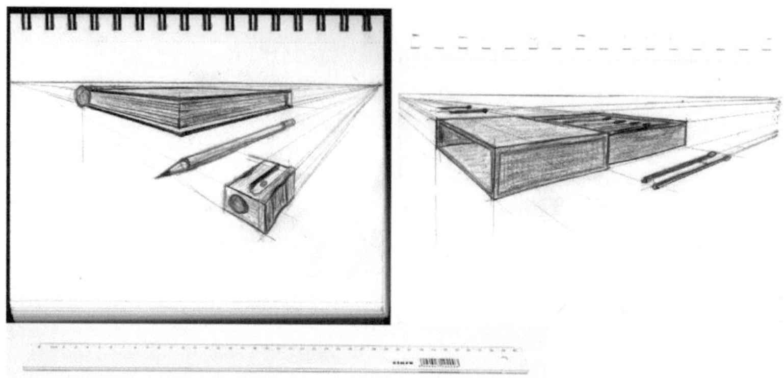

Abb. 12.1 Bei sehr langen, flach zusammenlaufenden Linien ist ein Lineal hilfreich. Beispiele skizziert in einem Skizzenbuch (s. Abschn. 3.2.2 „Optionen zu Materialien")

Grundsätzlich ist natürlich ein freihändiges Skizzieren anzustreben, aber wenn es der Sache dient, sollte man sich nicht scheuen, Werkzeuge, wie Zirkel, Schablonen, Lineale, Vorlagen, Unterlagen usw. zur Hand zu nehmen. Siehe dazu auch Kap. 3 „Werkzeuge, Material und nützliche Hilfsmittel". So weit möglich sollten die finalen Linien mit der Hand nachgezogen werden. Dadurch bleibt der Charakter einer Handskizze erhalten.

Parallele, vertikale und horizontale Linien
Sehr sensibel reagiert unsere Wahrnehmung auch auf die Parallelität von Linien, welche naturgemäß häufig in Parallelperspektiven vorkommen. (s. Abb. 12.2 und 12.3).

Abb. 12.2 Kubischer Körper mit vielen parallelen Konturen, skizziert auf einer Vorlage, mit vorgezeichneten Hilfslinien als Unterstützung. An den Linien der Vorlage, welche leicht sichtbar sind, kann man sich beim Skizzieren orientieren, damit die Linien auch parallel gelingen

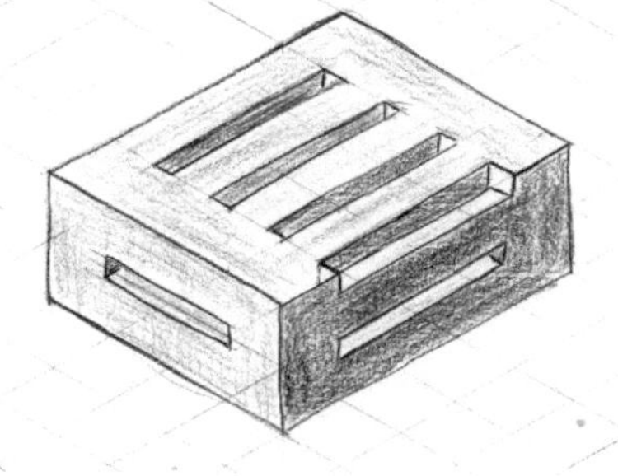

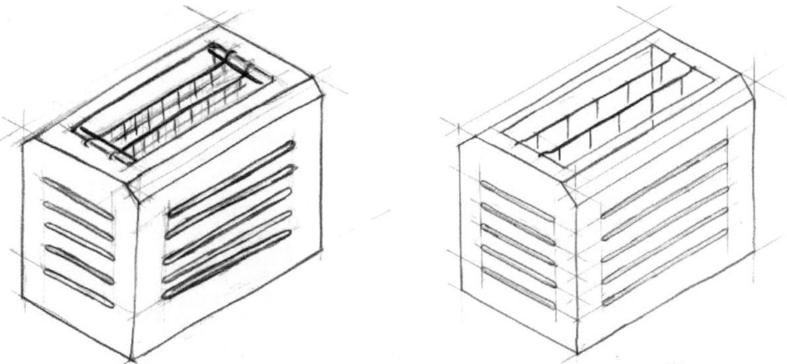

Abb. 12.3 Vereinfachte Skizze von einem Toaster mit Lüftungsschlitzen. In der ersten Darstellung dieser Abbildung sieht man, dass unsere Wahrnehmung relativ wenig verzeiht. Man erkennt z. B., dass der vordere untere Lüftungsschlitz nicht parallel und nicht in der richtigen Teilung skizziert ist. Des Weiteren ist die vordere vertikale Kante nicht exakt parallel zu den anderen vertikalen Kanten. Wenn man Unstimmigkeiten erkennt und als störend empfindet, kein Problem. Einfach ausreichend durchscheinendes Papier darüberlegen und neu durchpausen. Dabei für die kritischen Bereiche entsprechende Hilfsmittel verwenden

12.2 Teilungen und Muster

12.2.1 Begriffe und Allgemeines zu Teilung und Muster

Teilungen und Muster gehören auch zu jenen Objekten, welche durch unser Auge bzw. unser Gehirn schnell entlarvt werden (s. z. B. Abb. 12.3). Da regelmäßige Wiederholungen relativ häufig vorkommen, ist diesem Thema ein eigener Abschnitt gewidmet. Die Isometrie und die Zwei-Punkt-Perspektive verhalten sich dabei etwas unterschiedlich, daher werden diese getrennt behandelt.

Die Begriffe werden hier folgendermaßen verwendet:

Teilung
Bei einer Teilung (oder auch Unterteilung) ist die gesamte Länge oder Fläche bereits bekannt, und diese wird mehrfach unterteilt.

Muster
Bei Muster (oder auch Wiederholungen) ist der erste Abstand der Geometrie bekannt, und dieser kann dann weiter gemustert (wiederholt) werden.

Der Begriff „Muster" wird auch in CAD-Programmen in diesem Sinn verwendet.

12.2.2 Muster und Teilungen in der Isometrie

In isometrischen Parallelperspektiven können Geometrien in alle Richtungen direkt geteilt, gemustert und beliebig in alle Richtungen erweitert werden (s. Abb. 12.4).

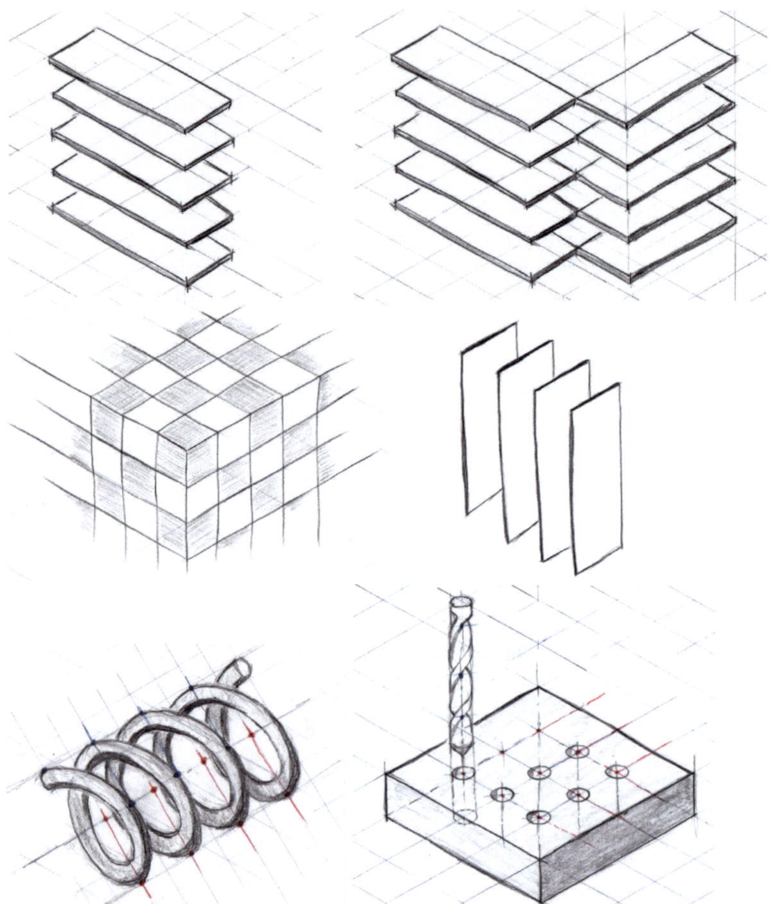

Abb. 12.4 Objekte mit regelmäßigen Wiederholungen in isometrischer Perspektive. Bei den Darstellungen mit sichtbaren Hilfslinien wurde eine Vorlage verwendet. Siehe dazu auch Kap. 3 „Werkzeuge, Material und nützliche Hilfsmittel"

12.2.3 Lineare Teilungen und Muster in der Zwei-Punkt-Perspektive –Diagonalmethode und Strahlenmethode im Vergleich

Durch die Verzerrung in der Zwei-Punkt-Perspektive sind regelmäßige Wiederholungen vertikal und horizontal differenziert zu behandeln.

Vertikale Teilungen und Muster
Vertikal können in der Zwei-Punkt-Perspektive Teilungen und Muster direkt gleichmäßig dargestellt werden (s. Abb. 12.5).

Horizontalen Teilungen und Muster in die Richtung der Fluchtpunkte
Bei horizontalen Teilungen und Mustern in die Richtung der Fluchtpunkte ergibt sich in der Zwei-Punkt-Perspektive eine Verkürzung der Abstände. Es gibt verschiedene Möglichkeiten, diese Verkürzung schlüssig darzustellen. Nachfolgend werden die Diagonalmethode und Strahlenmethode methodisch und anhand von praktischen Beispielen erläutert.

Teilungen in Richtung der Fluchtpunkte mithilfe der Diagonalmethode
Wie oben angeführt, ist bei einer Teilung die Gesamtlänge bekannt, und diese Länge wird in gleiche Abstände unterteilt. Optisch verkürzen sich die Teillängen in Richtung der Fluchtpunkte. In Abb. 12.6 wird das Unterteilen in Richtung der Fluchtpunkte mithilfe der Diagonalmethode dargestellt und erklärt.

Bei dieser Methode wird für das Teilen der Strecke eine rechteckige Fläche benötigt, welche auch als Orientierung für die spätere Geometrie verwendet werden kann. Die Halbierung einer Fläche erfolgt mithilfe ihrer Diagonalen. Erst wird die Gesamtfläche halbiert und anschließend werden die Teilflächen halbiert. Dieser Vorgang wird, je nachdem wie oft geteilt werden muss, entsprechend wiederholt. Durch die Schnittpunkte der Diagonalen können jeweils vertikale Linien gezeichnet, und damit die Folge-Rechtecke und die Teilung

Abb. 12.5 Vertikal regelmäßig angeordnete Regalfächer in Zwei-Punkt-Perspektive

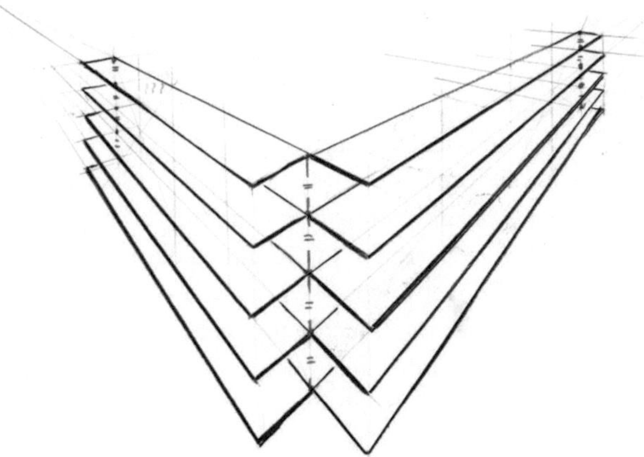

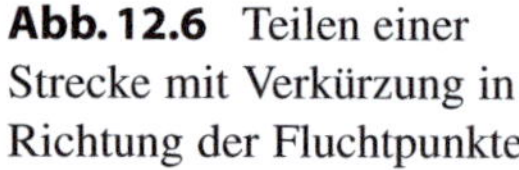

Abb. 12.6 Teilen einer Strecke mit Verkürzung in Richtung der Fluchtpunkte

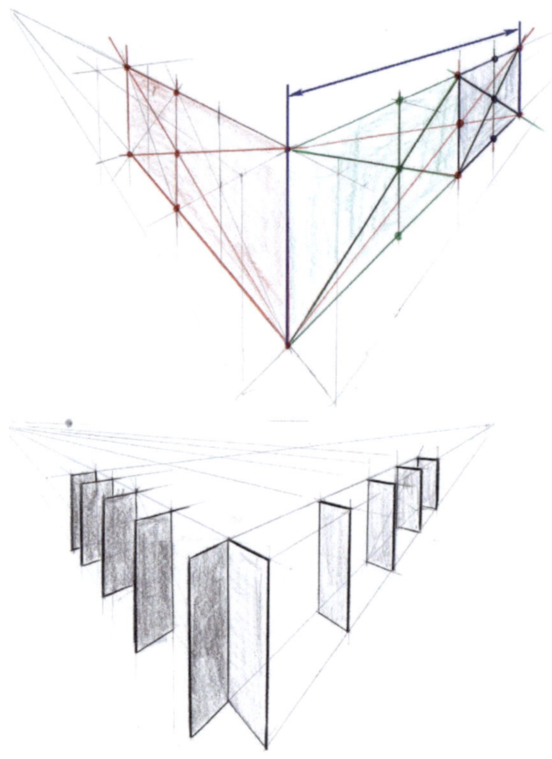

der Linien ermittelt werden. Basierend auf dieser Grundkonstruktion können in weiterer Folge verschiedene Geometrien skizziert werden.

Muster

Für die Konstruktion eines Musters mit Wiederholungen entlang einer Fluchtlinie wird sinngemäß die gleiche Methode wie bei Unterteilungen angewendet. Nur in dem Sinn umgekehrt, dass die immer kürzer werdenden Rechtecke anhand der Diagonalen entstehen. Diese einfache Arbeitsweise wird anhand eines Beispiels in den Abb. 12.7, 12.8 und 12.9 Schritt für Schritt dargestellt und erläutert.

Auch bei der Methode für das Mustern wird eine Fläche benötigt, welche für die spätere Geometrie als Orientierung dienen kann. Die Ausgangssituation ist bei diesem Beispiel ein stehendes Rechteck, welches in Richtung des rechten Fluchtpunktes gemustert werden soll. Durch die Mitte des Rechteckes, welche durch die Diagonalen ermittelt wird, wird eine Fluchtlinie zum rechten Fluchtpunkt gezogen (s. Abb. 12.7).

Anschließend wird vom linken unteren Eckpunkt eine Linie durch den Schnittpunkt dieser Fluchtlinie und der ersten vertikalen Linie gezeichnet. Vom Schnittpunkt dieser Linie

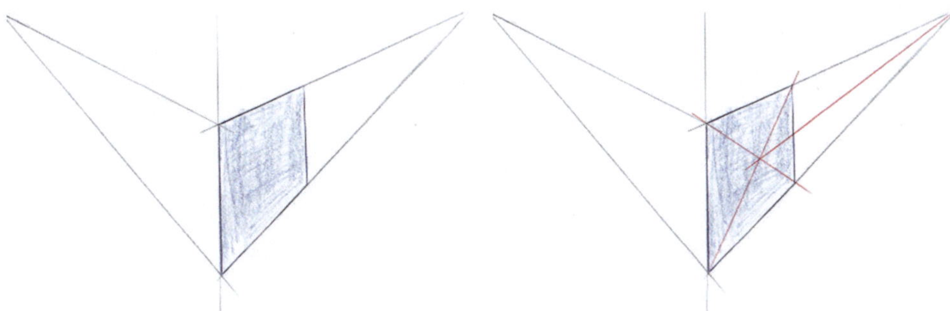

Abb. 12.7 Stehendes Rechteck, welches in Richtung des rechten Fluchtpunktes gemustert werden soll. Durch die Mitte des Rechteckes, welche durch die Diagonalen ermittelt wird, wird eine Fluchtlinie zum rechten Fluchtpunkt gezogen

Abb. 12.8 Linie vom linken unteren Eckpunkt durch den Schnittpunkt dieser Fluchtlinie und der ersten vertikalen Linie. Vom Schnittpunkt dieser Linie mit der oberen Fluchtlinie kann die nächste vertikale Linie gezogen werden. Der Vorgang kann für die weiteren Linien wiederholt werden

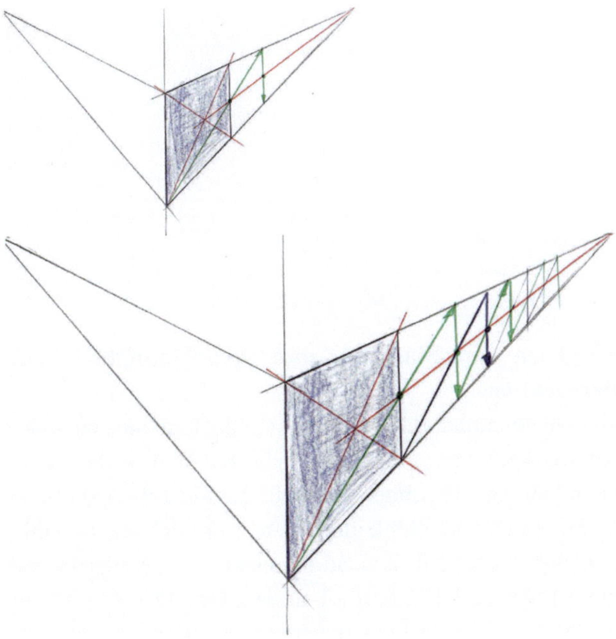

mit der oberen Fluchtlinie kann die nächste vertikale Linie gezogen werden. Dieser Vorgang kann nun für jede weitere vertikale Linie wiederholt werden (s. Abb. 12.8).

An die Grundkonstruktion der Musterung können durch Durchpausen oder Kopieren verschiedene Skizzen aufgebaut werden (s. Abb. 12.9).

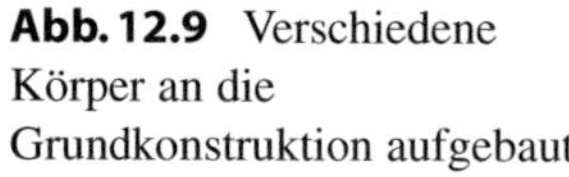

Abb. 12.9 Verschiedene
Körper an die
Grundkonstruktion aufgebaut

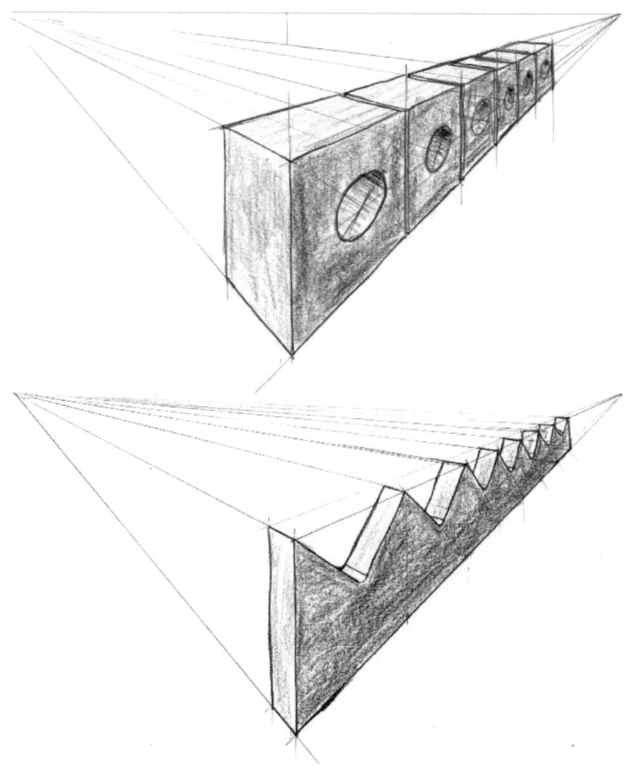

Vergleich von Diagonal- und Strahlenmethode zur Teilung in der Zwei-Punkt-Perspektive

Die Diagonalmethode zeichnet sich dadurch aus, dass sie direkt in der Geometrie angewendet werden kann, ohne zusätzliche Hilfskonstruktionen. Ihr Vorteil liegt in der einfachen Handhabung, allerdings ist sie auf gerade Teilungen beschränkt.

Die Strahlenmethode hingegen ermöglicht es, beliebige Teilungen einer Linie zu erzeugen. Sie basiert auf dem Strahlensatz der Geometrie und wird in der Perspektive genutzt, um Linien und Flächen zu unterteilen. Dabei wird eine Hilfslinie verwendet, auf der die gewünschte Teilung unverzerrt aufgetragen werden kann. Anschließend werden die Teilpunkte auf die zu teilende Linie in die Perspektive übertragen (siehe Abb. 12.10).

Bedingungen für eine exakte Teilung mit der Strahlenmethode in der Zwei-Punkt-Perspektive

Damit die Strahlenmethode in der Zwei-Punkt-Perspektive exakte Ergebnisse liefert und mit der Diagonalmethode übereinstimmt, müssen zwei Bedingungen erfüllt sein: Der Hilfsfluchtpunkt muss auf dem Horizont liegen, und die Hilfslinie, auf der die Teilpunkte abgetragen werden, muss horizontal verlaufen – also parallel zur Horizontlinie.

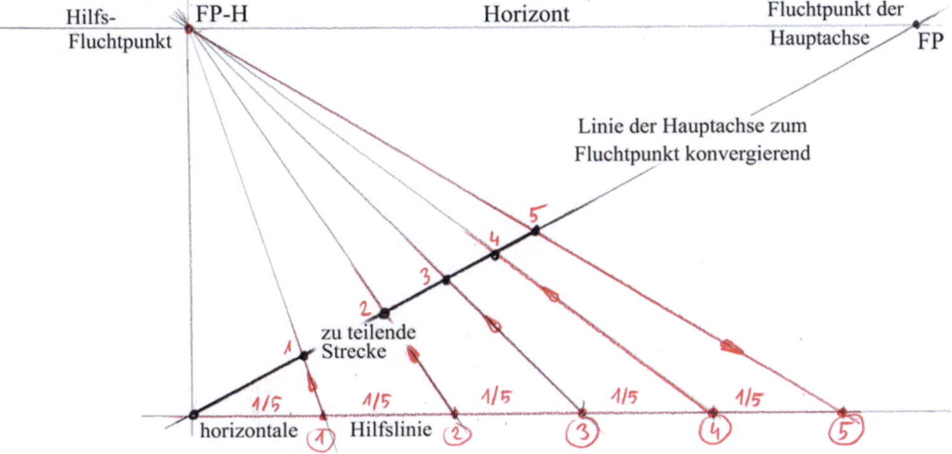

Abb. 12.10 Prinzip der Strahlenmethode mit Hilfsfluchtpunkt auf dem Horizont und horizontaler Hilfslinie

Flexibilität der Strahlenmethode in der Zwei-Punkt-Perspektive

Unter Einhaltung dieser Regeln können Hilfsfluchtpunkt und Hilfslinie frei gewählt werden (siehe Abb. 12.11). Die optimale Position hängt von verschiedenen Faktoren ab:

- **Genauigkeit:** Eine Anordnung mit günstigen Schnittwinkeln an der zu teilenden Strecke führt zu genaueren Ergebnissen.
- **Übersichtlichkeit:** Eine gut platzierte Hilfskonstruktion beeinträchtigt die eigentliche Geometrie möglichst wenig.
- **Platzverhältnisse** auf dem Zeichenblatt

Ein praktisches Beispiel für die Anwendung der Strahlenmethode zeigt Abb. 12.12:

Hier wird die Teilung auf eine technische Form – ein C-Profil mit gleichmäßig verteilten Langlöchern – angewendet. Es wird deutlich, dass mit dieser Methode nicht nur gleichmäßige Teilungen, sondern auch die perspektivische Verkürzung verschiedenster Teilungsabstände korrekt ermittelt werden kann.

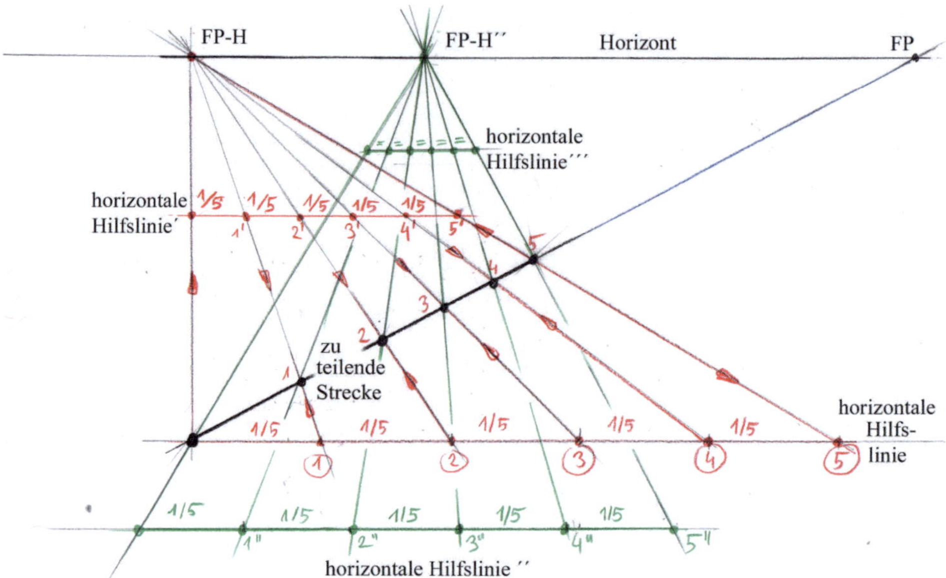

Abb. 12.11 Freie Wahl der Hilfsfluchtpunkte auf dem Horizont und horizontaler Hilfslinien bei Einhaltung der Regeln

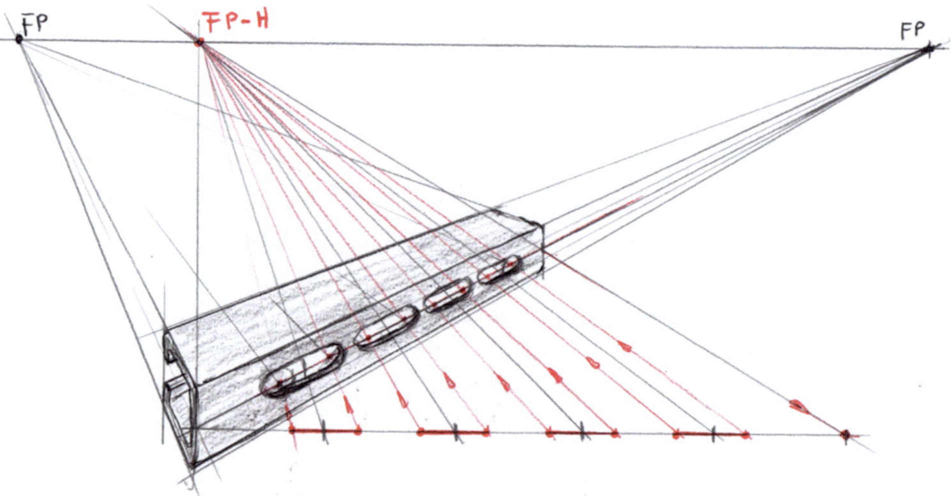

Abb. 12.12 Praktisches Beispiel eines C-Profils mit Langlöchern in gleichmäßiger Teilung unter Berücksichtigung der perspektivischen Verkürzung

12.2.4 Flächenteilung in der Zwei-Punkt-Perspektive –
Diagonalmethode und Strahlenmethode

Stehende Fläche vertikal und horizontal mithilfe der Diagonalmethode geteilt

Muss eine stehende Fläche vertikal und horizontal geteilt werden, kann man einfach die Methoden vom linearen Teilen kombinieren. Die Verzerrung der Flächen durch die Zwei-Punkt-Perspektive ist in den Abb. 12.13 und 12.14 gut erkennbar. Die Seitenverhältnisse der Teilflächen sind über die gesamte Fläche nicht gleich.

Wenn, wie in Abb. 12.15 dargestellt, die beiden Fluchtpunkte weiter nach außen gesetzt werden, ergibt sich weniger Verzerrung. Wenn die Verzerrung als störend empfunden wird, kann ggf. eine isometrische Darstellung in Erwägung gezogen werden.

Horizontale Flächen teilen

Horizontale Flächen können, wie in Abb. 12.16 dargestellt, durch die Diagonalen in beide Achsrichtungen geteilt werden.

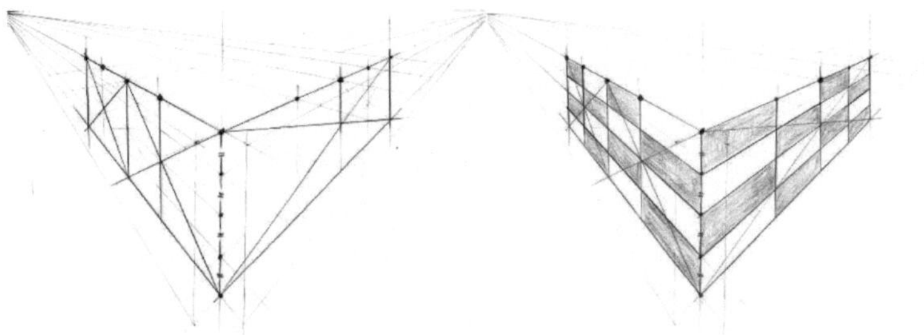

Abb. 12.13 Stehende Fläche in einer Zwei-Punkt-Perspektive vertikal und horizontal geteilt

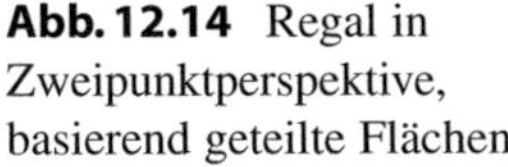

Abb. 12.14 Regal in Zweipunktperspektive, basierend geteilte Flächen

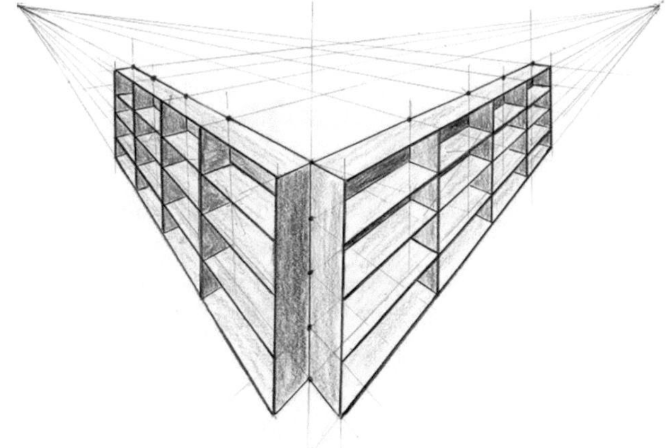

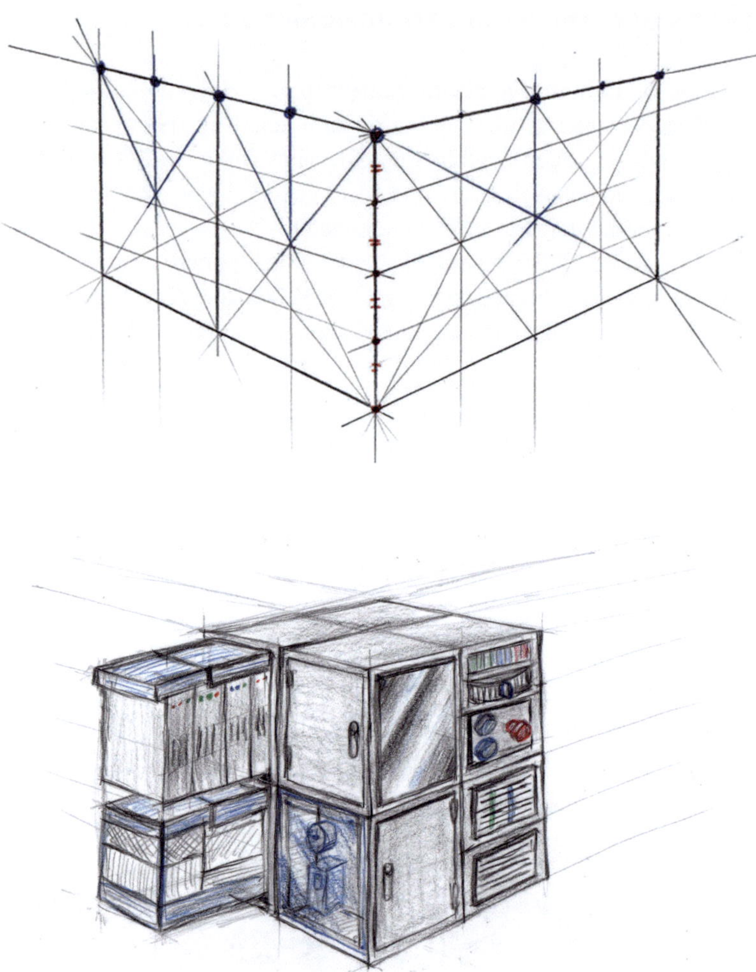

Abb. 12.15 Durch die Wahl der Fluchtpunkte kann die Verzerrung gesteuert werden. Beispiel: modular aufgebauter Medienschrank mit Display sowie Funktions-, Auszugs- und Bedienelementen

Abb. 12.17 zeigt, dass diese Methode für weitere Teilflächen gleich angewendet werden kann.

Durch die Verzerrung wirken die horizontalen Flächen in der Zwei-Punkt-Perspektive optisch nicht gleich groß. Dieser Effekt wird verringert, je weiter man die Fluchtpunkte nach außen setzt (s. Abb. 12.18 und 12.19).

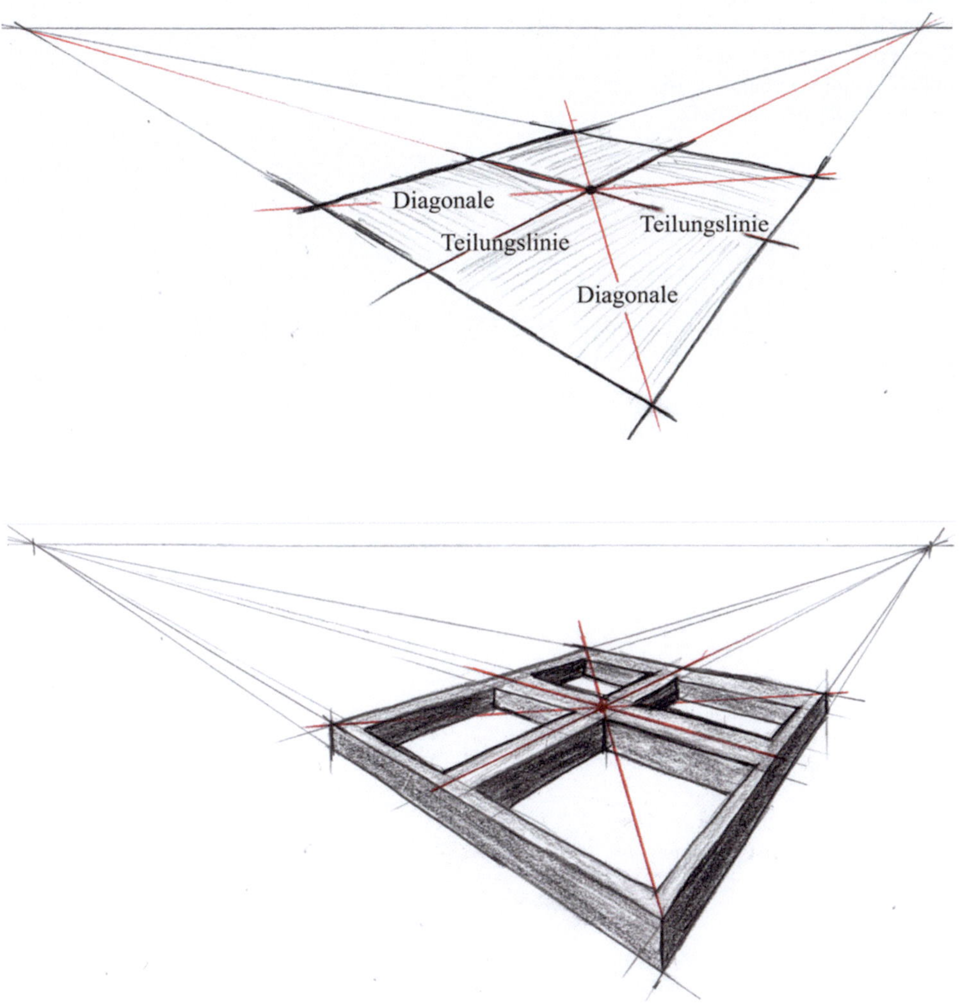

Abb. 12.16 Horizontale Fläche in Zwei-Punkt-Perspektive mithilfe von Diagonalen geviertelt

Flächen in alle drei Dimensionen mithilfe der Diagonalmethode zusammenpassend geteilt

Wenn in einer Zwei-Punkt-Perspektive Flächen in allen drei Dimensionen zusammenpassend geteilt werden muss, ist es sinnvoll, sich bei der dritten Fläche an den anderen beiden Flächen zu orientieren (s. Abb. 12.20).

Die Strahlenmethode kann auch zur Teilung von Flächen in Zwei-Punkt-Perspektive verwendet werden. Dazu werden die entsprechenden Linien der Fläche nach der oben

Abb. 12.17 Horizontale Fläche in Zwei-Punkt-Perspektive mithilfe von Diagonalen in 16 gleiche Teilflächen unterteilt

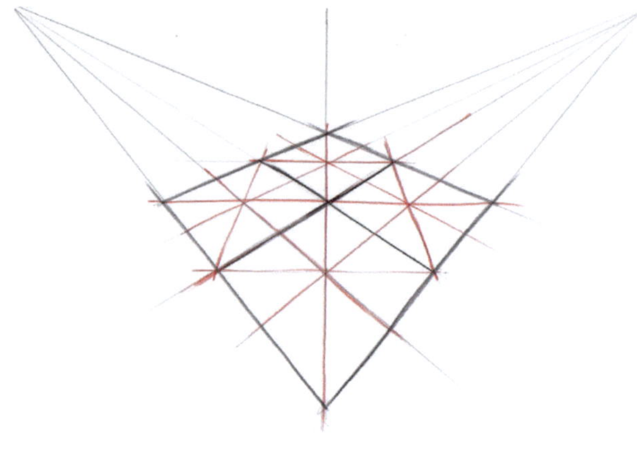

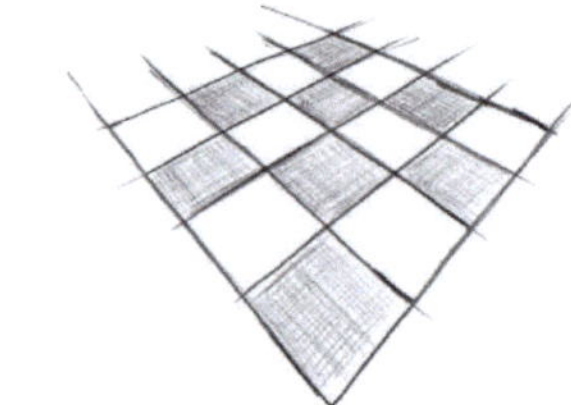

Abb. 12.18 Durch die weiter außen liegenden Fluchtpunkte sind die Teilflächen weniger verzerrt und der optische Größenunterschied ist geringer

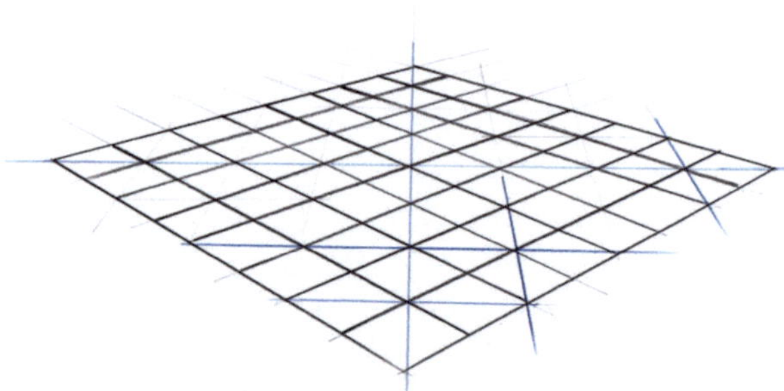

Abb. 12.19 Das Schachbrett ist ein Klassiker für eine Teilung in 64 Teilflächen

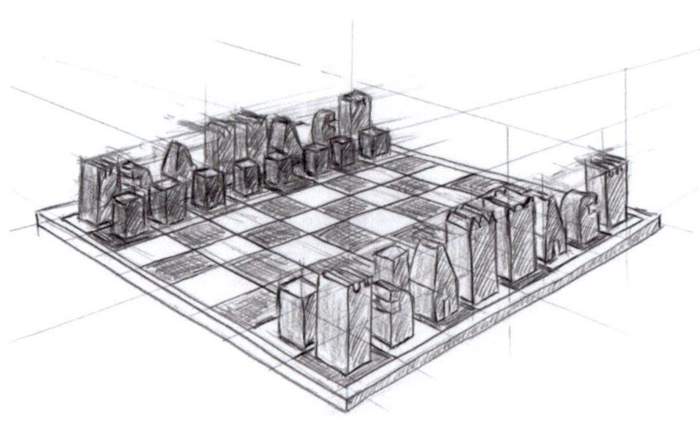

Abb. 12.20 Kubischer Körper in Zwei-Punkt-Perspektive mit zusammenpassend geteilten Flächen in allen drei Dimensionen

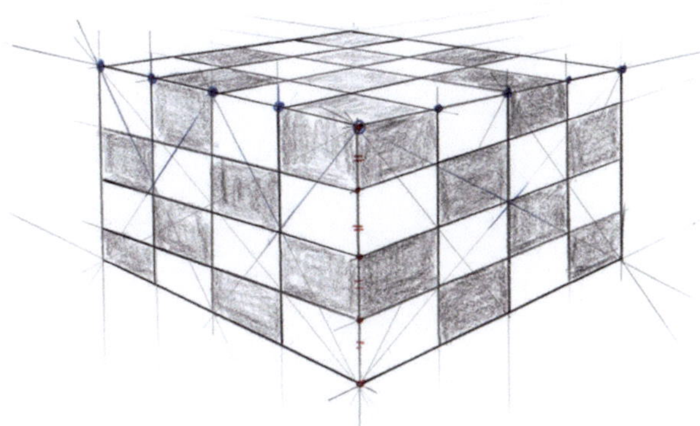

beschriebenen Methode unterteilt. Wie in Abb. 12.21 zu sehen ist, liefert die Strahlenmethode das gleiche Ergebnis wie die Diagonalmethode, selbst wenn der Hilfs-Fluchtpunkt an unterschiedlichen Positionen am Horizont liegt. Dadurch lassen sich beide Verfahren kombinieren.

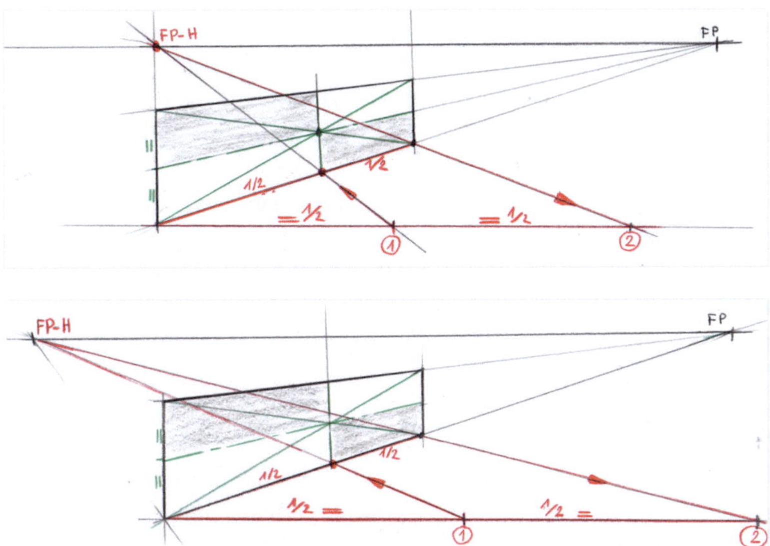

Abb. 12.21 Teilung eines perspektivisch dargestellten stehenden Rechtecks mit Diagonal- und Strahlenmethode. Beide Verfahren liefern das gleiche Ergebnis und können kombiniert werden. Weiters wird gezeigt, dass bei der Strahlenmethode der Hilfspunkt (FP-H) beliebig am Horizont gewählt werden kann

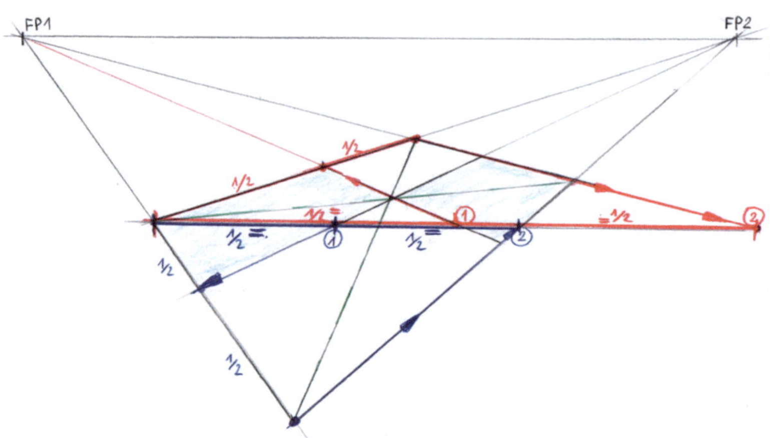

Abb. 12.22 Bei der Teilung horizontaler Flächen müssen die Linien der Fläche entsprechend aufgeteilt werden. Die Wahl der Hilfs-Fluchtpunkte am Horizont ist flexibel. Um die Anzahl der Hilfslinien in der Skizze möglichst gering zu halten, empfiehlt es sich, die Fluchtpunkte der Zwei-Punkt-Perspektive auch als Hilfs-Fluchtpunkte für die Strahlenprojektion zu nutzen

Bei der Teilung horizontaler Flächen (s. Abb. 12.22) müssen die Linien der Fläche entsprechend aufgeteilt werden. Die Wahl der Hilfs-Fluchtpunkte am Horizont ist flexibel. Um die Anzahl der Hilfslinien in der Skizze möglichst gering zu halten, empfiehlt es sich, die Fluchtpunkte der Zwei-Punkt-Perspektive auch als Hilfs-Fluchtpunkte für die Strahlenprojektion zu nutzen.

Die horizontalen Hilfslinien, auf denen die Teilungen unverzerrt vorgenommen werden, können so gewählt werden, dass eine ausreichende Genauigkeit erreicht wird und die Hilfskonstruktion die eigentliche Skizze möglichst wenig beeinflusst (s. Abb. 12.23).

An den horizontalen Hilfslinien lassen sich verschiedene Aufteilungen von Strecken verzerrungsfrei konstruieren und anschließend in die Perspektive übertragen (s. Abb. 12.24).

Eine klassische Anwendung für die Kombination von vertikalen und horizontalen Teilungen ist eine Treppe. In Abb. 12.25 wird ein Beispiel dazu schrittweise aufgebaut. Als Bezugsraum wird (grün dargestellt) ein Quader in einer zentralen Zwei-Punkt-Perspektive verwendet. Um Verzerrungen gering zu halten, wird eine horizontale Darstellungsbreite mit ca. der Hälfte vom Fluchtpunktabstand gewählt. Der maximale vertikale Abstand vom Horizont beträgt dabei ca. zwei Drittel des horizontalen Dartstellungsbereichs.

Die vertikale Teilung kann direkt auf der vorderen Kante des Bezugsraumes (Maßvertikale) aufgetragen werden (s. Abb. 12.25a). Die Verkürzung entlang der horizontalen Hauptachse wird mithilfe der Strahlenmethode ermitteln (s. Abb. 12.25b).

In Abb. 12.25c werden die entsprechenden Schnittpunkte für die Stufenform ermittelt. Schließlich kann die Treppe Stufe für Stufe durch die Ermittlung der Schnittpunkte auf der Gegenseite fertiggestellt werden (s. Abb. 12.25d).

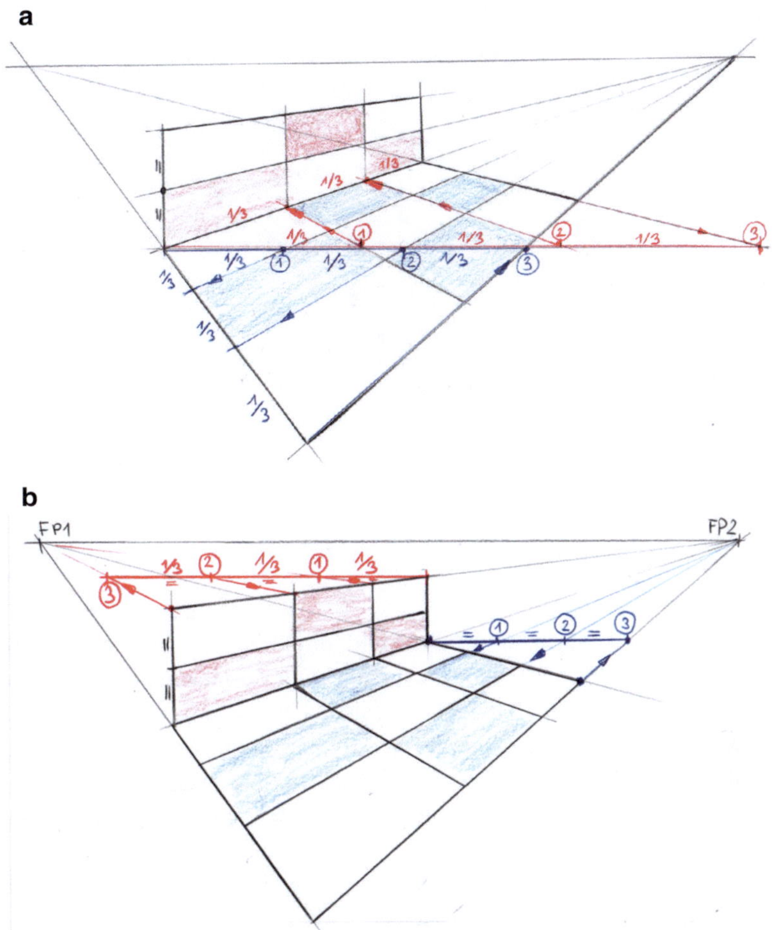

Abb. 12.23 Kombination einer liegenden und einer stehenden Fläche in Zwei-Punkt-Perspektive.
a Die Hilfslinien für die Teilung der beiden Seitenlängen gehen durch das eigentliche Objekt. **b** Die
Hilfslinien liegen außerhalb vom eigentlichen Objekt

Anmerkung: Die verwendeten Begriffe sind im Abschn. 2.5 „Perspektive mit zwei
Fluchtpunkten – Zwei-Punkt-Perspektive" beschrieben.

Im folgenden Beispiel wird die freihändige Skizzierung eines einfachen Bedienelements mit Tasten und kleinem Display durch die kombinierte Anwendung der Strahlen-
und Diagonalmethode veranschaulicht (vgl. Abb. 12.26). Da ein Hauptachsen-Fluchtpunkt
als Hilfs-Fluchtpunkt dient, können die Strahlen der Strahlenmethode direkt in der Skizze
zur Darstellung des Objekts verwendet werden.

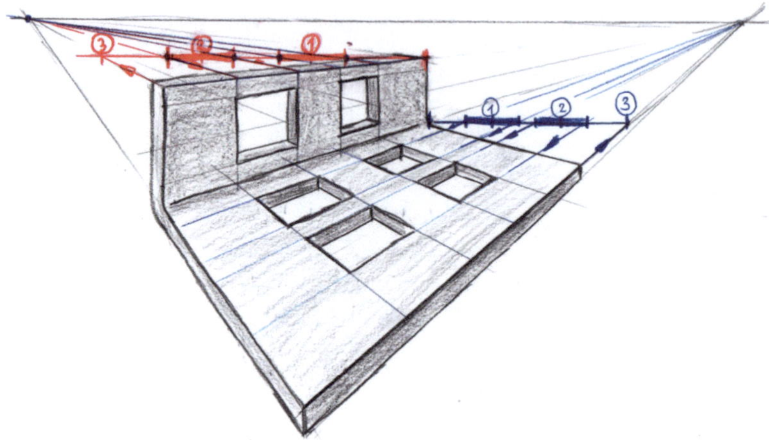

Abb. 12.24 Anwendung der zuvor geteilten Flächen auf ein winkelförmiges Blechteil mit Ausnehmungen

Zusammenfassung

- **Diagonalmethode:** Einfach anwendbar und direkt in der Skizze ohne zusätzliche Hilfskonstruktion nutzbar. Sie eignet sich jedoch nur für gleichmäßige Teilungen.
- **Strahlenmethode:** Wesentlich flexibler, da sie beliebige Teilungen einer Strecke unverzerrt überträgt und die perspektivische Verkürzung korrekt ableitet. Die erforderliche Hilfskonstruktion kann in der Skizze relativ frei platziert werden.
- **Kombinieren:** Die Diagonal- und Strahlenmethode können kombiniert angewendet werden.
- **Freihandskizzen**: Methoden zum Teilen von Linien und Flächen können zur Unterstützung auch freihändig angewendet werden.

12.2.5 Winkelteilung an kreisrunden Objekten

Winkelteilungen gehören wie die linearen Muster und Teilungen zu den Elementen, wo Unregelmäßigkeiten schnell erkannt werden.

Winkelteilungen in der Isometrie

Nachfolgend wird eine Methode vorgestellt, mit der in isometrischen Darstellungen in allen drei Richtungen der Hauptachsen die Teilung in der Perspektive ermittelt werden kann (s. Abb. 12.27).

Dabei wird ein Kreis, an dem die Teilung dargestellt werden kann, in die Zeichenebene projiziert. An diesem Kreis kann die Teilung verzerrungsfrei gezeichnet werden.

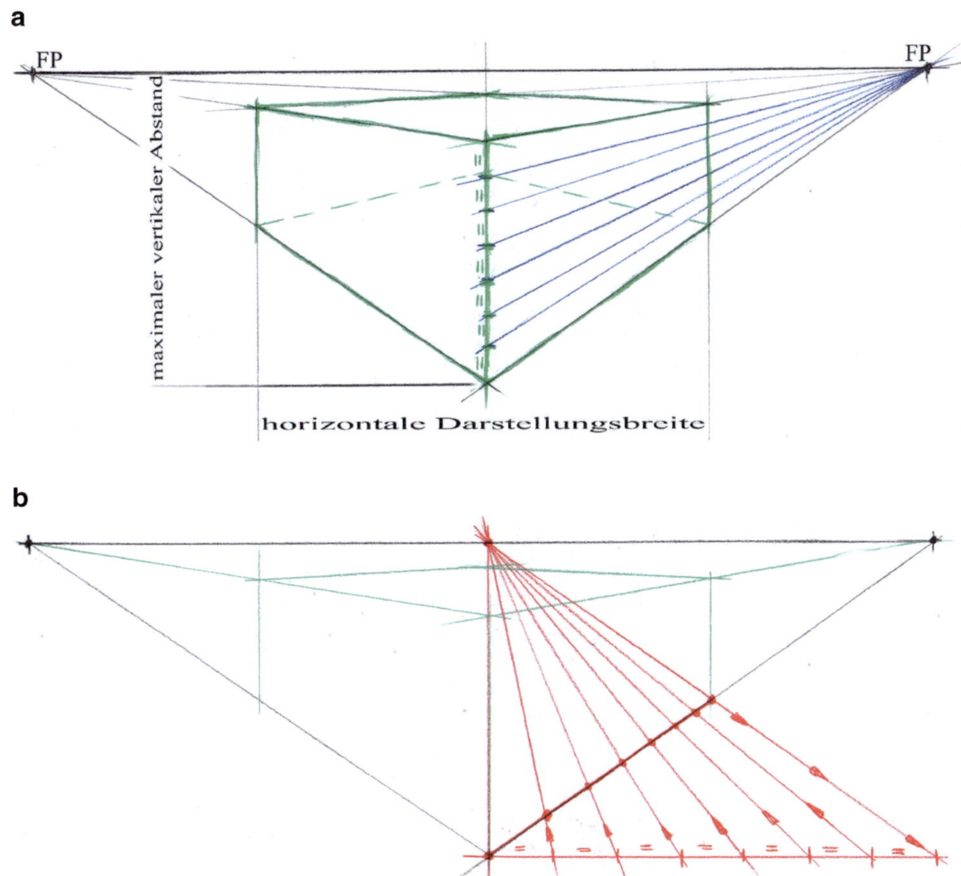

Abb. 12.25 Schrittweiser Aufbau einer Treppe in Zwei-Punkt-Perspektive als klassisches Beispiel für eine Kombination aus vertikaler und horizontaler Teilung. **a** Bezugsraum mit vertikaler Teilung an der Maßvertikale. **b** Teilung der Linie entlang der Hauptachse Richtung Fluchtpunkt. **c** Herleitung der Stirnfläche der Treppe durch Ermittlung der jeweiligen Schnittpunkte. **d** Stufenweise Fertigstellung der Treppe

Anschließend wird diese auf die entsprechende Ellipse der Perspektive übertragen. Siehe dazu auch Abschn. 16.6 „Konstruktive Methoden für Verschneidungen und Perspektiven".

Winkelteilungen in der Zwei-Punkt-Perspektive

In der Zwei-Punkt-Perspektive liefert diese Methode aufgrund der Verzerrungen nur angenäherte Ergebnisse, welche in der Regel aber ausreichend sind. Wobei die Ergebnisse bei horizontalen Ellipsen genauer sind (s. z. B. Abb. 12.28).

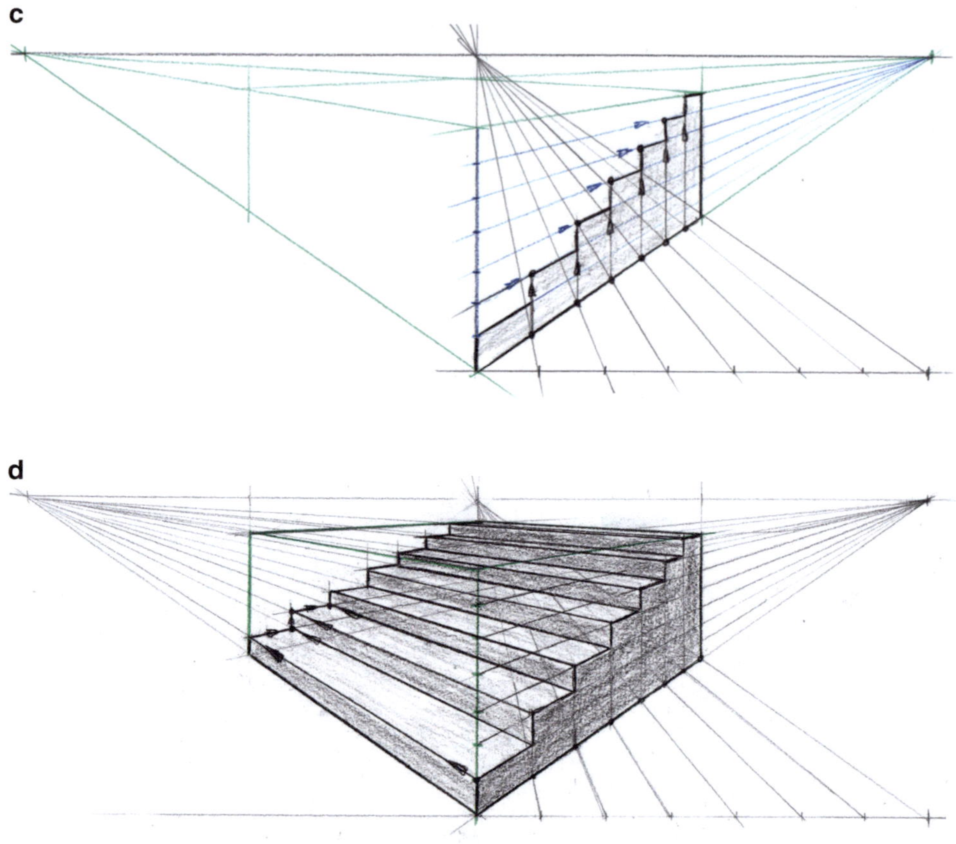

Abb. 12.25 (Fortsetzung)

Verlaufen die Fluchtlinien des zu teilenden Zylinders zu einem der Fluchtpunkte, neigt diese Methode, je nach Verzerrung, dazu, die Teilung in der Perspektive zu gleichmäßig darzustellen. Daher ggf. nach Gefühl nachjustieren. Oder von vorneherein die Teilung schätzen. Was meist ausreichende Ergebnisse liefert (Abb. 12.29).

12.2.6 Zusammenfassung und Übungen zu Teilungen und Muster

In diesem Abschn. „12.2 Teilungen und Muster" wurden einige konstruktive Methoden vorgestellt, welche in vielen Situationen hilfreich sind.

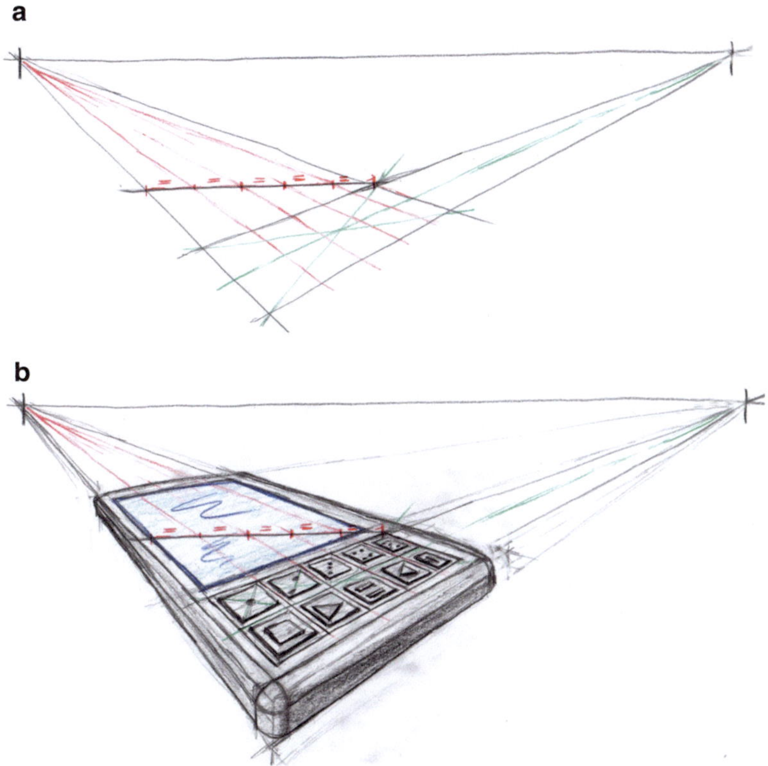

Abb. 12.26 Einfaches Bedienelement mit Tasten und Display. *Anmerkung:* Displaydarstellung siehe auch Abb. 21.19 u. 21.20. **a** Darstellung der freihändigen und kombinierten Anwendung der Strahlen- und Diagonalmethode. Damit wird die relevante Fläche unterteilt und die Grundlage für die Skizze geschaffen **b** Ausgearbeitete Skizze des Bedienelements. Innerhalb der Tasten wird die Diagonalmethode genutzt, um Erhebungen zu skizzieren, die ein haptisches Erfassen der Tastenfunktionen ermöglichen

> Ziel ist jedoch nicht, Skizzen exakt zu „konstruieren". Ziel ist es vielmehr, dass eine Skizze ausreichend richtig ist, damit diese schlüssig aussieht und die gewünschte Aussage und Wirkung vermittelt.

Daher ist beim Thema Teilungen und Muster eine gewisse Übung hilfreich, damit man im konkreten Fall ein Gefühl dafür hat. In Abb. 12.30 werden nur einige Beispiele als Anregung für Übungen gezeigt. Beispiele dazu finden sich in der Technik und im Alltag vielfach.

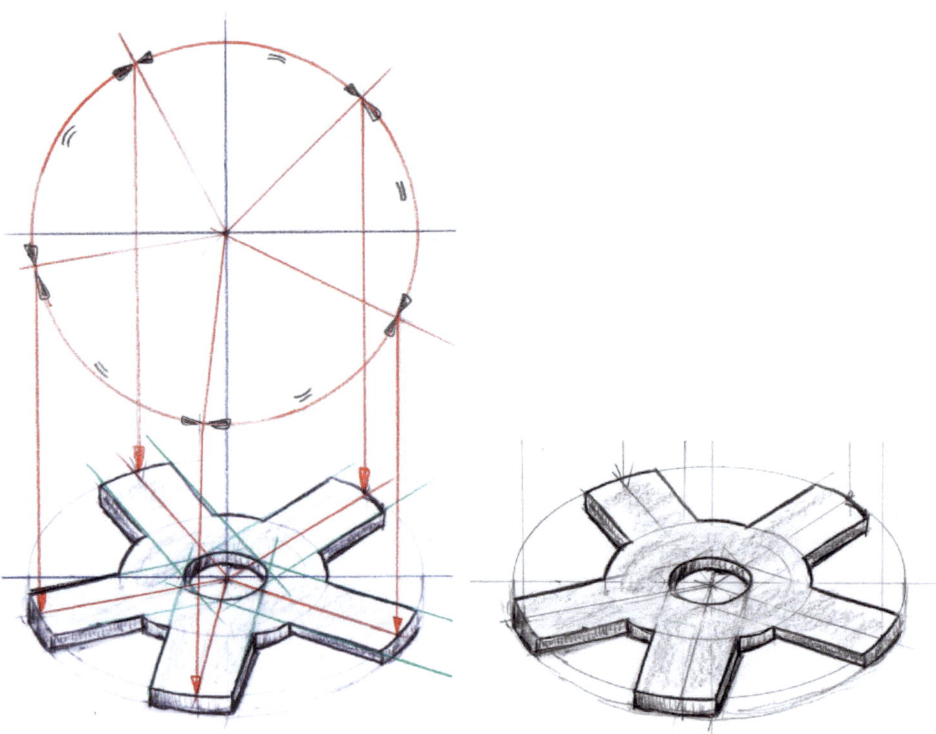

Abb. 12.27 Rotationsmesser mit fünf Schlagkörpern in isometrischer Darstellung. Die Breite der Messer, welche sich durch die Verkürzung der Perspektive und der Lage in der Teilung ergibt, kann durch eine Ellipse für jedes Messer ermittelt werden. Bei diesem Beispiel entspricht diese Ellipse der mittleren Bohrung

Abb. 12.28 Stehender Rotationskörper in Zwei-Punkt-Perspektive mit 8-fach geteilten Zylinder. Die Methode liefert trotz der relativ stark gewählten Verzerrung ein ausreichendes Ergebnis

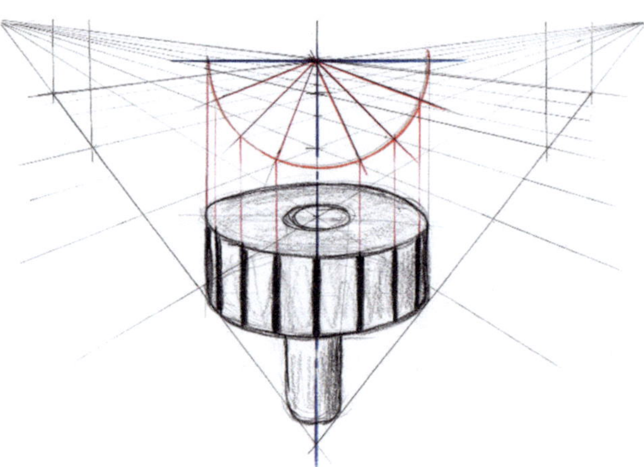

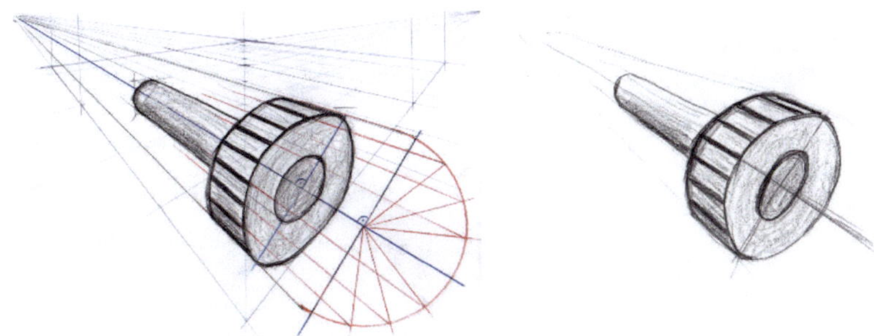

Abb. 12.29 Liegender Rotationskörper in Zwei-Punkt-Perspektive mit 16-fach geteilten Zylinder. Durch die relativ starke Verzerrung erscheint die Teilung optisch gleichmäßiger und sollte daher bei Bedarf nach Gefühl korrigiert werden. Die zweite Darstellung mit etwas nachjustierter Teilung wurde hier mittels Durchpausen erzeugt

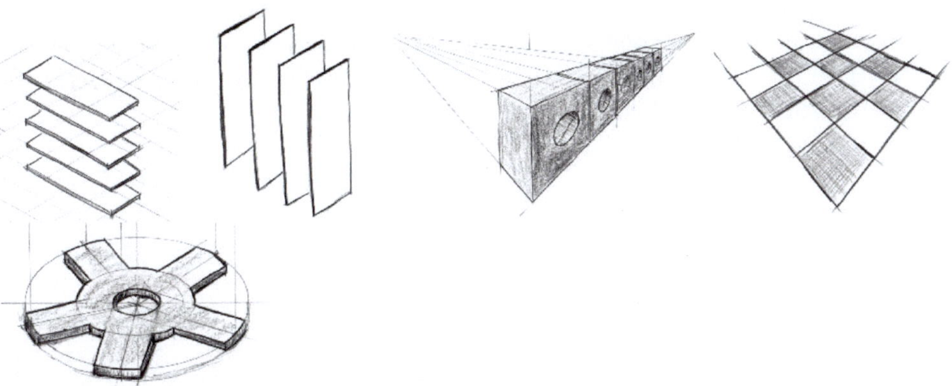

Abb. 12.30 Anregungen für das Üben von Teilungen und Muster

12.3 Kreise und Ellipsen schlüssig darstellen

Das Auge ist beim Erkennen von Kreisen sehr empfindlich, da das Gehirn eine genaue Vorstellung ihrer Form hat. Es gibt verschiedene Methoden, einen Kreis schlüssig darzustellen. Wie andere Linien und Formen auch, kann man „den Kreis mit dem Stift suchen": Dabei wird der Bleistift mehrmals kreisend bewegt, bis eine schlüssige „Linienwolke" entsteht. Anschließend kann der Kreis im Bereich dieser Linien mit dem finalen Stift sauber nachgezogen werden.

▶ **Tipp** Wenn ein Kreis richtig, aber auch skizziert wirken soll, kann man den Kreis mit dem Zirkel vorzeichnen, und mit der Hand nachziehen (s. Abb. 12.31).

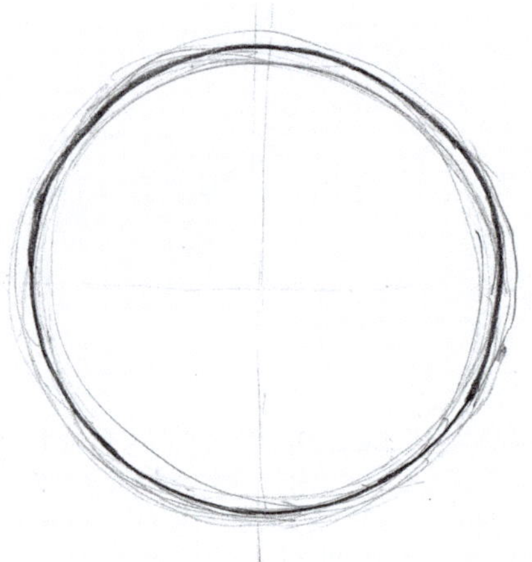

Abb. 12.31 Kreis mit zwei verschiedenen Methoden skizziert: Stift kreisen lassen und den Kreis innerhalb der entstandenen „Linienwolke" nachziehen sowie mit Zirkel vorgezeichnet und von Hand nachgezogen

Wie bereits im Abschn. 7.2.1 „Ellipsen, Zylinder und Drehkörper in Isometrie" ange-führt, kann es auch bei Ellipsen sinnvoll sein, diese mit Schablonen vorzuzeichnen und mit der Hand nachzuziehen. Insbesondere für Skizzen in isometrischer Perspektive gibt es spezielle Schablonen im Verhältnis 1:1,7 (s. Abb. 12.32).

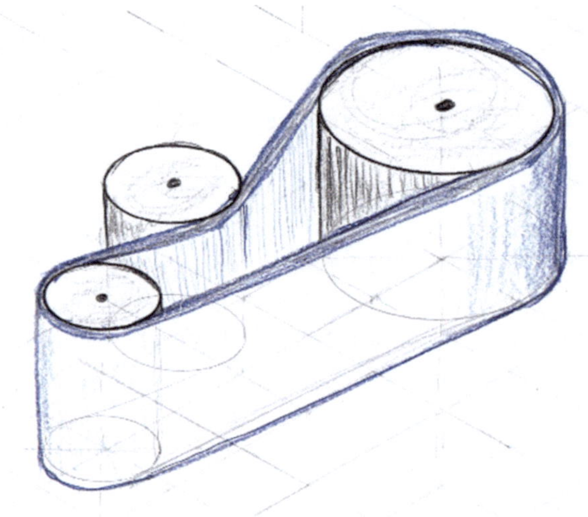

Abb. 12.32 Riementrieb mit Spannscheibe in isometrischer Darstellung, mit Schablone vorgezeichneten Ellipsen und mit der Hand nachgezogen. Siehe auch Abschn. 3.2.2 „Optionen zu Materialien und Anmerkungen zu Farben"

Abb. 12.33 Isometrische
Darstellung mit Übergängen
zwischen Zylinder und Kubus

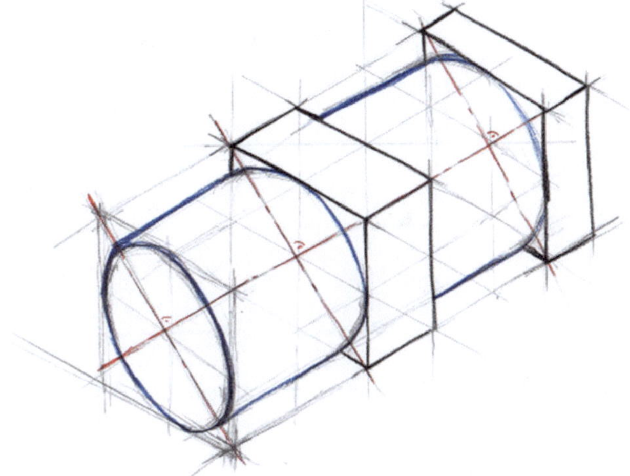

12.4   Darstellungsvarianten an einem Beispiel mit Übergängen zw. Kubus u. Zylinder

Bereits in den Abschn. 2.5.2 „Geometrische Verzerrungen in Zwei-Punkt-Perspektiven"
und 7.2 „Ellipsen, Zylinder und rotatorische Drehkörper" wurde das Thema „Kreise in
perspektivisch verzerrte Quadrate eingebettet" behandelt. In diesem Abschnitt werden
dazu verschiedene Lösungsvarianten anhand eines konkreten Beispiels gezeigt.

Isometrie
Wie in Abb. 12.33 zu sehen, lässt sich das Beispiel in isometrischer Parallelperspektive klar
und verständlich darstellen.

2D-Skizzen
Normalansichten geben hier keine eindeutige Information über die Geometrie des Körpers
(siehe Abb. 12.34).

Soll das Beispiel ohne zusätzliche Ansichten oder Hilfskonstruktionen in einer Fluchtpunktperspektive skizziert werden, ergeben sich mehrere Lösungsansätze.

Ellipsenachsen an der Fluchtrichtung ausrichten
Ein möglicher Ansatz ist die Ausrichtung der Ellipsenachsen entlang der Fluchtrichtung des
Bezugsraums. Das mittlere Quadrat kann – wie in Abschn. 7.2.4 „Liegende Zylinder und
Drehkörper in Zwei-Punkt-Perspektive" beschrieben – einfach konstruiert werden. Darauf
aufbauend lässt sich der Bezugsraum entwickeln. Die Hauptachsen der Ellipsen folgen dabei
der Fluchtrichtung (siehe Abb. 12.35).

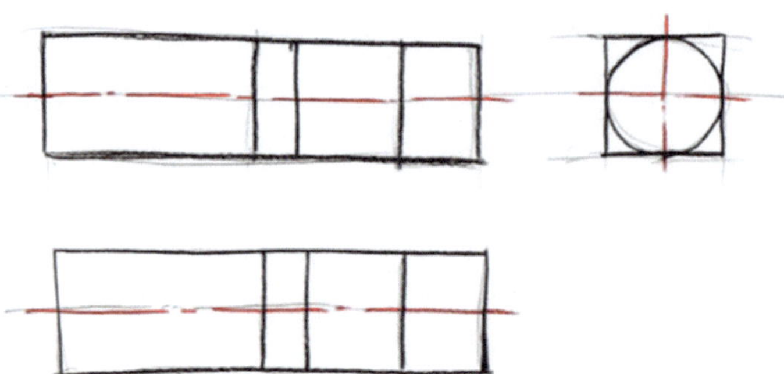

Abb. 12.34 2D-Skizzen mit Vorder-, Seiten- und Draufsicht: Die Geometrie bleibt unklar

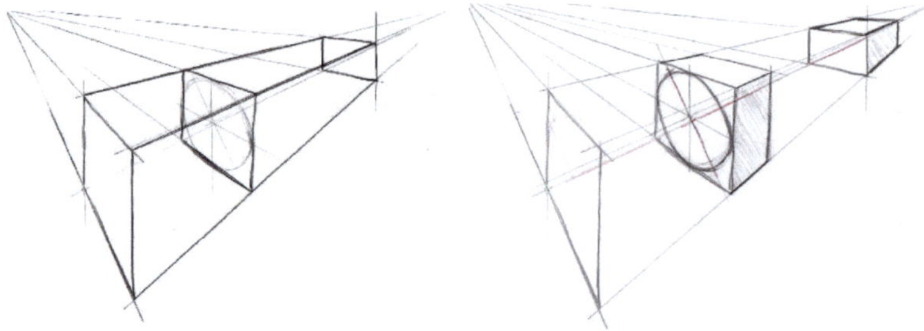

Abb. 12.35 Konstruktion des mittleren Quadrats mithilfe der Methode aus Abschn. 7.2.4. Die perspektivische Verzerrung wird sichtbar, sobald die Eckpunkte nach vorne und hinten weitergeführt werden

Werden auch die vorderen und hinteren Ellipsen auf diese Weise eingefügt, zeigt sich schnell, dass dies aufgrund der perspektivischen Verzerrung nicht mehr schlüssig gelingt (siehe Abb. 12.36).

Eine praktikable Lösung besteht darin, wie in Abb. 12.37 gezeigt, die Ellipsen entlang einer gedachten gemeinsamen Tangente einzupassen und ihre kurzen Achsen weiterhin zum Fluchtpunkt auszurichten. Wie mehrfach im Buch betont:

> Beim Skizzieren steht der visuelle Gesamteindruck im Vordergrund – nicht die exakte geometrische Korrektheit.

Eine weitere Möglichkeit ist, den Abstand zwischen den Fluchtpunkten zu vergrößern. Dadurch nehmen die Verzerrungen ab, und die Ellipsen lassen sich leichter einpassen (siehe Abb. 12.38).

Abb. 12.36 Ellipsen mit an der Fluchtrichtung ausgerichteten Achsen lassen sich durch die Verzerrung nicht mehr schlüssig einfügen

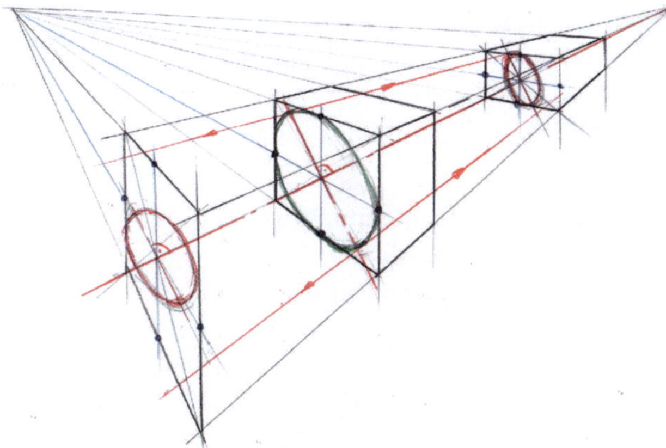

Abb. 12.37 Zwei-Punkt-Perspektive mit geometrischer Kaschierung: Ellipsen folgen der Fluchtrichtung und sind an die durchgehende Tangente angepasst

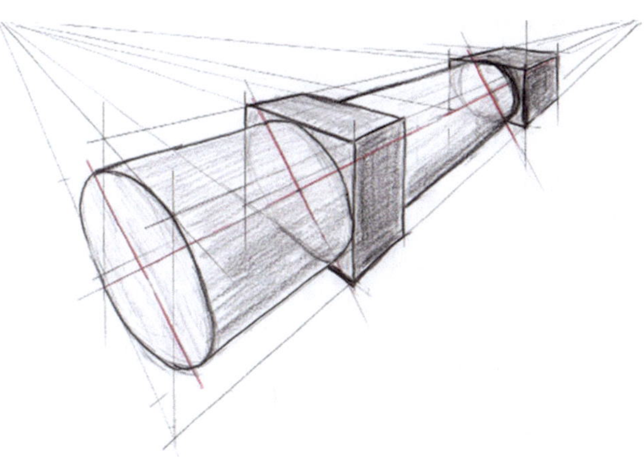

Abb. 12.38 Größerer Fluchtpunktabstand reduziert die Verzerrung und erleichtert das Einpassen der Ellipsen

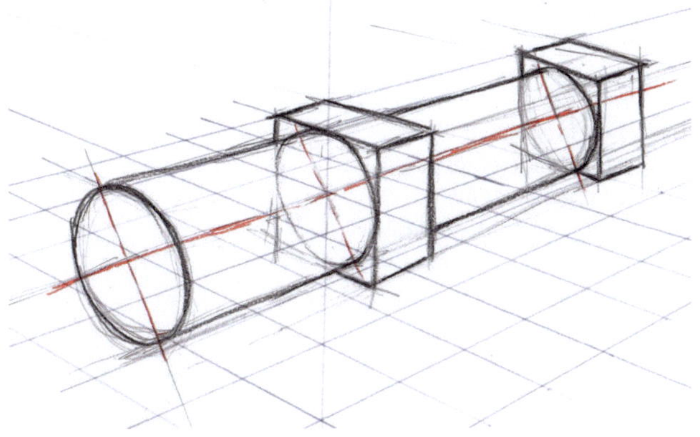

Kritische Bereiche „entschärfen"

Wenn möglich, sollten stark kontrollierbare Bereiche vermieden oder abgemildert werden. In der Variante nach Abb. 12.39 sind zwischen Zylinder und Kubus gezielte Abstände eingefügt, wodurch kritische Geometrien optisch weniger auffallen.

Ellipsen über Tangentenpunkte einpassen.

Wie in Abb. 2.21 in Abschn. 2.5.2 gezeigt, können Ellipsen auch über Tangentenpunkte an den Seitenflächen eingepasst werden. Diese Methode orientiert sich stärker an der geometrisch korrekten Konstruktion. Da die Ellipsen dabei jedoch unabhängig in die jeweiligen Flächen eingepasst werden (siehe Abb. 12.40), ergibt sich zunächst kein schlüssiges Gesamtbild mit durchgehender gemeinsamer Tangente.

Durch gezielte Kaschierung lässt sich dieser Ansatz dennoch zu einer optisch plausiblen Darstellung weiterentwickeln (siehe Abb. 12.41).

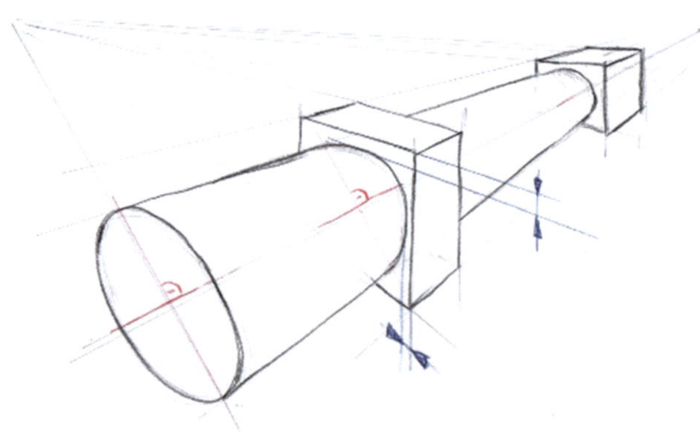

Abb. 12.39 Zwei-Punkt-Perspektive mit modifizierten Geometrien – gezielte Abstände entschärfen kritische Übergänge

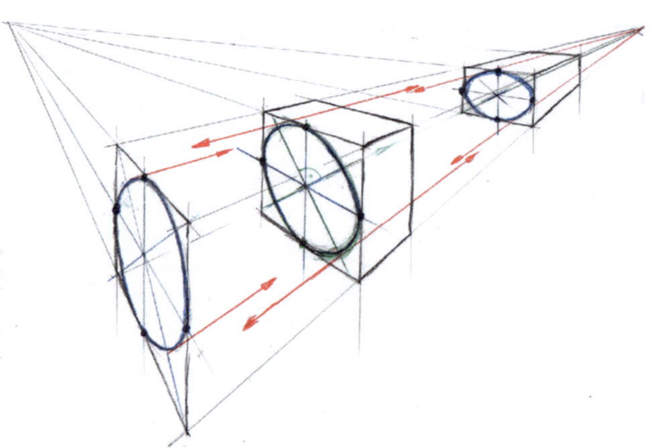

Abb. 12.40 Einzeln über Tangentenpunkte eingepasste Ellipsen ergeben keine schlüssige Gesamtdarstellung bei der eine gemeinsame Tangente möglich wäre

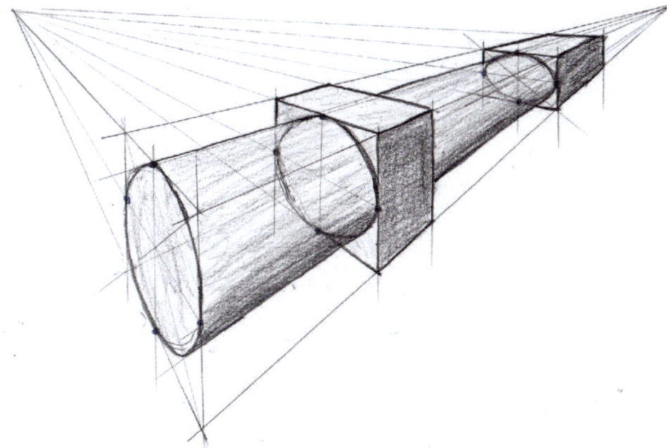

Abb. 12.41 Kaschierung der Ellipsen, sodass eine gemeinsame Tangente möglich ist

Drei-Punkt-Perspektive

Eine Drei-Punkt-Perspektive liefert eine geometrisch korrekte Darstellung (siehe Abb. 12.42). Der zeichnerische Aufwand ist allerdings deutlich höher – insbesondere beim freien Skizzieren (siehe Abb. 12.43).

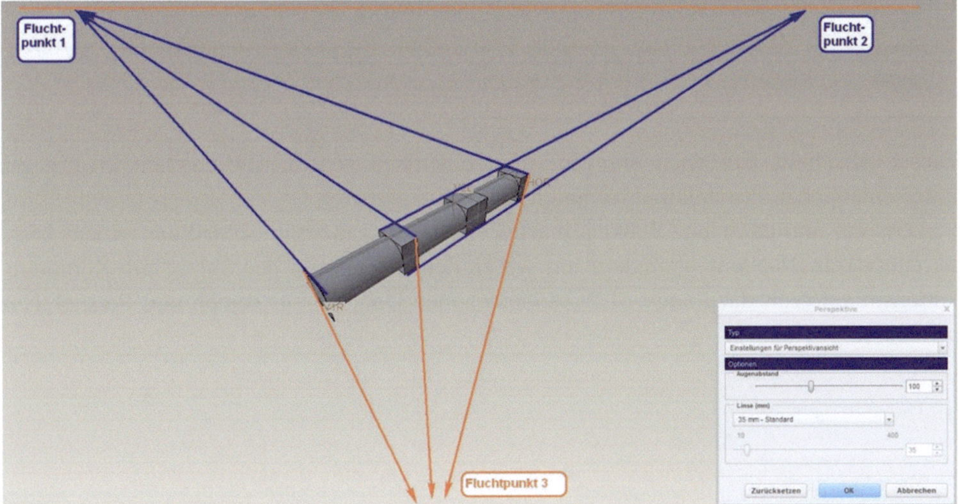

Abb. 12.42 In der perspektivischen CAD-Darstellung wird deutlich: Die Drei-Punkt-Perspektive liefert eine geometrisch schlüssige Lösung

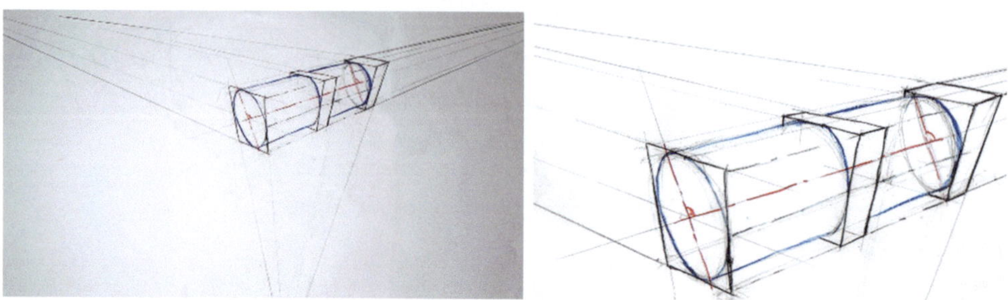

Abb. 12.43 Auch eine skizzierte Drei-Punkt-Perspektive ist möglich (siehe auch Abschn. 2.7), erfordert jedoch mehr zeichnerischen Aufwand

Fazit

Welche der vorgestellten Lösungen letztlich am besten geeignet ist, hängt von vielen Faktoren ab – etwa vom Zweck der Skizze, vom gewünschten Detailgrad oder vom verfügbaren Zeitrahmen.

> Wichtig ist vor allem, die Skizze – besonders in Bereichen mit geometrisch anspruchsvollen Übergängen – beim Zeichnen immer wieder als Ganzes zu betrachten. Unsere Wahrnehmung ist sehr empfindlich für Inkonsistenzen und erkennt rasch, wenn etwas „nicht stimmig" wirkt.

Dieser Abschnitt soll dazu anregen, in geometrisch sensiblen Bereichen kreativ mit unterschiedlichen Darstellungsvarianten zu experimentieren.

Dass ein und dasselbe Objekt je nach Perspektive ganz unterschiedlich wirken kann, ist dabei kein Nachteil – sondern ein wesentliches Merkmal der Skizze als Kommunikationsmittel (vgl. dazu auch 21.2 „Ansprechende Darstellungsformen und Perspektiven wählen").

Rundungen, Freiformflächen und Verschneidungen – frei skizzierte Gestaltung und Vielfalt

13

Rundungen, Freiformflächen und Verschneidungen sind in der Natur, der Technik und im Design allgegenwärtig. Durch das Skizzieren lassen sich bereits in frühen Phasen der Produktentwicklung Gestaltungsmerkmale und funktionale Zusammenhänge anschaulich darstellen. In diesem Kapitel werden anhand von Beispielen verschiedene Arten von Rundungen, frei skizzierte Verschneidungen und Freiformflächen behandelt. Diese Elemente erweitern die gestalterischen Möglichkeiten beim Skizzieren.

Die Situationen können dabei sehr unterschiedlich sein:

- Einfache Rundungen
- Körper mit zweidimensionalen freien Konturen
- Freiformflächen in allen drei Dimensionen
- Rotationssymmetrische Körper mit frei gestalteten Konturen
- Kombinationen von verschiedenen Krümmungen
- Usw.

Was, wie bereits angeführt, beim Skizzieren allgemein wichtig ist, gilt in Verbindung mit Rundungen und Freiformflächen besonders: Immer die Gesamtskizze betrachten, und dabei analysieren, ob diese schlüssig aussieht. Und dabei erkennen, in welchen Bereichen Methoden, Musterbeispiele oder Werkzeuge hilfreich sein könnten.

P. Gruber, *Technisches Skizzieren für alle*, https://doi.org/10.1007/978-3-658-49618-0_13

13.1 Rundungen

Rundungen sind eine einfache Form der Gestaltung, verändern aber das Aussehen von Körpern wesentlich (s. Abb. 13.1). Beim Verrunden in perspektivischen Darstellungen können die Erkenntnisse aus dem Abschn. „7.2 Ellipsen, Zylinder und rotatorische Drehkörper" angewendet werden. Also, je nach der gewählten Perspektive, grundsätzlich in den entsprechenden Ellipsen denken. Insbesondere bei kleineren Radien können die Rundungen aber einfach nach Gefühl angebracht werden.

Rundungen können an Kanten und an Ecken angebracht werden (s. Abb. 13.2 und 13.3).

Beim Kanten von Blechteilen entsteht bei der Verformung keine scharfe Kante, sondern ein Radius. Damit Blech-Abkantungen technisch richtig aussehen, werden entsprechende Radien dargestellt (s. Abb. 13.4). Als Innenradius kann grob die Blechstärke als Richtwert angenommen werden.

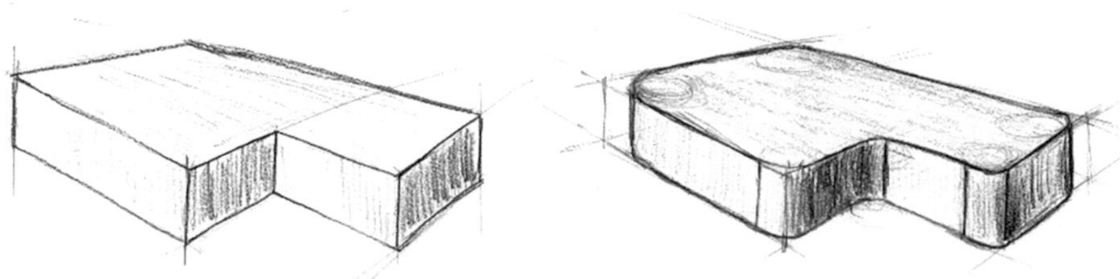

Abb. 13.1 Kubischer Körper ohne und mit Rundungen

Abb. 13.2 Quader mit rundherum verrundeten Kanten

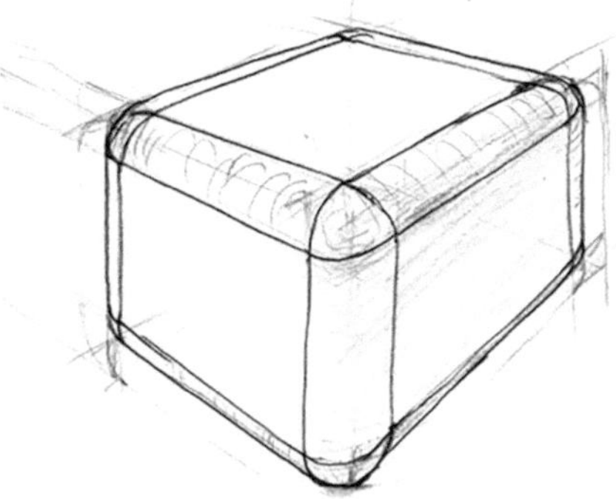

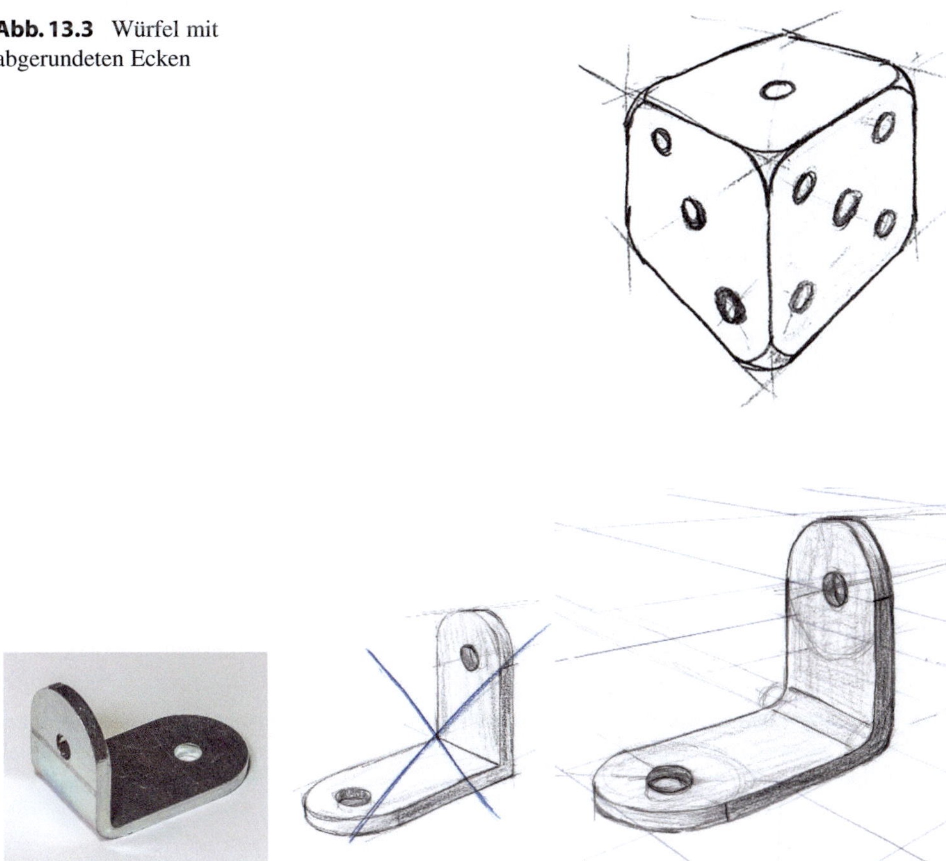

Abb. 13.3 Würfel mit abgerundeten Ecken

Abb. 13.4 Beispiel für gekanteten Blechwinkel

Wie auch später im Abschn. „20.2 Mit Skizzen effizient Varianten visualisieren und vergleichen" beschrieben, können mit Skizzieren frühzeitig Gestaltungsvarianten verglichen werden. In Abb. 13.5 wird ein Bewegungsmodul großteils nur durch das Anbringen von Rundungen variiert.

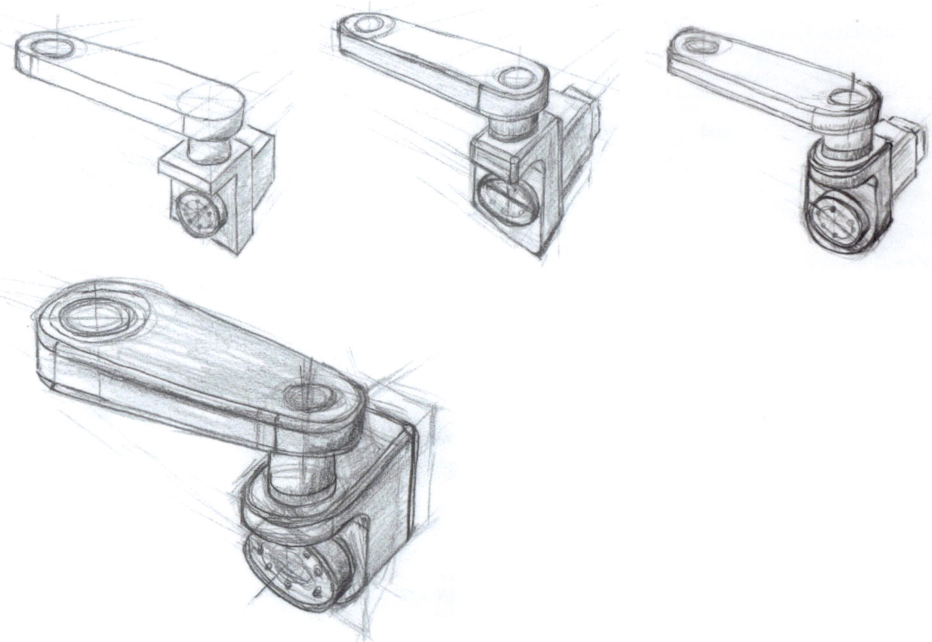

Abb. 13.5 Bewegungsmodul aus der Automatisierungstechnik in verschiedenen gestalterischen Varianten. Dieses Beispiel zeigt, dass mit Rundungen schon einiges an Gestaltungs- und Darstellungsvielfalt möglich ist

13.2   Freiformflächen

Ein Bezugsraum bietet mit seinen Hauptachsen, Flächen und Eckpunkten beim Zeichnen von Objekten mit Rundungen und Freiformflächen eine wichtige Orientierungshilfe in der Gesamtgeometrie (s. z. B. Abb. 13.6).

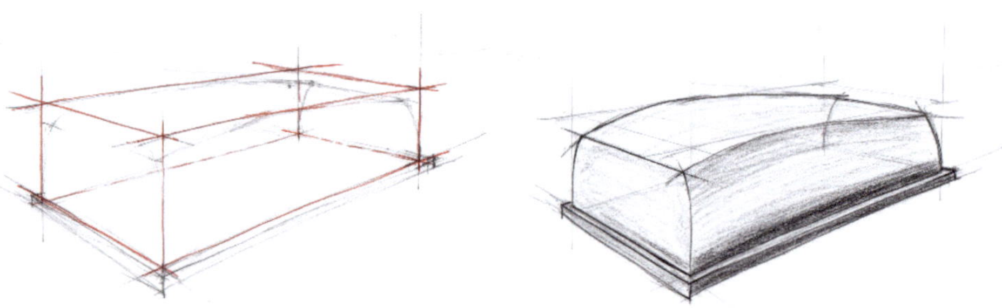

Abb. 13.6 Bezugsraum und fertige Butterdose mit einfachen Freiformflächen

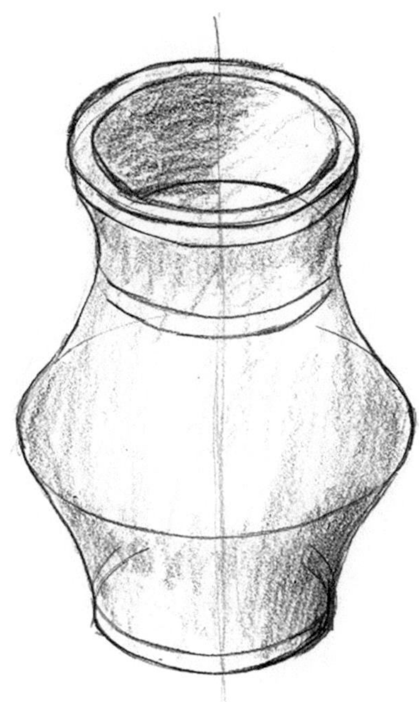

Abb. 13.7 Vase in isometrischer Darstellung. Alle Ellipsen in den verschiedenen Schichten wurden mit Schablone im Verhältnis 1:1,7 vorgezeichnet und anschließend mit der Hand verbunden und nachgezogen

Rotatorische Körper mit Freiformflächen können auf verschiedene Arten erzeugt werden. In Abb. 13.7 wurden in den jeweiligen Schichten die entsprechenden Ellipsen gezeichnet und anschließend verbunden.

Eine andere Möglichkeit zeigt Abb. 13.8, hier wurde erst der Querschnitt festgelegt, und dieser anschließend rotiert.

Bei komplexeren Formen ist ein schichtweiser Aufbau hilfreich. Die Abb. 13.9 zeigt, wie die Konturen Schicht für Schicht skizziert und anschließen verbunden werden.

Freude macht bei Freiformflächen aber auch relativ frei zu skizzieren. Dabei ist aber immer auf das Gesamtkonzept der Skizze zu achten! Auch wenn man viele Elemente in der Skizze sehr frei skizziert, müssen je nach Darstellungsform die wichtigsten Eigenschaften der Skizze klar sein. Bei Zwei-Punkt-Perspektiven z. B. müssen am Beginn der Horizont und die Fluchtpunkte festgelegt werden (s. Abb. 13.10).

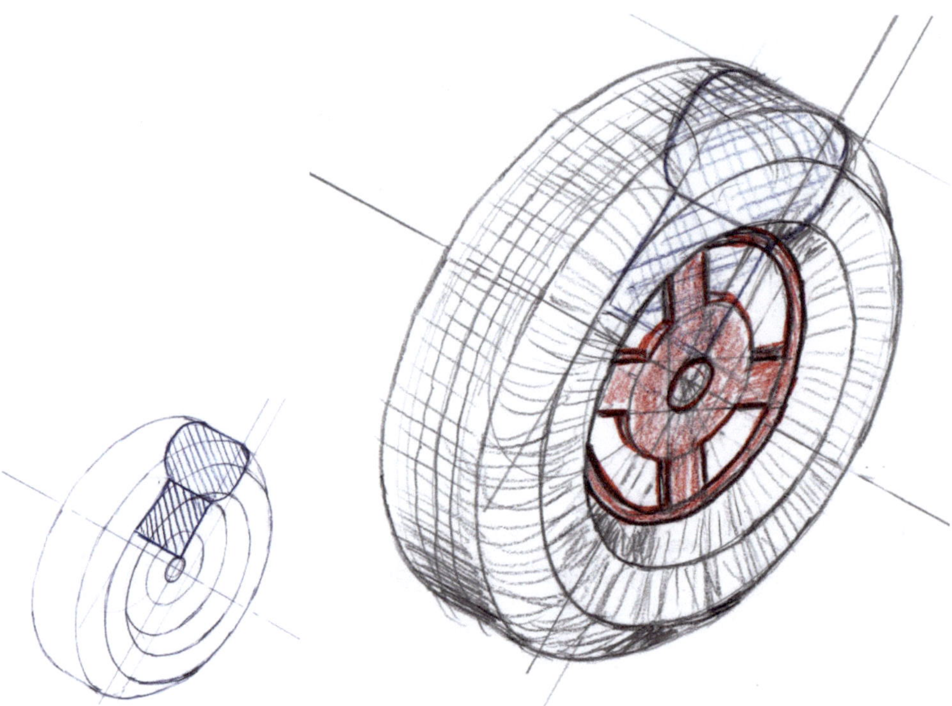

Abb. 13.8 Fahrzeugreifen mit Felge. Hier wurde die Kontur in einer Ebene der Isometrie definiert und anschließend wurden an den entsprechenden Punkten die Rotationsellipsen angebracht. Für das Skizzieren der Felge siehe auch Abschn. 12.2.5 „Winkelteilung an kreisrunden Objekten"

13.3   Verschneidungen und Durchdringungen frei skizziert

Die Verschneidung geometrischer Körper beschreibt den gemeinsamen Bereich der entsteht, wenn zwei oder mehrere Objekte sich schneiden oder durchdringen.

Verschneidungen allgemein, aber insbesondere in Verbindung mit zylindrischen Flächen, sind beim Skizzieren schwierige Bereiche. Diese zu konstruieren ist aufwendig und komplex (siehe z. B. Abb. 16.34) und der darstellenden Geometrie zuzuordnen. Wiederkehrende Standardsituationen könnte man in entsprechender Literatur recherchieren oder, wenn man die Möglichkeit dazu hat, mit einem 3D-CAD-Programm analysieren, wie das zum Beispiel in Abb. 13.11 a gemacht wurde. Ansonsten ist es beim Skizzieren meist sinnvoll und ausreichend, sich bei Verschneidungen einfach an ein schlüssig aussehendes Ergebnis heranzutasten. Oder wie z. B. in Abb. 16.40 Verschneidungen nur anzudeuten. Durch das bewusste Betrachten von Gegenständen schult man die eigene Wahrnehmung für die verschiedensten Situationen, welche man beim Skizzieren darstellen möchte. In

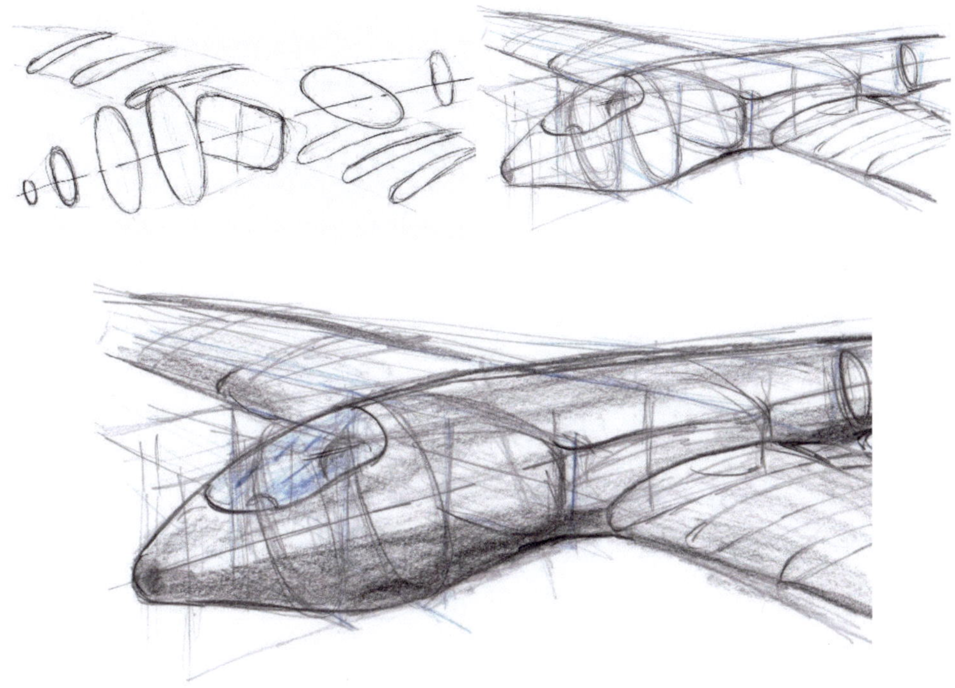

Abb. 13.9 Flugzeug in Schichttechnik aufgebaut

der Technik und Architektur ist es manchmal erforderlich, Verschneidungen bzw. Durchdringungen möglichst korrekt und schlüssig darzustellen. Siehe dazu den Abschn. 16.6 „Konstruktive Methoden für Verschneidungen und Perspektiven".

Wenn, wie in Abb. 13.11b, sehr viele Rundungen an einem Körper sind, ist es empfehlenswert, die Strichstärken zwischen Rundungen und Kanten bzw. Außenkonturen bewusst abzustufen. Der Unterschied der Linien kann noch hervorgehoben werden, indem man Linien von Rundungen dünn mit Bleistift zieht. Eine dünne, möglichst durchgezogene Linie bringt dabei den besten Effekt. Wobei das Erstellen derartiger Linien nicht einfach ist.

13.4 Skizzieren und Design

Skizzieren und Design sind eng miteinander verbunden. Vergleiche auch Abschn. 20.4 „Kreativität, Technik, Kunst – und das Spiel mit der Wahrnehmung". Grobe Gestaltungsmerkmale eines Produktes können bereits anhand von einfachen rudimentären Skizzen diskutiert werden (s. Abb. 13.12).

Abb. 13.10   Auch wenn man relativ frei skizziert, ist man durch die Klarheit der Bezugspunkte und Ebenen in allen Bereichen sicher unterwegs. *Anmerkung:* Der Mensch taucht in Kap. „14 Personen in Skizzen einbinden" auf

Mit Rundungen und einfachen Freiformflächen erweitern sich die gestalterischen Möglichkeiten enorm (s. Abb. 13.13).

Bei Objekten mit einem hohen Anteil an Freiformflächen ist es zu Beginn der Skizze hilfreich, einen Bezugsraum oder geeignete Bezugsgeometrien festzulegen (vgl. auch Abb. 13.21 und 13.23).

In Skizzen von Autos und Fahrzeugen allgemein ist besonders darauf zu achten, dass die Räder schlüssig dargestellt sind (s. Abb. 13.14 und 13.15).

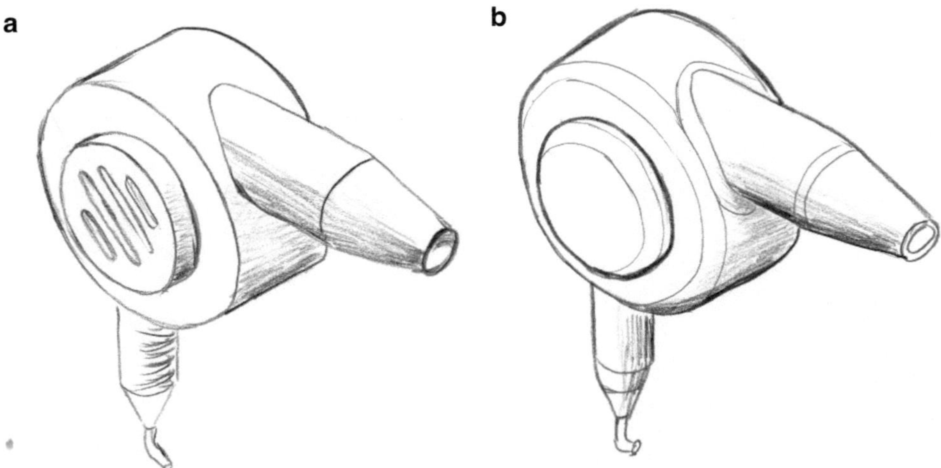

Abb. 13.11   Föhn mit Verschneidung von Zylinder. **a** Die Verschneidung der Zylinder wurde vor dem Skizzieren mit einem CAD-System analysiert. **b** Verrundete Kanten sind dünn mit Bleistift dargestellt. Alle anderen Linien mit schwarzem Polychromos-Stift

Abb. 13.12   Transporteinheit mit Teleskop-Tisch mit ersten gestalterischen Produkteigenschaften

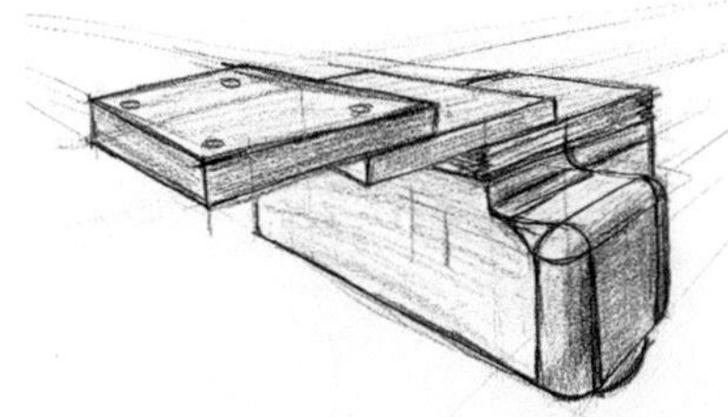

13.5   Weitere Beispiele als Anregung zum Skizzieren von Rundungen und Freiformflächen

Beginnen Sie mit einfachen Standardsituationen, ähnlich wie in den Abb. 13.1, 13.2 und 13.3 dargestellt.

Skizzieren Sie anschließend allgemeine Objekte mit Freiformflächen. Nutzen Sie dafür die Methoden und Beispiele aus diesem Kapitel. Weitere Anregungen finden Sie in den folgenden Abbildungen (Abb. 13.16, 13.17, 13.18, 13.19, 13.20, 13.21, 13.22, 13.23 und 13.24).

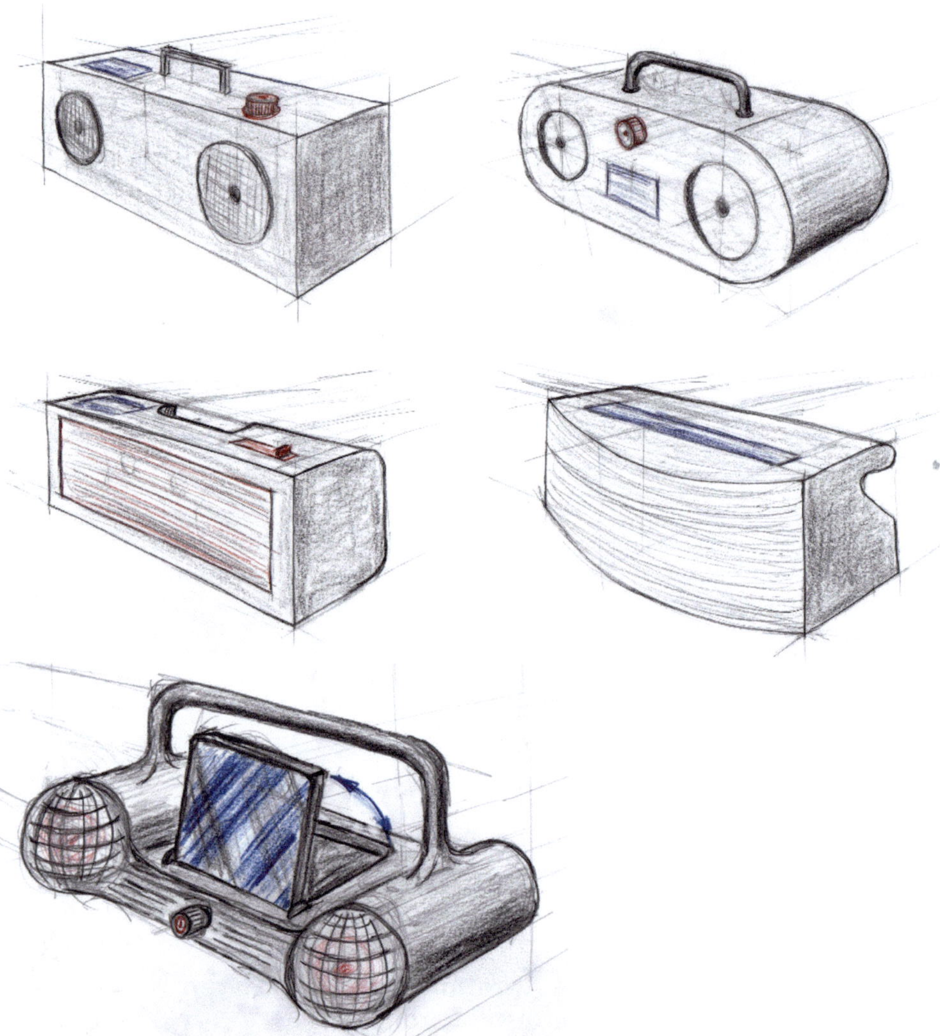

Abb. 13.13 Tragbarer Stereo Audio Player in verschiedenen Designvarianten

Die Vielfalt der Themenbereiche, aus welchen die Beispiele in diesem Kapitel kommen, unterstreicht, dass das Skizzieren universell eingesetzt werden kann.

Abb. 13.14 Auto mit Quader als Bezugsraum zu Beginn der Skizze. Die Räder sind markant hervorgehoben

Abb. 13.15 Mit der Sicherheit des umhüllenden Quaders (als Bezugsraum) und der Räder am Boden, kann man sich auch einen schönen Sportwagen, wie diesen Morgan, gönnen. Zumindest auf dem Zeichenblatt

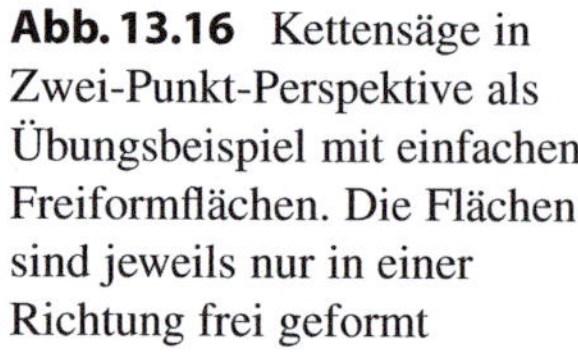

Abb. 13.16 Kettensäge in Zwei-Punkt-Perspektive als Übungsbeispiel mit einfachen Freiformflächen. Die Flächen sind jeweils nur in einer Richtung frei geformt

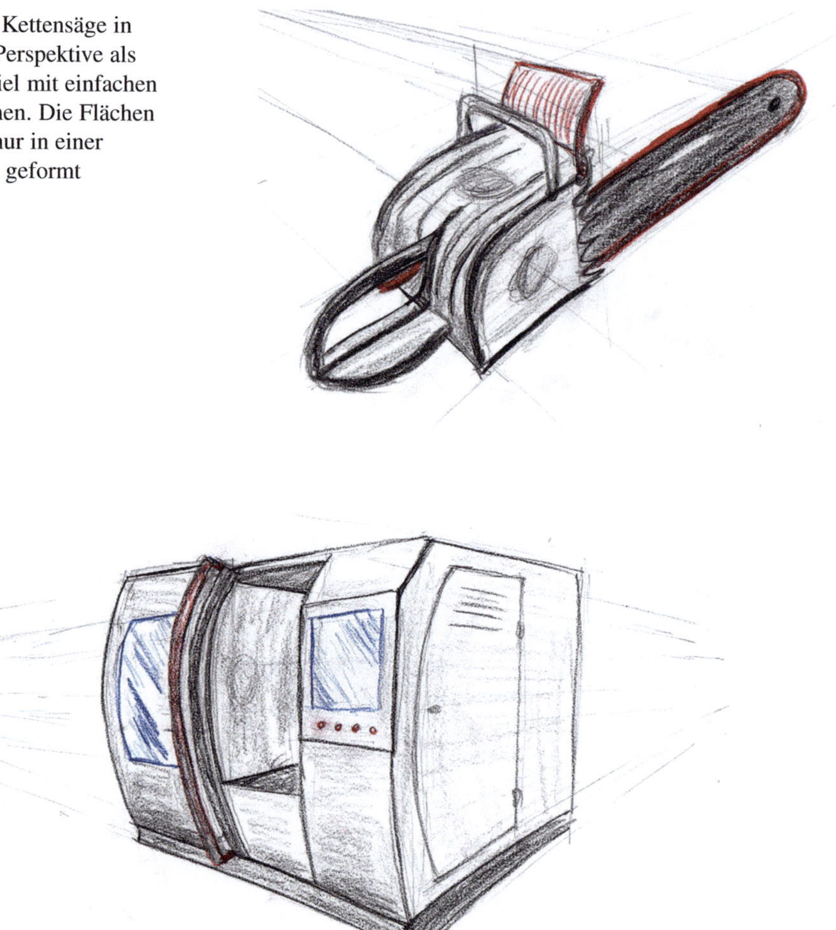

Abb. 13.17 Verkleidung einer Bearbeitungsmaschine als Übungsbeispiel – typisches Einsatzfeld geschwungener Flächen

Beim Skizzieren von Freiformflächen können Sie, je nach Situation und angestrebter Aussage, auf unterschiedliche Weise vorgehen. Sie können kontrollierte Hilfsgeometrien in Bezugsräumen oder Bezugsgeometrien einsetzen, um die Form zu führen, oder Sie skizzieren freier, mit lockerem Strich. Oft ist auch eine Kombination beider Techniken sinnvoll. Vergleichen Sie dazu auch Abschn. 16.7 „Konstruierte Perspektiven versus Freihandskizze – Empfehlung zum Freihandskizzieren".

Abb. 13.18 Übergangsstück
von quadratischem auf rundem
Querschnitt mit Verjüngung

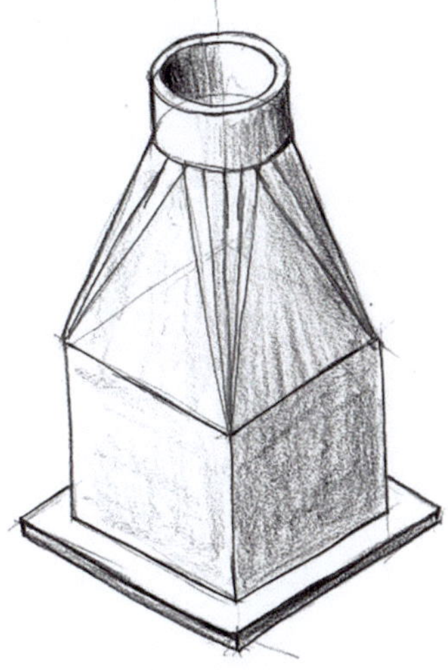

Abb. 13.19 Kaffeemaschine
mit abgerundetem Gehäuse

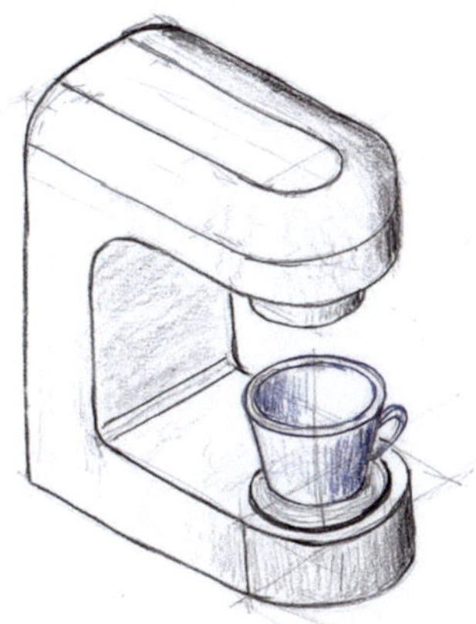

Abb. 13.20 Ergonomischer
Messergriff in Schichttechnik
aufgebaut. *Anmerkung:* Die
feinen durchgehenden
Konturlinien wurden mit einem
Fineliner-Filzstift erstellt

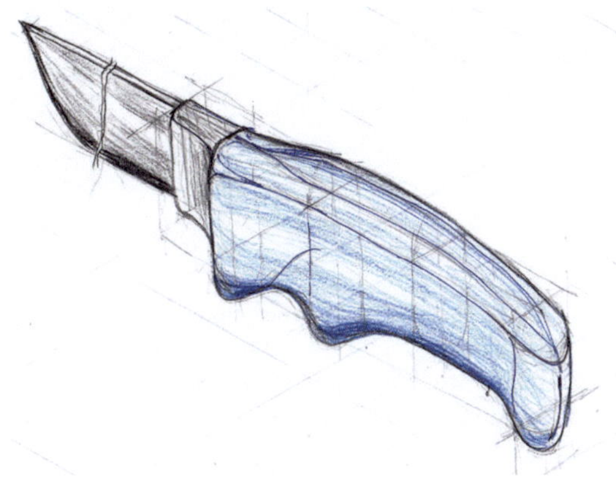

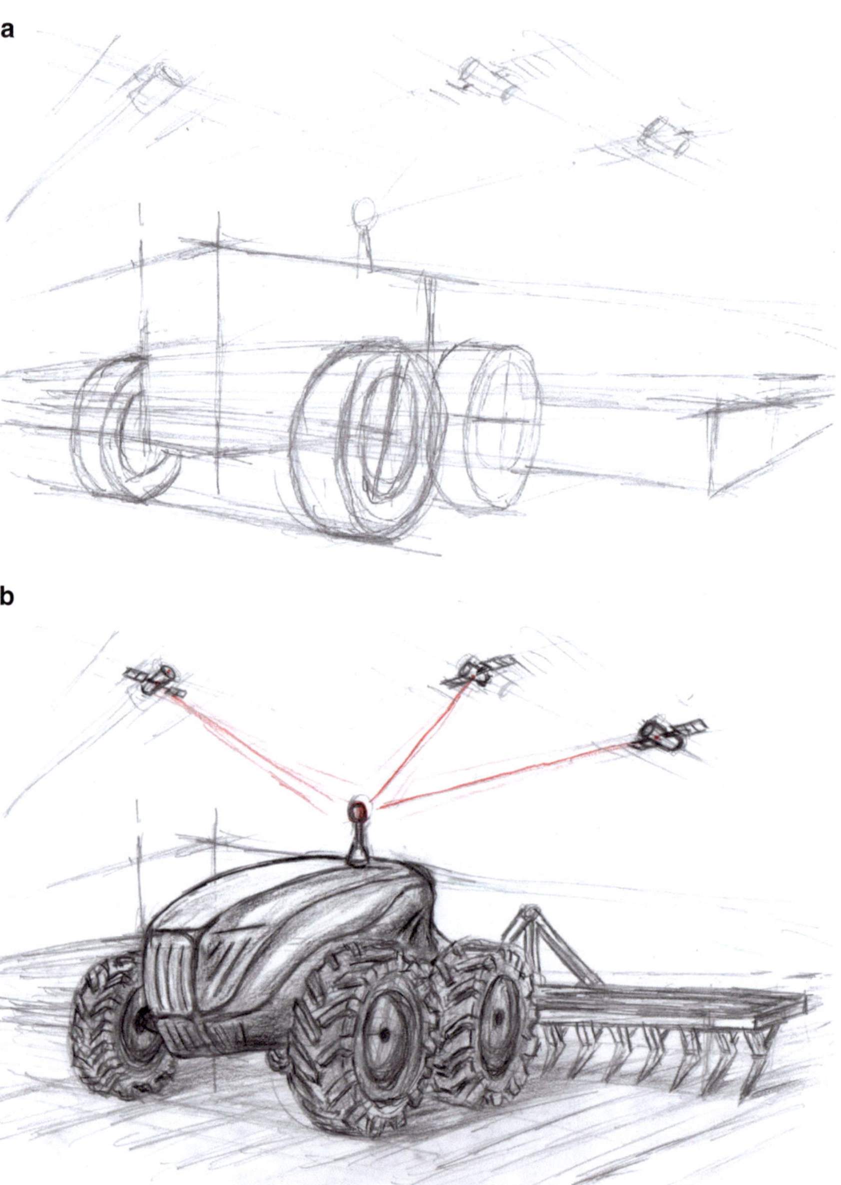

Abb. 13.21 Designstudie eines selbstfahrenden Traktors mit GPS-Antenne und angedeutetem Grubber als Anregung in Zwei-Punkt-Perspektive. Der Horizont liegt bewusst etwas tiefer, wodurch die Maschine wuchtiger und stärker erscheint. Auf einen Größenvergleich mit einer Person wurde hier bewusst verzichtet, denn dieses Gerät könnte in verschiedenen Größen realisiert werden. **a** Festlegung der Hauptachsen und Zusammensetzung der wichtigsten Bezugsgeometrien mit überschlägiger Proportionsbestimmung. **b** Ausgearbeitete Skizze mit Freiformflächen. Diese wirken durch Verlaufslinien, ohne dass die dazwischenliegenden Flächen exakt konstruiert sind. Schattierungen verstärken diesen Eindruck

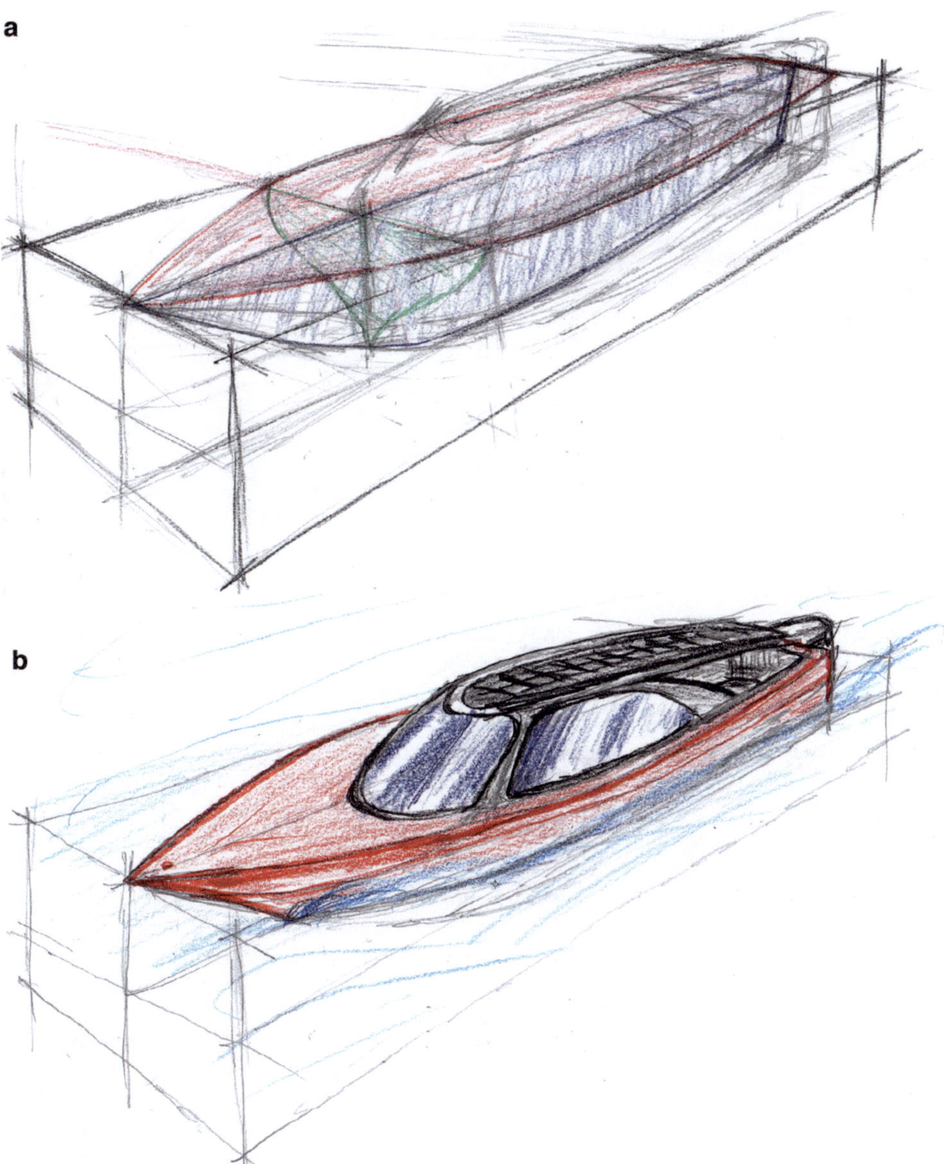

Abb. 13.22 Gestaltungsbeispiel eines Schnellbootes – als weitere Anregung in Zwei-Punkt-Perspektive. **a** Festlegung der Hauptachsen und des Bezugsraums. Die Form wird über drei Querschnitte in Ebenen definiert, die senkrecht auf den Hauptachsen stehen. **b** Ausgearbeitete Skizze durch Durchpausen der Grundgeometrie und Ergänzung von Details – z. B. der Photovoltaikmodule auf dem Kajütendach

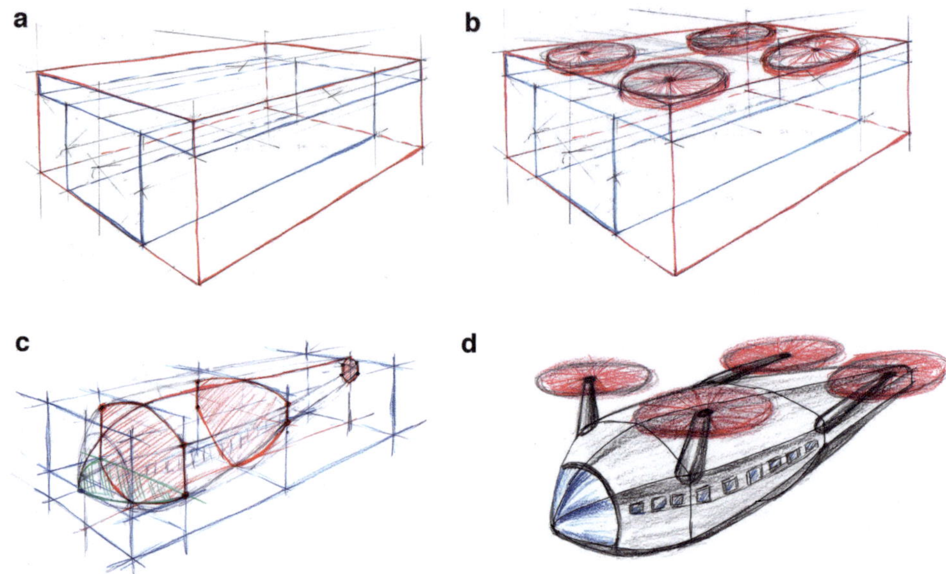

Abb. 13.23 Multicopter-Konzept für den Personentransport. Dieses Beispiel zeigt ein Mehrrotorfluggerät, das als Entwurf für den zukünftigen urbanen Luftverkehr gedacht ist. Die Steuerung kann dabei autonom, ferngesteuert oder durch einen Piloten erfolgen. Die Skizze veranschaulicht, wie sich mit wenig Aufwand gestalterische Varianten und innovative Gedankenexperimente visualisieren lassen – noch bevor technische Details festgelegt sind. **a** Der Bezugsraum (rot dargestellt) wird in Bezugsgeometrien (blau dargestellt) unterteilt. **b** Platzierung der Rotoren in der oberen Bezugsgeometrie. **c** Skizzieren des Rumpfes: In Schichttechnik werden mehrere Querschnitte festgelegt. Die „Eckpunkte" der Querschnitte bilden dabei die räumlichen Anhaltspunkte für die Freihand-Verlaufslinien in Längsrichtung. **d** Mithilfe des Durchpausens der jeweiligen Geometrien aus den Skizzen (**b**) und (**c**) wird eine Reinskizze des gesamten Mehrrotorfluggeräts erstellt. Die Verlaufslinien wurden hier mit einem dünnen Filzstift gezogen, damit sie klar, aber dennoch fein wirken. In der Bionik – der Übertragung natürlicher Prinzipien auf technische Anwendungen – können Formen wie diese tropfenähnliche, widerstandsarme Gestaltung des Rumpfes von der Natur abgeleitet werden

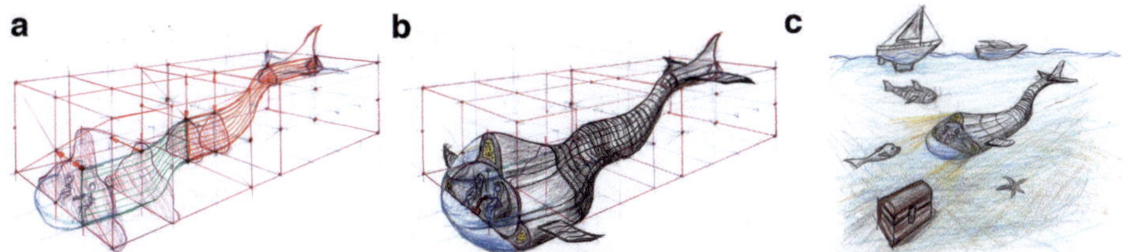

Abb. 13.24 U-Boot mit lautlosem Antrieb. Ein weiteres Beispiel aus der Bionik. **a** Unterteilter Bezugsraum mit Bezugspunkten für hilfreiche Querschnitte und Hilfsflächen. Der Unterschied zum Beispiel in Abb. 13.23 ist, dass der Korpus des U-Bootes in allen drei Dimensionen gekrümmt ist. Die grün dargestellte Hilfsfläche z. B. „schlängelt" sich nach links hinten. Die orange dargestellte Hilfsfläche „verjüngt" sich geschwungen nach rechts hinten und nach oben. **b** Duch Verbinden der Querschnitte mit den entsprechenden Verlaufslinien erscheint das U-Boot in seinen Konturen. **c** Inspiriert von Abb. (b), jedoch frei skizziert, ist das U-Boot in eine Unterwasser-Szene eingebunden. Die Wasseroberfläche stellt den Horizont dar. Die angedeuteten Objekte wie Kiste, Fische und Boote ergänzen die Szene

In vielen Skizzen ist es wichtig, Personen einzubinden, sei es um Größenverhältnisse zu verdeutlichen oder um Tätigkeiten und Interaktionen darzustellen. Menschen werden dabei meist als Strichfiguren oder vereinfacht gezeichnet, da es nicht um naturgetreue, sondern um schlüssige Darstellungen geht. Je nach Zweck können die Figuren jedoch auch stärker ausgearbeitet werden, um Körperhaltung, Statur oder andere charakteristische Merkmale zu betonen. So lassen sich Situationen lebendiger und aussagekräftiger darstellen.

Das Einbinden von Personen kann für die Aussage einer Skizze entscheidend sein.

14.1 Der Mensch in seinen Proportionen

Auch wenn die Personen nur als Strichfiguren dargestellt werden, müssen Regeln beachtet werden, damit die Darstellung im Kontext der Gesamtskizze schlüssig ist. Eine wichtige Grundlage dabei sind die Proportionen (s. Abb. 14.1).

Einige Leitlinien zu den Proportionen des menschlichen Körpers:

- Der Kopf misst ca. 1/8 der Körpergröße
- Ober- und Unterschenkel sind in etwa gleich lang.
- Bei einer stehenden Person sind die Ellbogen ca. in Höhe der Taille.
- Die Augen sind ca. in der Mitte des Kopfes.

© Der/die Herausgeber bzw. der/die Autor(en), exklusiv lizenziert an Springer Fachmedien Wiesbaden GmbH, ein Teil von Springer Nature 2025
P. Gruber, *Technisches Skizzieren für alle*, https://doi.org/10.1007/978-3-658-49618-0_14

Abb. 14.1 Der Mensch in
seinen Proportionen

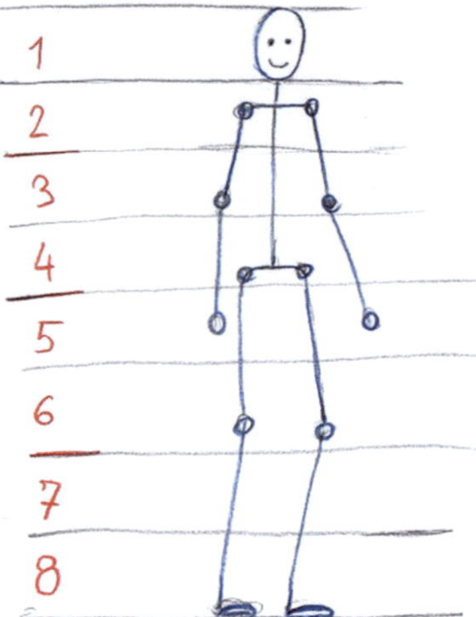

Oft genügt es, Figuren ohne Gesicht darzustellen. Soll die Aussage einer Skizze
unterstützt und eine bestimmte Stimmung verdeutlicht werden, kann das Gesicht angedeutet werden. Dafür reicht es in der Regel, Augen und Mund zu zeichnen, um die
grundlegenden Emotionen verständlich wiederzugeben (vgl. z. B. Abb. 21.6 und 21.11).

Neben den Proportionen ist auch die Orientierung der Figuren im Raum maßgeblich.
Diese kann durch die Richtung von Hüfte und Schulter angedeutet werden (s. Abb. 14.2).

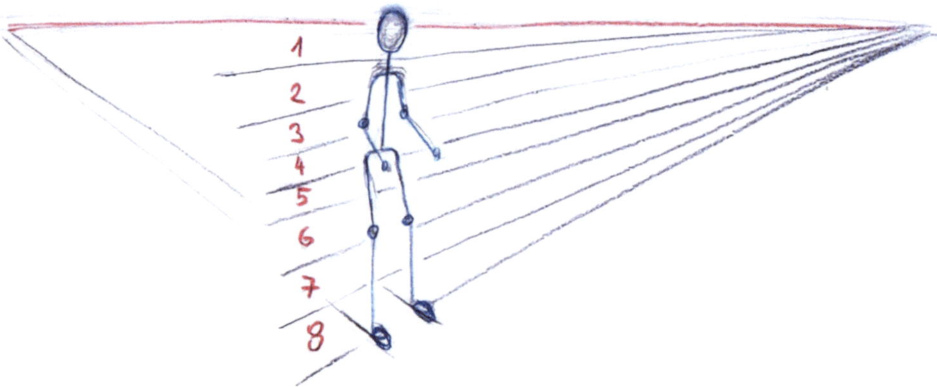

Abb. 14.2 Figuren bekommen in perspektivischen Darstellungen Orientierung

14.2   Der Mensch in Interaktion

Interessant wird es, wenn man die Figuren zum Leben erweckt und sie interagieren und Geschichten erzählen lässt. In Abb. 14.3 werden die Figuren in ruhenden Positionen dargestellt. Sobald die Figuren andere als stehende Positionen einnehmen, wird es etwas schwieriger, die Proportionen richtig einzuschätzen.

Beim Abschätzen der Proportionen in verschiedenen Stellungen und Bewegungen kann eine bewegliche humanoide Puppe hilfreich sein (s. Abb. 14.4).

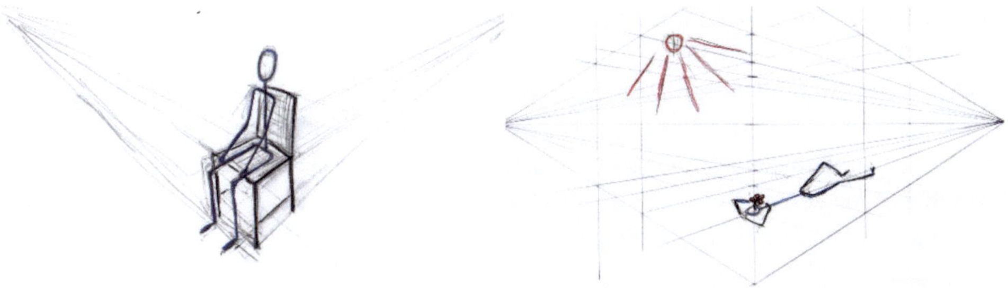

Abb. 14.3 Figuren in Zwei-Punkt-Perspektiven in ruhender, sitzender und liegender Position

Abb. 14.4 Bewegliche humanoide Puppe zum Nachstellen von Positionen

Der nächste Schritt, im wahrsten Sinn des Wortes, ist, dass die Personen bei Bewegungen auch entsprechend dynamisch wirken. Die Darstellungen in Abb. 14.5 zeigen Menschen bei verschiedensten Aktivitäten.

Bei Zwei-Punkt-Perspektiven ist die Wahl des Horizonts immer ein wichtiges Thema, insbesondere bei Skizzen mit Personen. Häufig wird der Horizont auf Augenhöhe einer stehenden erwachsenen Person gewählt. Dabei ist zu beachten, dass die Augenhöhe von Menschen, welche sich aufrecht am Boden aufhalten, in etwa konstant bleibt, unabhängig davon, wo sich die Person in der Szene befindet (siehe Abb. 14.6 und 14.7). Dabei bildet der Boden einen wichtigen Bezug.

In Skizzen mit Personen bietet sich häufig an, dass der Horizont gleich mit der Augenhöhe von Personen in der Skizze ist (s. Abb. 14.8). Aber, je nach gewünschter Wirkung, kann der Horizont in beliebiger Höhe gewählt werden (s. z. B. Abb. 14.9).

Durch das Einbinden von Personen können Eigenschaften wie Bedienseite, Zugang, Mensch-Maschine-Interface usw. selbsterklärend dargestellt werden. Darüber hinaus ist das Größenverhältnis eines Objekts auf einen Blick erkennbar, sodass man eine ungefähre Vorstellung von seiner Größe erhält (s. Abb. 14.10).

Räume wirken erst durch Menschen lebendig (s. Abb. 14.11).

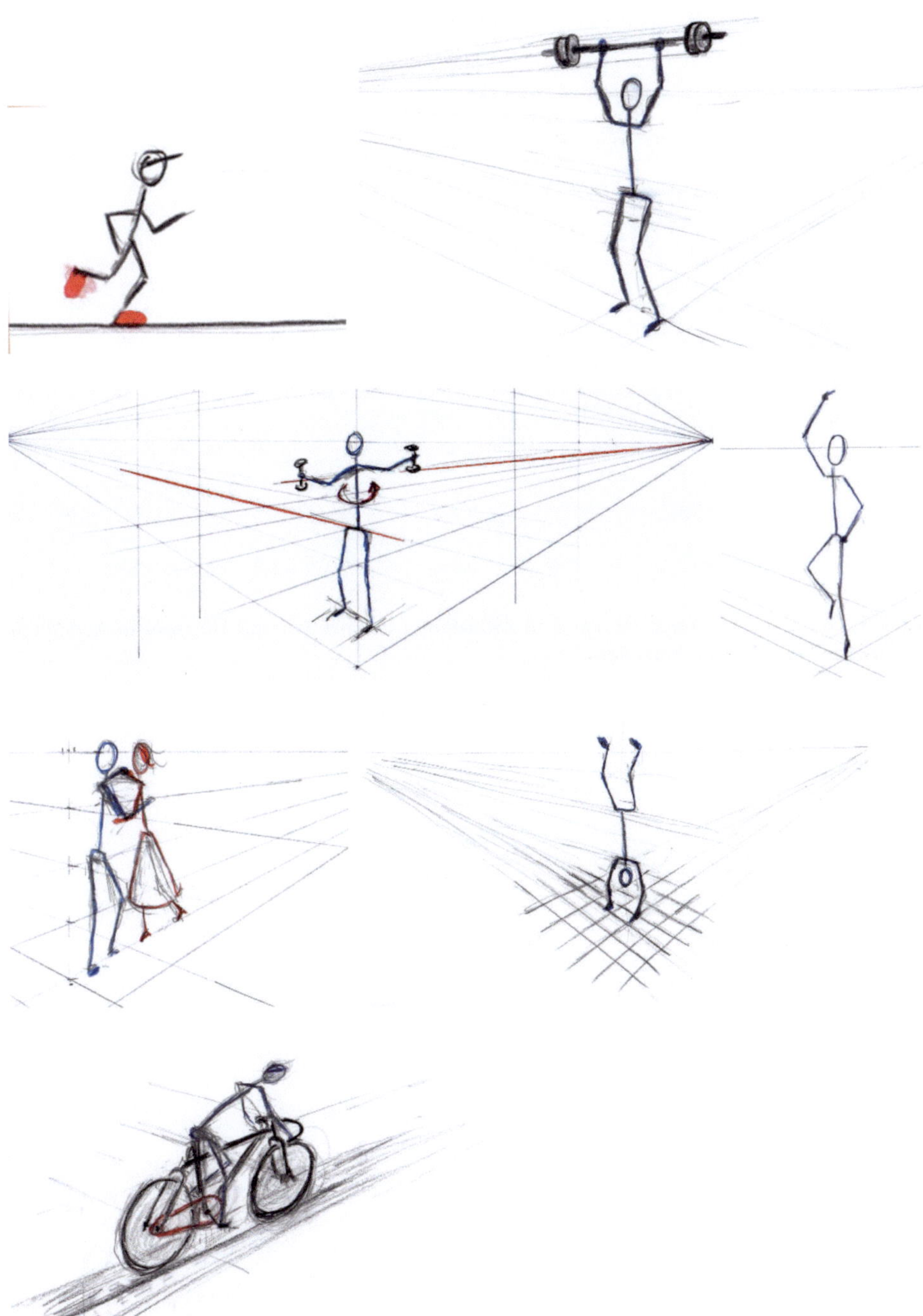

Abb. 14.5 Menschen bei verschiedensten Aktivitäten

Abb. 14.6 Szene mit mehreren Personen in Zwei-Punkt-Perspektive, mit Horizont in Augenhöhe von stehenden erwachsenen Personen

Abb. 14.7 Szene mit mehreren Personen in größerem Abstand in der Tiefe. Der Horizont der Zwei-Punkt-Perspektive ist dabei für alle Personen auf Augenhöhe der stehenden Person gleich

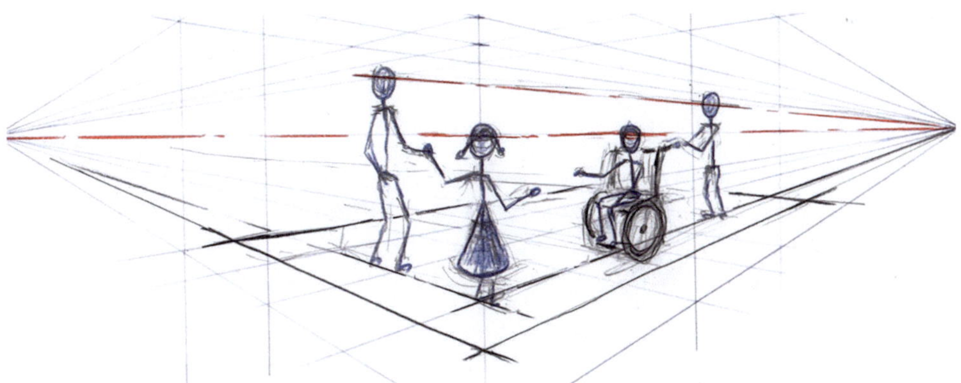

Abb. 14.8 In dieser Zwei-Punkt-Perspektive ist der Horizont in Augenhöhe des Kindes und der Person im Rollstuhl gewählt

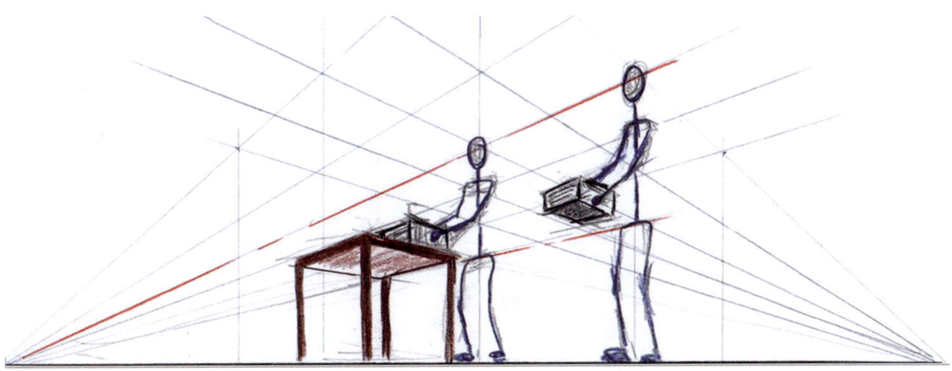

Abb. 14.9 Durch den tiefen Blickwinkel erscheinen die Figuren groß und kräftig. *Anmerkung:* Bei dieser und der vorherigen Skizze wurde jeweils eine Vorlage verwendet, wie sie in Kap. 3 „Werkzeuge, Material und nützliche Hilfsmittel" vorgestellt wurden

Abb. 14.10 Mensch und Maschine im Dialog

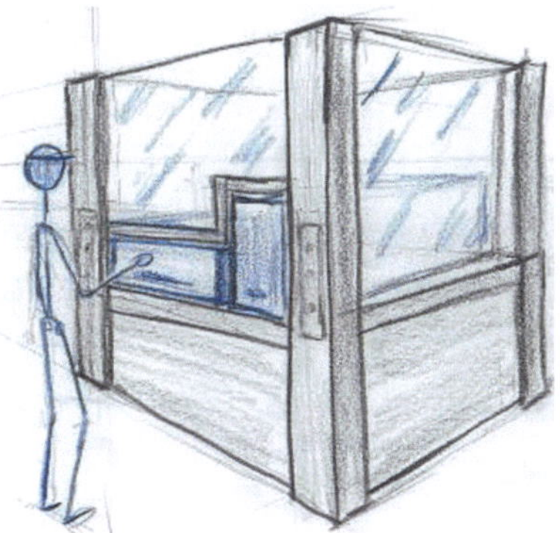

Abb. 14.11 Arbeitsraum mit
Personen

Mit 2D-Skizzen können Personen in Interaktion besonders einfach und schnell dargestellt werden (s. Abb. 14.12 und 14.13). Ein effizientes Skizzieren ist besonders hilfreich,
wenn man verschiedene Lösungsmöglichkeiten zeigen will (siehe auch Abschn. 20.2 „Mit
Skizzen effizient Varianten visualisieren und vergleichen").

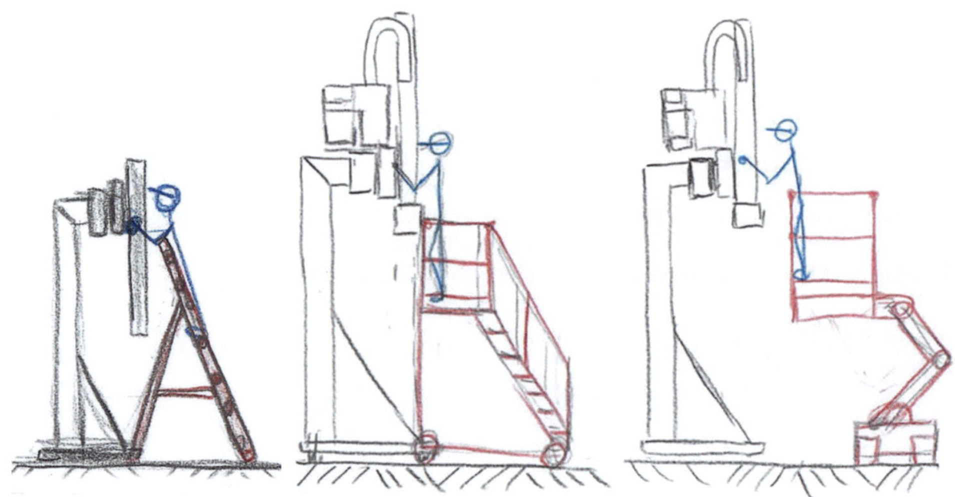

Abb. 14.12 Lösungsvarianten für Wartungstätigkeit an Portalroboter

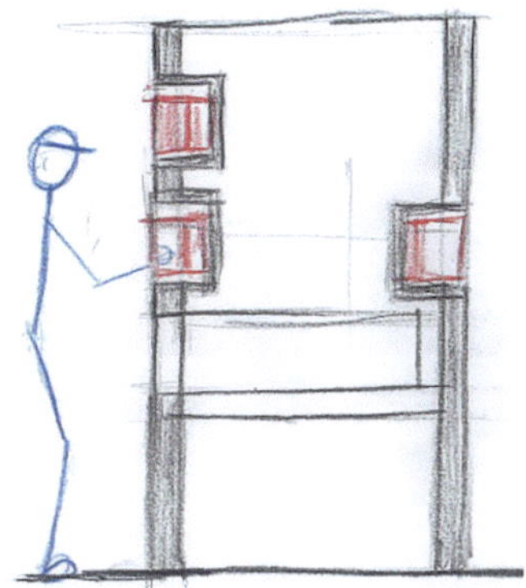

Abb. 14.13 Tätigkeiten von Personen in 2D-Skizzen einfach und schnell dargestellt

Auch bei diesem Thema ist es empfehlenswert, systematisch einige Varianten zu üben. Skizzieren Sie anfangs Personen allein ohne Kontext, um ein Gefühl für die Proportionen zu bekommen. Erfinden Sie selbst Situationen mit Menschen in Aktion. Verwenden Sie dabei verschiedene Darstellungsformen, wie 2D-Skizzen und Zwei-Punkt-Perspektiven. Ergänzend zu den bereits beschriebenen Beispielen finden Sie noch Anregungen in den Abb. 14.14, 14.15 und 14.16.

Abb. 14.14 Arbeitsplatz in 2D-Ansicht. Wenn es für die gewünschte Wirkung ausreicht, sind 2D-Skizzen immer eine einfache Option

Abb. 14.15 Anhand von
Beispielen aus Sport und
Freizeit kann das Skizzieren
von Personen bei
verschiedensten Aktivitäten
geübt werden

Abb. 14.16 Bei Skizzen mit
Abbildungen in Skizzen
entstehen interessante
Perspektiven

14.3   Mehr als Strichfiguren

Strichfiguren können als „Skelett" für detailliertere Darstellungen von Personen dienen.
Wie in Abb. 14.17 und 14.18 gezeigt, lassen sich auf diese Weise Statur, Kleidung und
andere Merkmale andeuten. Siehe dazu auch Abb. 15.19.

Abb. 14.17 Gewichtheber als Strichfigur und als Figur mit ausgearbeitetem Körper auf Basis des Skeletts

Abb. 14.18 Figuren auf einer Wippe – dargestellt als Strichfigur und als Figur mit ausgearbeitetem Körper

Darstellung von Bewegungen, Kräften, Abläufen usw

In der Technik treten Bewegungen, Kräfte und Abläufe häufig auf. Es ist wichtig, diese in Skizzen verständlich darzustellen. Pfeile sind dabei hilfreiche Elemente – sie können nicht nur mechanische Bewegungen und Kräfte, sondern auch logistische Abläufe (s. Abb. 15.12), Prozesse (s. Abschn.18.4 „Darstellung von Prozessen, Abläufen u. dgl."), Vorgänge aus der Elektro- und Fluidtechnik (s. Abb. 15.14) und vieles mehr verdeutlichen. Darüber hinaus lassen sich Bewegung und Dynamik auch ohne Pfeile vermitteln – etwa durch Strichführung und Perspektive. So können technische wie auch gestalterische Skizzen lebendig wirken und Bewegung intuitiv erfahrbar machen.

15.1 Pfeile

Eine einfache und klare Pfeilform unterstützt den Betrachter dabei, eine Skizze schnell zu erfassen. Die Abb. 15.1 und 15.2 zeigen eine bewährte Pfeilform, die ähnlich auch in Verkehrszeichen vorkommt (siehe Abb. 15.1b).

Grundsätzlich sind Pfeile in einer Skizze wie andere Körper zu behandeln und folgen der Perspektive der gesamten Darstellung (s. Abb. 15.3).

Eine etwas einfachere Alternative sind räumlich flache Pfeile. Die seitlichen Körperflächen werden vereinfacht durch dickere Strichstärken hervorgehoben. Die Aussagekraft der Pfeile ist trotz der Vereinfachung gegeben (s. Abb. 15.4 und 15.6).

Pfeile können aus verschiedensten geometrischen Grundkörper zusammengesetzt werden (s. Abb. 15.5 und 15.6).

© Der/die Herausgeber bzw. der/die Autor(en), exklusiv lizenziert an Springer Fachmedien Wiesbaden GmbH, ein Teil von Springer Nature 2025
P. Gruber, *Technisches Skizzieren für alle*, https://doi.org/10.1007/978-3-658-49618-0_15

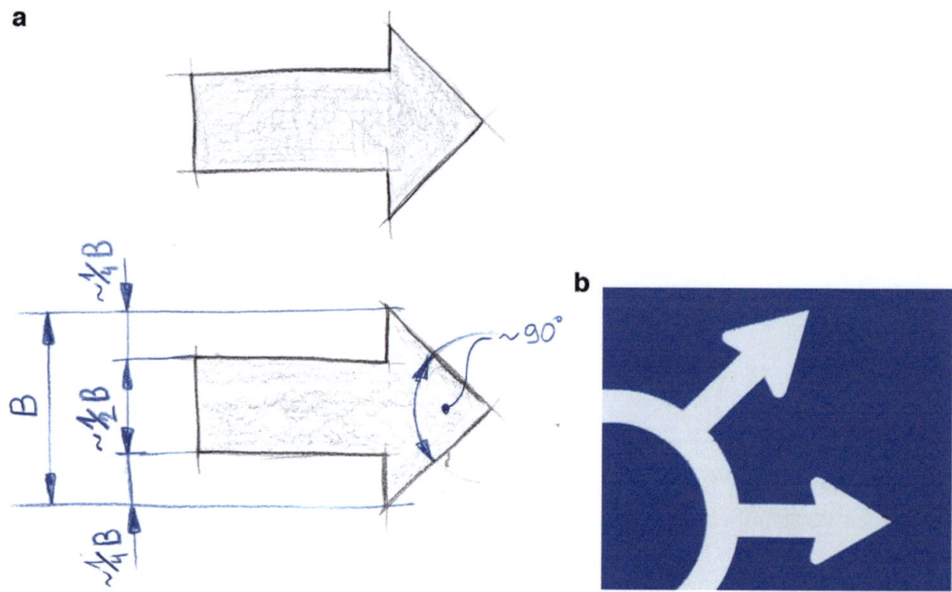

Abb. 15.1 Bewährte Pfeilform. **a** Empfohlene Proportion für Pfeile. **b** Diese Form kommt ähnlich auch in Verkehrszeichen vor, wo eine schnelle und klare Erfassung durch den Betrachter besonders wichtig ist

15.2   Beispiele für Objekte mit Pfeilen

Mit Pfeilen kann man Objekten Schwung und Kraft verleihen.

Beispiel für 2D-Skizze mit Pfeilen
Wenn es nur darum geht, Informationen einfach, schnell und klar darzustellen, kann eine 2D-Skizze immer als Option angedacht werden (s. Abb. 15.7).

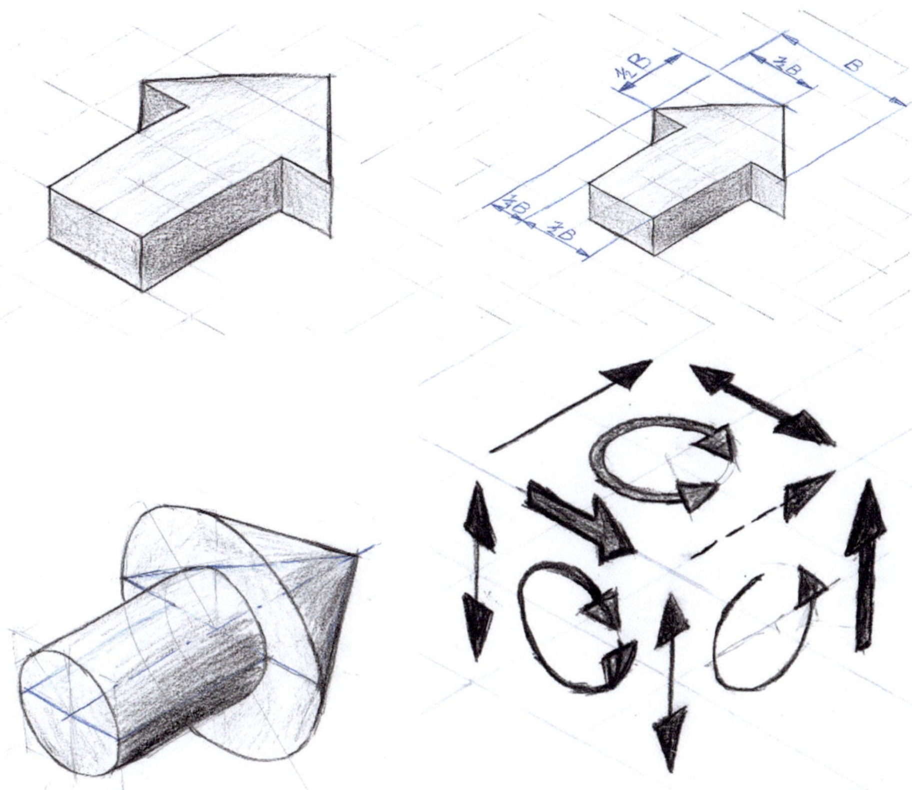

Abb. 15.2 Pfeile in isometrischer Perspektive: kubisch, zylindrisch und vereinfacht. Auch bei einfachen Pfeilen lässt sich durch die Ausrichtung der Basislinie eine räumliche Orientierung der Spitze andeuten

Abb. 15.3 Pfeile als vollständige Körper in einer Zwei-Punkt-Perspektive

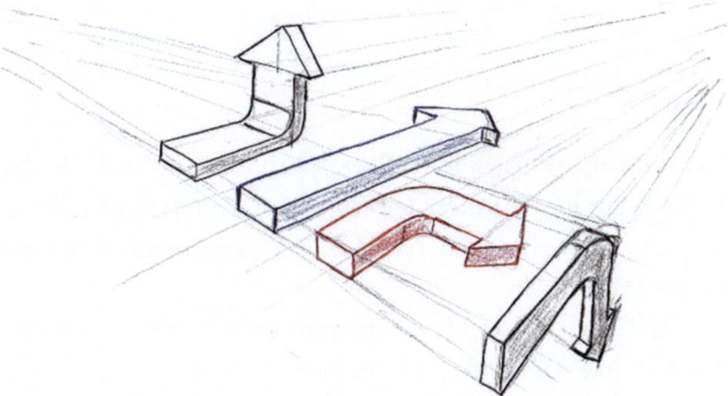

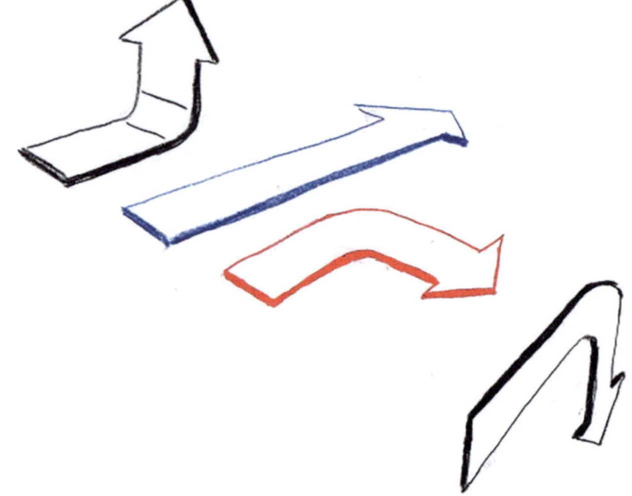

Abb. 15.4 Vereinfachte perspektivische Darstellung von Pfeilen. Siehe dazu auch Abschn. 19.2 „Darstellungen vereinfachen"

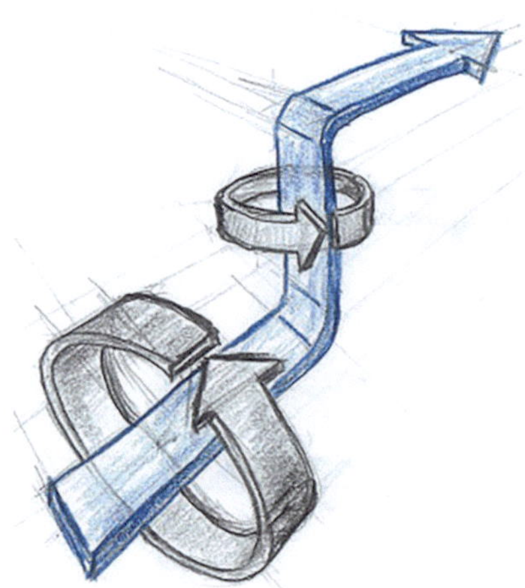

Abb. 15.5 Kombination von linearen und runden Pfeilen als Körper

Anwendungsbeispiele in Perspektiven mit zwei Fluchtpunkten

Sowohl die Fluchtlinien der Objekte als auch der Pfeile laufen in den beiden Fluchtpunkten zusammen (siehe auch Abschn. 2.5 „Perspektive mit zwei Fluchtpunkten – Zwei-Punkt-Perspektive").

Die Abb. 15.8, 15.9, 15.10 und 15.11 zeigen Beispiele in Zwei-Punkt-Perspektive aus der Technik. Die Pfeile tragen einen wesentlichen Beitrag zum Verständnis bei.

Anwendungsbeispiele in Isometrie

Darstellungen in isometrischer Parallelperspektive eignen sich besonders für die Beschreibung von komplexeren und größeren Systemen (s. Abb. 15.12, 15.13 und 15.14). Bei Skizzen

Abb. 15.6 Flache, vereinfachte Pfeile frei im Raum einer Zwei-Punkt-Perspektive. *Anmerkung:* Dieser Raum ist aus einer Vorlage aus dem Abschn. 3.2.2 „Optionen zu Materialien und Anmerkungen zu Farben" abgeleitet

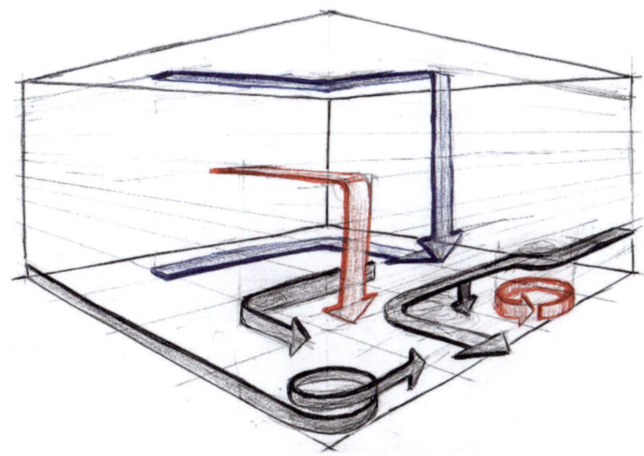

Abb. 15.7 Einfache Darstellung von Bewegungen in 2D

Abb. 15.8 Ladenauszüge mit verschiebbaren Schutzelementen, dargestellt mit linearen vereinfachten Pfeilen

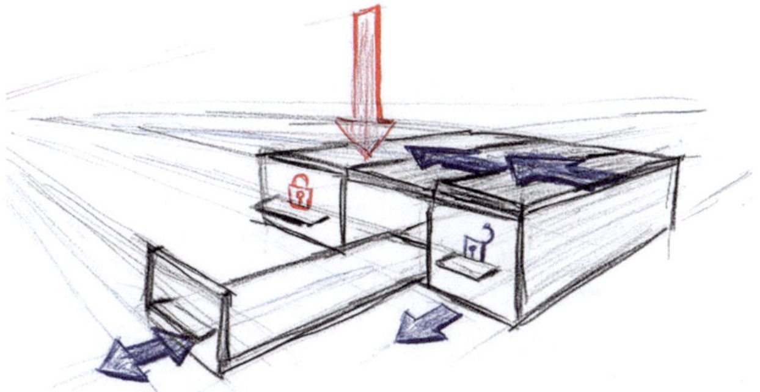

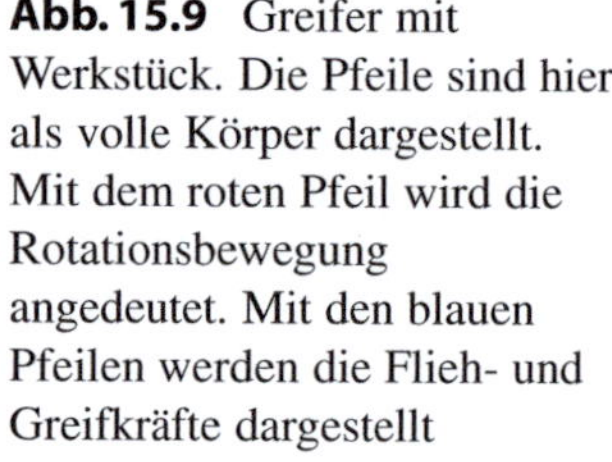

Abb. 15.9 Greifer mit Werkstück. Die Pfeile sind hier als volle Körper dargestellt. Mit dem roten Pfeil wird die Rotationsbewegung angedeutet. Mit den blauen Pfeilen werden die Flieh- und Greifkräfte dargestellt

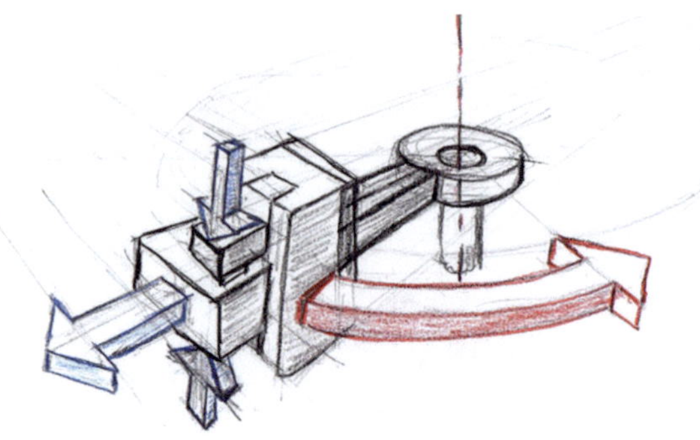

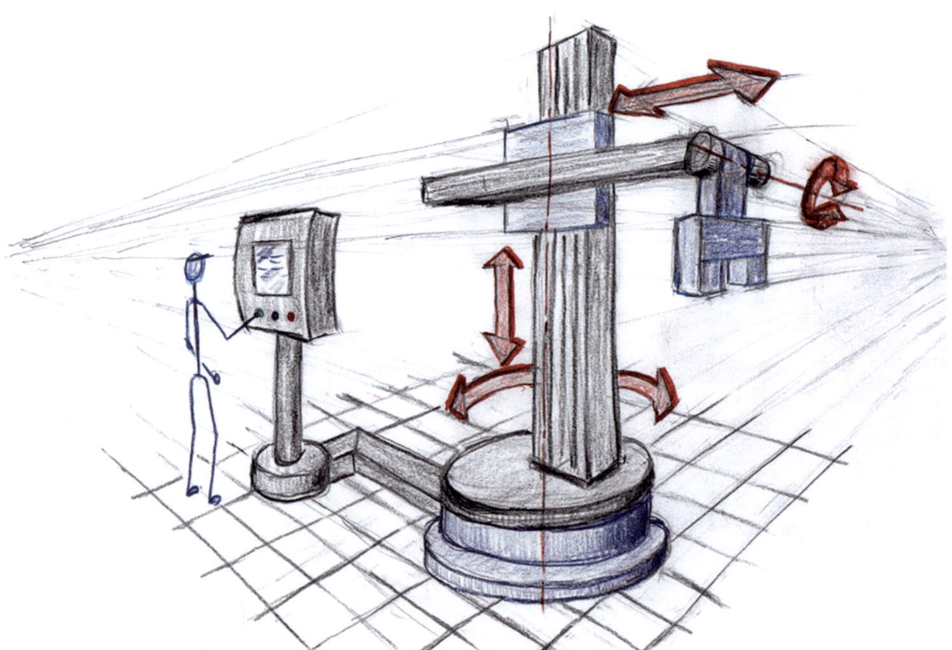

Abb. 15.10 Die Pfeile beschreiben die Freiheitsgrade des 4-Achsroboters

mit rotatorischen Elementen (s. Abb. 15.13) hat die isometrische Darstellung den Vorteil, dass alle Ellipsen von Objekten und Pfeilen das gleiche Verhältnis von 1:1,7 haben (siehe dazu auch Abschn. 7.2.1 „Ellipsen, Zylinder und Drehkörper in Isometrie").

Abb. 15.11 Mit Pfeilen
können kinematische
Zusammenhänge und Systeme
verständlich erklärt werden

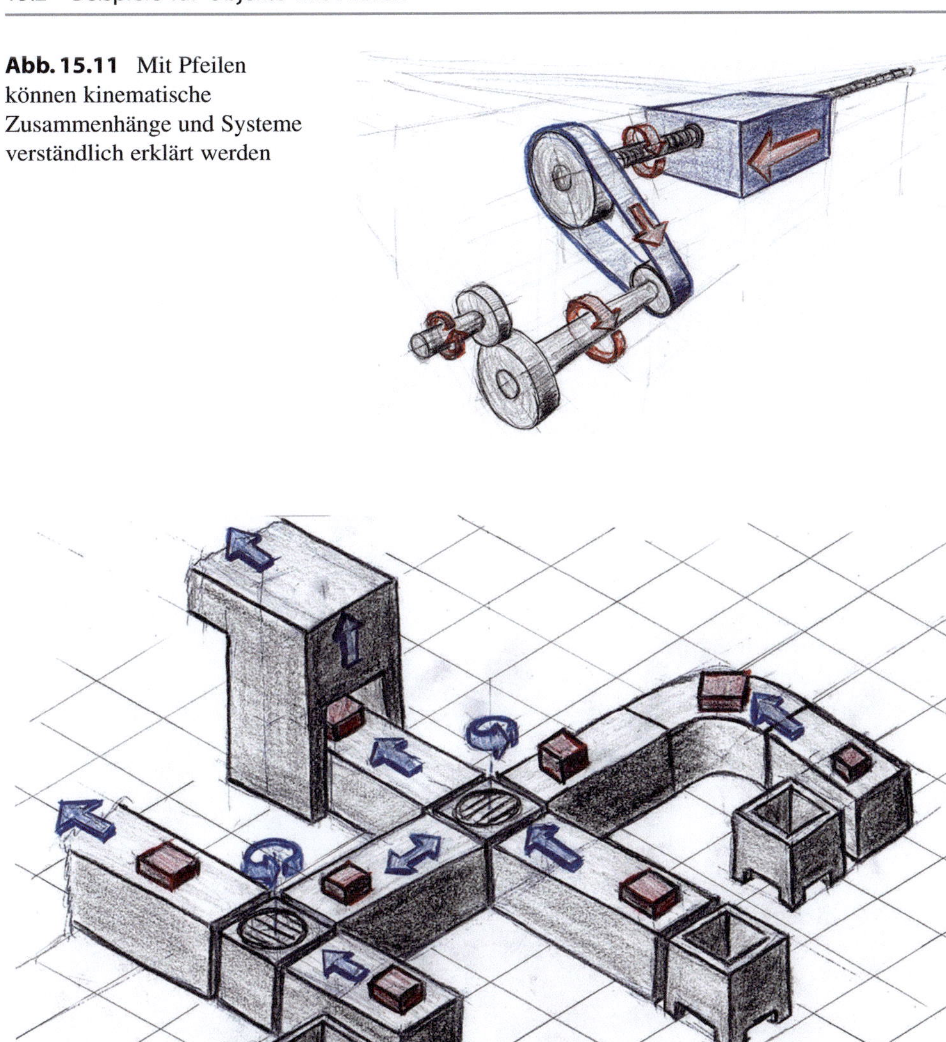

Abb. 15.12 Mithilfe von Pfeilen kann der Materialfluss der skizzierten Förderanlage dargestellt
werden

Wie auch bei anderen Kapiteln macht ebenso hier Übung den Meister. Wichtig ist bei der
Erstellung von Pfeilen, dass man sich an der Gesamtskizze orientiert (s. z. B. Abb. 15.15).

Abb. 15.13 Antriebssystem
mit rotatorischen Elementen

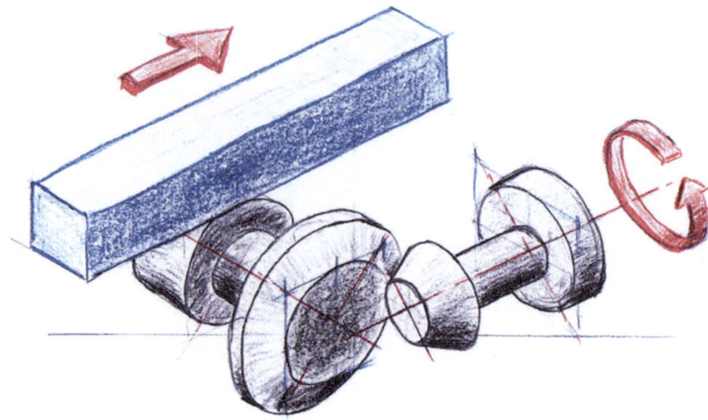

Abb. 15.14 Beispiel aus der
Fluidtechnik. In der
isometrischen Skizze wird eine
Ansteuerung eines Zylinders
durch ein Ventil dargestellt.
Mit den Pfeilen können sowohl
die Fließrichtungen der
pneumatischen oder
hydraulischen Medien als auch
die mechanischen Bewegungen
dargestellt werden

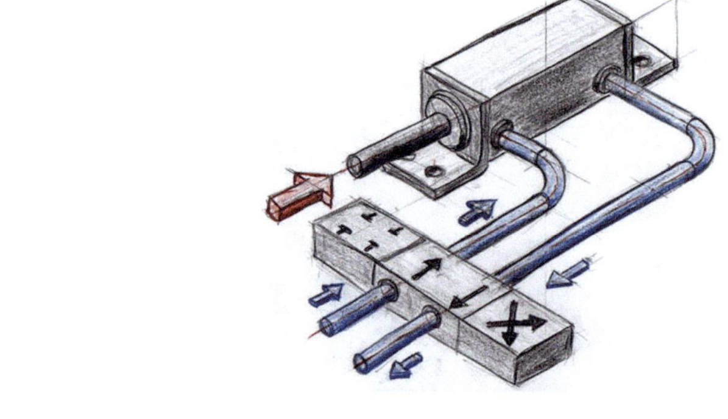

Abb. 15.15 Übungsbeispiel
in Zwei-Punkt-Perspektive, mit
Pfeilen

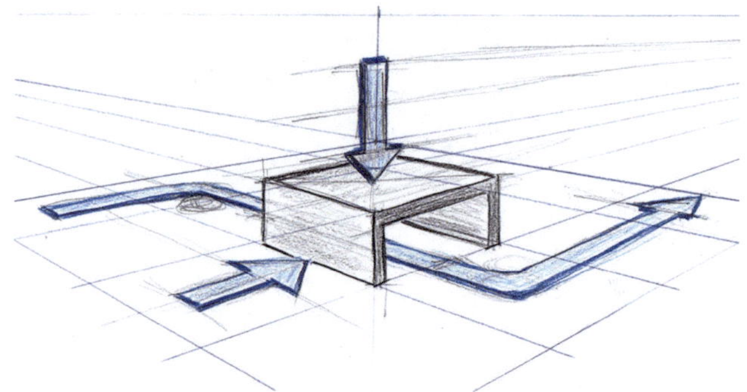

15.3   Darstellung von dynamischen Bewegungen ohne Pfeile

Comics sind eine hervorragende Quelle, wenn es um die Darstellung dynamischer Bewegungen geht. Szenen wie Asterix und Obelix, die Römer durch die Luft wirbeln, Spiderman, der sich durch die Lüfte schwingt, oder Batman, der mit seinem Batmobil durch Abenteuer saust, zeigen eindrucksvoll, wie Bewegungen visualisiert werden können – und das oft ohne Pfeile.

Das Strichmännchen aus Kap. 14 ist zwar kein Superheld, doch es kann dynamisch dargestellt werden. In Abb. 15.16 ist zu sehen, wie es entschlossen beidbeinig vom Sockel auf den Boden springt. Ein leicht angedeuteter Schlagschatten hebt dabei den Boden zusätzlich hervor.

Es gibt viele Möglichkeiten, Bewegungen mit einfachen Mitteln darzustellen. Ein Beispiel zeigt ein technisches Element, den Riementrieb, der in Abb. 15.17 sowohl im ruhenden als auch im bewegten Zustand dargestellt ist. Ebenso lassen sich Luftverwirbelungen und Bewegungsunschärfe wirkungsvoll einsetzen, um Dynamik zu erzeugen. Dies wird in Abb. 15.18 an einem Auto veranschaulicht. Dort wird gezeigt, wie sich unterschiedliche Bewegungssituationen durch wenige zeichnerische Elemente darstellen lassen.

Auch die Wahl der Perspektive, der Linien- und Strichführung beeinflusst die Wirkung. Wie in Abb. 15.19 zu sehen ist, verstärkt die Zentralperspektive den Eindruck von Geschwindigkeit und Nähe, wodurch die Szene besonders lebendig wirkt. Die Abb. 15.16, 15.17, 15.18 und 15.19 bieten nur einen kleinen Einblick in die vielfältigen Möglichkeiten zur Darstellung von Dynamik. Finden Sie selbst weitere Ansätze, um Ihren Skizzen mit einfachen Mitteln Bewegungsdynamik zu verleihen.

Abb. 15.16 Figur springt beidbeinig von einem Sockel. Ein leicht angedeuteter Schlagschatten hebt den Boden hervor

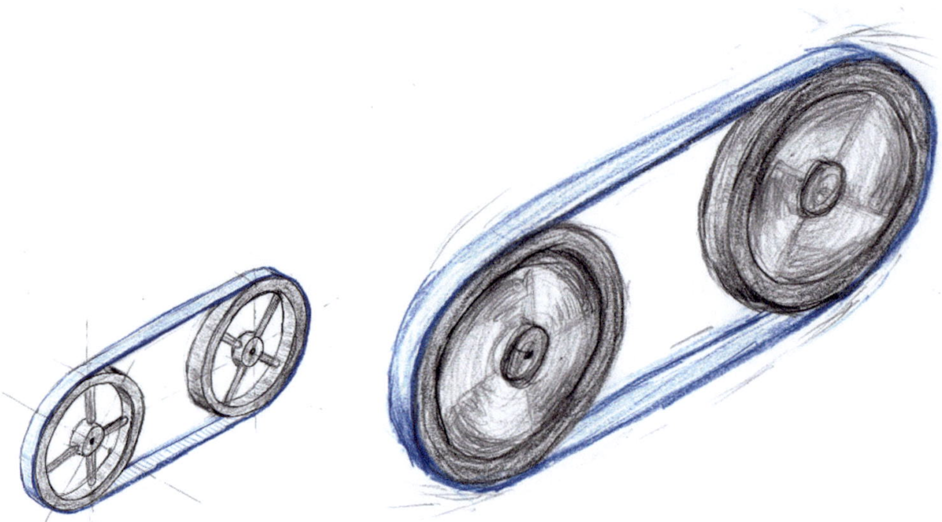

Abb. 15.17 Riementrieb im ruhenden und bewegten Zustand

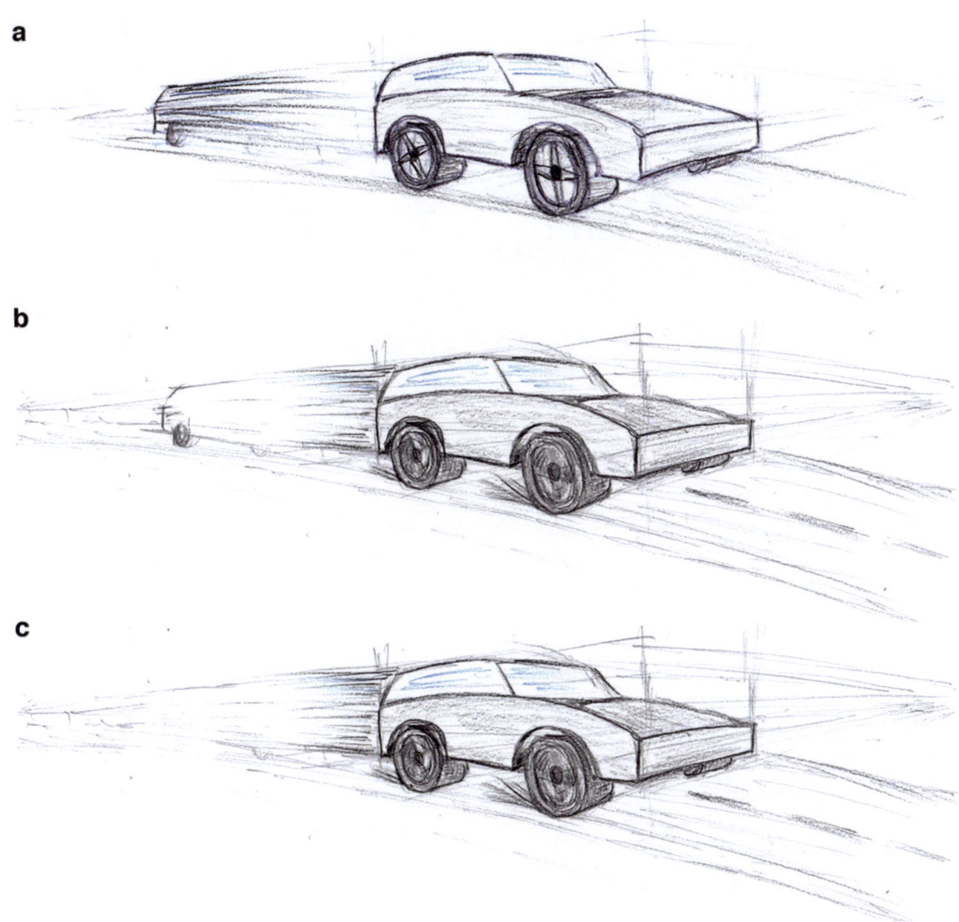

Abb. 15.18 Auto in verschiedenen Bewegungssituationen. **a** Das Auto hat sich vom angedeuteten Startpunkt bis zum dargestellten Punkt bewegt und steht still. **b** Das Auto ist vom angedeuteten
Startpunkt gestartet und bewegt sich weiter. **c** Das Auto bewegt sich ohne definierten Startpunkt

Abb. 15.19 Motorradrennen in Zentralperspektive. Linien- und Strichführung unterstreichen die dynamische Wirkung

Körper gedreht, konstruierte Perspektiven u. Verschneidungen versus Freihandskizze

16

In den bisherigen Kapiteln wurden Körper überwiegend entlang ihrer Hauptachsen dargestellt. In der Praxis treten Objekte jedoch oft in unterschiedlichen Orientierungen, Drehstellungen oder Kombinationen auf. Dieses Kapitel zeigt, wie solche Situationen sowohl freihändig als auch konstruktiv dargestellt werden können. Zunächst werden Methoden vorgestellt, um Körper in verschiedenen Darstellungsformen und Bezugsräumen gezielt zu drehen – von einfachen Schwenkbewegungen bis zu frei im Raum orientierten Objekten. Darauf aufbauend folgen konstruktive Verfahren, mit denen sich Verschneidungen, Durchdringungen und exakte Perspektiven systematisch herleiten lassen. Dabei wird deutlich, dass sich freies Skizzieren und geometrisches Konstruieren gegenseitig ergänzen. Ziel ist es, beide Ansätze so zu verbinden, dass komplexe räumliche Situationen korrekt, übersichtlich und zugleich lebendig dargestellt werden können – wobei das freihändige Zeichnen stets im Vordergrund stehen sollte.

Schwenkbare Elemente, wie Gelenke, Klappen oder drehbare Verbindungen, spielen in der Technik eine bedeutende Rolle und treten in unterschiedlichsten Anwendungen auf. Daher werden in diesem Kapitel verschiedene Orientierungsmöglichkeiten im Bezugsraum sowie Drehungen um Achsen oder Kanten untersucht. Dabei wird zwischen zwei Ansätzen unterschieden: der Darstellung von vollständig gedrehten Körpern und der Ergänzung durch spezifische schwenkbare Teile, wie beispielsweise Deckel.

16.1 Drehung um Linien in der Isometrie

Abb. 16.1 zeigt eine Methode, um einen Grundkörper in isometrischer Darstellung mit einem passenden zusätzlichen schwenkbaren Körper zu ergänzen:

P. Gruber, *Technisches Skizzieren für alle*, https://doi.org/10.1007/978-3-658-49618-0_16

239

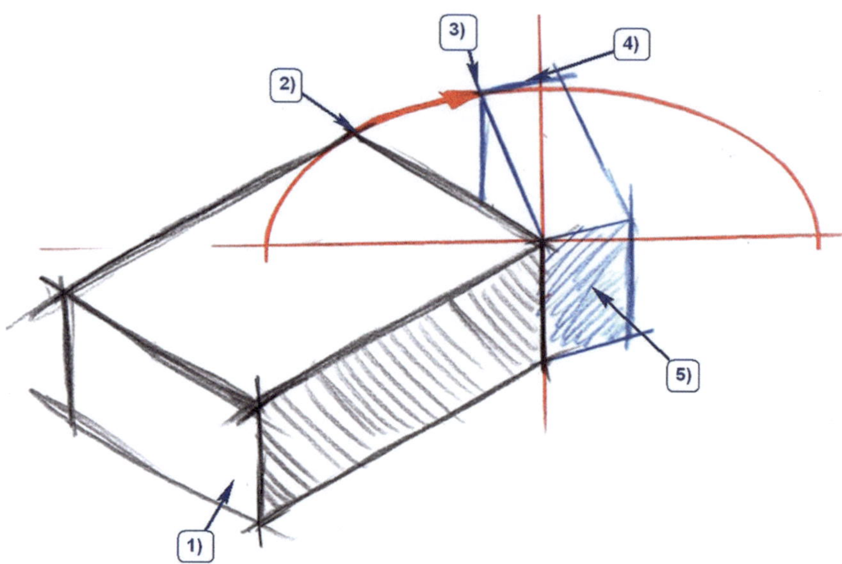

Abb. 16.1 Anleitung zum Skizzieren von einem Quader mit einem passenden zusätzlichen geschwenkten Körper, beschrieben in einer isometrischen Darstellung

1. Grundkörper skizzieren.
2. Schwenkellipse tangential an den zu schwenkenden Punkt skizzieren.
3. Gewünschten Schwenkpunkt auf der Schwenkellipse wählen.
4. Körperkante tangential am Schwenkpunkt skizzieren.
5. Nun kann der geschwenkte Quader in der gewünschten Größe fertig skizziert werden. Das Ergebnis ist hier eine Darstellung in trimetrischer Parallelgeometrie. Die Kanten des geschwenkten Quaders sind also parallel.

▶ **Tipp** In der Isometrie kann für Schwenkellipsen eine Schablone im Verhältnis 1:1,7 verwendet werden.

Abb. 16.2 zeigt die Methode, um einen Quader in eine andere Schwenkstellung zu drehen:

1. Es wird wieder vom gleichen Grundkörper wie in Abb. 16.1 ausgegangen.
2. Und es wird wieder die Schwenkellipse mit dem Schwenkpunkt im gewünschten Schwenkwinkel gezeichnet.
3. Da jetzt der Ausgangskörper geschwenkt werden soll, ergibt sich, dass die Tangente am geschwenkten Punkt, gegenüber der Abb. 16.1, in die andere Richtung zu skizzieren ist.
4. Weites wird eine zweite Ellipse, mit der der Verkürzungsfaktor der zweiten Kante des oberen Rechtecks ermittelt werden kann, gezeichnet.

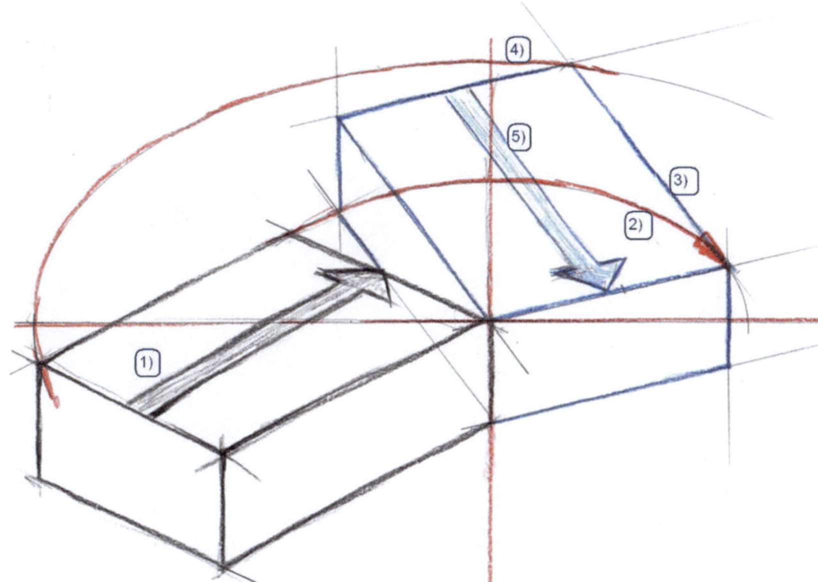

Abb. 16.2 Anleitung zum Skizzieren von einem Quader, welcher um eine Körperkante gedreht wird, dargestellt in einer isometrischen Darstellung

5. Nun kann der geschwenkte Quader fertig skizziert werden. Das Ergebnis ist hier eine Darstellung in trimetrischer Parallelgeometrie. Die Kanten des geschwenkten Quaders sind also wieder parallel.

Diese beiden Methoden können in der Isometrie in allen drei Achsrichtungen gleich angewendet werden (s. Abb. 16.3 und 16.4).

Die Abb. 16.2 und 16.3 beschreiben an sich eine Methode, um einen Quader um eine Kante zu drehen. In diesen Quadern können nun beliebige Geometrien eingefügt werden. Dadurch hat man die Möglichkeit, verschiedenste Körper im Raum zu schwenken (s. Abb. 16.5). Bezüge am Kubus, wie durch Diagonale geteilte Flächen, können als Bezüge entsprechend hilfreich sein.

16.2 Drehung um Linien in der Zwei-Punkt-Perspektive

In der Zwei-Punkt-Perspektive können die Methoden aus der Isometrie (s. Abb. 16.1 und 16.2) analog angewendet werden. Nur dass die Linien von kubischen Körpern nicht parallel sind, sondern an den jeweiligen Fluchtpunkten zusammenlaufen (s. Abb. 16.6 und 16.7).

Abb. 16.3 Quader um Kante
geschwenkt

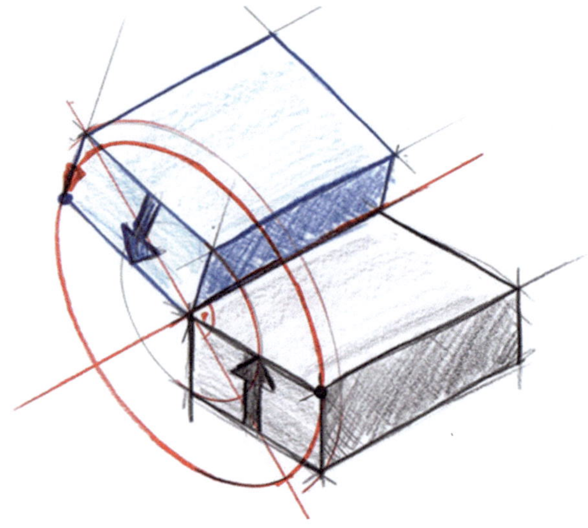

Abb. 16.4 Quader mit
schwenkbarem Deckel, hier
schematisch als
Klappfeuerzeug angedeutet

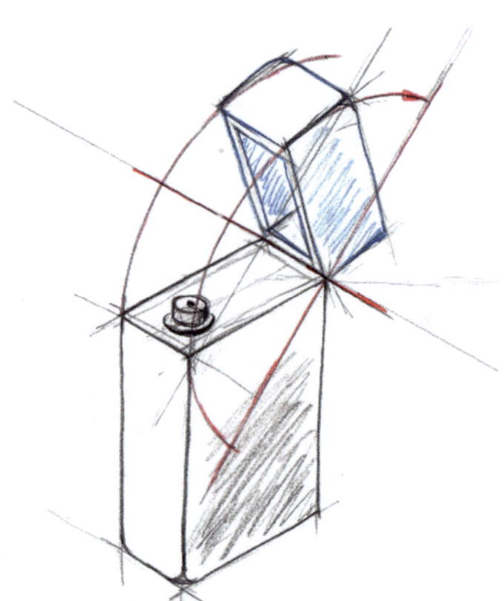

Dreht man in einer Zwei-Punkt-Perspektive, wie in Abb. 16.7 dargestellt, einen Quader um eine vertikale Körperkante, wandern die Fluchtpunkte der nach hinten verlaufenden Linien entlang des Horizontes. Dabei verlassen die Fluchtpunkte je nach Schwenkwinkel das Zeichenblatt und kommen auf der anderen Seite wieder in das Sichtfeld.

Auch in der Zwei-Punkt-Perspektive können die Methoden in allen Hauptachsen angewendet werden (s. Abb. 16.8, 16.9 und 16.10). Wichtig ist allerdings hier, dass das Verhalten der Fluchtpunkte entsprechend beachtet wird.

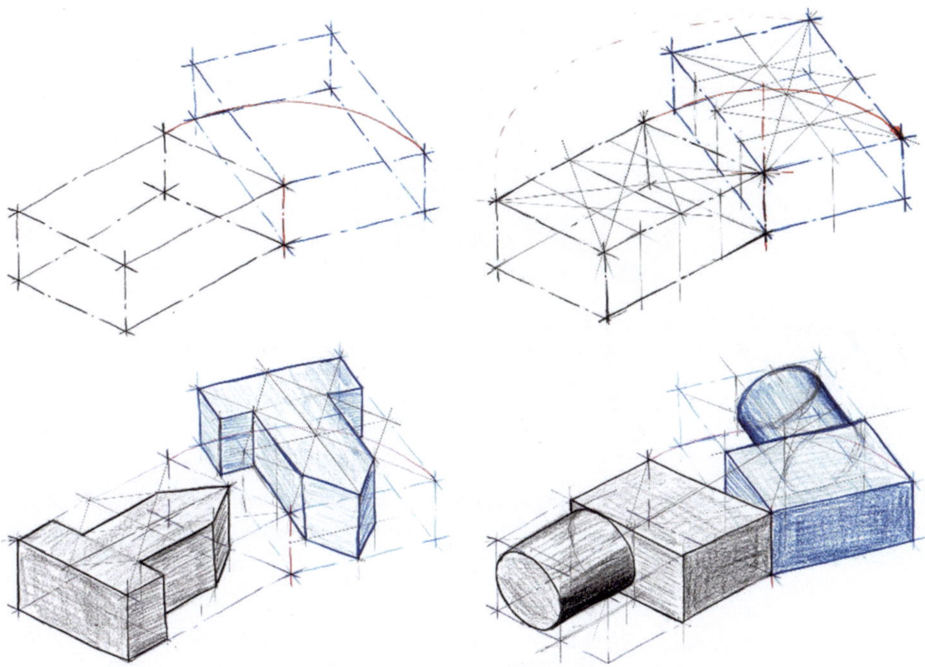

Abb. 16.5 Der geschwenkte Quader dient als umhüllende Form für verschiedene Geometrien

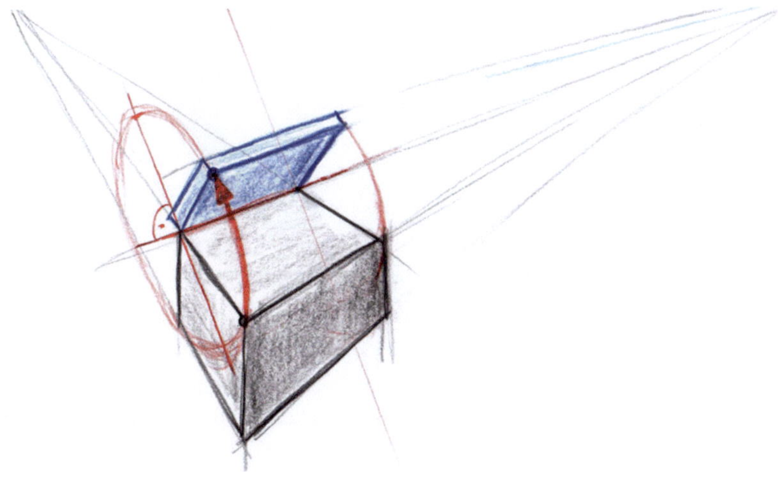

Abb. 16.6 Quader mit einem passenden zusätzlichen geschwenkten Körper, beschrieben in einer Zwei-Punkt-Perspektive

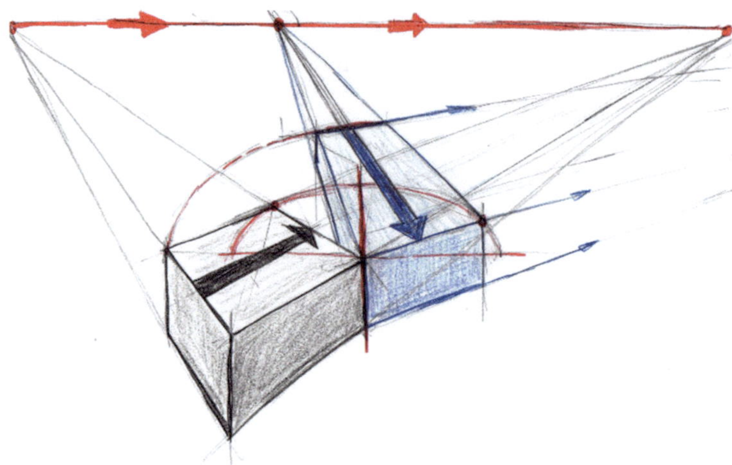

Abb. 16.7 Quader in Zwei-Punkt-Perspektive um eine vertikale Körperkante geschwenkt. *Anmerkung:* Bei diesem Beispiel wurden die Fluchtpunkte relativ eng gewählt, damit die Verzerrungseffekte erkennbar sind

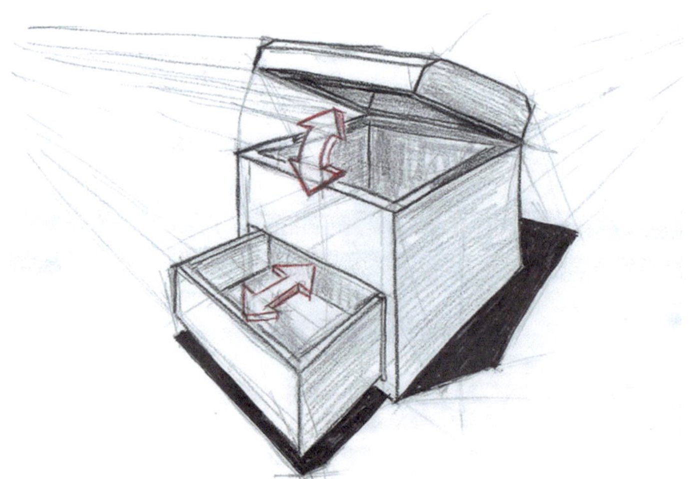

Abb. 16.8 Truhe mit Schublade und schwenkbarem Deckel. Dabei laufen die Schwenkkante und die Linien der Truhe und des nach oben geschwenkten Deckels auf den gleichen linken Fluchtpunkt zusammen

In Abb. 16.10 wird das gleiche Prinzip, wie in Abb. 16.7 gezeigt, angewendet. Nur dass hier die Fluchtpunkte wesentlich weiter außen gewählt wurden und damit die Verzerrung geringer ist. Der Horizont und die Fluchtpunkte sind außerhalb des sichtbaren Bereiches gewählt. Dadurch können die Schnittpunkte am Horizont nur grob geschätzt

Abb. 16.9 Notizblock mit Stift und Fach für Geld oder Ähnliches. Die Hilfskonstruktion wurde hier auf einem eigenen Blatt durchgeführt und die eigentliche Skizze dann darauf durchgepaust. Dadurch erhält man, wenn gewünscht, eine sehr aufgeräumte Skizze

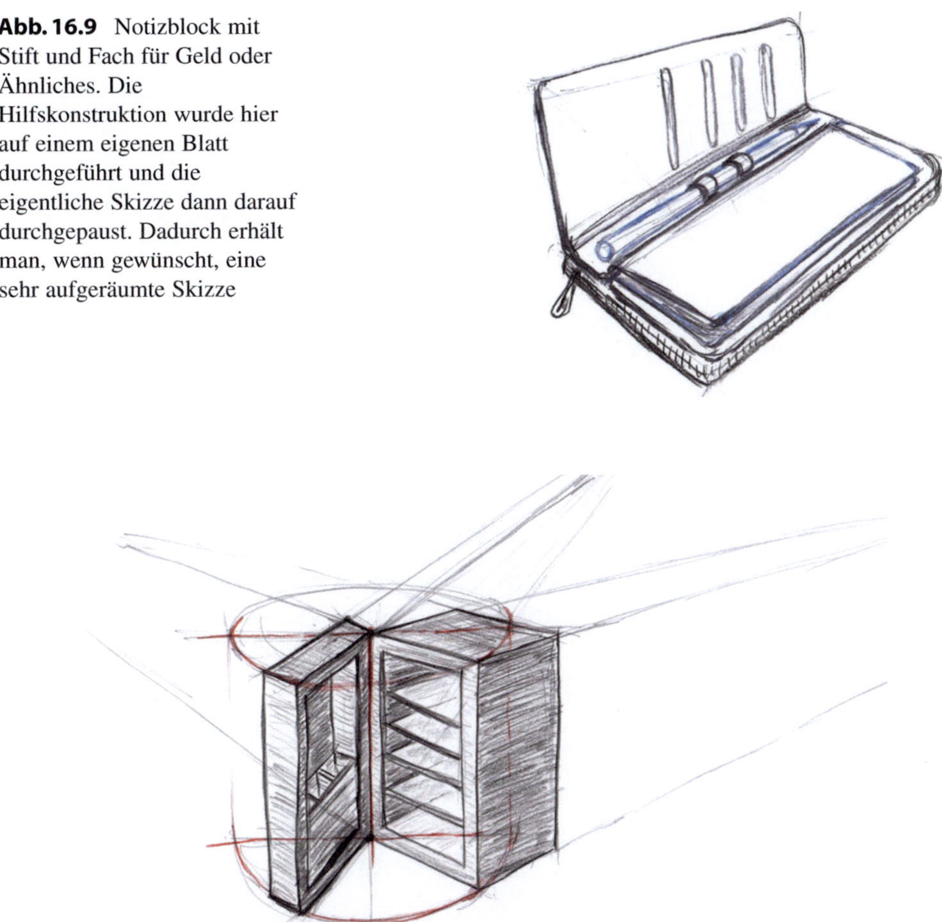

Abb. 16.10 Kühlschrank in einer Zwei-Punkt-Perspektive mit einer um eine vertikale Kante geöffneten Tür

werden. Solange die Gesamtskizze schlüssig erscheint, sind die genauen Positionen der Schnittpunkte nicht entscheidend.

Auch in der Zwei-Punkt-Perspektive können die geschwenkten Quader als Hülle für verschiedenste Geometrien verwendet werden (s. Abb. 16.11).

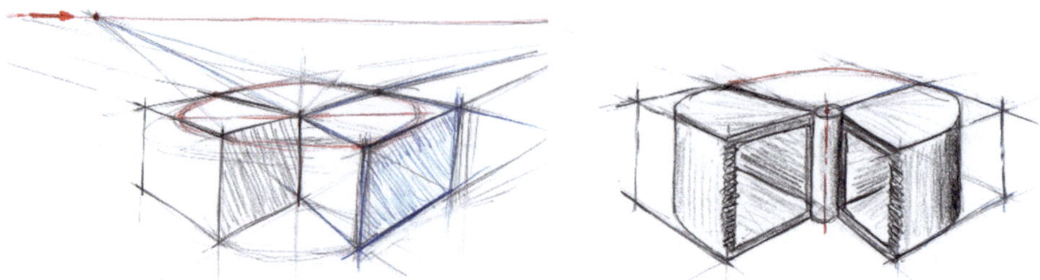

Abb. 16.11 Quader mit schwenkbarem Gegenstück. Die Schaufelelemente können in den umhüllenden Quader eingepasst werden

16.3 Körper horizontal in der Zwei-Punkt-Perspektive gedreht

Das horizontale Drehen von Körpern in der Zwei-Punkt-Perspektive folgt einigen einfachen, aber grundlegenden Prinzipien. Diese gelten allgemein für die Zwei-Punkt-Perspektive, gewinnen jedoch besondere Bedeutung, wenn Körper in verschiedenen Winkeln zur Darstellungsebene ausgerichtet sind. Grundlagen dazu finden sich in den Abschn. 2.5 „Perspektive mit zwei Fluchtpunkten – Zwei-Punkt-Perspektive" und 2.6 „Zentralperspektive – Ein-Punkt-Perspektive – Blickzentrum".

Die wichtigsten Merkmale dieser Prinzipien sind

- **Einheitlicher Horizont:** Eine Skizze in Zwei-Punkt-Perspektive besitzt nur einen Horizont, der für alle Objekte gleichermaßen gilt. Dieser entspricht der Augenhöhe des Betrachters.
- **Bewegung der Fluchtpunkte:** Die Fluchtpunkte horizontal gedrehter Körper verschieben sich stets entlang des Horizonts – unabhängig von der Höhe der Objekte.
- **Richtung der Fluchtpunktbewegung:** Beim Drehen eines Körpers wandern seine Fluchtpunkte in dieselbe Richtung. Mit zunehmendem Drehwinkel bewegen sie sich schneller nach außen, da die Linien flacher erscheinen.
- **Blickzentrum:** Eine Skizze in Zwei-Punkt-Perspektive besitzt nur ein Blickzentrum. Es liegt auf dem Horizont und entspricht der Hauptblickrichtung des Betrachters.
- **Übergang zur Ein-Punkt-Perspektive:** Wird ein Kubus in der Zwei-Punkt-Perspektive so gedreht, dass eine seiner Flächen parallel zur Darstellungsebene liegt, wandert ein horizontaler Fluchtpunkt in die Unendlichkeit. Die rücklaufenden Linien des Körpers laufen dann im Blickzentrum zusammen. In diesem Fall handelt es sich um eine Ein-Punkt-Perspektive, bei der das Blickzentrum der Skizze dem zweiten Fluchtpunkt des Körpers entspricht.

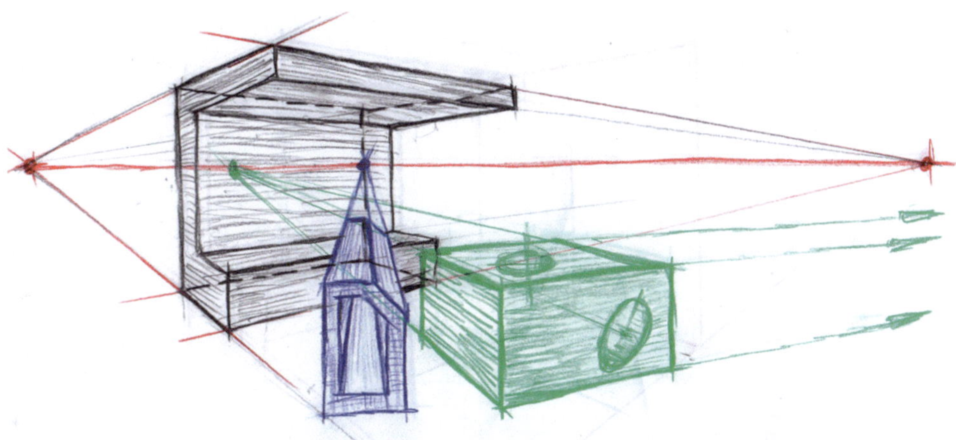

Abb. 16.12 Objekte in verschiedenen horizontalen Orientierungen ohne Bezugsraum

Beim Skizzieren von Szenen mit Objekten in unterschiedlichen horizontalen Orientierungen gibt es je nach Zielsetzung verschiedene Herangehensweisen:

- **Fokus auf den Objekten selbst:** Sind vorwiegend die einzelnen Objekte von Interesse, können sie, wie in Abb. 16.12 dargestellt, einfach in ihren jeweiligen Orientierungen gezeichnet werden. Wenn keine bestimmte Orientierung bevorzugt wird, sind alle gleichwertig (siehe dazu auch Abschn. 2.5.1 „Begriffe und Eigenschaften der Zwei-Punkt-Perspektive").
- **Relation der Objekte zueinander in einem Kontext:** Soll die räumliche Anordnung oder der Kontext der Objekte verdeutlicht werden, empfiehlt es sich, mit einem Bezugsraum zu beginnen. In Abb. 16.13 wird dies anhand einer Szene mit Körpern schrittweise dargestellt. Die Körper weisen nutartige Ausnehmungen auf, um die Richtung ihrer Hauptachsen hervorzuheben. Je nach Bedarf können Teile des Bezugsraums, wie z. B. die Grundfläche, in die Skizze integriert werden (siehe dazu auch Kap. 9 „Raum und Objekte").

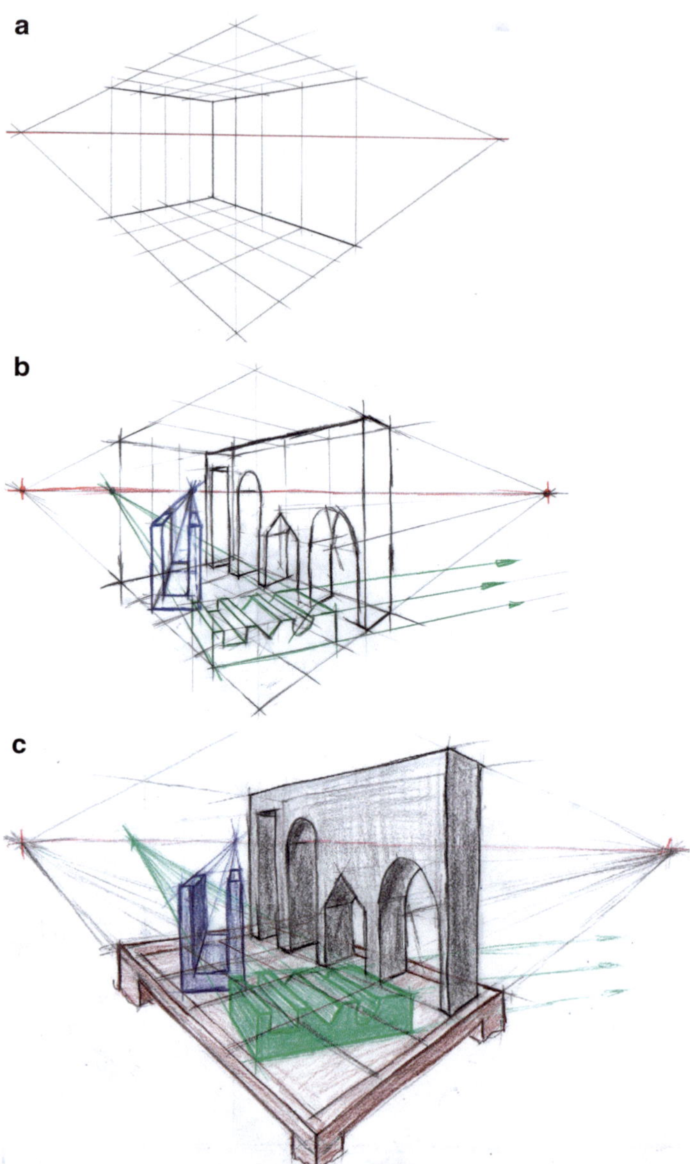

Abb. 16.13 Körper mit nutförmigen Ausnehmungen in verschiedenen horizontalen Orientierungen mit Bezugsraum am Beginn der Skizze. **a** Bezugsraum vorskizziert, ggf. mithilfe von Linealen, um eine solide Grundlage zu schaffen. Alternativ kann auch eine Vorlage aus Abschn. 3.2.2 „Optionen zu Materialien und Anmerkungen zu Farben" verwendet werden. **b** Objekte in den Bezugsraum eingezeichnet. Das Blickzentrum wird intuitiv festgelegt. **c** Fertige Skizze mit den Körpern auf einer angedeuteten Tischplatte. Die Szene wurde erneut durchgepaust, um eine bereinigte Version zu erhalten

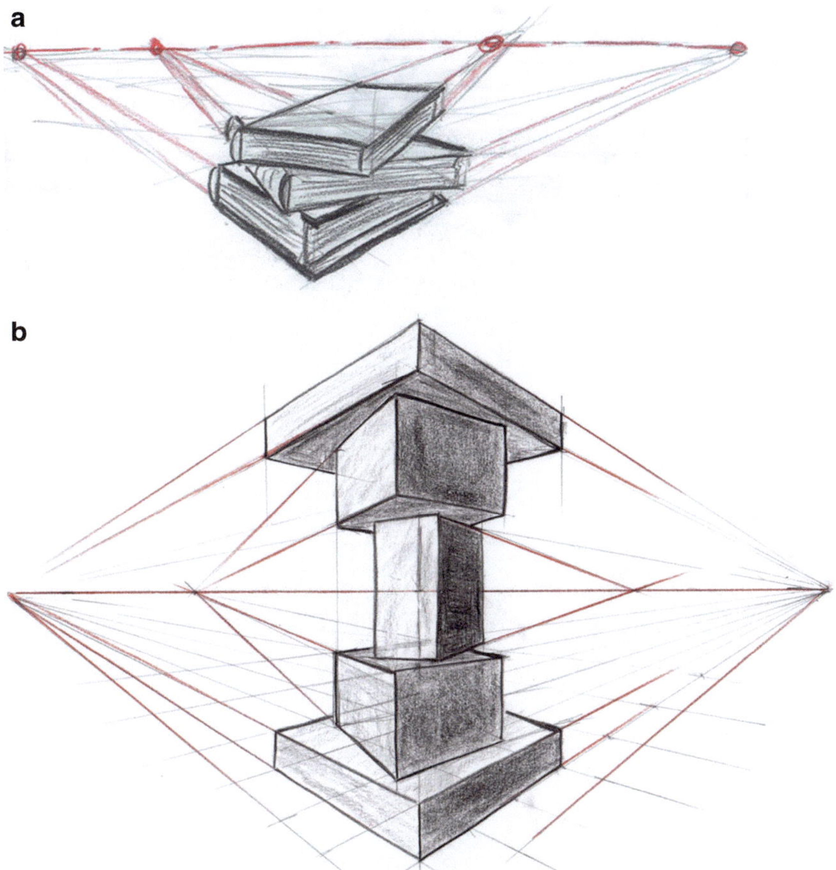

Abb. 16.14 Horizontal gedrehte Objekte in verschiedenen Höhen. **a** Buchstapel in einer Zwei-Punkt-Perspektive: Unabhängig von der Höhe eines Buches laufen alle horizontalen Kanten zu einem Fluchtpunkt auf dem Horizont zusammen. **b** Stapel aus unterschiedlich gedrehten Quadern: Der Blickwinkel wurde so gewählt, dass sich einige Körper unterhalb und andere oberhalb des Horizonts befinden. Die Fluchtlinien aller horizontalen Kanten konvergieren am Horizont

Die Skizzen in Abb. 16.14 zeigen, dass die horizontalen Fluchtlinien stets auf den Horizont zulaufen – unabhängig von der Höhe der Objekte.

Abb. 16.15 illustriert den Übergang von der Zwei-Punkt-Perspektive zur Zentralperspektive.

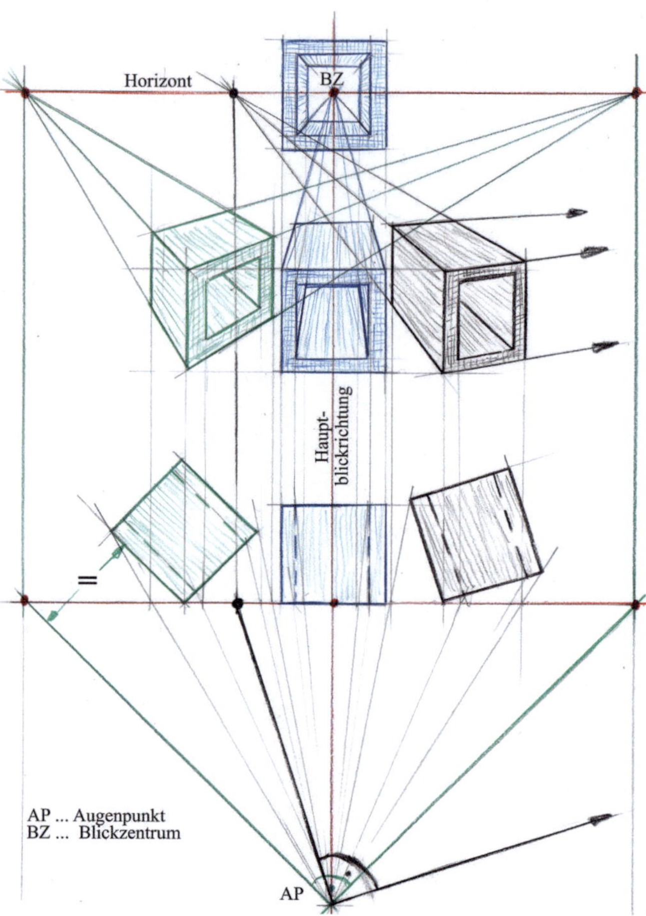

Abb. 16.15 Kubische Körper, die in einer Zwei-Punkt-Perspektive so ausgerichtet sind, dass eine ihrer Flächen parallel zur Darstellungsebene liegt, erscheinen in Zentralperspektive. Die Ein-Punkt-Perspektive ist somit eine Sonderform der Zwei-Punkt-Perspektive

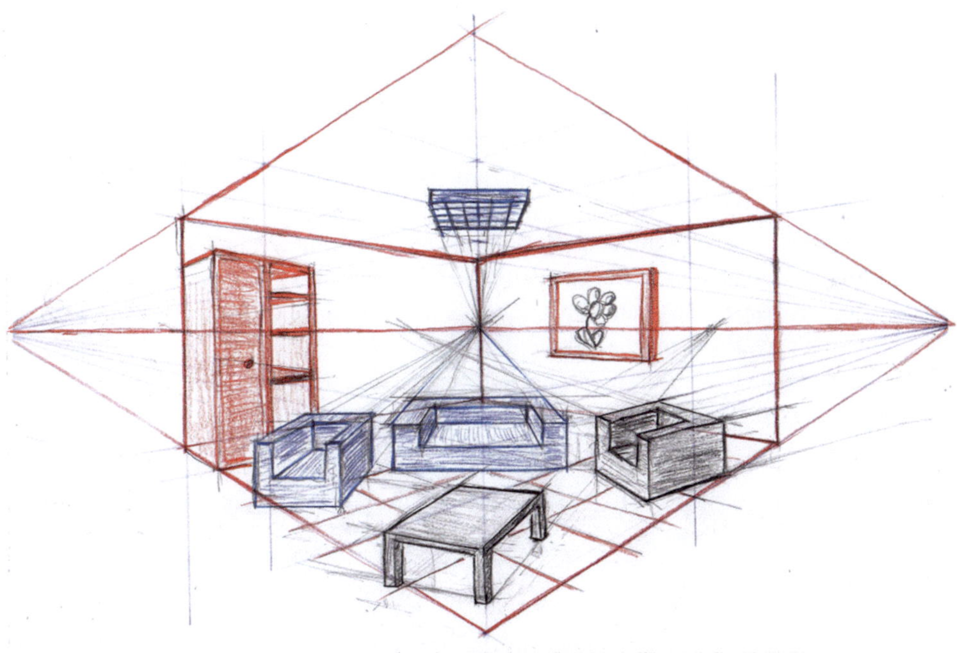

Abb. 16.16 Raum in zentraler Zwei-Punkt-Perspektive mit Möbeln und Wandelementen in verschiedenen Positionen

Zusammenfassende Darstellung: Bezugsraum, Blickzentrum und horizontal gedrehte Körper

In Abb. 16.16 wird ein Wohnzimmer als Bezugsraum in zentraler Zwei-Punkt-Perspektive gewählt.

- Rote Elemente markieren den Bezugsraum und die daran orientierten Objekte.
- Das Blickzentrum liegt aufgrund der zentralen Perspektive in der Mitte zwischen den beiden Fluchtpunkten.
- Schwarze Möbelstücke sind frei im Raum positioniert.
- Blaue Elemente (z. B. das Sofa und die Deckenbeleuchtung) sind so ausgerichtet, dass ihre Frontflächen parallel zur Darstellungsebene liegen. Diese Elemente werden daher in Zentralperspektive dargestellt, wobei ihre Fluchtlinien nach hinten im Blickzentrum zusammenlaufen.

16.4   Körper frei im Raum gedreht

Frei im Raum gedrehte Körper gehören schon zu den anspruchsvolleren Situationen. Möchte man einen Körper, dessen Position frei im Raum ist, also nicht durch festgelegte Relationen definiert ist, darstellen, wäre eine Empfehlung, einfach mal frei drauflos zu skizzieren. Dabei ist unsere Wahrnehmung eine wertvolle Hilfe. Ist etwas nicht schlüssig, wird das auch erkannt. Fotos können auch Orientierung geben (s. Abb. 16.17). Fotografie und Skizzieren haben einiges gemeinsam. Das Spiel mit Perspektiven, verschiedene Sichtweisen auf Objekte usw. Ein wesentlicher Unterschied ist, dass in der Fotografie der Kontext für das Auge meist automatisch gegeben ist. Beim Skizzieren muss dieser, wenn gewünscht, entsprechend angedeutet werden.

Hilfreich ist auch ein schrittweises Schwenken um Körperkanten oder Achsen (s. Abb. 16.18 und 16.19).

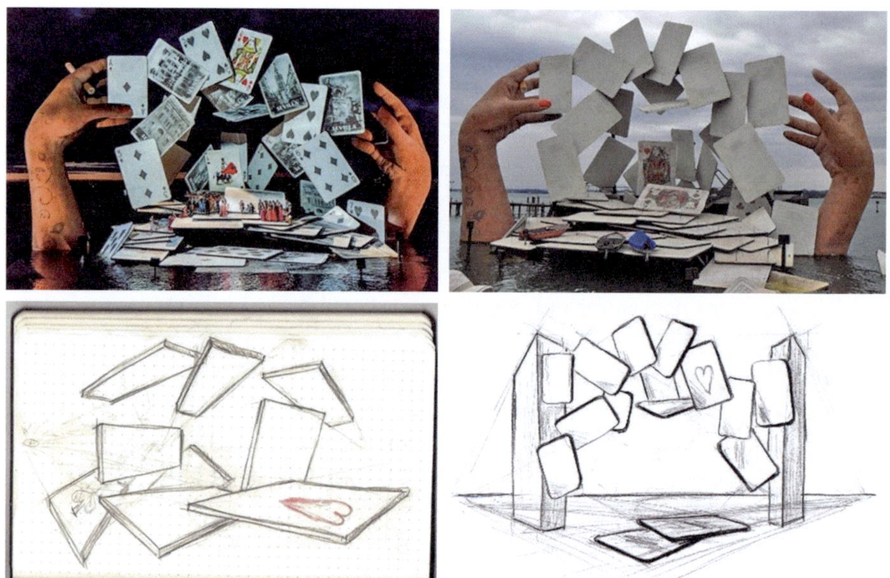

Abb. 16.17   Die Seebühne in Bregenz, fotografiert 2018, als Anregung zum Scribbeln von frei im Raum orientierten Körpern – inspiriert vom Kartenmotiv der Bühne. Dieses eindrucksvolle Bühnenbild zur Oper Carmen wurde von der Künstlerin Es Devlin gestaltet

Abb. 16.18 Mehrere Quader nacheinander an Kanten angrenzend im Raum gedreht skizziert

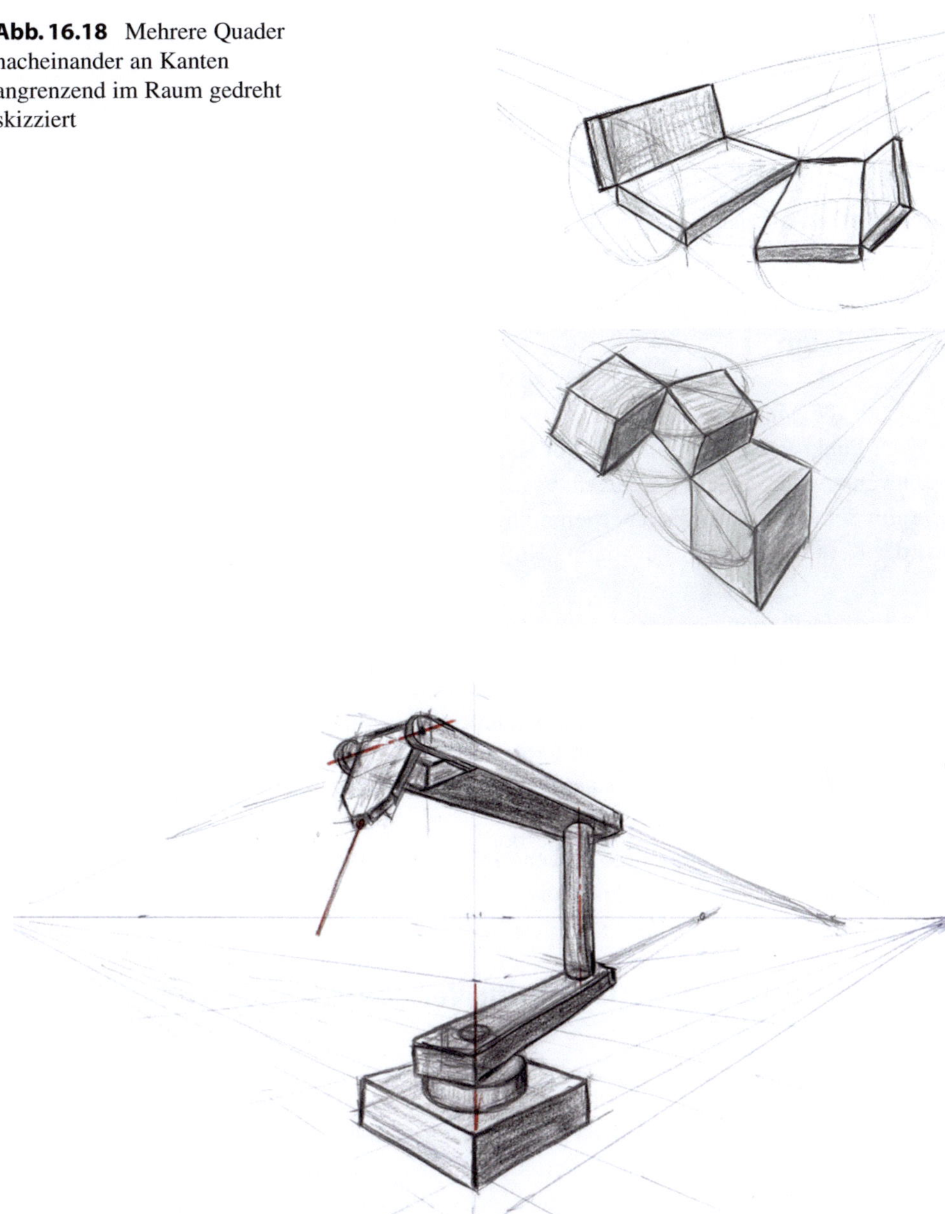

Abb. 16.19 3D-Laserschneidgerät mit SCARA-Kinematik, Erläuterung siehe Abb. 18.19. Die Achsen haben freie, zufällig gewählte Schwenkstellungen. Sie wurden ausgehend von der Basis nacheinander zueinander gedreht skizziert

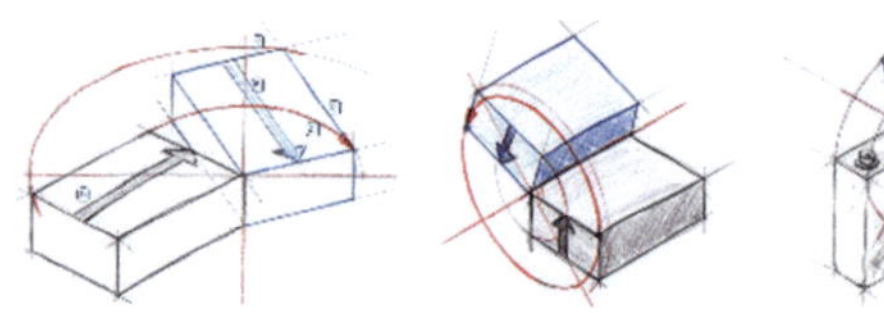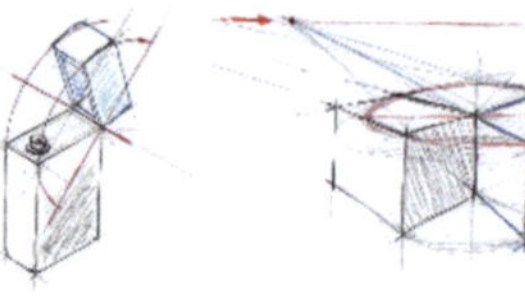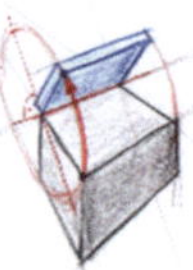

Usw.

Abb. 16.20 Übungsanregungen zu drehen von Körpern um die Hauptachsen

16.5 Übungsbeispiele mit dreh- u. schwenkbaren Körpern im Raum

Üben Sie die Methoden aus den vorigen Abschnitten dieses Kapitels in Isometrie und in Zwei-Punkt-Perspektive in den drei Hauptachsen (s. Abb. 16.20). Skizzieren Sie dabei geschwenkte Quader und geschwenkte Ergänzungskörper.

Beim Schwenken von Geometrien mithilfe eines umschließenden Quaders liegt manchmal der Kern darin, einen günstigen „Hüllquader" zu wählen (s. Abb. 19.21).

▶   **Tipp** Methoden sind wichtig, um Situationen zu verstehen, und systematisch aufbauen zu können. Die Anwendung von Methoden bedeutet meist aber auch einen gewissen Aufwand. Es kann daher sinnvoll sein, eine Methode nur soweit exakt durchzuführen, bis die groben Proportionen, Richtungen usw. klar sind, und anschließend die Situation frei fertig zu skizzieren. Beim Beispiel in Abb. 16.21 könnte z. B. der in c) dargestellte Schritt übersprungen werden.

Die Abb. 16.22, 16.23 und 16.24 zeigen einige Anregungen für Übungsbeispiele aus der Praxis. Finden Sie auch hier selbst Beispiele.

16.6 Konstruktive Methoden für Verschneidungen und Perspektiven

In Kap. 12 „Geometrisch kritische und heikle Situationen schlüssig darstellen" sowie in Abschn. 13.3 „Verschneidungen und Durchdringungen frei skizziert" wurde bereits gezeigt, dass es in bestimmten Situationen hilfreich ist, Methoden zur Herleitung von Verschneidungen und komplexeren Objekten zu kennen und anzuwenden.

Die Übergänge zwischen freiem Skizzieren und geometrisch korrektem Zeichnen sind dabei fließend. Ziel dieses Kapitels ist es, praxisorientierte Methoden aus der darstellenden Geometrie vorzustellen, die das korrekte Darstellen komplexer Geometrien erleichtern.

Da es umfangreiche Fachliteratur zur darstellenden Geometrie gibt, wird hier bewusst auf eine detaillierte theoretische Herleitung verzichtet. Stattdessen liegt der Fokus darauf,

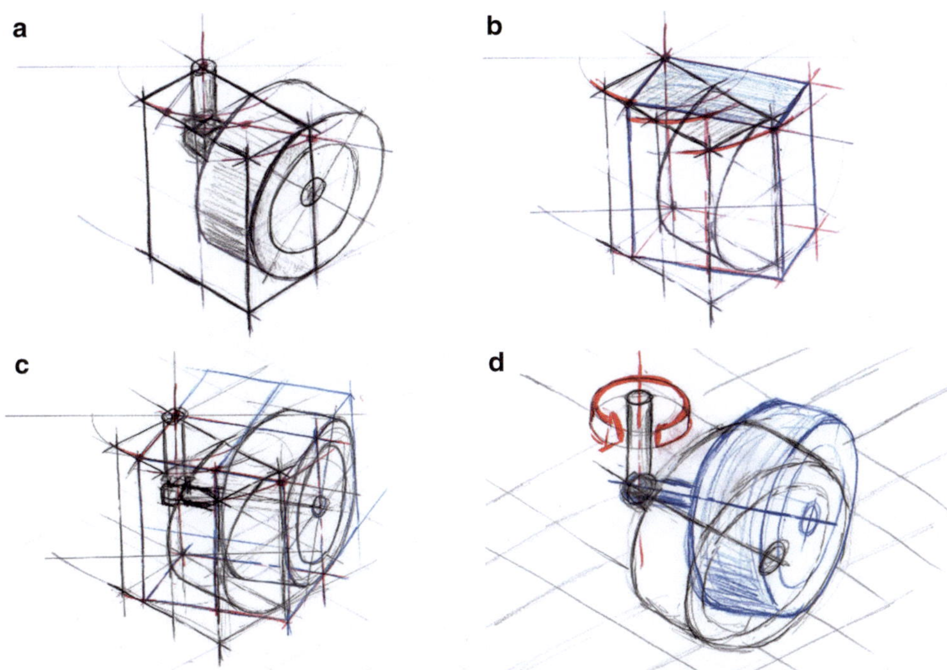

Abb. 16.21 Schwenkung einer Geometrie mit Hüllquader anhand des Beispiels einer Radlenkung. **a** Der Hüllquader umfasst bei diesem Beispiel das halbe Rad bis zur Schwenkachse. **b** Nun wird der Hüllquader analog der in Abb. 16.2 dargestellten Methode geschwenkt. **c** Der geschwenkte Hüllquader kann nun nach hinten gespiegelt werden. Damit kann das gesamte geschwenkte Rad eingepasst werden. **d** Nachteilig ist bei diesem Beispiel, dass die Ausgangsgeometrie und die geschwenkte Stellung ineinander gehen. Dadurch ist die Skizze etwas schwierig zu lesen. Eine kleine Verbesserung kann einfach erzielt werden, indem man die wesentlichen Elemente neu durchpaust

Abb. 16.22 Scharnier in isometrischer Darstellung in verschiedenen Schwenkstellungen

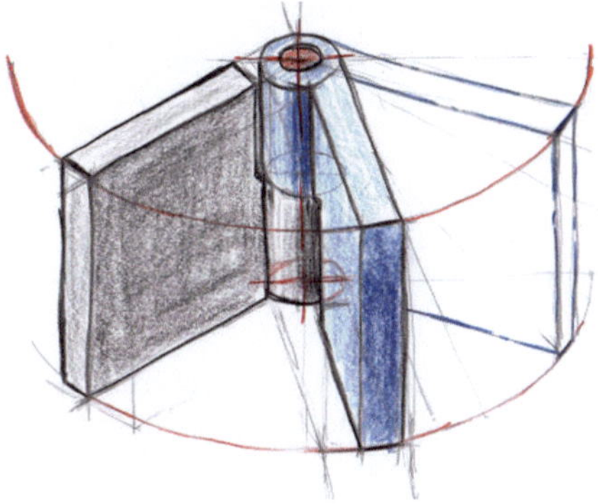

Abb. 16.23
Maschinengehäuse in
Zwei-Punkt-Perspektive mit
schwenkbaren Scheiben

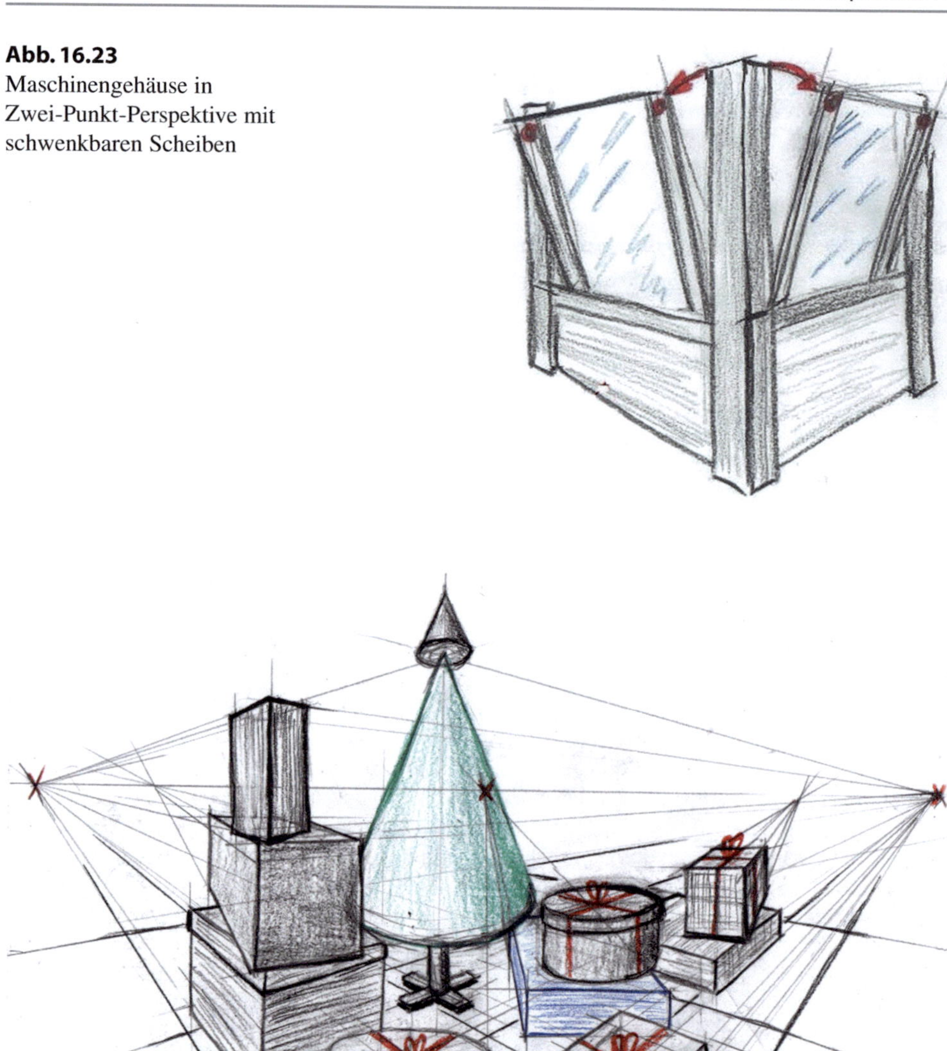

Abb. 16.24 „Eine schöne Bescherung". Die Weihnachtspakete liegen kreuz und quer gestapelt.
Man beachte das blaue Päckchen in Zentralperspektive

wie diese Methoden gezielt eingesetzt werden können – sei es, um einzelne kritische Bereiche korrekt zu konstruieren oder um freihändige Zeichnungen zu überprüfen.

16.6.1 Das „Einschneideverfahren" für isometrische Perspektiven

Das Einschneideverfahren (auch bekannt als Schnittverfahren oder Schnittmethode) ist eine bewährte Technik für architektonische Skizzen, technische Zeichnungen und die Konstruktion komplexer geometrischer Formen. Dabei werden räumliche Eigenschaften von Objekten durch Schnittebenen zweidimensional dargestellt, wodurch Projektions- und Schnittansichten entstehen.

Dieses Verfahren findet sich auch in Abschn. 12.2.5 „Winkelteilung an kreisrunden Objekten" wieder und bietet eine strukturierte Methode, um isometrische Perspektiven zu konstruieren und zu überprüfen.

Die Projektionen können in beliebige Richtungen erfolgen. In diesem Abschnitt stehen jedoch die Hauptachsen und Körperkanten im Fokus. Wie Abb. 16.25 zeigt, werden die Achsen der Projektionsebene symmetrisch zur Hauptachse der Isometrie ausgerichtet. Diese symmetrische Ausrichtung gewährleistet eine klare systematische Darstellung und verbessert die Lesbarkeit.

Im weiteren Verlauf werden anhand verschiedener Beispiele die Anwendung und Vorteile dieser Methode detailliert erklärt.

Verkürzungsfaktor in isometrischen Perspektiven
Der in Abschn. 2.1 „Wie kommt das Objekt auf das Papier? – Der Verkürzungsfaktor" beschriebene Verkürzungsfaktor lässt sich mit dem Einschneideverfahren anschaulich nachvollziehen und berechnen. In isometrischen Perspektiven ergibt sich dieser Faktor direkt aus der Geometrie der Projektion (siehe Abb. 16.26). Die Herleitung unterstützt dabei, die geometrischen Grundlagen der Projektion besser zu verstehen und den Zusammenhang zwischen Konstruktion und Proportionen zu erkennen.

Anwendung des Einschneideverfahrens
Das Einschneideverfahren kann sowohl zur Erstellung von Projektionsansichten als auch zur Rückführung geometrischer Informationen in die isometrische Perspektive genutzt werden. Wie Abb. 16.27 zeigt, lässt sich dies am Beispiel einer Dachkehle gut nachvollziehen.

Im ersten Schritt wird das Haus direkt in Isometrie gezeichnet (Abb. 16.27a). Da der Schnittpunkt der Dachflächen in dieser Ansicht jedoch nicht eindeutig zu bestimmen ist, wird eine zusätzliche Projektionsansicht benötigt. In Abb. 16.27b markieren blaue Pfeile und Linien die Konstruktion der Projektion, aus der sich der exakte Schnittpunkt der Dachflächen ableiten lässt. Dieser wird anschließend mithilfe roter Pfeile in die isometrische 3D-Skizze rückgeführt, sodass der gesuchte Schnittpunkt dargestellt werden kann.

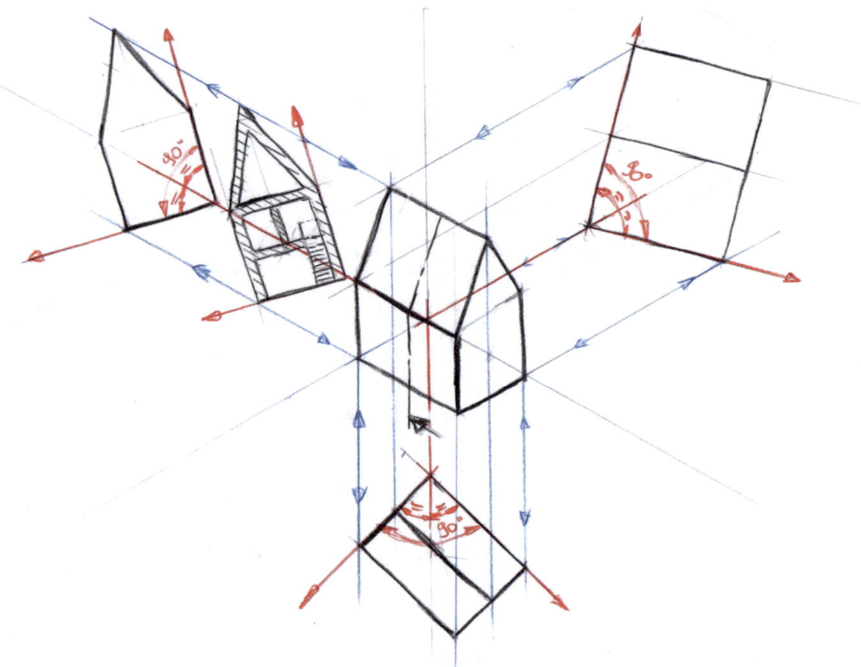

Abb. 16.25 Isometrische vereinfachte Darstellung eines Hauses mit Projektionsansichten entlang der Hauptachsen, erstellt mit dem Einschneideverfahren. Die Achsen der Projektionsebene sind symmetrisch zur Hauptachse der Isometrie ausgerichtet, um eine klare und systematische Darstellung zu gewährleisten. In projizierten Schnittebenen können Informationen aus dem inneren, in der Perspektive unsichtbaren Bereich dargestellt werden

Erweiterung auf komplexe Konstruktionen

Je nachdem, welche Informationen aus den Projektionen benötigt werden, sind zusätzliche Ansichten erforderlich. Im Beispiel in Abb. 16.28 sind für die eindeutige Darstellung der Dachgauben zwei Projektionsansichten notwendig. Wie auch in den vorherigen Beispielen werden zuerst die entsprechenden Projektionsansichten erstellt (markiert durch blaue Pfeile und Linien). In diesen Ansichten können die Gauben (orange und grün dargestellt) eindeutig gezeichnet und ihre Abmessungen präzise definiert werden.

Die Maße, wie z. B. h, werden zwischen den Projektionsansichten übertragen und dienen als Grundlage für die Rückführung in die isometrische Darstellung. Diese erfolgt entlang der Projektionsrichtungen, wobei die Schnittpunkte in der Parallelperspektive genutzt werden. In Abb. 16.28 veranschaulichen die grünen und orangen Pfeile diesen Rückführungsprozess, der die korrekte Integration der Dachgauben in die isometrische Skizze ermöglicht.

Abb. 16.26 Geometrische Herleitung des Verkürzungsfaktors in isometrischen Perspektiven. Dieser Faktor beschreibt die Längenverkürzung, die durch die Projektion entsteht

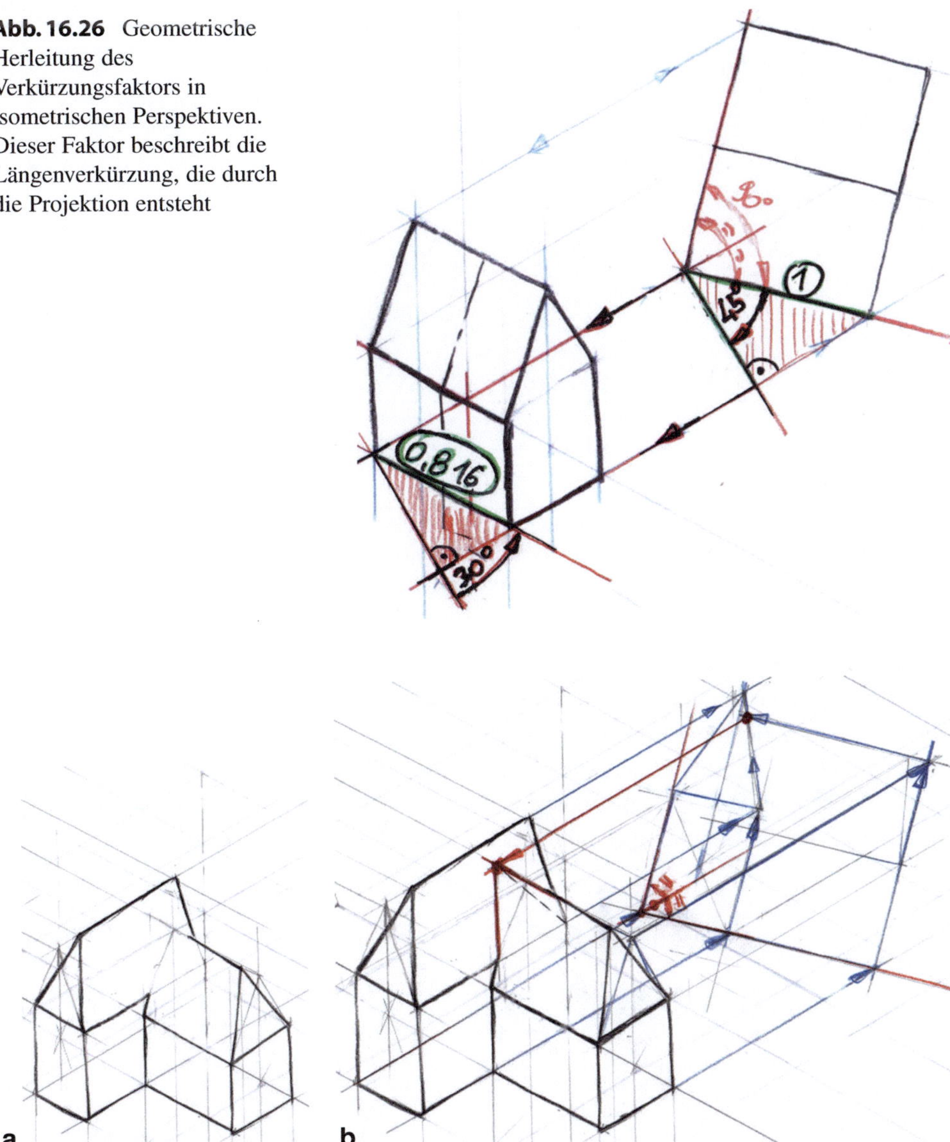

Abb. 16.27 Haus mit Dachkehle in isometrischer Darstellung. Anwendung des Einschneideverfahrens zur Bestimmung des Schnittpunkts von Dachflächen. **a** Direkte isometrische Skizze des Hauses mit Dachkehle. **b** Herleitung des Schnittpunkts aus einer zusätzlichen Projektionsansicht (blaue Pfeile) und Rückführung in die isometrische Perspektive (rote Pfeile)

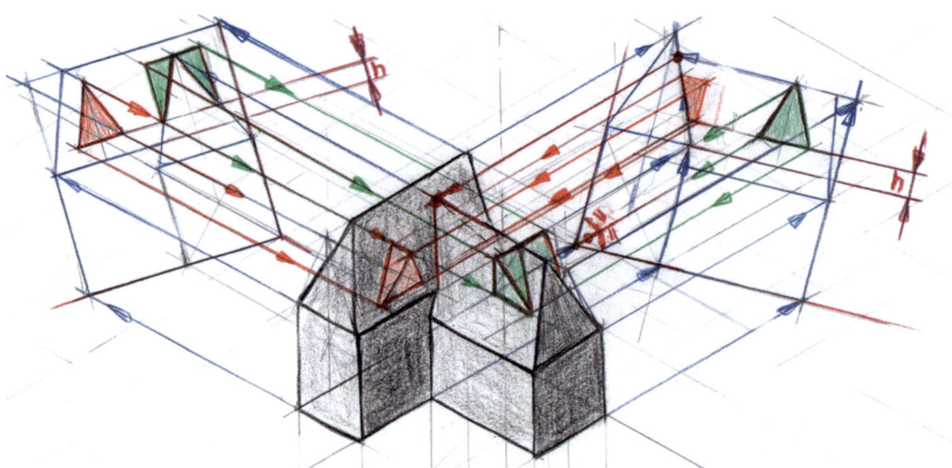

Abb. 16.28 Beispiel mit Dachgauben in einer isometrischen Darstellung. Die Geometrien werden mithilfe von zwei zusätzlichen Projektionsansichten (blaue Pfeile) hergeleitet und anschließend entlang der Projektionsrichtungen (grüne und orange Pfeile) in die isometrische Perspektive übertragen

Optimierung durch Durchpausen

Abschließend kann durch Durchpausen eine von Hilfskonstruktionen befreite und geometrisch korrekte Zeichnung erstellt werden (s. Abb. 16.29). Dieser Schritt dient dazu, die Übersichtlichkeit zu erhöhen und die Darstellung auf die wesentlichen Elemente zu reduzieren. Die bereinigte Zeichnung eignet sich als Grundlage für die weitere architektonische Gestaltung oder die Erstellung detaillierter Entwurfspläne.

Abb. 16.29 Bereinigte isometrische Darstellung, erstellt durch das Durchpausen einer mit Hilfskonstruktionen versehenen Skizze

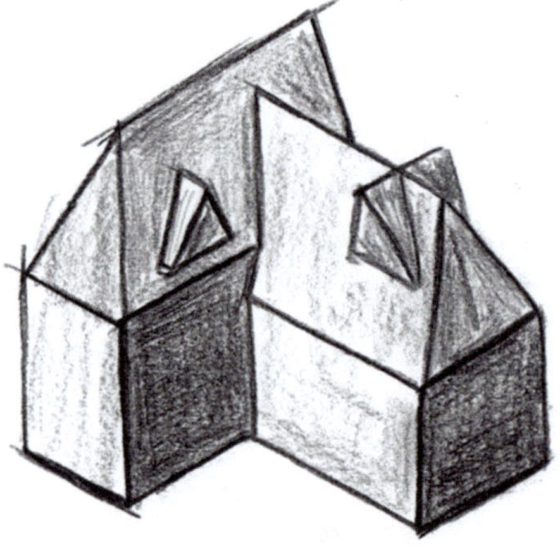

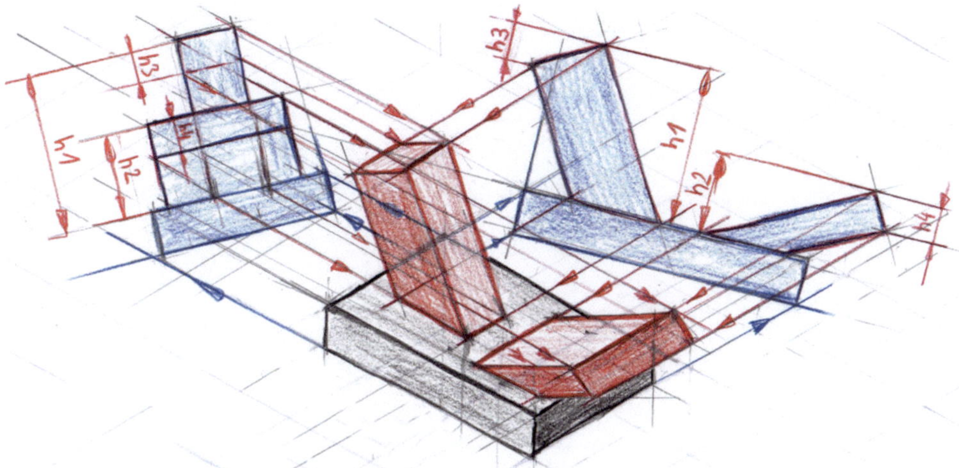

Abb. 16.30 Darstellung von im Raum gedrehten kubischen Körpern und ihren Verschneidungen mit anderen Objekten. Das Einschneideverfahren wird angewendet, um Schnittpunkte und Kantenverläufe eindeutig zu konstruieren

Einsatz für gedrehte Körper und Verschneidungen

Das Einschneideverfahren kann auch für die Herleitung von Darstellungen gedrehter Körper und deren Verschneidungen mit anderen Objekten genutzt werden. Ein Beispiel dafür ist in Abb. 16.30 dargestellt, wo im Raum gedrehte kubische Körper mit anderen Objekten verschneiden. Dieses Beispiel zeigt, wie das Einschneideverfahren genutzt wird, um die Schnittpunkte und Kantenverläufe trotz der komplexen Orientierung eindeutig zu bestimmen. Ein wichtiger Schritt dabei ist das Übertragen von Abmessungen zwischen den Projektionsansichten. Aus den entstandenen Projektionsansichten können die entsprechenden Punkte in die isometrische Perspektive zurückgeführt werden.

Beim nächsten Beispiel in Abb. 16.31 wird ein schräg angesetzter kubischer Anbau an ein Haus in einer isometrischen Perspektive dargestellt. Um die Geometrie eindeutig zu definieren, werden zunächst zwei Projektionen erstellt: eine für den Grundriss (unten) und eine für die Vorderansicht (oben). Da das gesamte Gebäude dadurch zwar geometrisch definiert, jedoch nicht vollständig dargestellt werden kann, wird in diesem Beispiel, wie in Abb. 16.31b gezeigt, eine zusätzliche Projektion vom Grundriss erzeugt.

Da der Verkürzungsfaktor in allen Projektionsansichten mit dem Wert 1 gleich bleibt, kann das Maß h von der Vorderansicht in die zusätzliche Projektion übertragen werden. Dies ermöglicht die Bestimmung des Schnittpunkts der Dachflächen, der anschließend, wie in Abb. 16.31c gezeigt, in den Grundriss rückgeführt wird, um die Verschneidungslinie der Dachflächen zu zeichnen. Die Maße a und b werden aus dem Grundriss in die Vorderansicht übertragen, wodurch weitere Schnittpunkte und Linien für die Parallelperspektive entstehen.

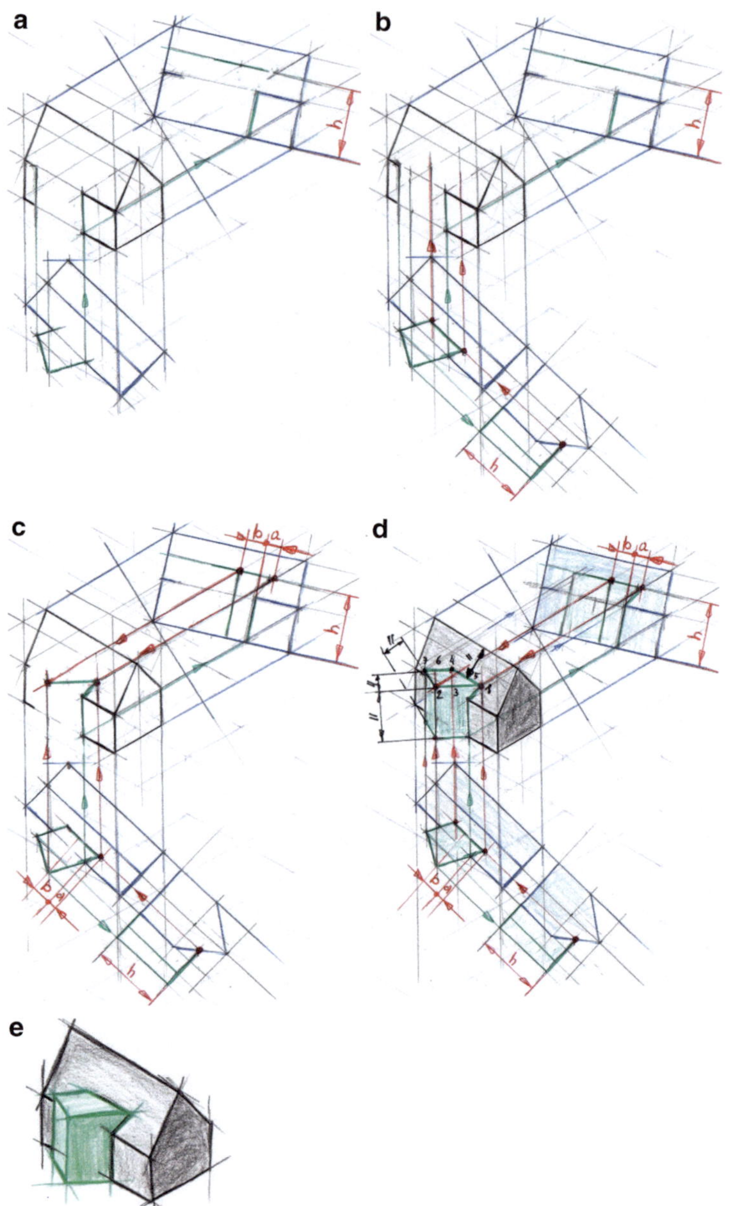

Abb. 16.31 Beispiel zur Konstruktion eines schräg angesetzten kubischen Anbaus an ein Haus. **a** Geometrische Definition in isometrischer Parallelperspektive. **b** Zusätzliche Projektion zur Bestimmung des Schnittpunkts der Dachflächen. **c** Rückführung von Abmessungen in den Grundriss und in die Vorderansicht. **d** Fertigstellung der Parallelperspektive. **e** Bereinigte, frei durchgepauste Skizze

In Abb. 16.31d ist die fertigePerspektive des Anbaus dargestellt, die, abgesehen von den Verschneidungskanten, der Darstellung eines Kubus in trimetrischer Parallelperspektive entspricht. Schließlich kann durch Durchpausen eine bereinigte Skizze (siehe Abb. 16.31e) erstellt werden, die sich für weitere Planungen eignet.

Durchdringungen von Zylindern und Quadern – konstruktives und freies Zeichnen kombinieren

Das Einschneideverfahren eignet sich, wie in Abb. 16.32 gezeigt, für die Herleitung von Durchdringungen sowohl kubischer als auch zylindrischer Körper. Eine besondere Stärke dieser Methode ist die Möglichkeit, Projektionen entlang der Projektionslinien beliebig zu verschieben – auch auf die gegenüberliegende Seite der Ausgangsansicht. Dies ist praktisch, wenn der Platz auf dem Papier begrenzt ist.

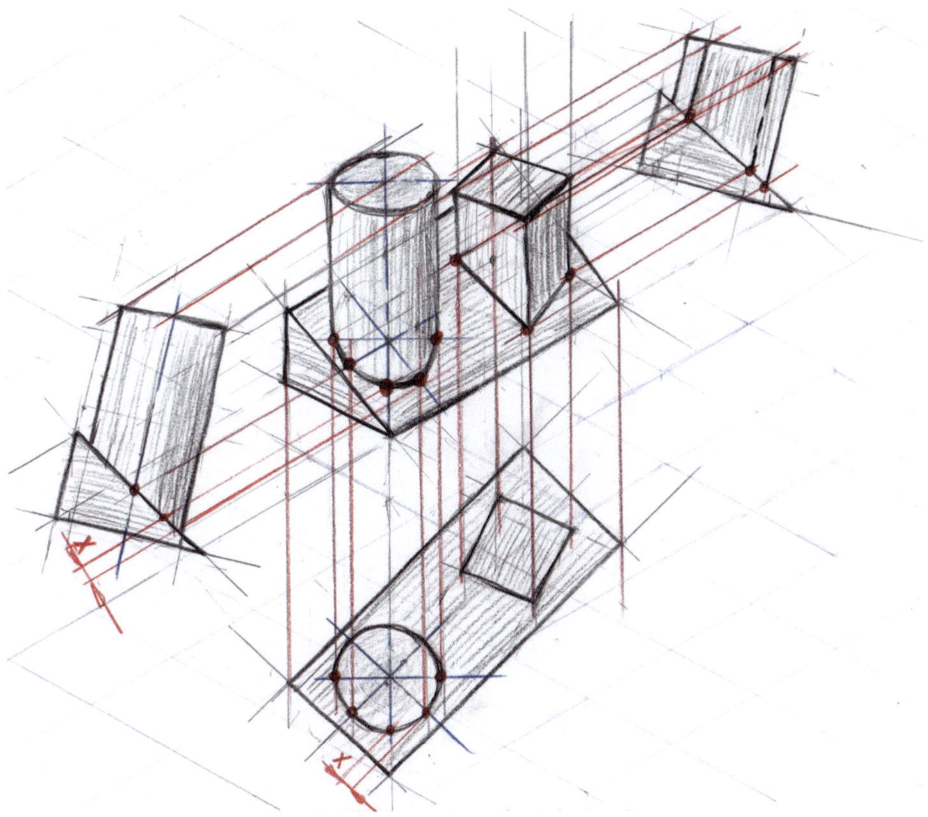

Abb. 16.32 Darstellung der Durchdringung eines Prismas mit einem Zylinder und einem gedrehten Quader. Projektionen werden entlang der Projektionslinien verschoben, um Platz auf dem Papier zu sparen

In Abb. 16.33 wird eine kombinierte Arbeitsweise in der isometrischen Darstellung gezeigt. Der schwarze Bereich wurde aus der Geometrie in Abb. 16.32 durchgepaust. Die blauen Körper mit ihren Durchdringungen wurden ohne spezielle Methoden frei ergänzt. Die rot dargestellten Elemente wurden, wie in Abschn. 16.1 „Drehung um Linien in der Isometrie" beschrieben, gedreht. Die zugehörigen Verschneidungslinien orientieren sich an den nicht gedrehten Körpern und wurden frei skizziert, sodass sie sich schlüssig in die Gesamtdarstellung einfügen.

Im Beispiel in Abb. 16.34 wird das Einschneideverfahren zur Darstellung der Durchdringung von Zylindern angewendet. Aufgrund des begrenzten Platzes auf dem Papier wurden die Projektionen entlang der Projektionslinien verschoben. Diese Technik ermöglicht eine flexible Anordnung der Ansichten.

Das Verfahren erlaubt eine gezielte Auswahl, für welche Bereiche oder Punkte eine methodische Ermittlung notwendig ist. Oft reichen wenige genau definierte Punkte aus, um Begrenzungen und einen schlüssigen Verlauf der Verschneidung zu skizzieren. Im vorliegenden Beispiel wurden alle relevanten Punkte aus den Projektionen (Ansichten A1 und A2) erfasst, in eine weitere Projektion (Ansichten B1 und B2) übertragen und schließlich über die Schnittpunkte der Projektionslinien in der Isometrie dargestellt.

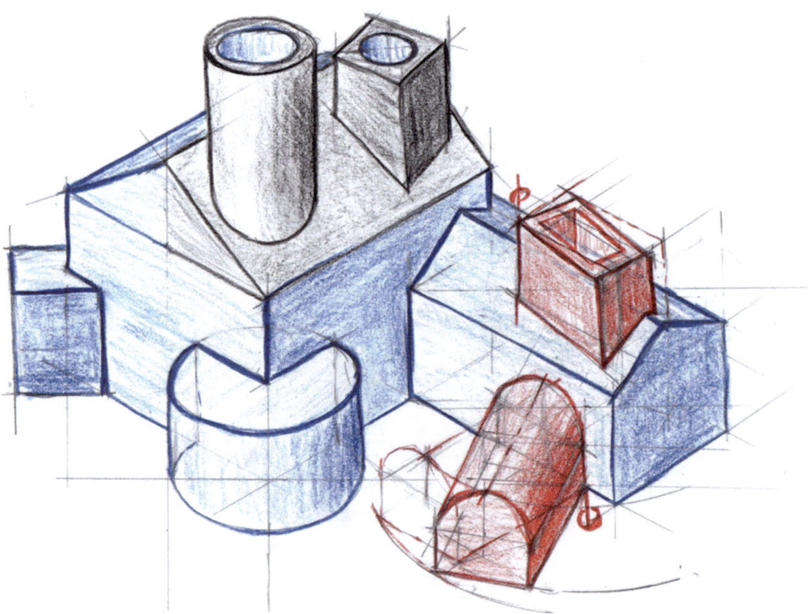

Abb. 16.33 Kombinierte Arbeitsweise: Durchpauste Geometrie (schwarz), frei ergänzte Körper mit Durchdringungen (blau) und gedrehte Körper mit skizzierten Verschneidungslinien (rot)

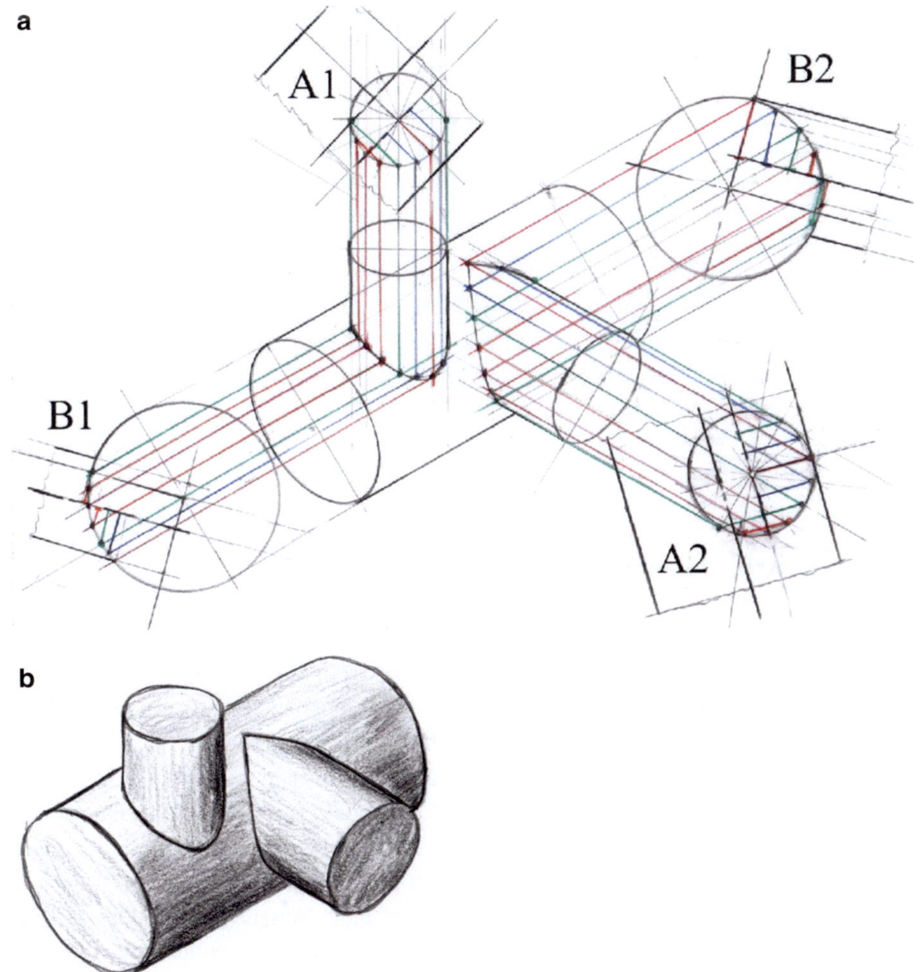

Abb. 16.34 Verschneidung bzw. Durchdringung von Zylindern. **a** Anwendung des Einschneideverfahrens mit farblich hervorgehobenen Längen, Projektionslinien und Schnittpunkten. **b** Bereinigte, durchgepauste Skizze als Endergebnis

Für die Übertragung der Abstände zwischen Projektionen kann ein Zirkel oder Lineal verwendet werden. Eventuelle Ungenauigkeiten, die durch flache Schnittwinkel entstehen, können meist durch benachbarte Punkte ausgeglichen werden. In Abb. 16.34a sind die Längen, Projektionslinien und Schnittpunkte zur besseren Nachvollziehbarkeit farblich hervorgehoben.

Die bereinigte Skizze in Abb. 16.34b zeigt das Ergebnis nach dem Durchpausen. Wenn der grobe Verlauf der Verschneidung bekannt ist und der Aufwand für das Einschneideverfahren überschaubar bleibt, kann es sinnvoll sein, die Verschneidung frei zu skizzieren oder nur grob anzudeuten.

Zusammenfassung

Das Einschneideverfahren ist ein leistungsstarkes Hilfsmittel, um isometrische Zeichnungen effizient zu konstruieren. Besonders in komplexen Szenen hilft es, gezielt kritische Punkte zu bestimmen, ohne das gesamte Objekt konstruktiv erfassen zu müssen. Dadurch lassen sich mit gezieltem Konstruktionsaufwand geometrisch schlüssige Ergebnisse erzielen.

16.6.2 Konstruktion von Zwei-Punkt-Perspektiven

Wie in Abschn. 2.5.1 „Begriffe und Eigenschaften der Zwei-Punkt-Perspektive" beschrieben, basiert die exakte Konstruktion einer Zwei-Punkt-Perspektive auf der Ermittlung der Fluchtpunkte und der vertikalen Verhältnisse. Diese ergeben sich aus einer Draufsicht mit einer Seitenansicht oder einer Draufsicht mit Höhenangaben.

Die Lage der Fluchtpunkte und des Blickzentrums wird in der Draufsicht bestimmt, indem parallele Linien der Hauptachsen vom Augenpunkt zur Darstellungsebene verlängert und deren Schnittpunkte ermittelt werden. Die ermittelten Schnittpunkte werden in die Perspektive übertragen und mit dem Horizont geschnitten.

Für die vertikalen Verhältnisse kann entweder eine Seitenansicht oder eine Maßvertikale verwendet werden. Diese stellt eine Kante dar, die parallel zur vertikalen Achse verläuft und in ihrer originalen Größe dargestellt wird und unverzerrt bleibt. Sie dient als Referenz für die Höhenangaben und ermöglicht eine korrekte Konstruktion der Perspektive.

Abb. 16.35 und 16.37 zeigen Beispiele, bei denen zusätzliche Ansichten und Projektionen verwendet werden, um Informationen präzise in die Perspektive rückzuführen. Die Abb. 16.36 zeigt eine einfache Konstruktion direkt in der Zwei-Punkt-Perspektive.

Direkte Konstruktion in der Zwei-Punkt-Perspektive

Zusammenhängende Elemente lassen sich in der Zwei-Punkt-Perspektive oft direkt ableiten, indem Flächen oder Kanten verlängert oder unterteilt werden. Besonders hilfreich ist dabei der Bezugsraum, der in Abschn. 2.5.1 beschrieben wird. Eine bewährte Methode zur Bestimmung von Schnittpunkten und symmetrischen Strukturen ist das gezielte Unterteilen von Flächen (siehe Abschn. 12.2.4 „Flächen in der Zwei-Punkt-Perspektive teilen").

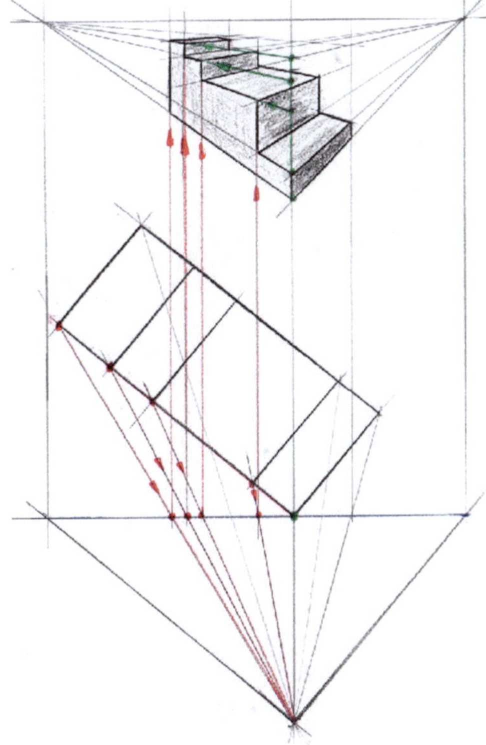

Abb. 16.35 Konstruktion eines Körpers mit unregelmäßigen Stufen in Zwei-Punkt-Perspektive. Die unregelmäßigen horizontalen Abstände (rot) werden aus der Draufsicht in die Perspektive projiziert. Die unregelmäßigen Höhenabstufungen (grün) werden aus der Maßvertikale übernommen

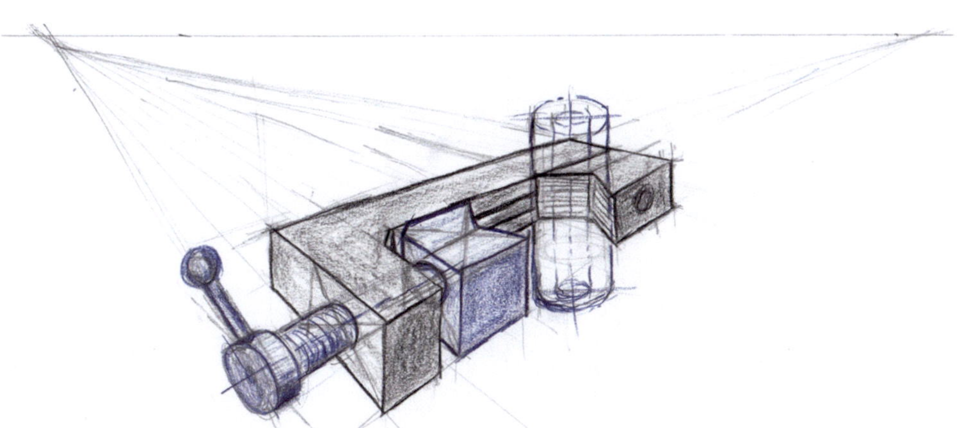

Abb. 16.36 Freihandkonstruktion einer Rohrklemme direkt in der Zwei-Punkt-Perspektive

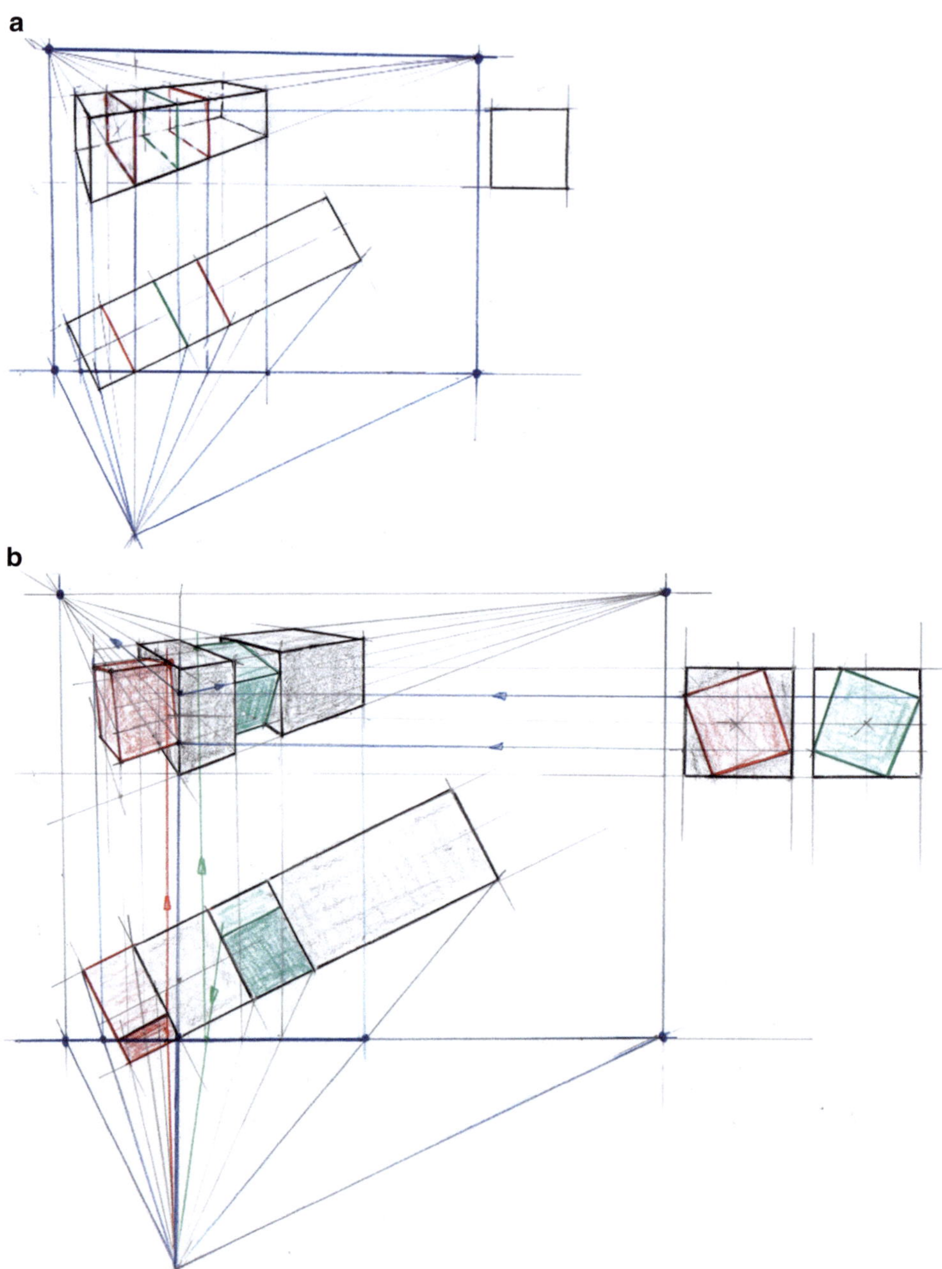

Abb. 16.37 Konstruktive Herleitung einer Zwei-Punkt-Perspektive mit verdrehten Quadern. **a** Konstruktion des Grundquaders in Zwei-Punkt-Perspektive mit Maßvertikale als Referenz. **b** Ermittlung der Schnittpunkte für verdrehte Quader durch Projektionen aus den Seitenansichten

Sie werden sehen, dass es direkt in der Perspektive viele Möglichkeiten gibt, geometrische Zusammenhänge herzuleiten.

Praktische Anwendung: Konstruktion mit verdrehten Quadern

In Abb. 16.37 wird ein praktisches Beispiel für eine konstruktive Herleitung aus mehreren Ansichten gezeigt:

- Zunächst wird ein Grundquader in Zwei-Punkt-Perspektive aufgebaut (Abb. 16.37a).
- Eine vertikale Linie in der Darstellungsebene wird als Maßvertikale genutzt, um wahre Längen und Proportionen festzulegen.
- Anschließend werden gedrehte Quader konstruiert, indem ihre Punkte aus den Seitenrissen auf die Maßvertikale projiziert werden (Abb. 16.37b).
- Dies ermöglicht eine exakte Bestimmung der Schnittpunkte, wodurch sich die gesamte Perspektive vervollständigen lässt.

Diese Methode zeigt, wie sich auch komplexere Formen systematisch aus Zusatzansichten und Projektionen herleiten lassen.

Zusammenfassung

Die Konstruktion von Zwei-Punkt-Perspektiven bietet eine systematische Herangehensweise, um räumliche Strukturen korrekt darzustellen.

Durch die Kombination aus Draufsicht, Seitenansicht und Projektionen lassen sich selbst komplexe Formen wie verdrehte Quader effizient umsetzen. Einfache Methoden lassen sich auch freihändig direkt in der Perspektive anwenden.

Die vorgestellten Methoden eignen sich je nach Anforderung sowohl für technisch präzise Darstellungen als auch für anschauliche, freihändig skizzierte Perspektiven.

16.7 Konstruierte Perspektiven versus Freihandskizze – Empfehlung zum Freihandskizzieren

Zur Erinnerung: Die Definition des Begriffs „Skizze" aus Kap. 1 „Skizzieren als ganzheitliche Tätigkeit" ist laut Duden wie folgt:

„Mit groben Strichen hingeworfene, sich auf das Wesentliche beschränkende Zeichnung [die als Entwurf dient]"

© 2020 Cornelsen Verlag GmbH (Duden), Berlin.

In diesem Kapitel und insbesondere im Abschn. 16.6 wurden einige konstruktive Methoden vorgestellt und angewendet. Diese Techniken sind für das Verständnis perspektivischer Konstruktionen und in speziellen Situationen hilfreich. Trotz dieser Konstruktionsmethoden sollte das Freihandskizzieren immer im Vordergrund stehen.

Skizzieren Sie unter Einhaltung der Basisregeln möglichst mit freier Hand! Idealerweise gelingt dies ohne Zusatzansichten. Viele der erlernten Methoden lassen sich auch freihändig anwenden, wodurch der Zeichenprozess natürlicher und intuitiver wird. Situationen, die in der Perspektive nicht vollständig definiert sind, lassen sich im Hinblick auf den Gesamteindruck meist auch ohne konstruktive Methoden ausreichend schlüssig skizzieren.

Auch wenn sich umfangreichere Methoden mit Lineal, Zirkel oder anderen Hilfsmitteln anbieten, empfiehlt es sich, mit einer Freihandskizze direkt in der Perspektive zu beginnen. Dadurch können Sie das Skizzieren in vielen Situationen spontan einsetzen. Ein Skizzenbuch ist dabei ein hilfreicher Begleiter, um Ideen rasch und unkompliziert festzuhalten (siehe auch Abschn. 3.2.2 „Optionen zu Materialien und Anmerkungen zu Farben").

Beispiele für Freihandskizzen
Die Abb. 16.38 und 16.39 zeigen Beispiele konzeptioneller Freihandskizzen von Gebäuden, die in einem Skizzenbuch im Format A5 erstellt wurden.

▶ **Tipp** Lassen Sie die Skizze den Betrachter im Kopf vervollständigen. Deuten Sie unklare Bereiche nur grob an, um die Vorstellungskraft zu fördern.

Ein Beispiel hierzu zeigt Abb. 16.40:

Abb. 16.38 Konzeptionelle Ideenskizzen verschiedener Gebäude

Abb. 16.39 Bei diesem Gebäude ist der Eingangsbereich gegenüber dem Hauptgebäude so gedreht, dass er in Zentralperspektive erscheint. Der keilförmige Übergang zwischen dem Eingangsbereich und dem Hauptgebäude wird durch die parallel zur Darstellungsebene liegende Tür verdeckt

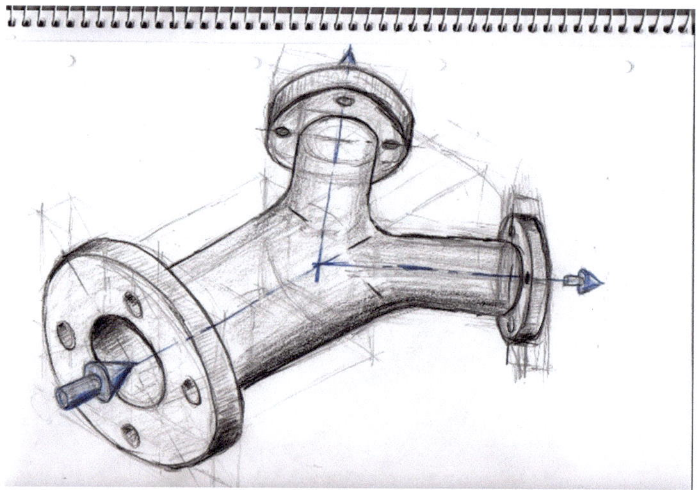

Abb. 16.40 Fitting für die Verteilung von Medien in isometrischer Perspektive, freihändig auf einem A4-Spiralblock skizziert. Die Verschneidungen der zusammenlaufenden Zylinder mit unterschiedlichen Durchmessern sind nur grob angedeutet. Dennoch bleibt die Funktion für den Betrachter trotz der skizzenhaften Darstellung klar erkennbar

Zentralperspektive – besondere Anwendungen und Sichtweisen   17

Die Zentralperspektive, oder auch Ein-Punkt-Perspektive genannt, ist an sich eine relativ einfache Darstellungsform. Es können damit aber Skizzen mit besonderen Effekten erstellt werden. Daher ist dieser Darstellungsform ein eigenes Kapitel gewidmet.

Theoretisch wird diese besondere Sichtweise in Kap. 2 „Theoretisch betrachtet – Verschiedene Darstellungsformen" beschrieben.

Die besonderen Möglichkeiten der Zentralperspektive werden hier anhand von Beispielen ergänzend erläutert.

Wie schon in den Abschn. 2.6 „Zentralperspektive – Ein-Punkt-Perspektive" und 16.3 „Körper horizontal in der Zwei-Punkt-Perspektive gedreht" angeführt, ist die Zentralperspektive (oder auch Ein-Punkt-Perspektive genannt) eine besondere Situation im Bezugssystem der Zwei-Punkt-Perspektive (s. Abb. 17.1). Im genannten Abschn. 16.3 sind die Skizzen ausgehend von Zwei-Punkt-Perspektiven aufgebaut, und einzelne Körper sind in die Zentralperspektive gedreht bzw. orientiert.

Die Ein-Punkt-Perspektive kann aber auch als Bezugssystem einer Skizze verwendet werden, dadurch sind besondere Sichtweisen möglich (s. z. B. Abb. 17.2) sowie Abb. 15.19.

P. Gruber, *Technisches Skizzieren für alle*, https://doi.org/10.1007/978-3-658-49618-0_17

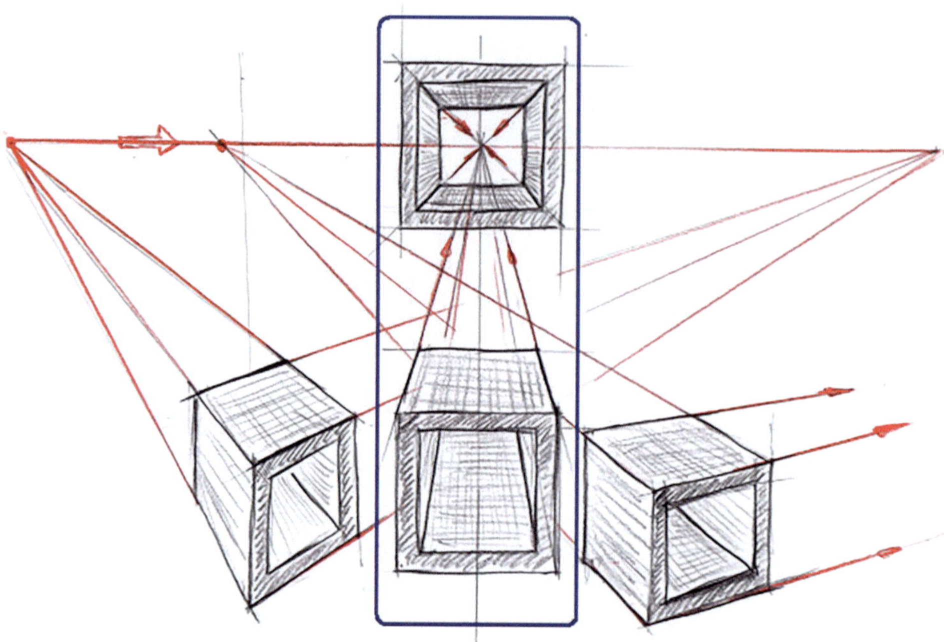

Abb. 17.1 Die Zentralperspektive ist eine besondere Situation in der Zwei-Punkt-Perspektive

Abb. 17.2 Bauklötze in
Zentralperspektive

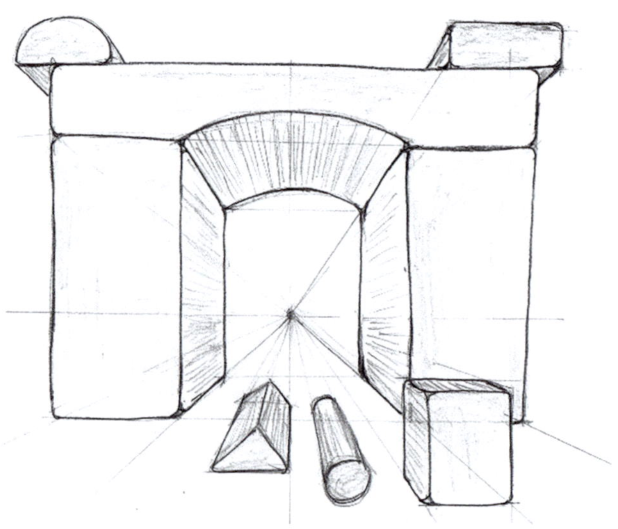

Abb. 17.3 Zentralperspektive kombiniert mit einem Quader in Zweipunktperspektive

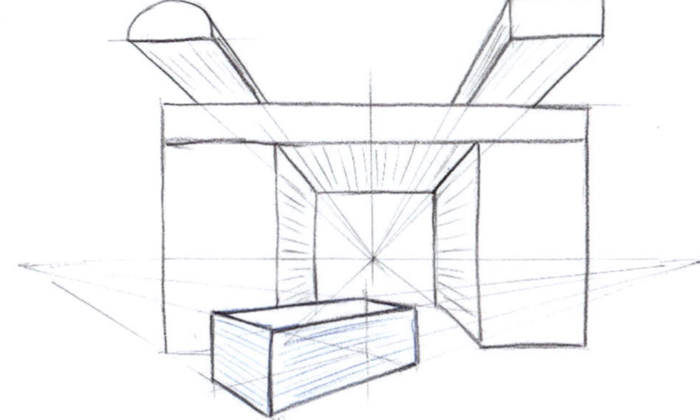

Merkmale der Zentralperspektive

- In den Frontansichten haben kubische Objekte horizontale und vertikale Hauptlinien.
- Geometrien, welche parallel zur Darstellungsebene sind, haben, wie in 2D-Skizzen, unverfälschte Proportionen.
- Geometrien, welche parallel zur Darstellungsebene sind, können in der Darstellungsebene oder in Ebenen parallel zur Darstellungsebene gedreht werden, ohne dass sich deren Form verändert.
- Alle Linien, die in die Tiefe führen, laufen im zentralen Fluchtpunkt zusammen, der zugleich das Blickzentrum (auch Hauptpunkt genannt) bildet.
- Es gibt für die gesamte Skizze in Zentralperspektive nur ein gemeinsames Blickzentrum und damit nur einen zentralen Fluchtpunkt am Horizont.
- Gleiche Geometrien in verschieden Tiefen haben nur verschiedene Größen, aber gleiche Proportionen.

Die Ein-Punkt-Perspektive ist, wie schon angeführt, eine spezielle Situation aus der Zwei-Punkt-Perspektive. Daher können umgekehrt in einer zentralperspektivischen Skizze Elemente sozusagen aus der Zentralperspektive in eine Zwei-Punkt-Perspektive gedreht werden (s. Abb. 17.3, 17.4 und 17.5).

Ein-Punkt-Perspektiven werden neben den Zwei-Punkt-Perspektiven ebenfalls gerne in der Architektur verwendet (s. Abb. 17.4).

In Skizzen können mehrere Objekte verschieden orientiert sein. Im Grunde benötigt man in der Zwei-Punkt-Perspektive keine bevorzugte Orientierung als Bezugssystem (s. z. B. Abb. 16.12). Zu beachten ist jedoch, dass eine Skizze nur ein Blickzentrum hat und dieses ist für alle Objekte in Orientierung der Zentralperspektive der gemeinsame Fluchtpunkt in der Tiefe. Dieser zentrale Fluchtpunkt entspricht dem Blickzentrum.

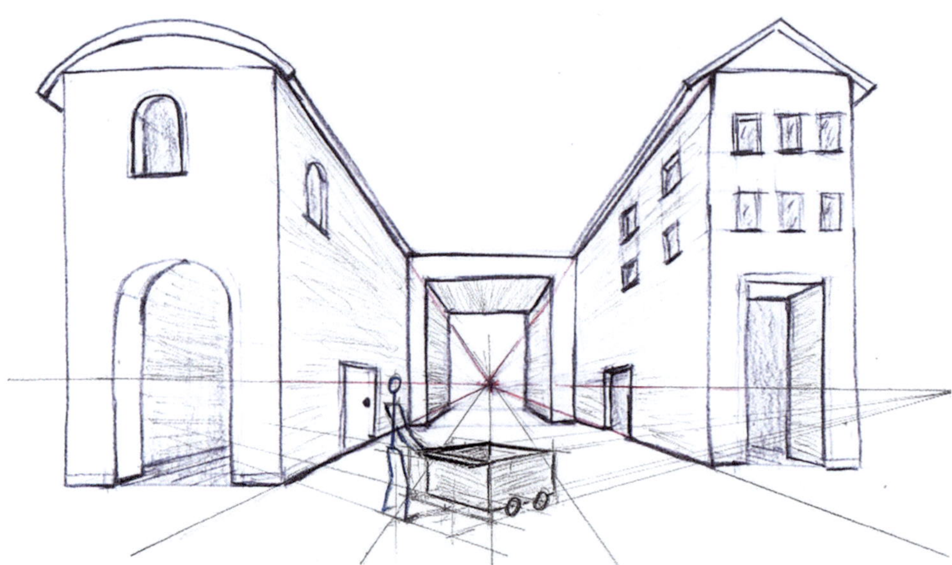

Abb. 17.4 Gebäude in Zentralperspektive. Die Person mit dem Wagen ist in der Skizze schräg, und damit in einer Zwei-Punkt-Perspektive, dargestellt

Für das Arbeiten ist es meist sinnvoll, ein Bezugssystem und ggf. einen Bezugsraum für die Skizze zu definieren. In Abb. 17.5 wurde z. B. der Tisch und in Abb. 17.6 ein Zimmer in Zentralperspektive als Bezugssystem und Bezugsraum gewählt.

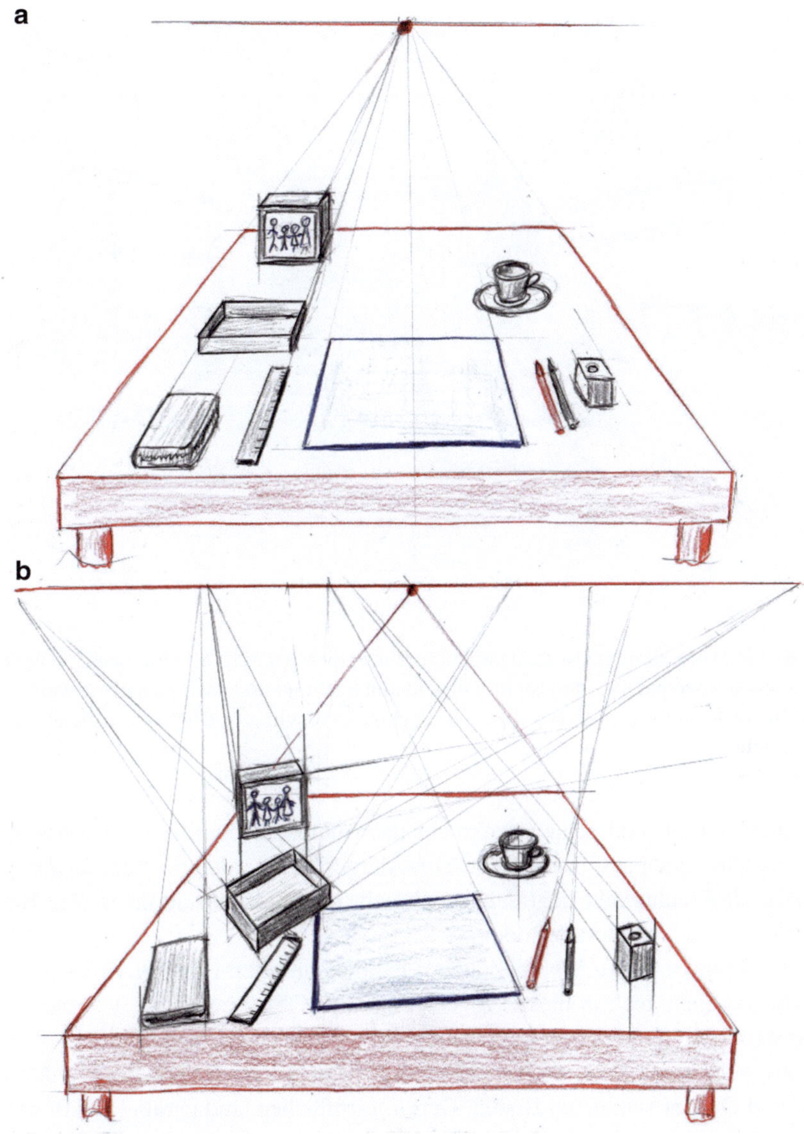

Abb. 17.5   Schreibtisch in Zentralperspektive. **a** Alle Objekte am Tisch sind nach dem Bezugssystem, dem Tisch ausgerichtet. **b** Selten, dass ein Schreibtisch so exakt wie in Abb. a) dargestellt, aufgeräumt ist. In Abb. b) sind alle Objekte am Tisch gegenüber dem Bezugsystem verschieden gedreht. Die Kanten, von Flächen, welche nach hinten verlaufen, treffen sich an verschiedenen Punkten am Horizont. Die Geschwindigkeit, mit der die Schnittpunkte am Horizont beim Drehen wandern, nimmt zu, je flacher die Linien werden. Sehr flache Linien treffen sich außerhalb des Zeichenblattes. Vertikale Linien bleiben dabei senkrecht

Abb. 17.6 Ein Wohnzimmer als Bezugsraum in Zentralperspektive. Alle Elemente, außer dem Sessel, sind in Zentralperspektive dargestellt. Die leichten Schatten deuten das Licht an, welches von der Glasfront in den Raum dringt. Durch die Zentralperspektive wird der Blick durch die großen Fenster ins Freie geleitet

Hebt man nun ab und schaut senkrecht nach unten, können mit Zentralperspektiven z. B. interessante perspektivische Grundrisse dargestellt werden (s. Abb. 17.7).

Der zentrale Fluchtpunkt liegt dabei senkrecht im Blickzentrum unter dem Betrachter, tief unter dem angenommenen Boden.

Vom Küchenplan bis zu Wolkenkratzern ist alles möglich (s. Abb. 17.8).

Natürlich können auch in dieser Vogelperspektive Objekte gedreht oder anders als das Bezugssystem orientiert sein. In Darstellung 17.9 werden verschiedene „Schieflagen" dargestellt. Die schwarzen Linien stellen den Bezugsraum in Zentralperspektive dar. Der rote Zylinder und Quader stehen am Boden. Deren Stirnflächen sind parallel zur Betrachtungsebene und daher nicht verzerrt. Diese können also am Boden gedreht werden, ohne dass sich ihre Form verändert. Bei den Bilderrahmen an der Wand wäre wohl teilweise eine Wasserwaage empfehlenswert gewesen. Die Abb. 17.9 mag vielleicht auf den ersten Blick etwas schwer zu lesen sein. Drehen Sie ggf. das Buch so, dass die jeweilige Wand wie die Tischfläche in Abb. 17.5 vor Ihnen liegt. Dabei werden die gleichen Gesetzmäßigkeiten wie bei den Objekten am Schreibtisch erkennbar. Der „Horizont" ist dabei die jeweils waagrechte Linie durch den zentralen Fluchtpunkt.

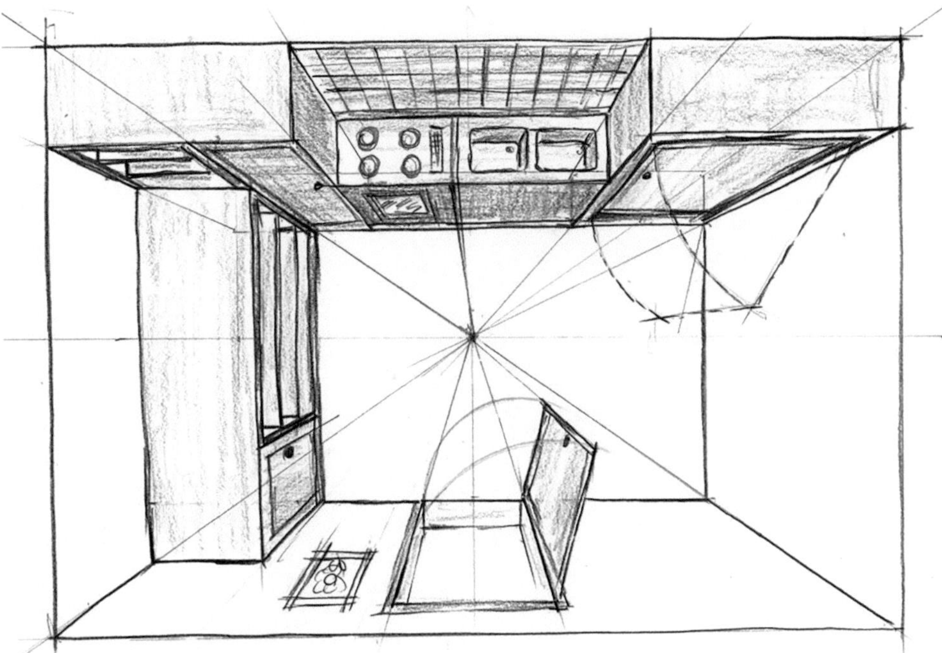

Abb. 17.7 Kücheneinrichtung in Zentralperspektive von oben

Die Zentralperspektive eignet sich nicht nur für den zentralen Blick auf oder in Objekte, sondern auch für Sichtweisen aus dem Inneren nach außen. Abb. 17.10 zeigt beispielhaft den fokussierten Blick aus dem Cockpit eines Baufahrzeugs.

Eine weitere interessante Anwendung der Ein-Punkt-Perspektive besteht darin, dass mit einfachen Mitteln eine 2D-Skizze in eine 3D-Zentralperspektive umgewandelt werden kann. Frontansichten von nicht gedrehten kubischen Objekten haben in der Zentralperspektive horizontale und vertikale Hauptlinien. Das heißt, dass beliebige 2D-Geometrien als Frontflächen von Zentralperspektiven gesehen werden können. Es können somit, wie in Abb. 17.11 und 17.12 dargestellt, Skizzen mit verschiedensten zweidimensionalen Geometrien durch die Wahl eines zentralen Fluchtpunktes (Blickzentrum) in dreidimensionale Zentralperspektiven transformiert werden.

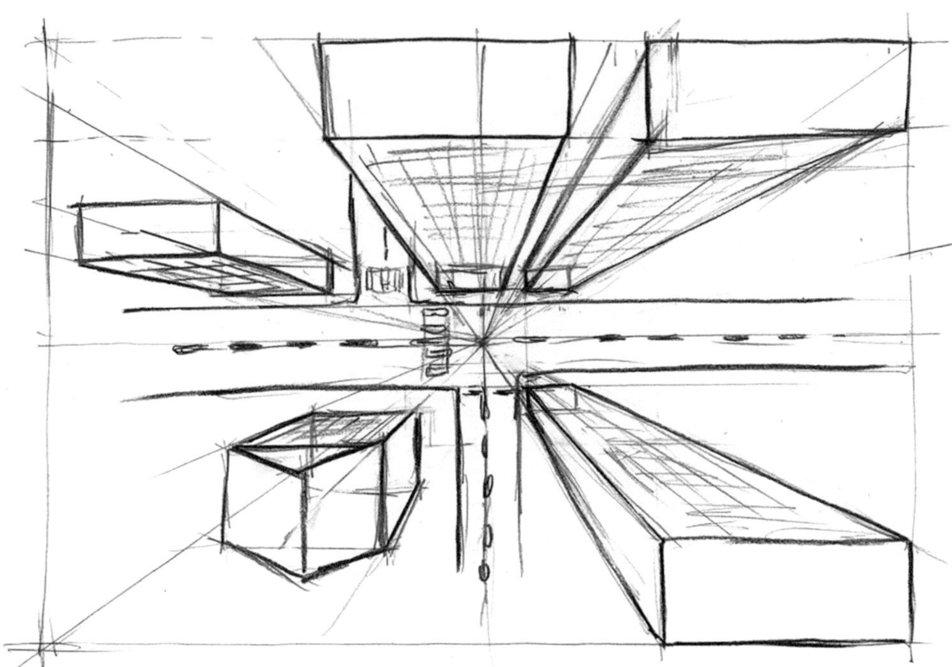

Abb. 17.8 Wolkenkratzer mit Straßen in Zentralperspektive von oben

Die Zentralperspektive ist beim Skizzieren anfangs vielleicht etwas ungewöhnlich. Aber es lohnt sich, sich mit dieser speziellen Sichtweise zu beschäftigen. Beginnen Sie mit Quader und einfachen Grundkörpern. Wählen Sie dann reale Beispiele. Und drehen Sie ggf. Elemente aus der Zentralperspektive in verschiedene Zwei-Punkt-Perspektiven. Nutzen Sie dabei die dargestellten Beispiele in diesem Kapitel. Sie werden aber sicher auch selbst interessante Situationen aus der Praxis finden.

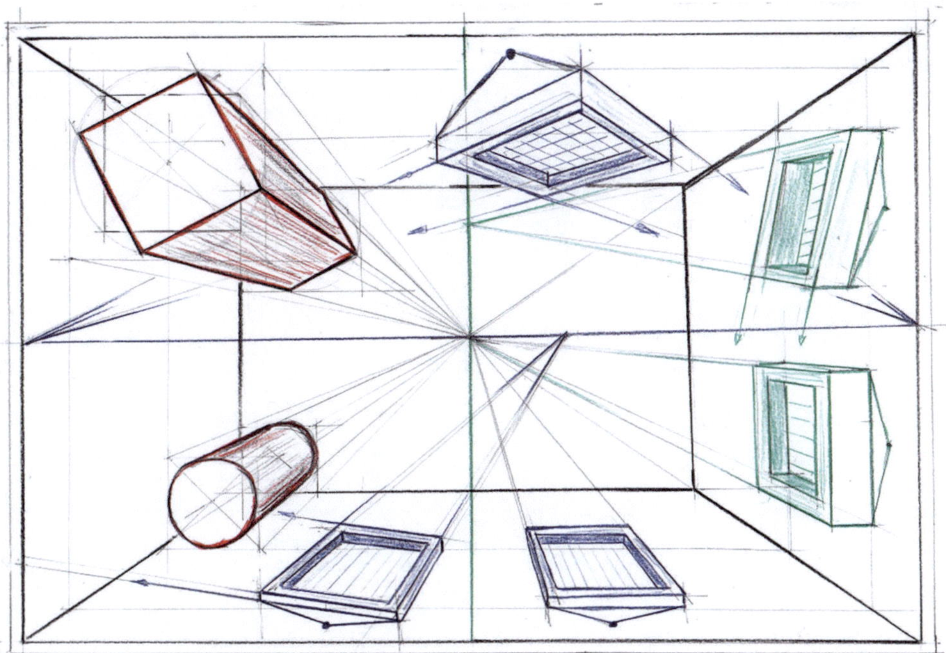

Abb. 17.9 Übungsraum in Zentralperspektive von oben, mit schiefen Bilderrahmen an der Wand, Zylinder und gedrehten Quader am Boden

Abb. 17.10 Blick aus dem Cockpit eines Baggers in Zentralperspektive

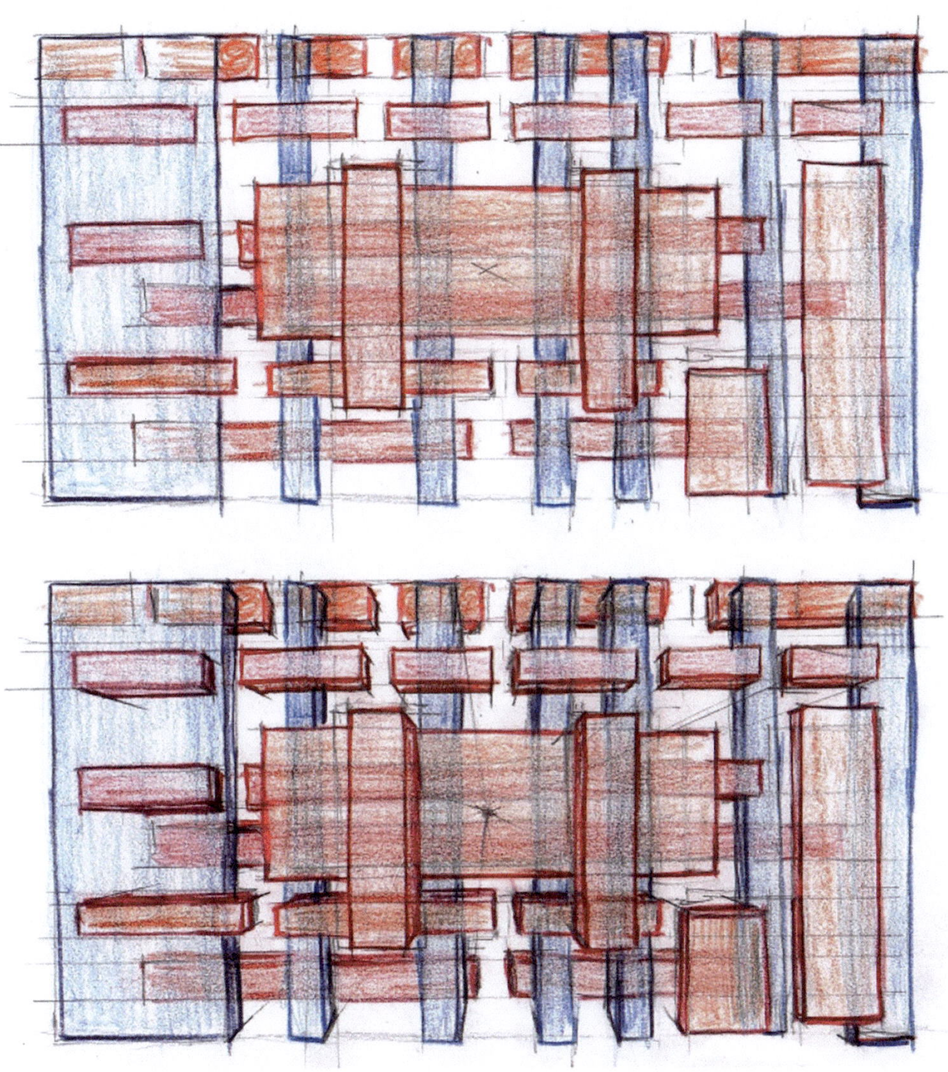

Abb. 17.11 2D-Skizze von leicht transparenten flachen Elementen ohne und mit „3D-Effekt" mithilfe einer Zentralperspektive

Abb. 17.12 Schild und Pfeil ohne und mit „3D-Effekt". Bei dieser Methode können auch beliebige nicht lineare Geometrien, wie z. B. die Blume, einfach als Zentralperspektive ausgeführt werden

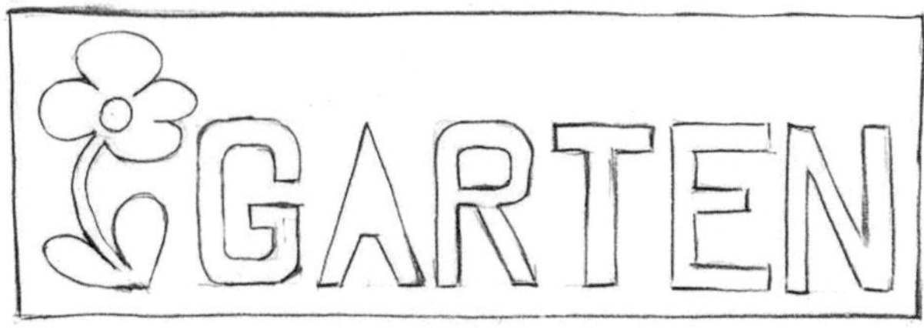

Texte und andere ergänzende Informationen in Skizzen

18

„Ein Bild sagt mehr als 1000 Worte", aber manchmal nicht genug. Bilder haben oft eine hohe Aussagekraft und transportieren damit viele Informationen. Visuelle Informationen erlauben aber auch Interpretationsspielraum und können unter Umständen nicht ausreichend präzise sein. Des Weiteren nehmen nicht alle Menschen Informationen gleich wahr. Die Wahrnehmung kann eher visuell oder textorientiert sein. Daher sind teilweise ergänzende Informationen in Skizzen sinnvoll oder erforderlich. Diese ergänzenden Informationen können sehr verschieden sein. Eine Form wurde bereits im Abschn. 15.1 „Pfeile" vorgestellt. In diesem Kapitel werden weitere Formen wie Texte, Bemaßungen und Symbole erläutert.

18.1 Ergänzungen von Hand und mit digitalen Werkzeugen

Texte sind die häufigste Form, Inhalte einer Skizze zu ergänzen oder zu präzisieren. Je nach Absicht und Detaillierungsgrad können Notizen sehr unterschiedlich angebracht sein (s. Abb. 18.1, 18.2 und 18.3).

Zum Beispiel

- mit Polychromos-Stift
- mit Filzstift (hebt sich gut ab)
- gerade Bezugslinien
- geschwungene Bezugslinien
- Bezugslinien mit Pfeilen
- Bezugslinien mit Punkten
- Blockschrift
- Groß- u. Kleinbuchstaben

© Der/die Herausgeber bzw. der/die Autor(en), exklusiv lizenziert an Springer Fachmedien Wiesbaden GmbH, ein Teil von Springer Nature 2025
P. Gruber, *Technisches Skizzieren für alle*, https://doi.org/10.1007/978-3-658-49618-0_18

Abb. 18.1 Verschiedene Beispiele von handschriftlich angebrachten Notizen. Signatur und Datum sind manchmal auch bedeutungsvoll

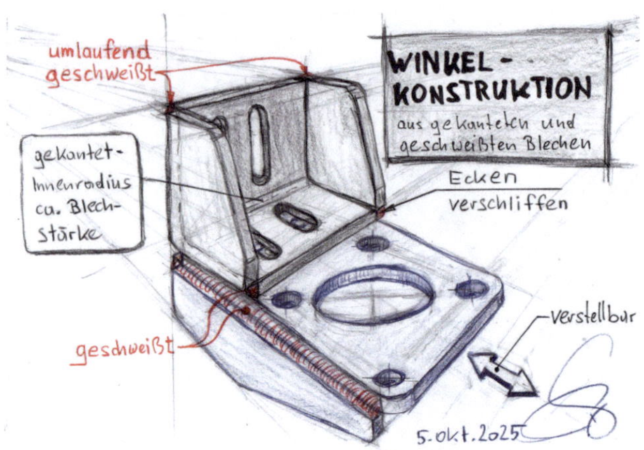

- mit Lineal gerade Unterkante
- an Perspektive angepasst (s. Abb. 18.2)
- digital (s. Abb. 18.3)
- usw.

Ein weiterer Grund für das Anbringen von Ergänzungen kann auch sein, wenn, aus welchem Grund auch immer, die Skizze einfach und ungenau ausgeführt ist.

> Mit Stichworten und einfachen Ergänzungen kann in einer Skizze die fehlende Klarheit geschaffen werden.

Das Anpassen von Text an die Perspektive unterstreicht deren Aussage. Das Anpassen von Texten an die Orientierung ist auch erforderlich, wenn Texte auf Elemente der Skizze angebracht sind (s. Abb. 18.2).

Wie schon im Abschn. 3.3 „Digitale Werkzeuge" angeführt, ist eine Kombination von manuell erstellten Skizzen mit digitalen Elementen sinnvoll (s. Abb. 18.3). Die digitalen Werkzeuge können dabei sehr einfache Standardtools sein, wie sie in gängigen Zeichen-, Bildbearbeitungs- oder Office-Programmen zur Verfügung stehen.

Ergänzende, erklärende Symbole können ebenfalls hilfreiche Ergänzungen sein (s. Abb. 18.4).

Die Wahl der Art von Ergänzungen hängt von den Anforderungen an die Skizze und vom Zweck der Skizze ab. Des Weiteren kommt es bei diesem Thema auch auf den persönlichen Geschmack an.

Abb. 18.2 Die Orientierung
der Texte ist an die Perspektive
angepasst

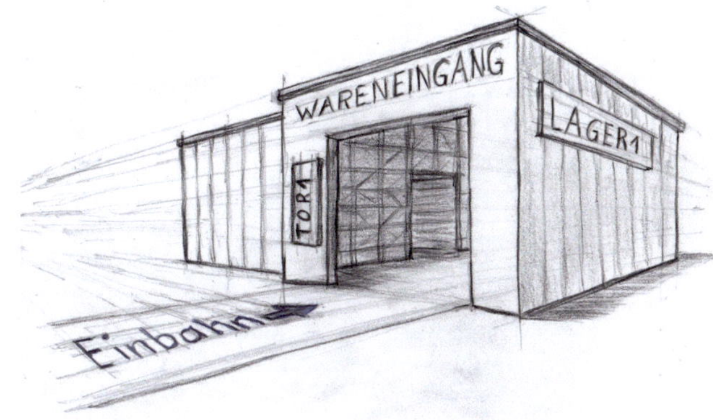

Abb. 18.3 Greifer mit
Werkstück auf
Schwenkeinheit, ergänzt mit
skizzierten Pfeilen und
digitalen, beschreibenden
Texten

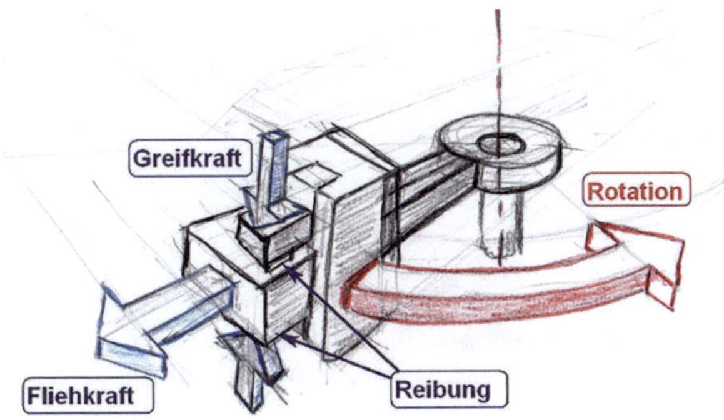

▶ **Tipp** Anmerkungen, Pfeile und Ergänzungen haben schon so manche schöne
Skizze verdorben. Sicherheitskopien bzw. Scans vor dem Anbringen solcher Elemente können sinnvoll sein.

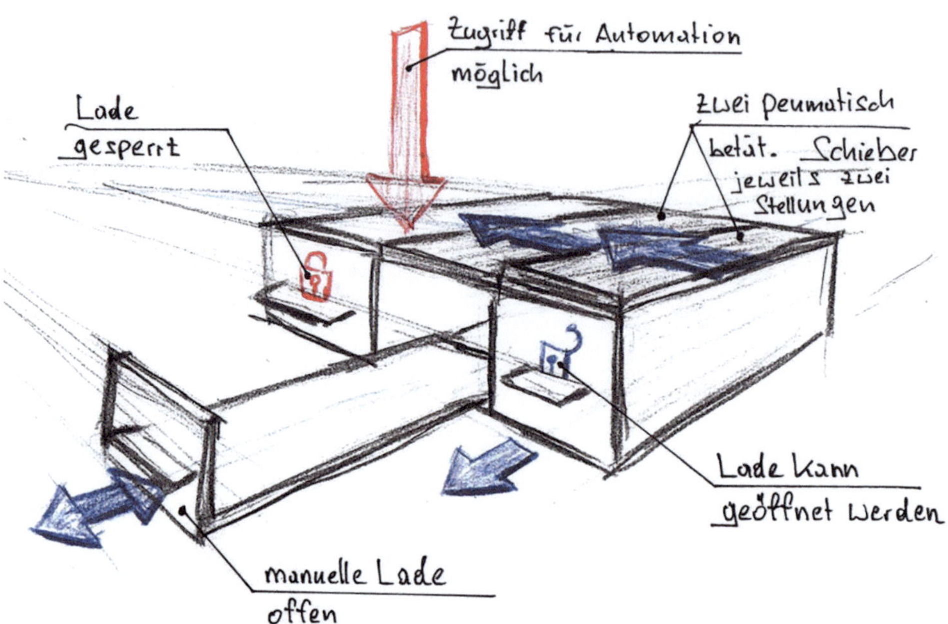

Abb. 18.4 Auszugsladen für Qualitätskontrolle mit integrierten beweglichen Schutzeinrichtungen. Nur bei entsprechender Stellung der Schutzelemente können die Laden geöffnet werden. Die Symbole „Schloss, offen" und „geschlossen" unterstützen die dargestellte Logik

18.2 Bemaßungen

Speziell in technischen und produzierenden Bereichen sind Bemaßungen etwas Allgegenwärtiges. Beim Skizzieren zeichnet man meist nicht exakt im Maßstab. Mit Bemaßungen kann man Abmessungen trotzdem gut kommunizieren. Bemaßungen können am einfachsten an Normalrissen angebracht werden (s. Abb. 18.5a).

Normalrisse haben, wie schon angeführt, den Vorteil, dass Abmessungen einfach kommuniziert werden können. Für das Gesamtverständnis eines Objektes sind diese allein aber häufig nicht ausreichend. Daher ist eine Kombination von Darstellungsformen in vielen Fällen sinnvoll (s. Abb. 18.5b, c und 18.7). Siehe dazu auch das Kap. 19 „Kombinieren und vereinfachen von Darstellungen".

Wenn Bemaßungen an perspektivischen Darstellungen angebracht werden, sind isometrische Perspektiven empfehlenswert. Wie schon angesprochen, bleiben in der Isometrie die Größenverhältnisse erhalten. Was für Bemaßungen naturgemäß vorteilhaft ist (s. Abb. 18.6 und 18.7). Manchmal genügen schon ein oder zwei Bemaßungen, um die groben Größenverhältnisse zu vermitteln.

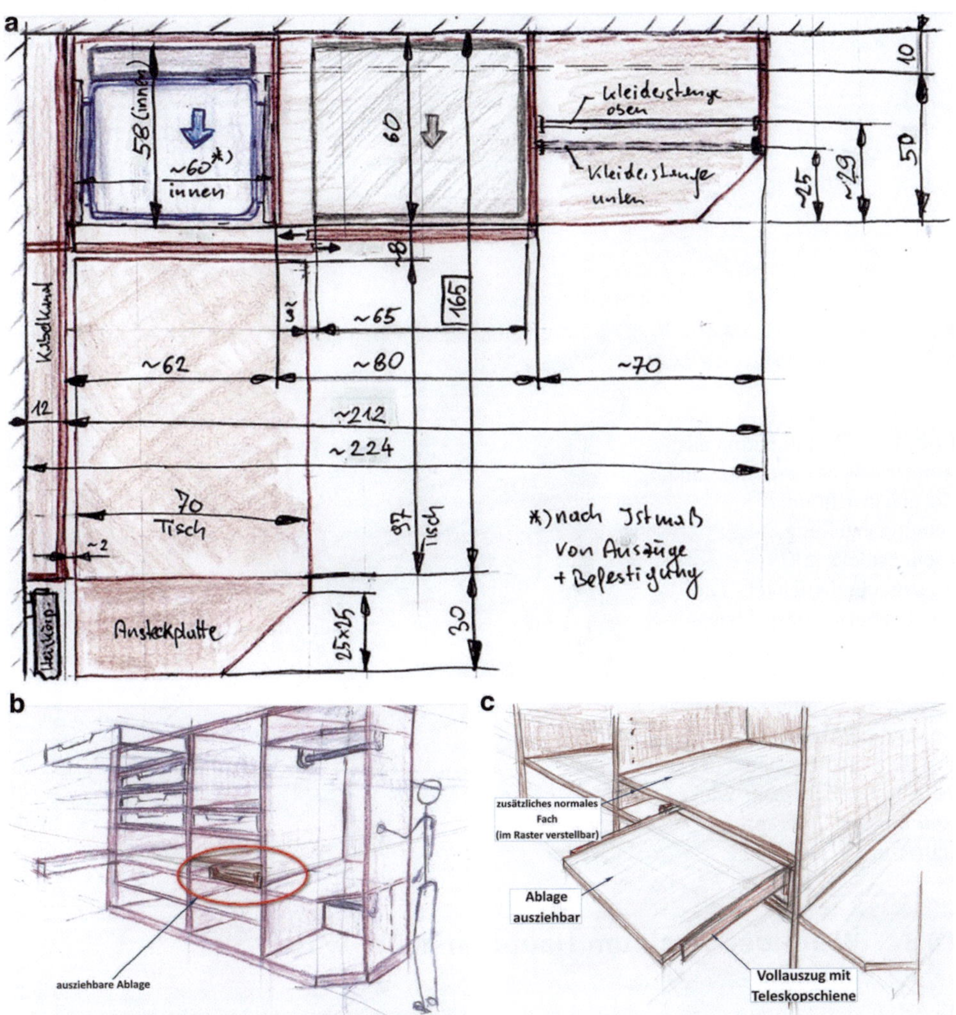

Abb. 18.5 Schrank in verschiedenen Darstellungen. **a** Draufsicht mit Bemaßungen und Anmerkungen. **b** und **c** Ergänzende perspektivische Skizzen mit digital angebrachten Notizen

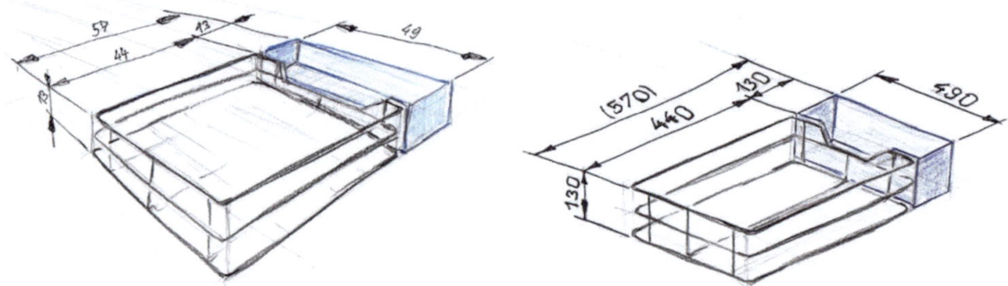

Abb. 18.6 Schubladenkorb, in 3D-Skizze bemaßt. Beim Bemaßen in Perspektiven sind isometrische Darstellungen zu bevorzugen

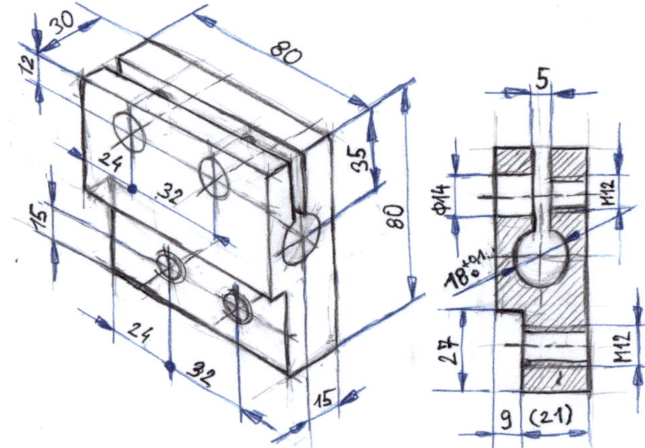

Abb. 18.7 Kombination aus isometrischer Darstellung und Normalansicht mit Schnittdarstellung eines Klemmstücks mit Anschraubmöglichkeit. Die Bemaßungen sind auf beide Darstellungen aufgeteilt. Eine Skizze kann dabei bereits so detailliert ausgeführt sein, dass sie für die Produktion ausreicht, und Elemente des technischen Zeichnens wie zum Beispiel Toleranzen enthalten

18.3 Wenn der Text zum Hauptdarsteller wird

Texte an sich können auch im Mittelpunkt von Skizzen stehen. Dabei gibt es eine Vielfalt an Gestaltungsmöglichkeiten. In den Abb. 18.8, 18.9 und 18.10 sind Einige beispielhaft angeführt.

Werden Texte als vollwertige Körper dargestellt, können verschiedene Schatten als Gestaltungselement eingebunden werden. Schlagschatten können die Wirkung unterstreichen, aber auch die Wirkung von einer Skizze ungünstig beeinflussen (s. Abb. 18.10). – Probieren, und entscheiden Sie selbst.

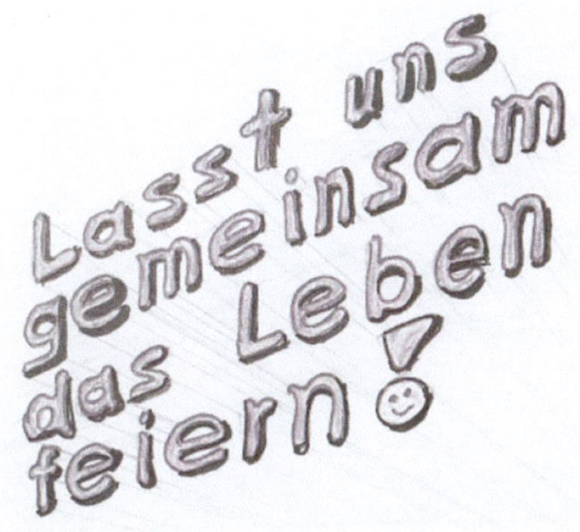

Abb. 18.8 Einfache Schatten an den Buchstaben erzeugen einen räumlichen Effekt

Abb. 18.9 Text als räumliche Körper

Abb. 18.10 Buchstaben als vollwertige Körper, mit verschiedenen Schattierungen

18.4 Darstellung von Prozessen, Abläufen und dergleichen

In Verbindung mit Pfeilen, einfachen geometrischen Objekten und Texten lassen sich
Prozesse und Abläufe gut und einfach darstellen. Diese können aus verschiedenen The-
menbereichen stammen, etwa aus Organisation, Verfahrenstechnik oder Informations- u.
Datenfluss (s. z. B. Abb. 18.11, 18.12 und 20.1).

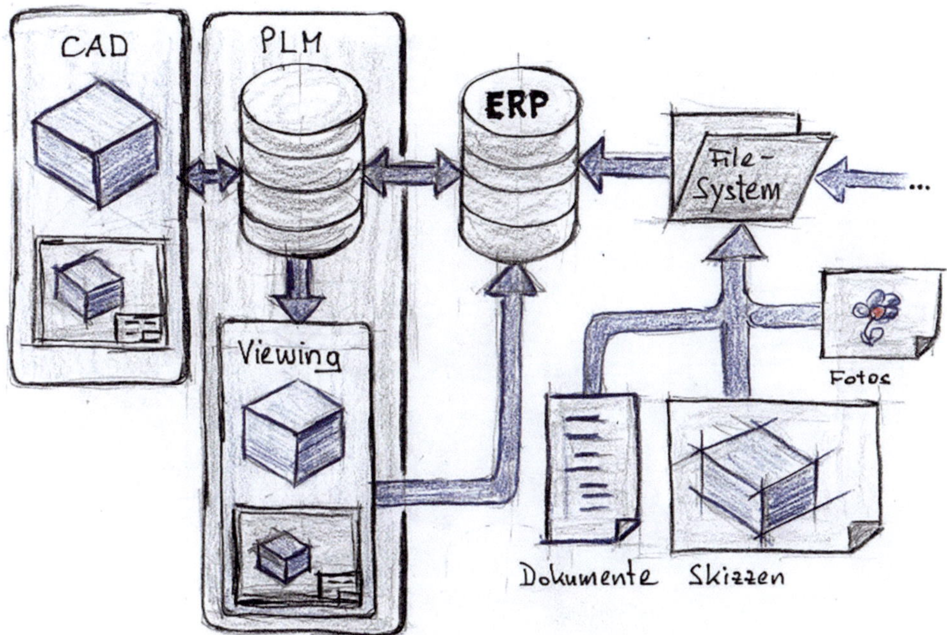

Abb. 18.11 Beispielhaftes Schema einer Datenlandschaft im Umfeld eines ERP-Systems. Kurze Begriffserklärungen dazu: Ein ERP-System (Enterprise Resource Planning) ist eine Softwarelösung, für die Planung, Steuerung und Kontrolle der unternehmerischen und betrieblichen Abläufe. Ein PLM-System (Product Lifecycle Management) unterstützt Unternehmen dabei, den gesamten Lebenszyklus eines Produkts zu verwalten und zu optimieren. CAD steht für „Computer Aided Design" und bezeichnet die Nutzung von computergestützter Technologie zur Erstellung, Modifikation und Optimierung von technischen Zeichnungen und 3D-Modellen

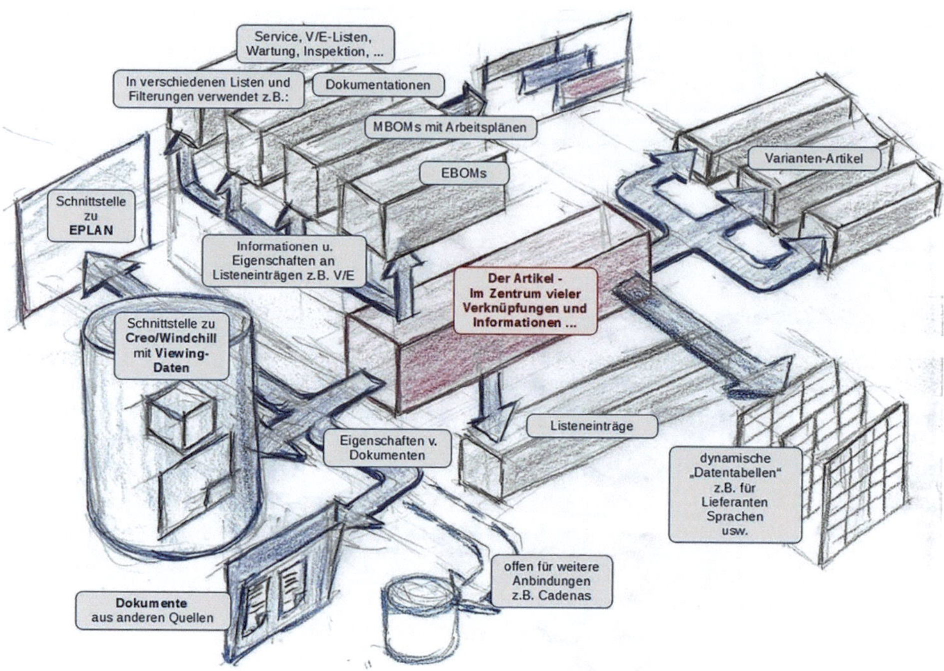

Abb. 18.12 Isometrische Darstellungen können, wie bereits angeführt, in allen Richtungen bei gleichen Bedingungen erweitert werden. Was, wie bei diesem Beispiel eines dreidimensionalen Datenflussdiagramms, sehr hilfreich ist. Bei etwas komplexeren Schemen fördern digitale Texte gegenüber handschriftlichen Anmerkungen die Klarheit der Skizze

18.5   Skizzieren unterstützt allgemein beim Denken

Ein leeres Blatt Papier und ein Stift sind immer gute Begleiter beim Nachdenken (s. Abb. 18.13). Durch die visuelle Komponente können Gedanken besser geordnet und Klarheit geschaffen werden.

Abb. 18.13
JA – DU – LIEBE – ZEIT

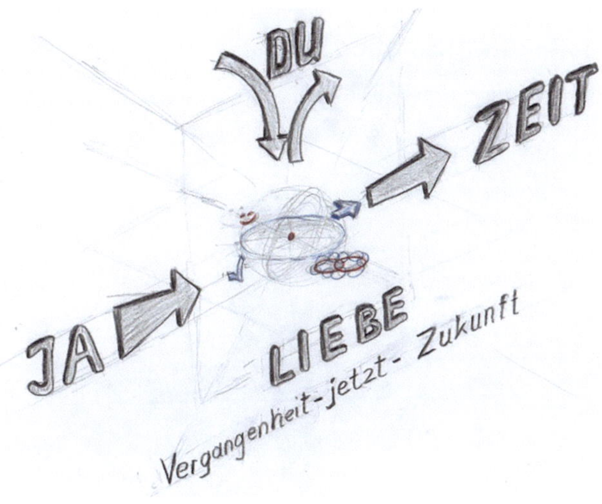

18.6 Ergänzende Beispiele als Anregung

Der Bedarf an ergänzenden Informationen in Skizzen ist so vielfältig wie das Skizzieren selbst. In den Abb. 18.14, 18.15, 18.16, 18.17, 18.18 und 18.19 sind ergänzend einige Beispiele als Anregung angeführt.

Mit 2D-Skizzen in Verbindung mit textuellen Beschreibungen können Lösungen effizient gefunden, dargestellt, analysiert und kommuniziert werden. Damit können bereits viele Themen mit anderen Personen, wie Kunden, Fertigung, Montage usw., abgestimmt werden, bevor mit der eigentlichen Konstruktion am CAD begonnen wird. Wenn, wie in Abb. 18.17 gezeigt, relativ viel Text in der Skizze ergänzt wird, bieten digitale Werkzeuge einige Vorteile. Umfangreichere Texte in einer Skizze wirken für den Betrachter in digitaler Form klar und übersichtlich. Siehe dazu auch Abschn. 3.3 „Digitale Werkzeuge".

Abb. 18.14
Sicherheitskonzept mit sensorischen Bereichen bei Annäherung an ein Automatisierungssystem. Die beschreibenden Texte am Boden folgen dabei der Perspektive

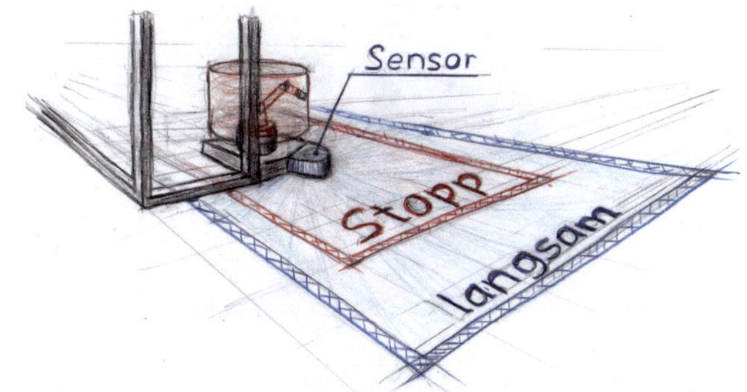

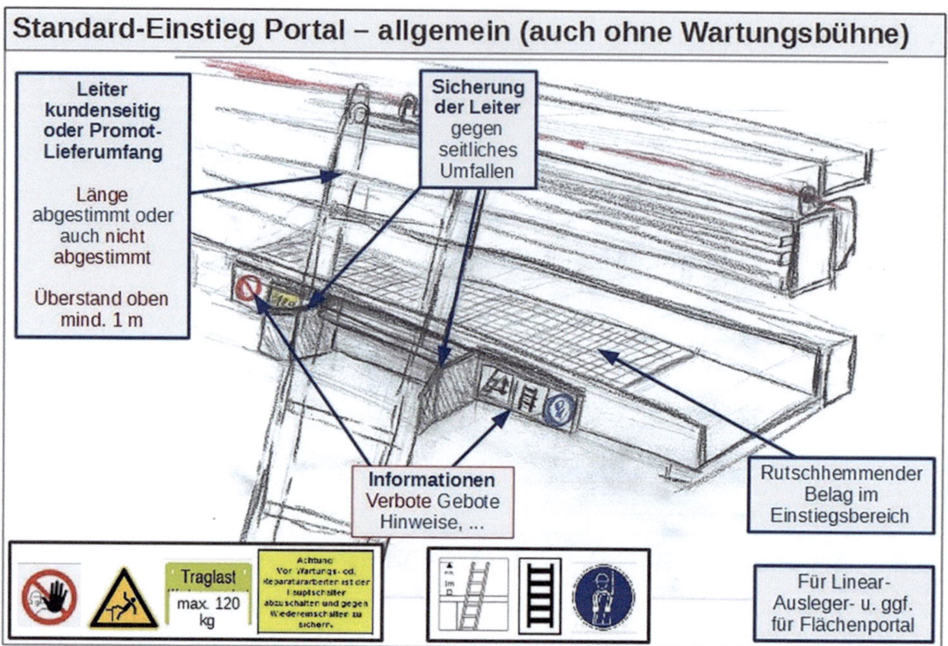

Abb. 18.15 Sicherheitseinstieg in Wartungsbereich von Portalroboter. Skizze in Zwei-Punkt-Perspektive kombiniert mit digitalen Texten und Grafiken. Kombinationen von manuellen Skizzen und digitalen Ergänzungen lassen Skizzen professionell wirken und sind bei der Präsentation von Ideen wirkungsvoll

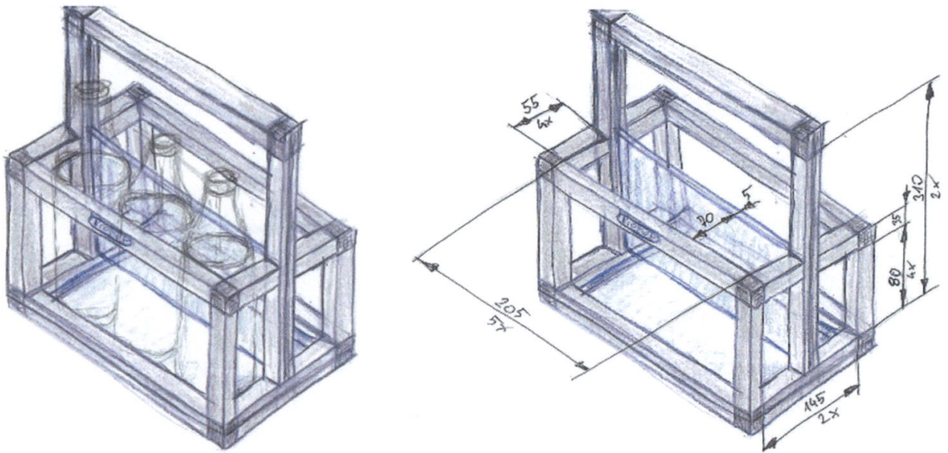

Abb. 18.16 Tragehilfe für Getränkeflaschen, bemaßt in isometrischer Darstellung

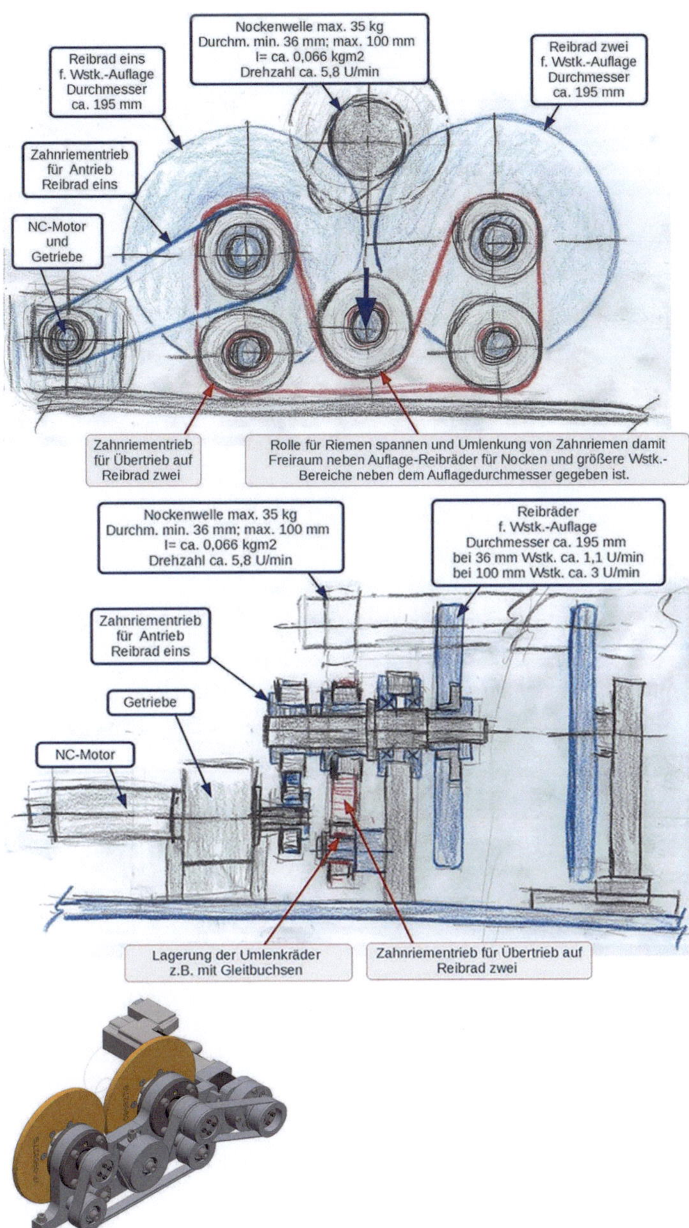

Abb. 18.17 Angetriebene Auflage für das rotatorische Positionieren von Nockenwellen. In diesem Fall konnte die Thematik durch 2D-Skizzen mit textuellen Beschreibungen so genau beschrieben werden, dass die wesentlichen Punkte bereits vor der Konstruktion am CAD-System abgestimmt werden konnten

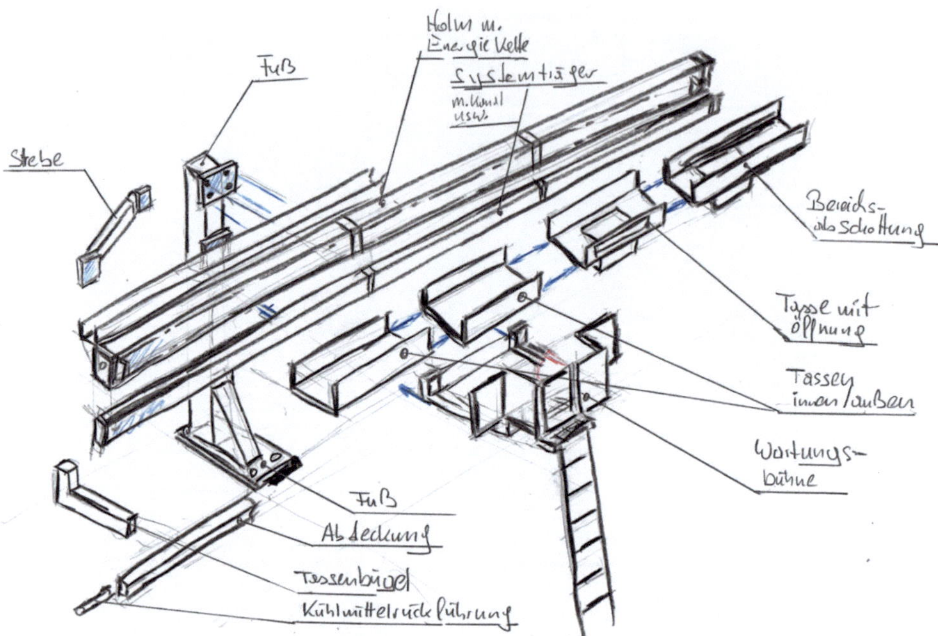

Abb. 18.18 Explosionsdarstellung eines Baukastensystems mit handschriftlicher Benennung der Komponenten

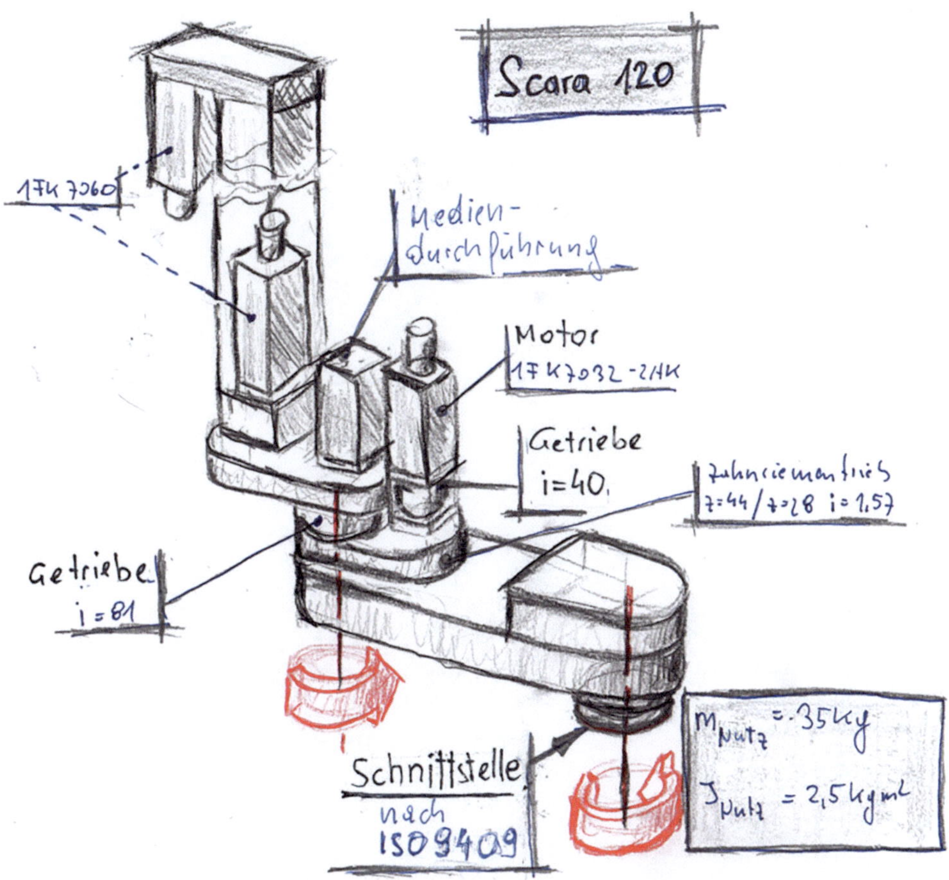

Abb. 18.19 Bewegungsmodul mit Scara-Kinematik, einer gelenkigen Roboterstruktur (s. z. B. auch Abb. 16.19). Die Scara-Kinematik kombiniert zwei senkrechte Drehachsen mit ebener Beweglichkeit – ideal z. B. für schnelle Pick-and-Place-Anwendungen. Auch mit einfach gehaltenen Skizzen und rudimentärer Beschriftung lassen sich bereits viele technische Details und Komponenten klären

18.7 Texte in Cartoons

Einige Cartoons kommen ganz ohne Worte aus – oft jedoch, wie in Abb. 18.20, 18.21 und 18.22, führt der Text gezielt zur Pointe. Dabei greifen die Zeichnungen verschiedenste Themen humorvoll auf und ermöglichen so einen ungewöhnlichen, oft überraschenden

Abb. 18.20 Die Risikobeurteilung ist ein strukturierter Prozess zur Erkennung von Gefahren, Bewertung der Risiken und Festlegung von Maßnahmen zur Risikominderung. Sie gewährleistet im Rahmen der CE-Zertifizierung die Sicherheit einer Maschine über ihren gesamten Lebenszyklus hinweg

Abb. 18.21 Nicht jedes Paket bringt eine freudige Überraschung – manchmal enthält es ein ganzes Maßnahmenpaket

Abb. 18.22 Smarte
Autowäsche im Frühling

Zugang zu fachlichen Inhalten. Die Ausführung der Skizze an sich kann dabei ggf. auch in den Hintergrund treten.

Texte in Cartoons erfüllen damit eine doppelte Funktion: Sie unterhalten – und regen gleichzeitig zum Nachdenken an. Auch das kann eine Stärke von Texten in Skizzen sein. Denn manchmal hilft ein humorvoller Zugang, ein Thema aus einer anderen Perspektive zu betrachten – und dadurch besser zu verstehen.

Ob als kurze Anmerkung, erklärende Bemaßung oder pointierter Cartoon – Texte in Skizzen leisten einen wichtigen Beitrag zum Verstehen, Interpretieren und Kommunizieren von Inhalten.

Kombinieren und vereinfachen von Darstellungen 19

In Kap. 2 „Theoretisch betrachtet – Verschiedene Darstellungsformen" wurden verschiedene Darstellungsformen erläutert. Jede dieser Darstellungsformen hat besondere Vorzüge. Um ein Objekt oder eine Situation ausreichend zu beschreiben, kann eine Kombination von Darstellungen sinnvoll sein. Insbesondere, wenn mehrere Skizzen erstellt und verglichen werden sollen, ist ein effizientes Skizzieren wichtig. In diesem Kapitel werden daher auch einige Tipps zu Vereinfachungen in Skizzen beschrieben.

19.1 Perspektiven und/oder 2D-Skizzen

Perspektivische und 2D-Darstellungen ergänzen sich hervorragend für umfassende Beschreibungen. Manchmal ist es ein Prozess von einfacheren Normalrissen zu einer perspektivischen Darstellung. Es kann aber auch umgekehrt hilfreich sein, aus einer perspektivischen Skizze Details, Funktionen, Abläufe usw. in 2D-Skizzen ergänzend hervorzuheben.

Vorwiegend bei fachspezifischen Themen ist folgender Effekt zu beobachten: Für den Ersteller der Skizze, welcher fachlich im Detail versiert ist, ist mit einfachen 2D-Skizzen alles klar. Für den Betrachter hingegen sind für das Verständnis ergänzende perspektivische Skizzen erforderlich (s. Abb. 19.1).

Beim Skizzieren immer auch an die Zielgruppe denken. Welche Darstellungen benötigen die Betrachter, um die gewünschten Informationen verstehen zu können.

© Der/die Herausgeber bzw. der/die Autor(en), exklusiv lizenziert an Springer Fachmedien Wiesbaden GmbH, ein Teil von Springer Nature 2025
P. Gruber, *Technisches Skizzieren für alle*, https://doi.org/10.1007/978-3-658-49618-0_19

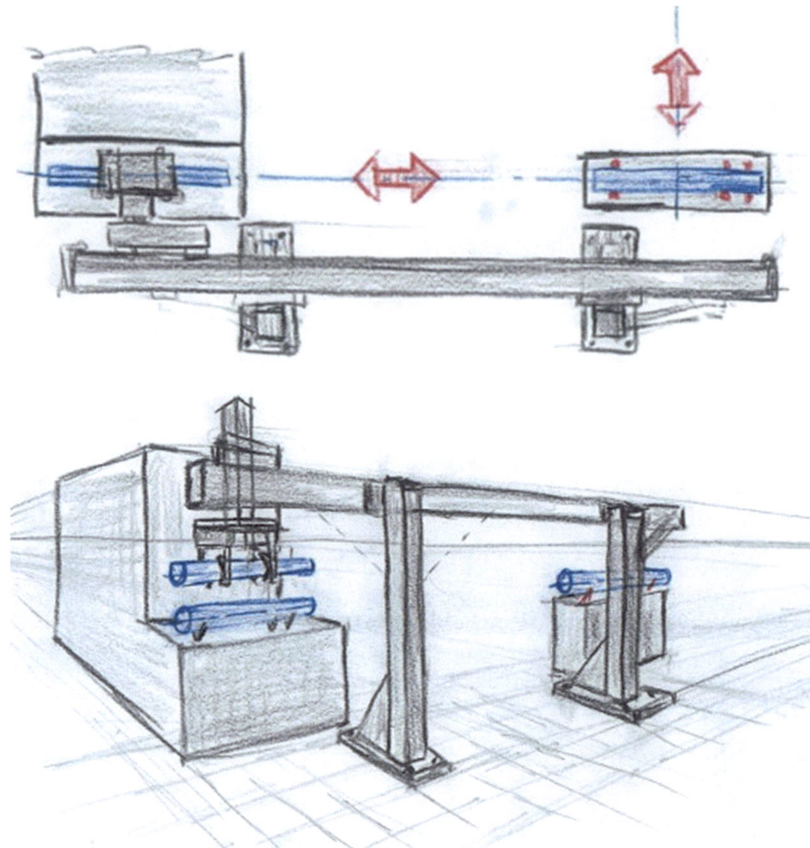

Abb. 19.1 Portalroboter mit „Pick and Place Funktion" zwischen Maschine und Station. Für Mitarbeiter, welche aktiv am Projekt arbeiten, mag die 2D-Skizze vielleicht das Wesentliche aussagen. Durch die Pfeile ist ergänzend der Materialfluss beschrieben. Für andere Betrachter wie Kunden ist die 2D-Skizze eventuell zu wenig verständlich. In Kombination der beiden Skizzen ist das Objekt verständlich beschrieben

Die Wirkung und die Informationen der verschiedenen Darstellungsformen können unterschiedlich sein. Beim Beispiel eines Manipulators in Abb. 19.2 werden diese wie folgt verwendet:

- Zwei-Punkt-Perspektive: Eindruck der Größenverhältnisse, Grundform, Bedienung usw.
- Isometrie: Darstellung der Freiheitsgrade
- Normalriss: Schnittansicht mit Details und textuellen Beschreibungen

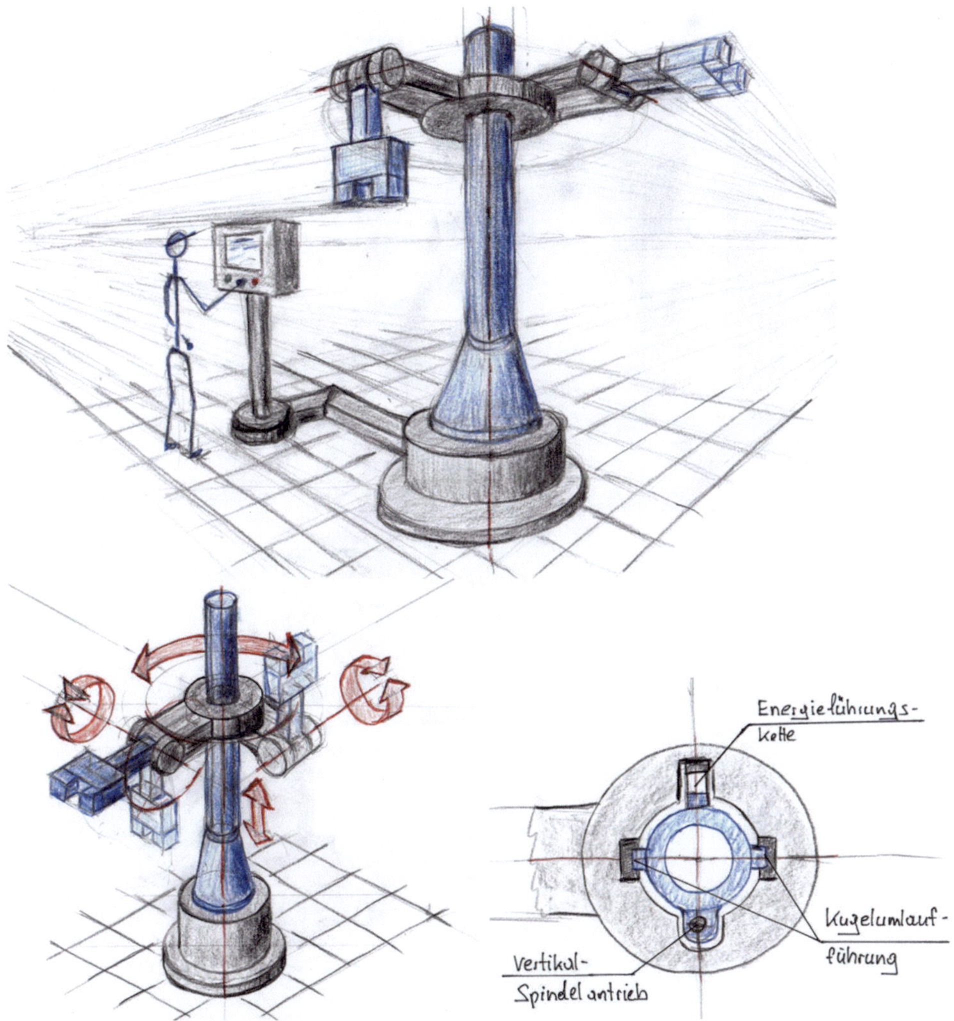

Abb. 19.2 Manipulator mit mehreren Darstellungsformen beschrieben

Auch wenn ein Objekt durch Normalansichten an sich ausreichend beschrieben ist, ist eine ergänzende perspektivische Darstellung für den Betrachter unterstützend (s. Abb. 19.3).

Besonders wenn man neue Ideen und Konzepte „verkaufen" will, ist es wichtig, den Betrachter zu erreichen. Auch wenn die Gedanken und Skizzen noch sehr „roh" sind, kann man mit Kombinationen von Darstellungen bereits vieles an Information vermitteln (s. Abb. 19.4 und 19.5). Siehe dazu auch Kap. 21 „Zielgruppen erreichen und begeistern".

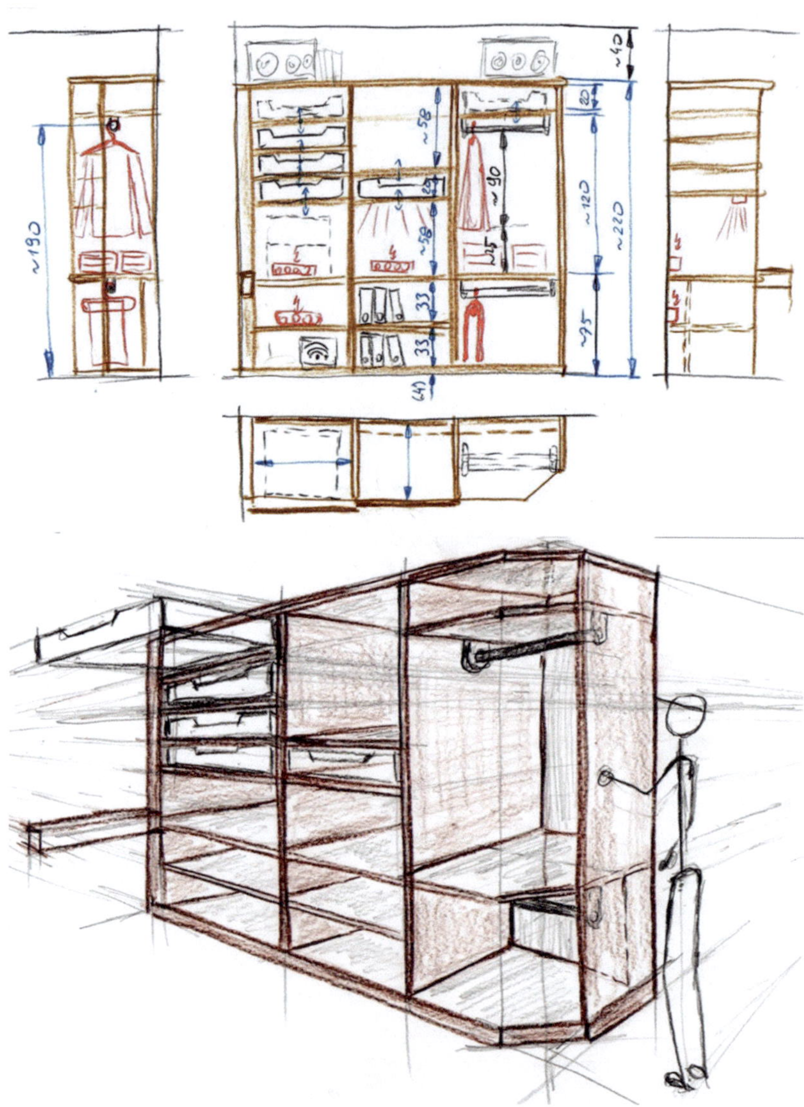

Abb. 19.3 Schrank in bemaßter 2D-Skizze und ergänzend in Zwei-Punkt-Perspektive. *Anmerkung:* Wie schon in Kap. 3 „Werkzeuge, Material und nützliche Hilfsmittel" angeführt, sieht man auch hier, dass dunklere Farben besser für das Skizzieren geeignet sind, da die Linien besser und klarer dargestellt werden

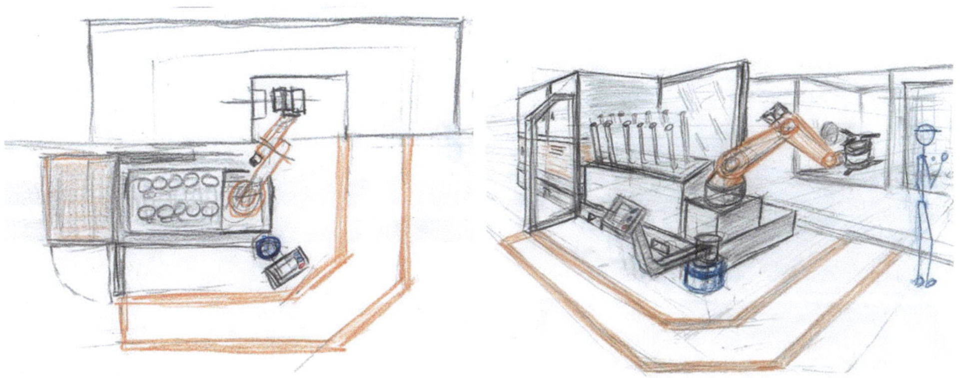

Abb. 19.4 Roboterzelle zum Beladen einer Drehmaschine mit Magazin und Sicherheitslaserscanner

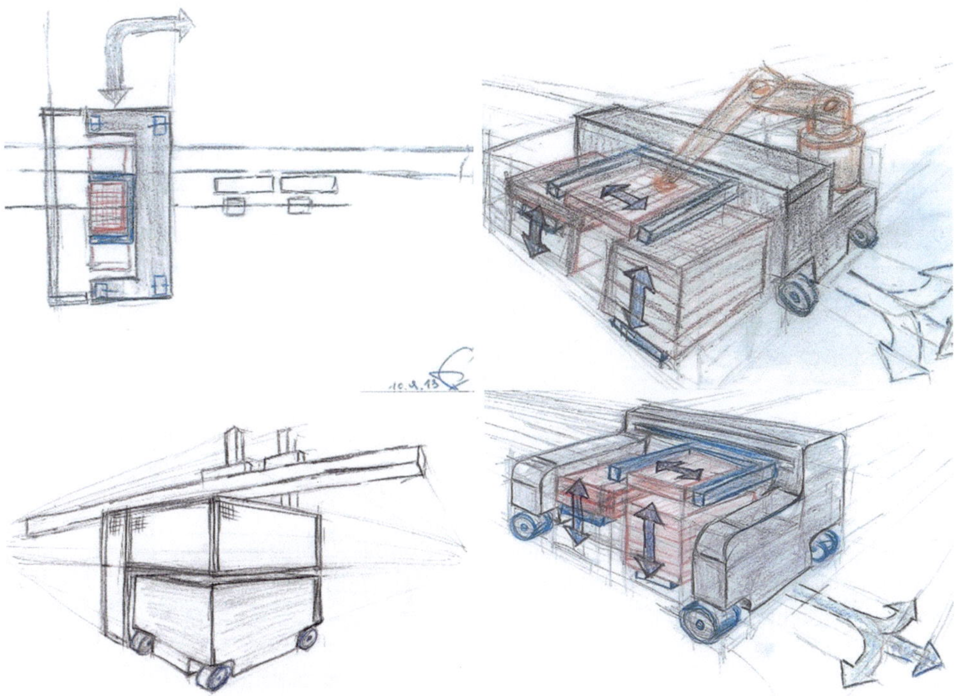

Abb. 19.5 Transportsystem mit integriertem Stapelsystem und optional mitfahrenden Roboter

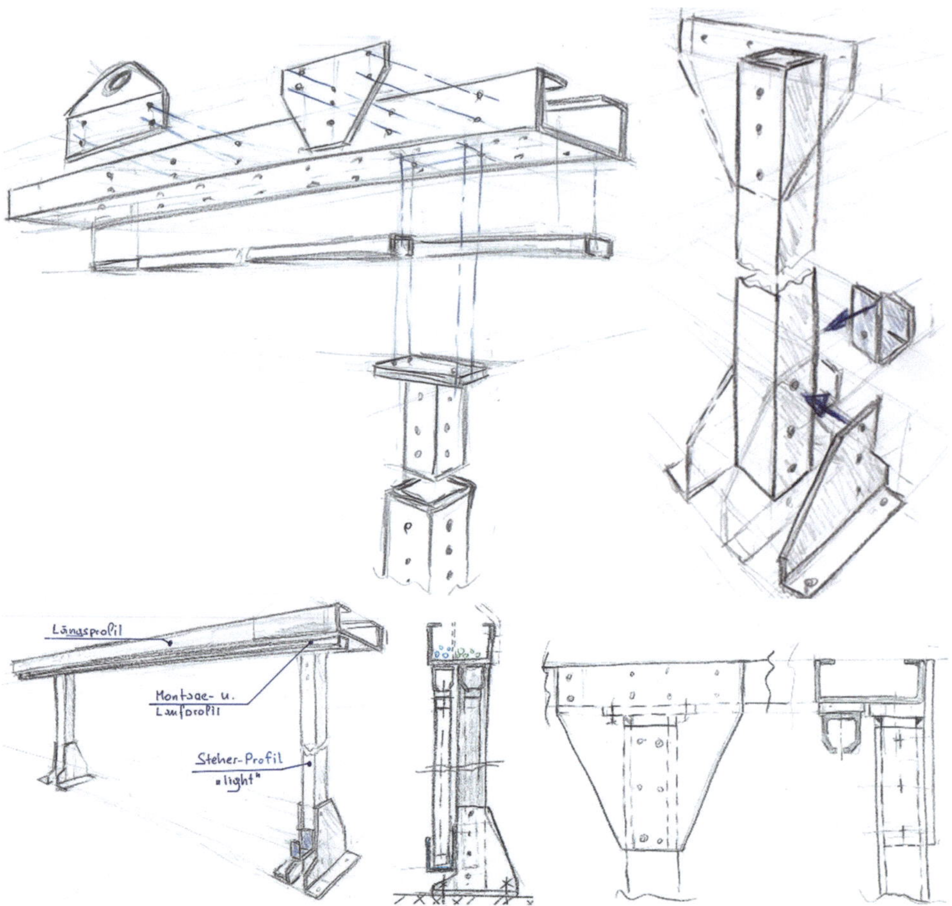

Abb. 19.6 Basisgestell für die Aufnahme von Schutzelementen. Beschrieben durch Übersichts- und Detailansichten, ergänzt mit Explosionsdarstellungen

Aber nicht nur für grobe Konzepte, auch für das Erarbeiten von Detaillösungen sind Kombinationen von verschiedenen Skizzen sehr hilfreich, z. B. auch in Form von Explosionsansichten (s. Abb. 19.6).

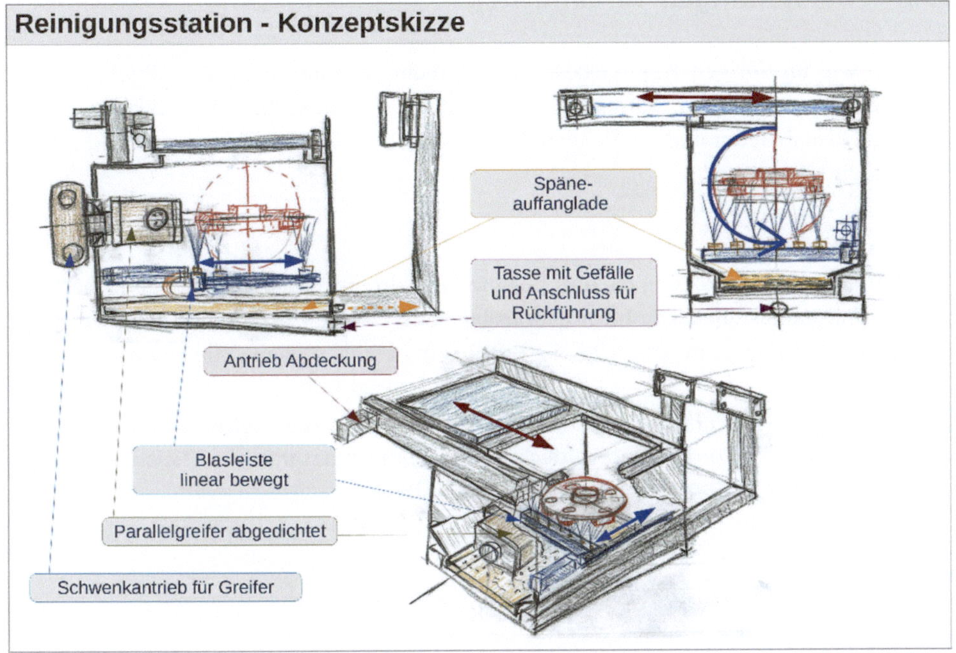

Abb. 19.7 Konzept für Reinigungsstation. Umfangreiche Beschreibung durch Darstellungen in 2D und 3D ergänzt mit digitalen Anmerkungen

2D-Skizzen in Verbindung mit perspektivischer Skizze und digitalen Notizen sind Kombinationen, welche in Summe sehr aussagekräftig sind (s. Abb. 19.7).

19.2   Darstellungen vereinfachen

Werden, wie im vorigen Kapitel beschrieben, mehrere Skizzen für ein Objekt benötigt, oder möchte man mehrere Varianten vergleichen (s. Abschn. 20.2 „Mit Skizzen effizient Varianten visualisieren und vergleichen"), ist es wichtig Skizzen vereinfacht und effizient erstellen zu können.

Profile vereinfachen

Eine hilfreiche Vereinfachung ist zum Beispiel, Profilrohre von Gestellen nur als hervorgehobene Linie darzustellen. Der Informationsgehalt der Skizze wird dadurch kaum verringert, insbesondere wenn wie in Abb. 19.8 die Profilform in einer anderen Ansicht dargestellt ist.

▶   **Tipp** Durch das einfache Unterbrechen von Profilen u. dgl., welche von anderen Geometrien im Vordergrund verdeckt werden, unterstützt man die Lesbarkeit der Skizze (siehe perspektivische Ansicht in Abb. 19.8).

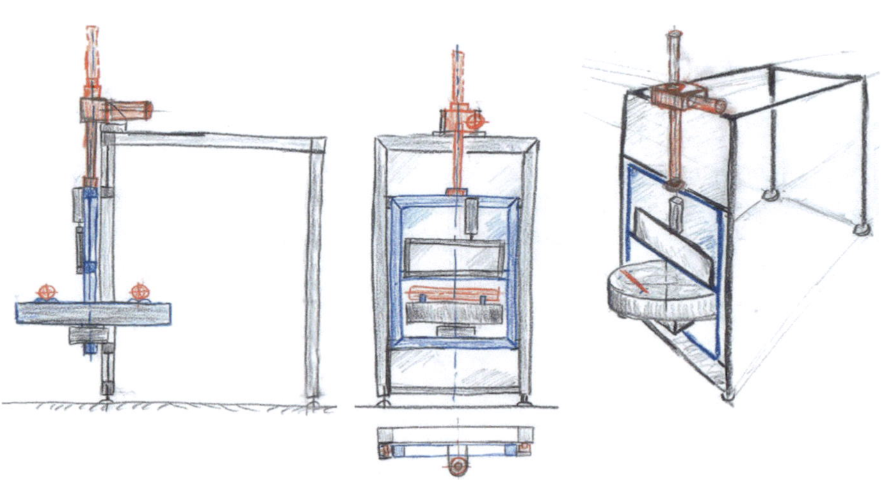

Abb. 19.8 Konzept für Prüfstation mit höhenverstellbarem Drehtisch. Vereinfachte Darstellung des Grundgestelles in der perspektivischen Ansicht. Profilrohre werden nur als dicker Strich dargestellt

Dünne Körper vereinfachen

Wie schon im Abschn. 15.1 „Pfeile" angeführt, ist es effizient, die Stirnflächen von dünnen Körpern vereinfacht als stärkere Linien hervorzuheben (s. Abb. 19.9, 19.10 und 19.11).

Das Vereinfachen bringt besonders bei Teilungen und Mustern eine große Effizienzsteigerung (s. Abb. 19.11). Bei der Vereinfachung in dieser Art ist ein dickerer Filzstift für die stark ausgezogenen Linien hilfreich.

Reduktion auf das Wesentliche im entsprechenden Kontext

Je nach Zweck der Skizze und dem Vorwissen der Zielgruppe können Darstellungen – wie in Abb. 19.12 – stark vereinfacht und auf das Wesentliche reduziert werden. Dies ist insbesondere dann sinnvoll, wenn eine Abstimmung zwischen Personen erfolgt, die über ein gemeinsames fachliches Verständnis verfügen – nicht aber, wenn die Skizze für eine allgemeine Zielgruppe gedacht ist.

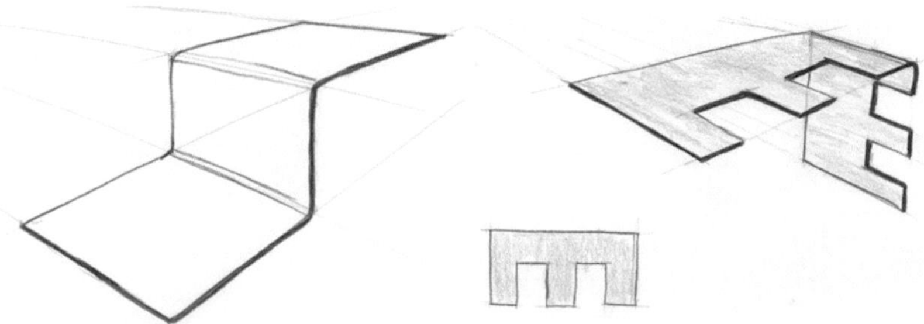

Abb. 19.9 Die Stirnflächen der Blechteile werden nur als dicke Linien dargestellt

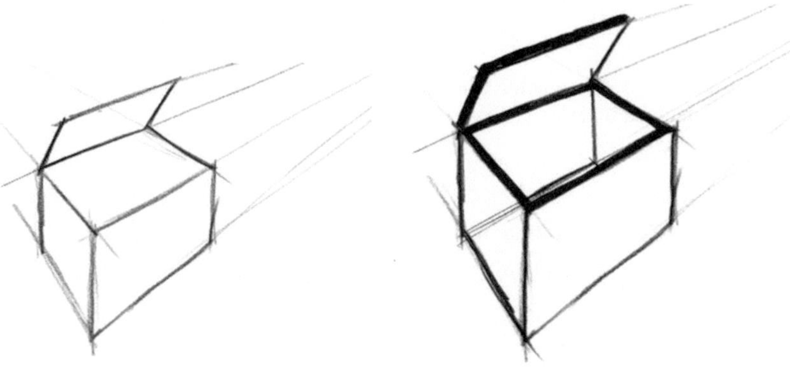

Abb. 19.10 Durch das Hervorheben und Ergänzen einiger wenigen Linien wird aus dem vollen Körper schnell und einfach eine Kiste mit Deckel

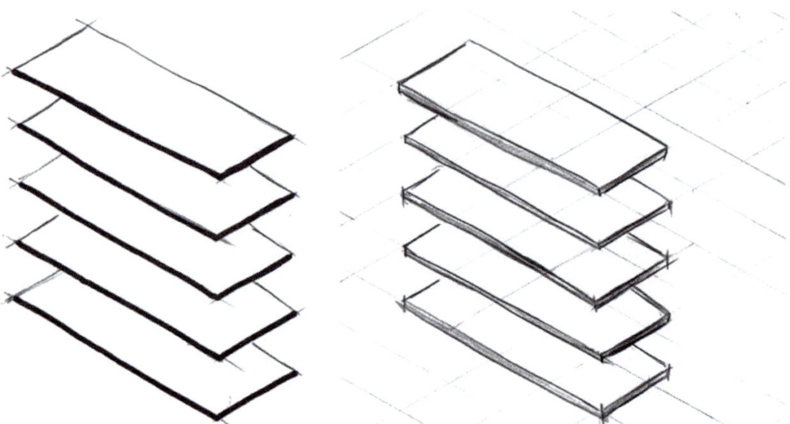

Abb. 19.11 Vergleich von vereinfachter und nicht vereinfachter Darstellung bei Muster

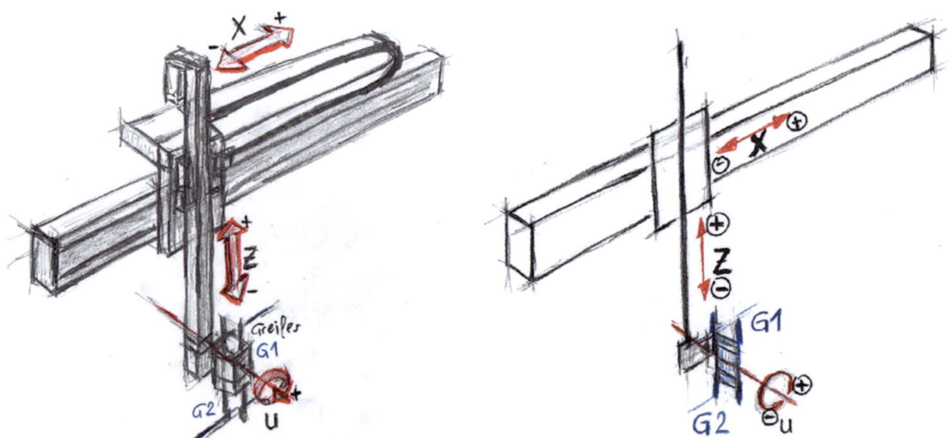

Abb. 19.12 Schematisch vereinfachte Darstellung von Bewegungseinheiten. Ziel ist es, die Bewegungsachsen zu benennen und darzustellen

Einfache 2D-Skizzen

Auch einfache 2D-Skizzen sollen möglichst klar und ansprechend ausgeführt werden. Das Ausfüllen von Flächen und saubere Beschriftungen sind dabei wichtige Elemente (s. Abb. 19.13).

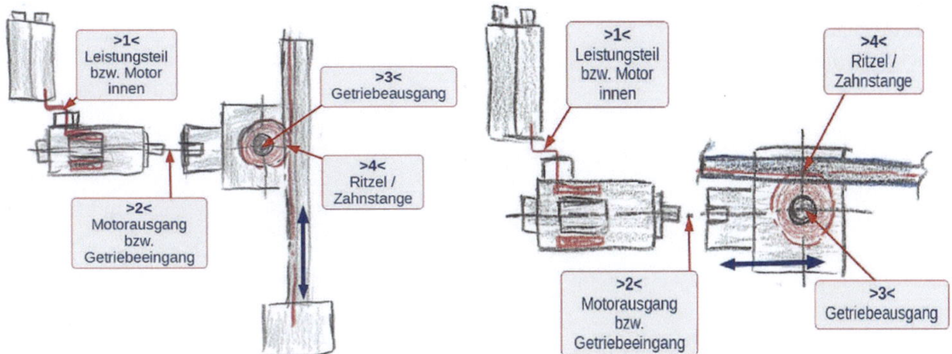

Abb. 19.13 Vereinfachte schematische Darstellung eines vertikalen und horizontalen Zahnstangen-
triebes

Skizzieren heißt zu vereinfachen. Je nach Aufgabe und Situation ist es unterschiedlich, welcher Detaillierungsgrad sinnvoll oder ausreichend ist, um die wichtigsten
Aussagen der Skizze gut darzustellen.

19.3   Sichtbare und verdeckte Bereiche kombinieren

Viele Objekte verbergen wichtige Informationen im Inneren (siehe z. B. Abb. 19.14). Um
diese darzustellen, ist es wichtig, auch einen Blick auf wesentliche Elemente im Hintergrund zu ermöglichen. Dafür gibt es beim Skizzieren verschiedene Möglichkeiten. Eine
einfache Methode ist es, wie z. B. in Abb. 8.3, für das Verständnis wichtige Hilfslinien hervorzuheben. Klassisch in der Technik ist die Darstellung unsichtbarer Linien in
strichlierter Form (vgl. Abb. 8.16). Einen konstruktiven Ansatz zeigt Abschn. 16.6.1 mit
dem Einschneideverfahren für isometrische Perspektiven. Weitere Darstellungsvarianten
werden nachfolgend erläutert.

In der Technik sind Schnittdarstellungen in Normalansichten eine gängige Methode
zur Darstellung von Innenbereichen (siehe Abb. 19.15).

▶   **Tipp** Damit Schraffuren parallel verlaufen, kann die Verwendung eines Lineals
hilfreich sein.

Schnittflächen können auch in perspektivischen Darstellungen gezeigt werden (siehe
Abb. 19.16).

Abb. 19.14 Außenansicht
eines mechatronischen Zug-/
Druckelements

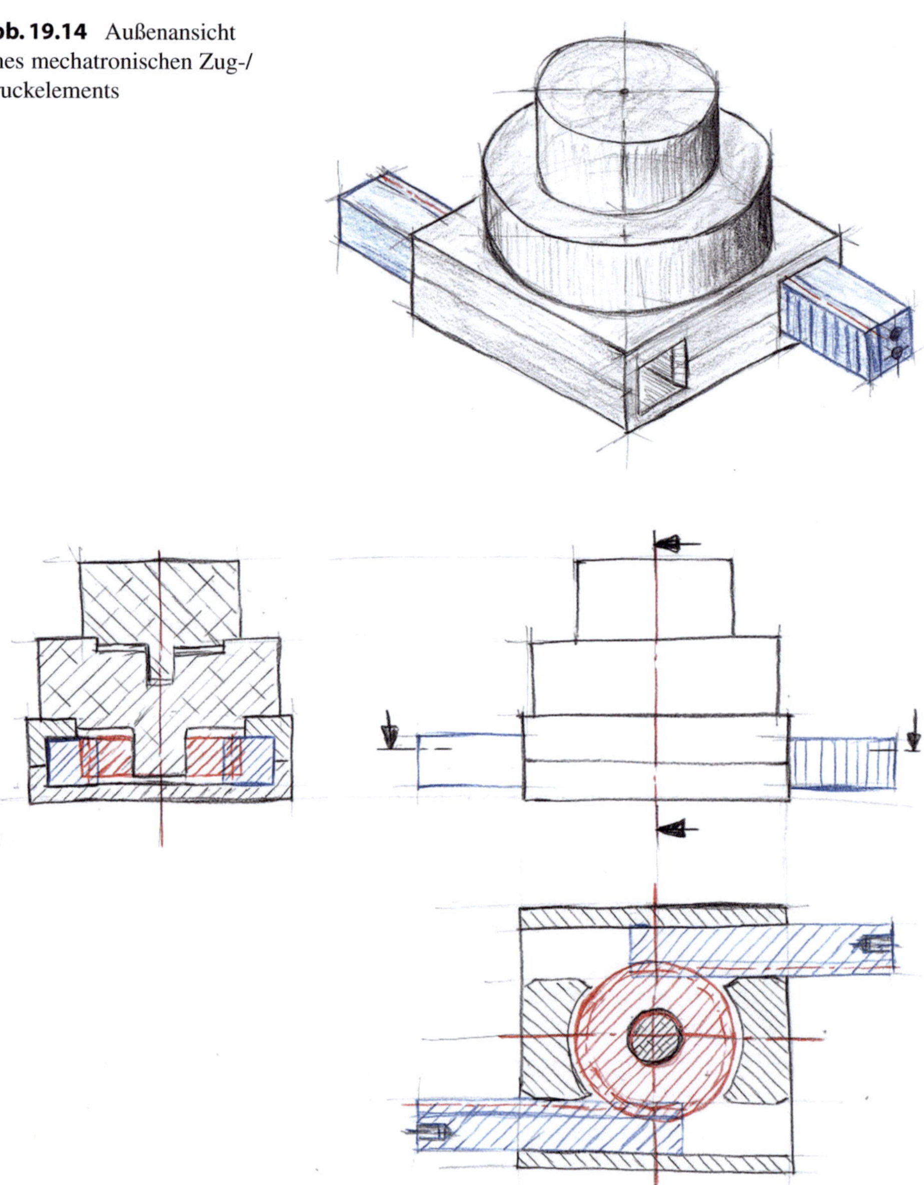

Abb. 19.15 Normalansichten mit Schnittdarstellungen

Abb. 19.16 Schnittfläche in
isometrischer Perspektive

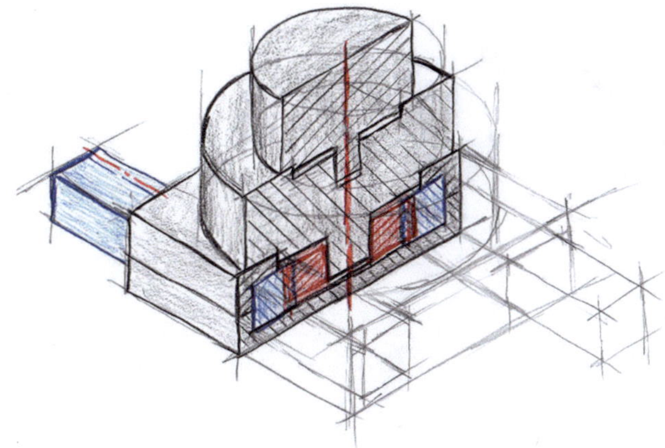

Schnitte müssen nicht die gesamte Baugruppe betreffen – es können gezielt nur einzelne Teile geschnitten werden. Welche Körper geschnitten sind, erkennt man an den Schraffuren (siehe Abb. 19.17).

Anstelle definierter Schnittflächen kann ein Bereich auch aufgebrochen werden, etwa entlang einer freien Bruchlinie. Dabei entstehen keine klaren Schnittflächen und somit auch keine Schraffuren (siehe Abb. 19.18).

Eine weitere Möglichkeit ist die transparente Darstellung von Bauteilen, um innere Elemente hervorzuheben (siehe Abb. 19.19). Dabei sollte man mit den Bereichen beginnen, die betont werden sollen, und die anderen Bauteile entsprechend transparenter darstellen.

Für eine verständliche Gesamtansicht ist oft eine Kombination aus Außenansichten und Ansichten mit verdeckten Bereichen sinnvoll (siehe Abb. 19.20).

Abb. 19.17 Ansicht mit nur
teilweise geschnittenen
Körpern

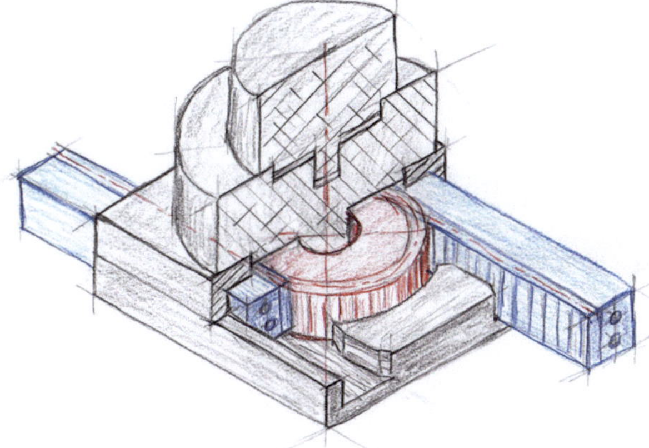

Abb. 19.18 Baugruppe mit
aufgebrochenem Bereich
entlang einer freien Bruchlinie

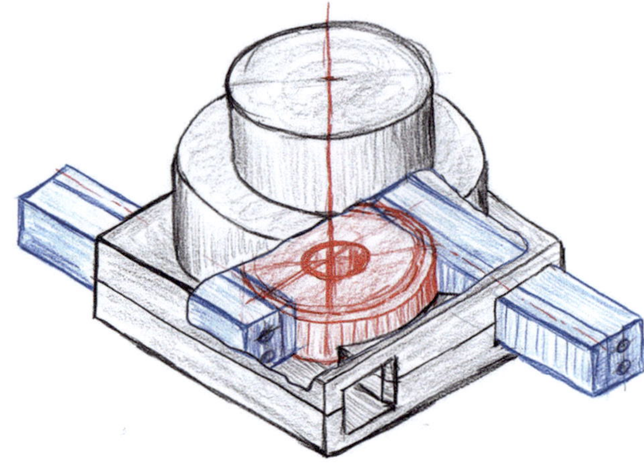

Abb. 19.19 Darstellung mit
unterschiedlich transparenten
Bauteilen

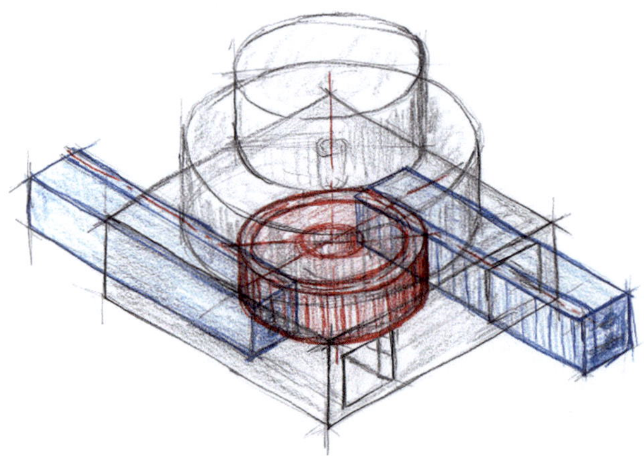

Anmerkung

Das Durchpausen ist eine hilfreiche Technik (siehe Abschn. 3.2.2 „Optionen zu Materialien und Anmerkungen zu Farben"). Beim Erstellen der Skizzen in diesem Abschnitt
wurde diese Methode intensiv genutzt. Teilweise wurden Elemente aus mehreren Skizzen
durch Durchpausen kombiniert. Es ist dabei vorteilhaft, wenn sich die Skizzen stets an
derselben Stelle auf dem Blatt befinden.

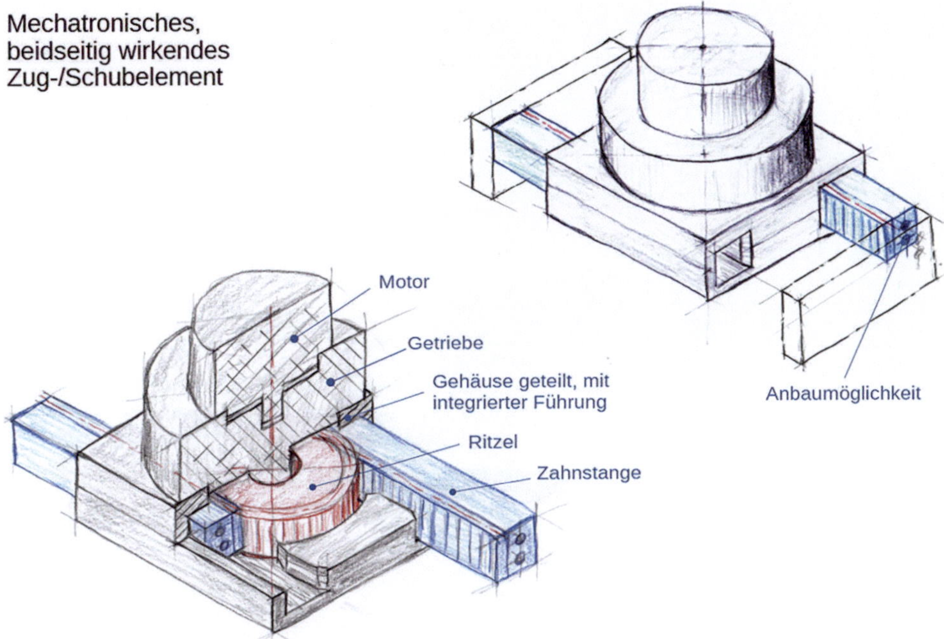

Abb. 19.20 Kombination verschiedener Darstellungen mit Beschreibung

Skizzieren – Denken mit dem Stift: Kreativität fördern, Entscheidungen vorbereiten

Skizzieren ist mehr als ein Werkzeug zur Darstellung – es ist ein aktiver Teil des Denkens. Wer skizziert, bringt Gedanken in Bewegung, entdeckt neue Zusammenhänge und erkennt frühzeitig Unterschiede zwischen Lösungsansätzen. Gerade in frühen Entwicklungsphasen – bei der Ideenfindung und beim Vergleich von Varianten – ist das Skizzieren ein einfaches, aber wirkungsvolles Mittel. Es verbindet technisches Verständnis mit Kreativität – und schafft eine gemeinsame visuelle Grundlage für Reflexion, Diskussion und Entscheidungen (siehe dazu auch Kap. 1 „Skizzieren als ganzheitliche Tätigkeit").

Skizzieren fördert Kreativität, macht Gedanken sichtbar und hilft, bessere Entscheidungen zu treffen.

20.1 Das Skizzieren im Produktentstehungsprozess

Im Sinne seiner gestalterischen und analytischen Stärke kann das Skizzieren gezielt in Konstruktions-, Produktentwicklungs- oder Entscheidungsprozesse einbezogen werden. Das Skizzieren ist vorwiegend für den Anfang des Konstruktions- und Produktentwicklungsprozesses geeignet (Stichwort „Frontend"). In Abb. 20.1 ist beispielhaft ein Konstruktionsprozess mit Einbindung des Skizzierens dargestellt.

Besonders am Anfang einer Produktentwicklung ist es wichtig, dass man mit wenig Aufwand und Kosten noch flexibel und offen in der Lösungsfindung ist. In dieser Phase wird ein wesentlicher Anteil der Produkteigenschaften und der Kosten beeinflusst. Wenn ein Produkt bereits im CAD konstruiert wird, sind Änderungen erfahrungsgemäß mit mehr Aufwand verbunden.

P. Gruber, *Technisches Skizzieren für alle*, https://doi.org/10.1007/978-3-658-49618-0_20

Abb. 20.1 Beispiel eines Konstruktionsprozesses. Skizzieren als effizientes Werkzeug, um an wichtigen Entscheidungspunkten (siehe z. B. Pfeil) Lösungsvarianten zu visualisieren und zu vergleichen

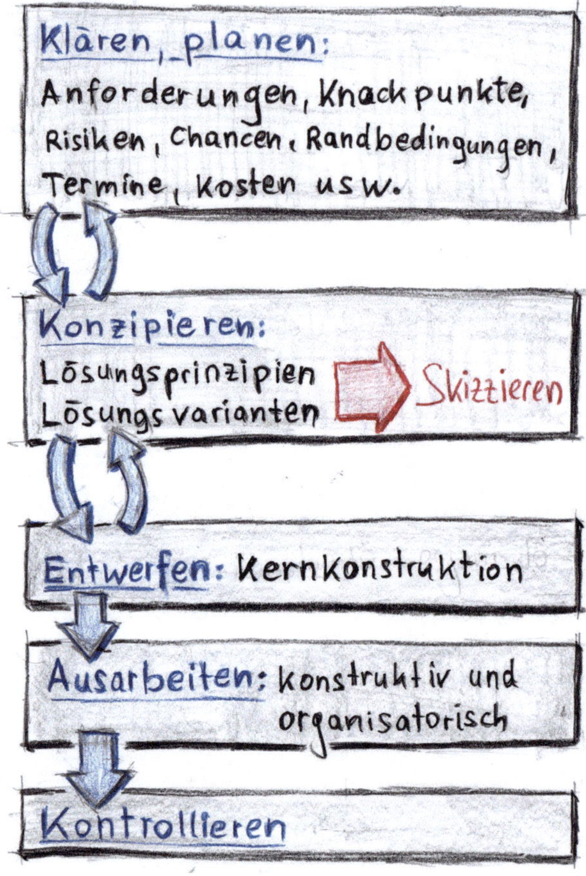

Das Skizzieren kann ein wesentlicher Beitrag zum wirtschaftlichen Gelingen eines Produktes sein.

20.2 Mit Skizzen effizient Varianten visualisieren und vergleichen

Das visuelle Vergleichen von Lösungsvarianten ist ein wesentlicher Aspekt des kreativen Skizzierens.

Es können einfache Teile, Baugruppen, Funktionen bis hin zu ganzen Systemen verglichen werden. Die Abb. 20.2, 20.3, 20.4, 20.5, 20.6, 20.7 und 20.8 zeigen verschiedene Anwendungen aus der Technik.

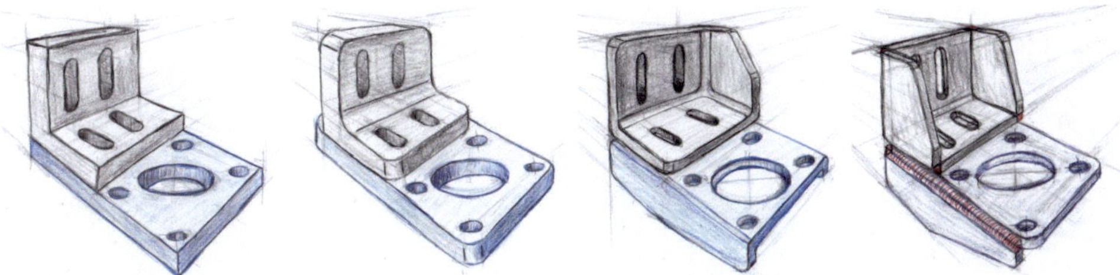

Abb. 20.2 Zweiteilige Winkelkonstruktion in verschiedenen Ausführungs- und Fertigungsvarianten

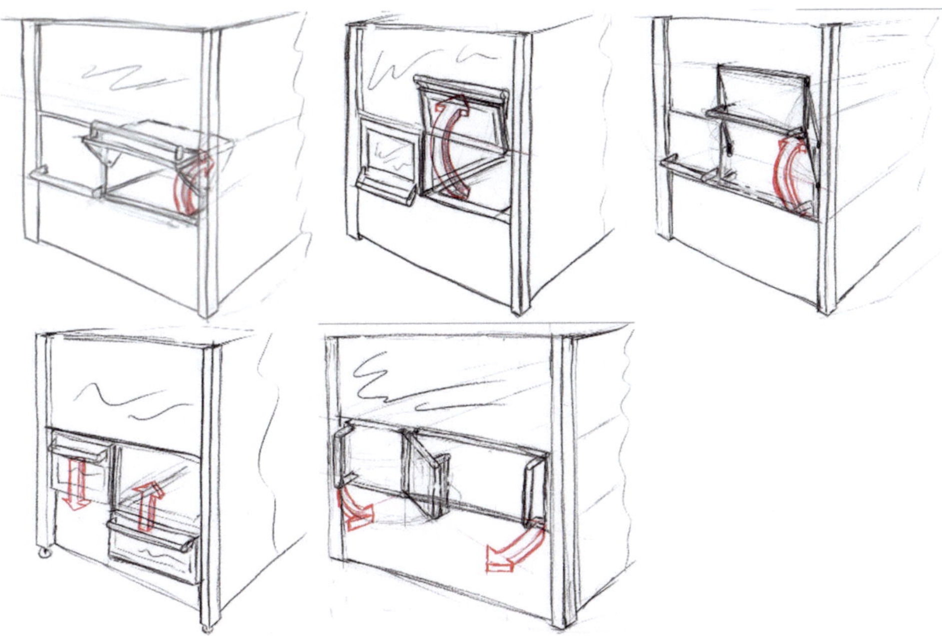

Abb. 20.3 Schutztür mit verschiedenen Öffnungsmechanismen

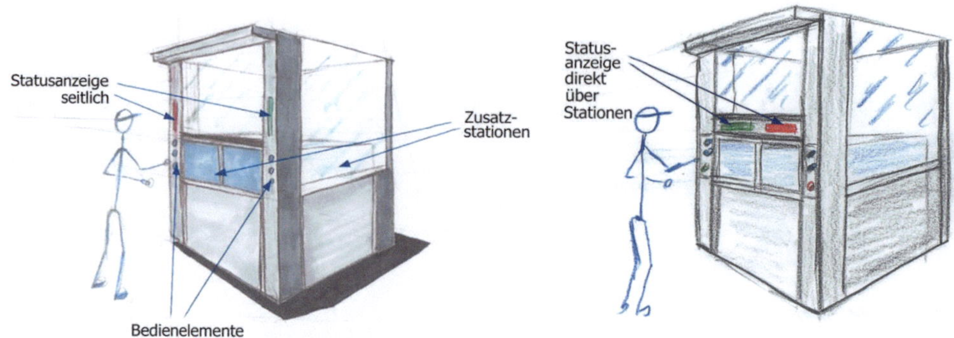

Abb. 20.4 Vergleich von Statusanzeige in Verbindung mit Bedienkonzept

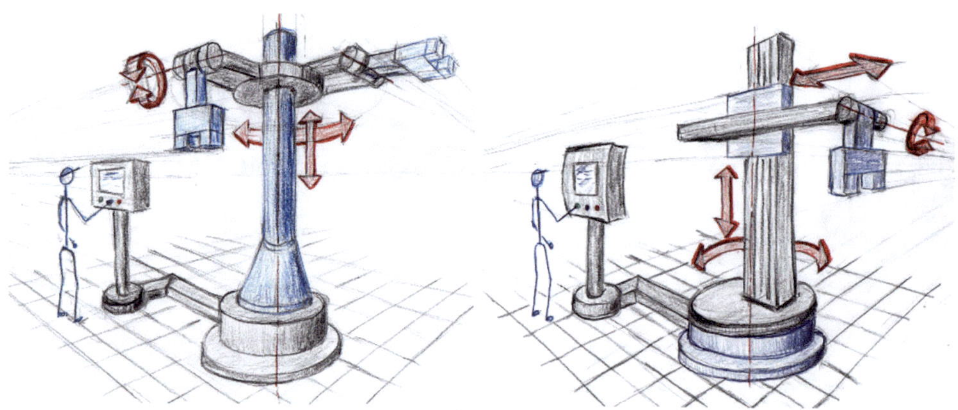

Abb. 20.5 Vergleich von 3-Achs- und 4-Achs-Roboter mit verschiedenen Bewegungsmechanismen

Die Abb. 20.6 und 20.7 zeigen, dass Lösungen in Tabellen eingebunden, und mit anderen Grafiken und Fotos kombiniert werden können. Bei diesen beiden Beispielen geht es nicht um den genauen Inhalt, sondern um die Methode, Varianten strukturiert zu analysieren und zu vergleichen.

Zugriffsschutz in den inneren Bereich von Zusatzstationen				
Lösungsvarianten:	Klapptür und automatischer Schutztunnel	Tür und automatische Schiebeabdeckung	Schutzblende am Auszug und automatischer Klappdeckel	Tür und automatische Tunnelklappe
Skizzen:	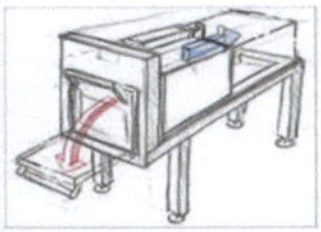	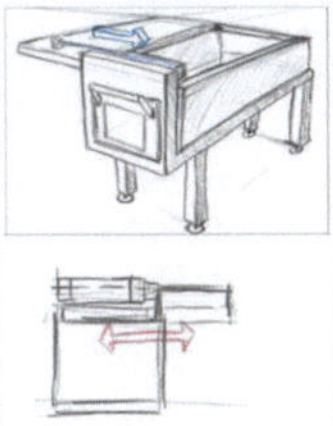	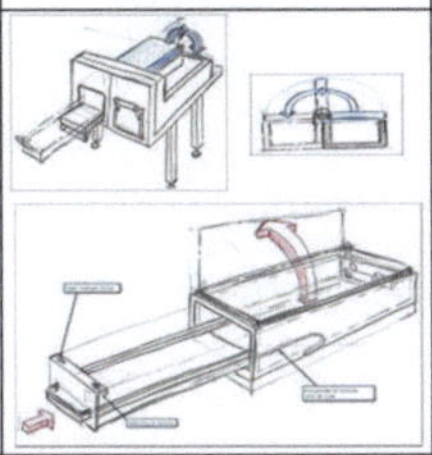	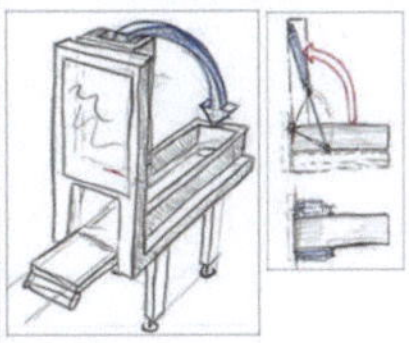
Vorteile:	Zugriff für Automation seitlich frei Antrieb einfach	Großteil der Tiefe nutzbar Antrieb einfach	Großteil der Tiefe nutzbar Kinematik einfach und kann für Einzel- und Zweifachladen angewendet werden	Großteil der Tiefe nutzbar u. Seitlich keine Störkonturen Kinematik kann für Einzel- und Mehrfachladen angewendet werden
Nachteile:	Nicht geeignet, wenn Großteil der Tiefe nutzbar sein soll	Zugriff für Automation seitlich nicht frei und Platzbedarf bei Einzelladen	Störkontur bei Einzelladen und Zugriff für Automation seitlich nicht frei	Antrieb für Deckel aufwendig, Störkonturen

Abb. 20.6 Systematische Vergleichstabelle von Schutzmechanismen

Abb. 20.8 zeigt den Baugruppenvergleich einer Reinigungsstation für Kurbelwellen in zwei Varianten. Dieses Beispiel soll zeigen, dass mithilfe einer Kombination von mehreren Skizzen in Verbindung mit entsprechenden Beschreibungen, Lösungen schon sehr detailliert verglichen und bewertet werden können, ohne dass eine CAD-Konstruktion erstellt werden muss.

Anmerkung Wie schon mehrfach angeführt, kann beim Erstellen von Varianten Durchpausen eine einfache aber effiziente Unterstützung sein.

Lösungsvarianten: Gestellsysteme für Roboterzellen			
Kurzbeschreibung von Lösungsvariante:	Gestell geschweißt - Verkleidungselemente verschraubt	Bodenmodul mit vormontierten ganzen Wandelementen	Wandelement aus Einzelteilen am Formrohrrahmen montiert
Eigenschaften:	Mögliche Ausführungen: + ohne Tasse + Tasse ohne Sumpf am Boden + Tasse mit Sumpf geschweißt	Wandelemente vormontiert mit Schutzelementen, Türen usw. Bodenmodul – je nach Ausführung mit oder ohne Tassen. Ohne Tassen: Wandelemente am Boden verschraubt.	Montage der Schutzelemente an Standardprofile. Grundrahmen aus Formrohren am Boden verschraubt.
verschiedene Visualisierungen: *z. B.:* *CAD-Darstellung* *Skizzen* *Fotos*	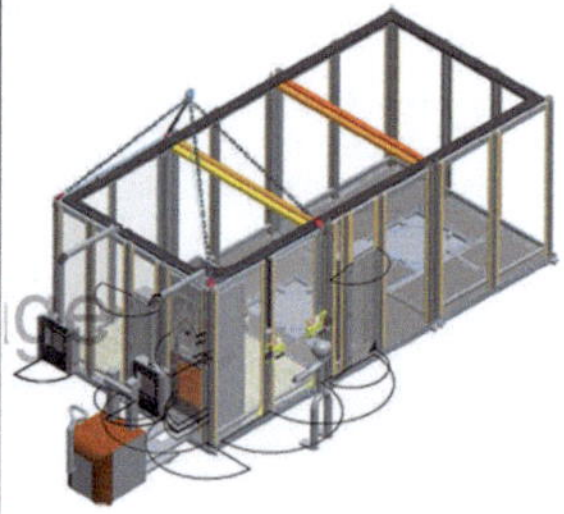	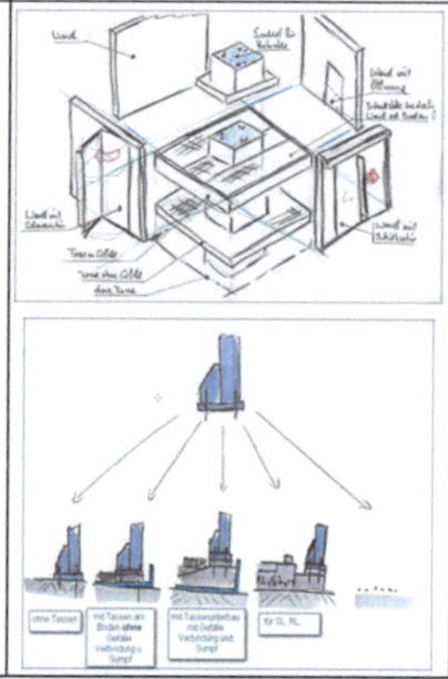	

Abb. 20.7 Systematische Vergleichstabelle von Schutzverkleidungen für Roboterzellen

20.3   Morphologischer Kasten (Zwicky-Box)

Wie bereits in Kap. 1 beschrieben, ist das Skizzieren durch den Kreislauf von „Tun > Sehen > Tun" eine Kreativitätstechnik für sich.

Der morphologische Kasten ist eine systematische Kreativitätstechnik nach dem Schweizer Astrophysiker Fritz Zwicky (1898–1974). Der Begriff morphologisch leitet sich vom griechischen morphé = Gestalt oder Struktur ab und beschreibt die systematische Betrachtung der Struktur eines Problems. Die mehrdimensionale Matrix bildet das Kernstück der morphologischen Analyse. Das Skizzieren hilft beim schnellen Visualisieren der Lösungen für die einzelnen Teilfunktionen, welche für verschiedene Lösungsvarianten kombiniert werden können (s. Abb. 20.9).

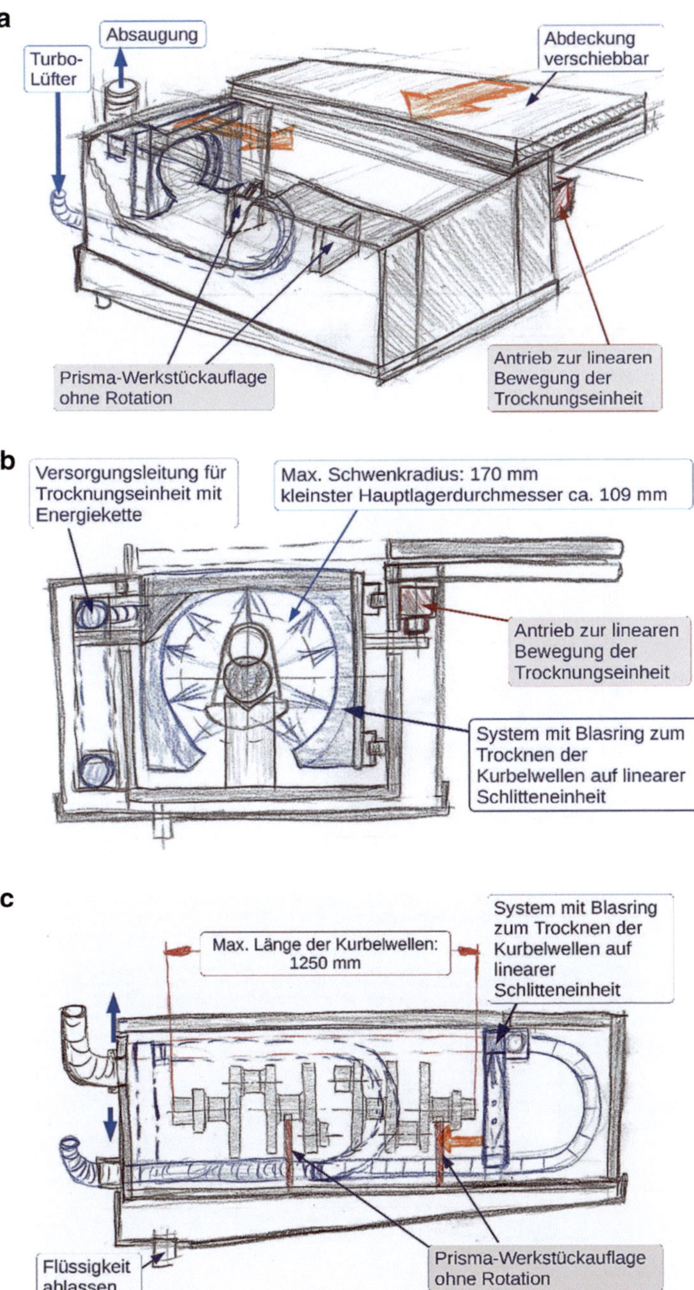

Abb. 20.8 Vergleich einer Reinigungsstation für Kurbelwellen in zwei Varianten. **a** bis **c** Beweglicher Reinigungsschlitten bei ruhender Kurbelwelle. **d** bis **f** Seitliche Blasvorrichtung mit rotierender Kurbelwelle

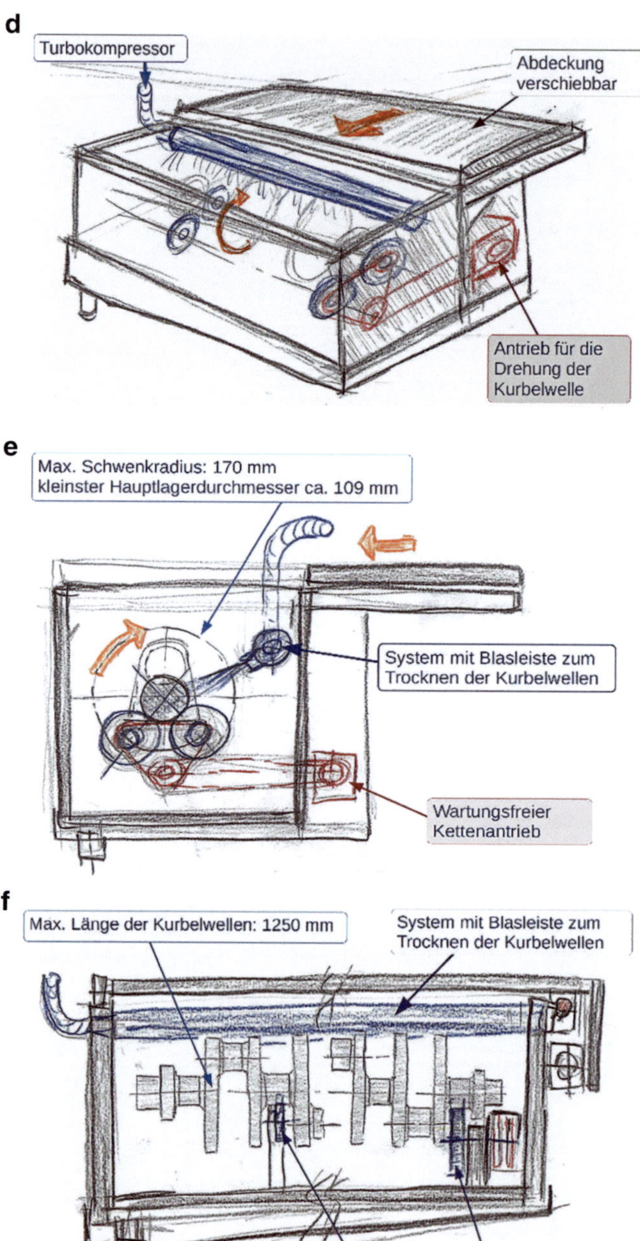

Abb. 20.8 (Fortsetzung)

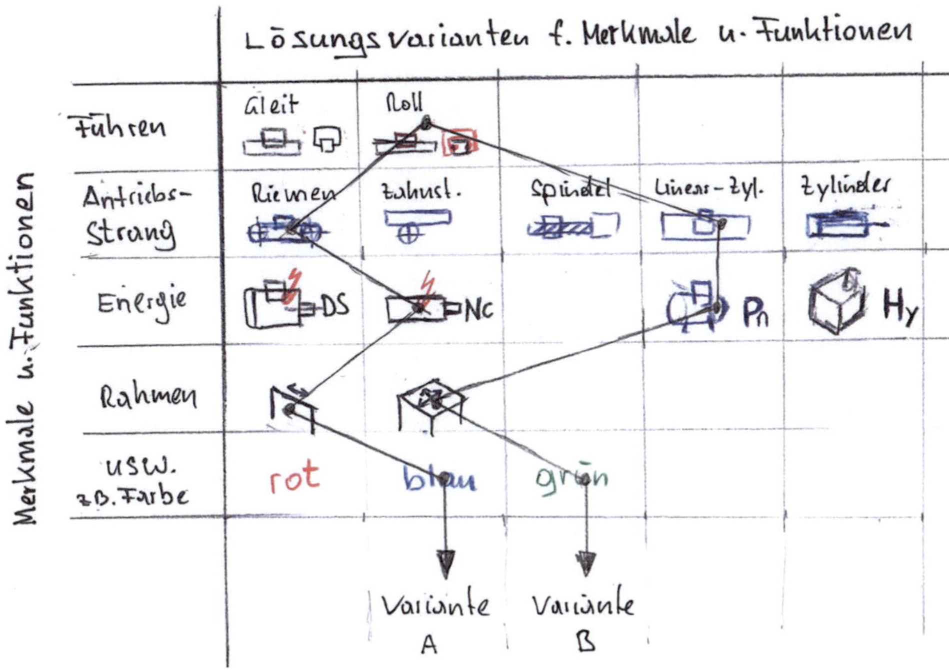

Abb. 20.9 Morphologischer Kasten (Zwicky-Box) zu Linearsystem mit Antriebsstrang

20.4 Kreativität, Technik, Kunst – und das Spiel mit der Wahrnehmung

Die Bandbreite von Zeichnungen reicht von normierten technischen bis zu freien künstlerischen Darstellungen. Auch wenn der Schwerpunkt dieses Buches im technischen Skizzieren liegt, lassen sich die erlernten Prinzipien ebenso für künstlerische Grafiken nutzen (vgl. z. B. Abb. 17.11). Besonders in Bereichen wie Architektur, Innenarchitektur und Industriedesign (vgl. auch Abschn. 13.4 „Skizzieren und Design") sind die Grenzen zwischen Technik und Kunst fließend.

Dyson zeigt exemplarisch, dass ein Staubsauger mehr sein kann als ein funktionales Gerät. Durch sichtbar gemachte Technik, klare Formensprache und konsequentes Design wird er zum gestalteten Objekt – fast schon zur Skulptur des Alltags. Kunst im weiteren Sinn meint hier die bewusste, gestaltende Auseinandersetzung mit Form, Wirkung und Bedeutung. Wenn Technik, Funktion und Gestaltung so eng aufeinander abgestimmt sind, kann selbst ein Staubsauger als Ausdruck von Gestaltungskunst verstanden werden. Kreativität spielt dabei eine zentrale Rolle – und das Skizzieren erweist sich besonders am

Anfang des Gestaltungsprozesses als hilfreiches Werkzeug zur Entwicklung und Reflexion gestalterischer Ideen (vgl. Abb. 20.10).

Abb. 20.11a zeigt eine abstrakte Szene: Im linken unteren Bereich deutet ein architektonisches Element den Themenbereich der Architektur an. Eine Lampe und der berühmte Tonet-Stuhl, ein Design-Klassiker, symbolisieren den Bereich des Designs. Die Darstellung ist zwar abstrakt, folgt jedoch den allgemeinen geometrischen Regeln und konstruktiven Prinzipien.

In der Kunst hingegen dürfen solche Regeln bewusst aufgehoben werden. Abb. 20.11b greift das Zusammenspiel von Technik und Kunst auf die gleiche Weise auf – jedoch in Form einer unmöglichen Figur, die als optische Täuschung gestaltet ist.

Diese Darstellung basiert auf der sogenannten Penrose-Treppe, einem klassischen Beispiel für eine unmögliche Figur. So wie unsere Wahrnehmung aufgrund gespeicherter Bilder unbewusst Abweichungen und Fehler erkennt (vgl. Kap. 12), versucht sie auch

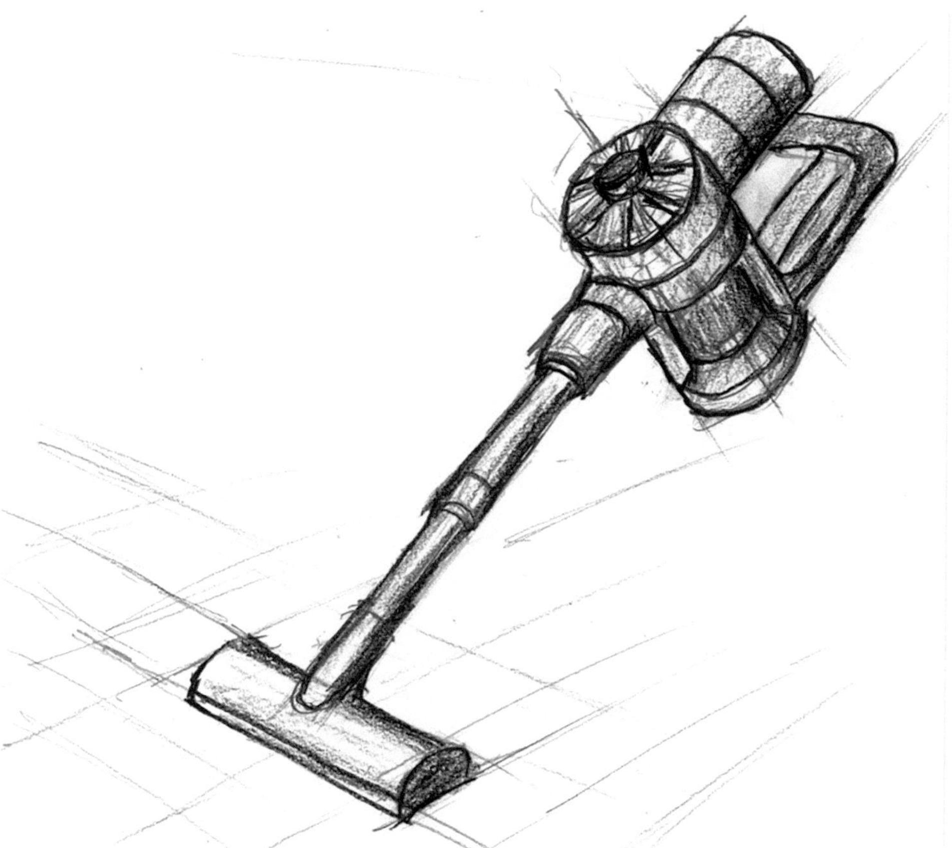

Abb. 20.10 Skizze eines beutellosen Staubsaugers – inspiriert von modernen Designprinzipien

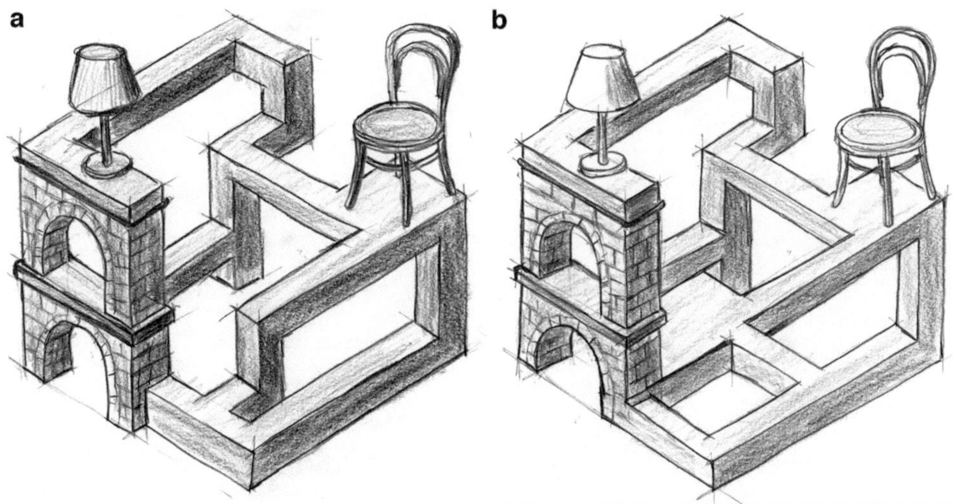

Abb. 20.11 Abstrakte künstlerische Szene, die das Ineinandergreifen von Technik und Kunst verdeutlicht. **a** Darstellung in einem geometrisch korrekten Raum. **b** Darstellung als optische Täuschung auf Basis der Penrose-Treppe

hier automatisch, die dargestellten Räume räumlich korrekt zu interpretieren – wird dabei aber gezielt in die Irre geführt. Solche Täuschungen sind ein spielerischer Ausdruck grenzenloser Kreativität und fordern unsere Wahrnehmung auf überraschende Weise heraus.

Bekannt wurde dieses Prinzip unter anderem durch die beeindruckenden Arbeiten von M. C. Escher. Neben der Penrose-Treppe gehören auch das Penrose-Dreieck (s. Abb. 20.12) und die „unmöglichen Figuren" von Oscar Reutersvärd zu den klassischen Beispielen dieser faszinierenden Form der optischen Täuschung.

Auch in der Werbung spielen kreative Mittel und grafische Gestaltung eine besondere Rolle. Vieles ist erlaubt, um Aufmerksamkeit zu erzeugen und den Blick potenzieller Kundinnen und Kunden kurz zu fesseln. Warum also nicht mit einem „Da stimmt doch was nicht" arbeiten? Abb. 20.13 zeigt eine Idee für eine Werbegrafik, inspiriert durch das Prinzip unmöglicher Figuren.

Wie schon mehrfach angesprochen, fördert das Skizzieren die Kreativität. Es ist wie Brainstorming mit sich selbst. Dabei entstehen manchmal Ideen, die auf den ersten Blick verrückt wirken oder wie aus einer fernen Zukunft. Auch die Bionik inspiriert zu ungewöhnlichen Ansätzen (vgl. Abb. 20.14 sowie 13.23 und 13.24). Der passende Kontext kann helfen, solchen Ideen eine Geschichte zu geben.

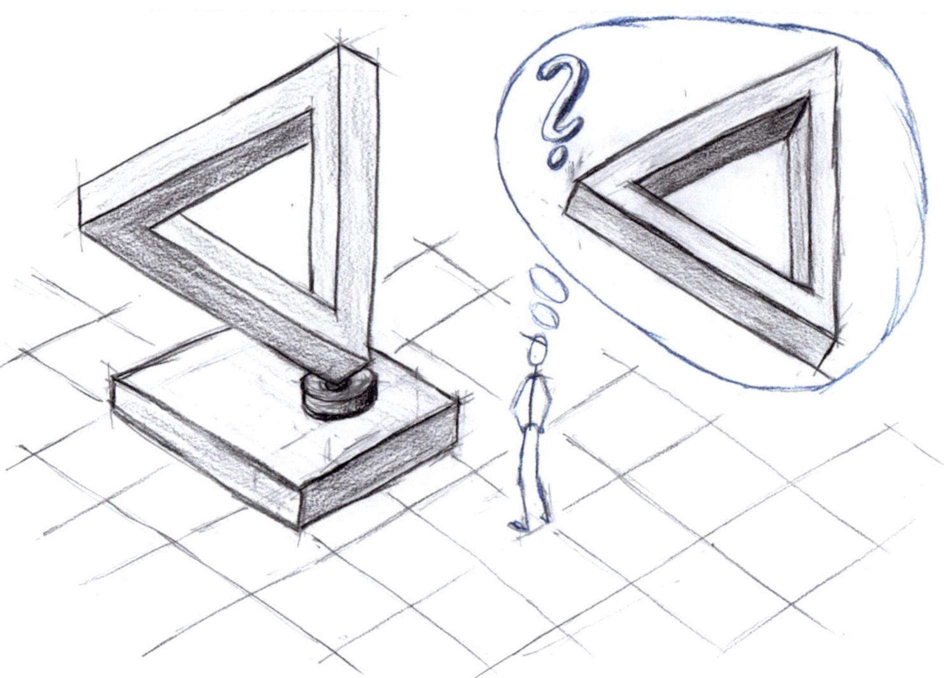

Abb. 20.12 Penrose-Dreieck

Visualisieren Sie Ideen, auch wenn diese ungewöhnlich erscheinen. Dadurch entstehen neue Gedanken und weiterführende Ideen.

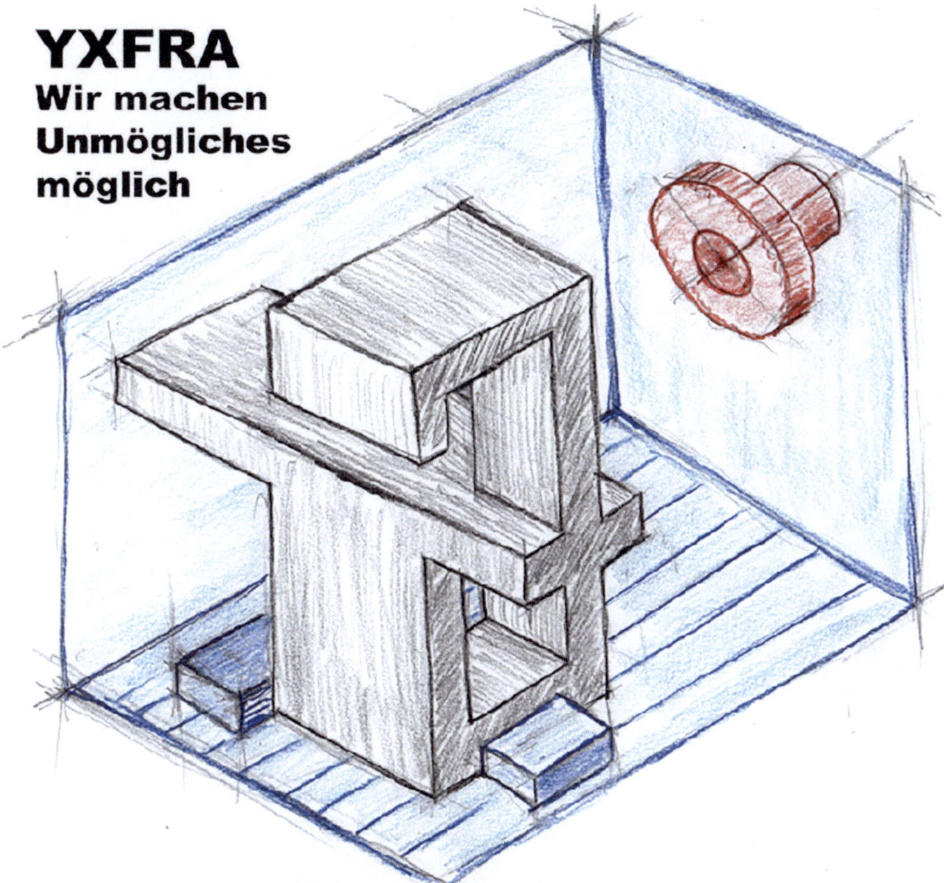

Abb. 20.13 Symbolischer Konzeptentwurf für eine Werbegrafik mit einer unmöglichen Figur als visuellem Blickfang und dem fiktiven Slogan „YXFRA – Wir machen Unmögliches möglich"

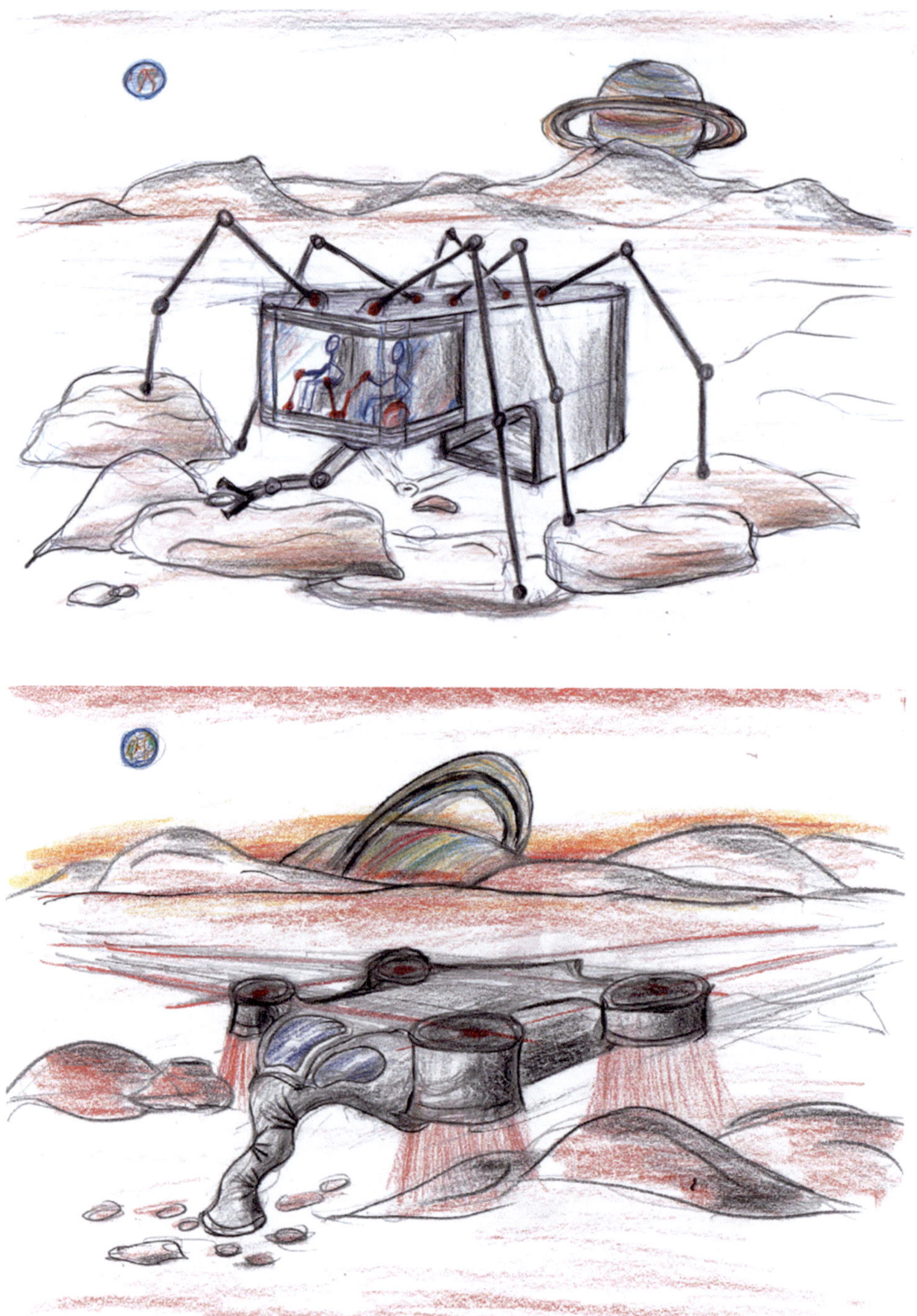

Abb. 20.14 Nicht für diese Welt geschaffen. Auch absurde Ideen sind ein Anfang – Skizzieren macht sie sichtbar

Skizzen können eine starke Wirkung haben: Sie ziehen Blicke an, wecken Interesse und bringen Inhalte auf den Punkt. Ob eine Skizze bei der jeweiligen Zielgruppe gut ankommt, hängt von vielen Faktoren ab – etwa vom Stil, der Darstellung oder der Ausarbeitung einzelner Elemente. Besonders wirkungsvoll sind Skizzen, wenn gezielt Akzente gesetzt werden, zum Beispiel durch Strichführung, Farbe, Material oder Schatten. Durch die bewusste Gestaltung lassen sich Aussage und Wirkung einer Skizze gezielt steuern – je nach Zielgruppe, Absicht und Situation. Die Beispiele in diesem Kapitel zeigen unterschiedliche Ansätze und sollen dazu anregen, mit solchen Mitteln zu experimentieren und Freude am Gestalten zu entwickeln.

21.1   Verschiedene Ausführungsgrade einer Skizze

Einerseits möchte man beabsichtigte Zielgruppen begeistern, andererseits ist es in vielen Situationen auch wichtig, effizient – also mit dem „richtigen" Zeitaufwand – das erforderliche Ergebnis zu erzielen.

> Eine Skizze muss einen ausreichenden Ausführungsgrad haben, damit die gewünschte Absicht mit Blick auf die Zielgruppe erreicht werden kann.

In den Abb. 21.1, 21.2, 21.3 und 21.4 werden verschiedene Ausführungsgrade zum Vergleich dargestellt.

Abb. 21.4 zeigt verschiedene Arten der Textergänzungen in manueller und digitaler Form.

Abb. 21.1 Wenn die Darstellungen wie hier mit Polychromos-Stifte ausgezogen sind, ist die Basis gelegt. Eigentlich sind damit die wesentlichsten Elemente gezeigt, und man kann über die Lösung schon kommunizieren

Abb. 21.2 Eigenschatten sind, wie schon in Kap. 11 „Licht und Schatten" angeführt, immer zu empfehlen. Damit lässt sich bereits mit wenig Aufwand eine Verbesserung der Wirkung erzielen. Inwieweit man dabei mit Farben arbeitet, ist eine Frage des Geschmackes. In der Technik sollte man mit Farben eher sparsam umgehen. Auch die Wahl der Stifte, wie hier Polychromos- und Copic-Stifte, beeinflusst die Wirkung

Entscheiden Sie selbst, welchen Ausführungsgrad und Stil Sie situationsbedingt anwenden möchten.

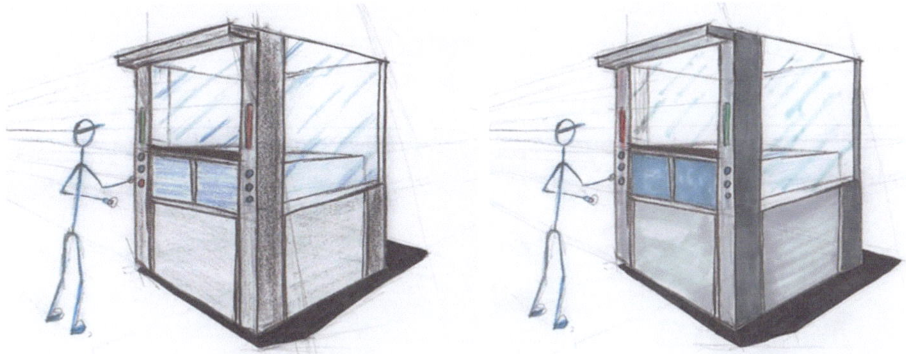

Abb. 21.3 Eigenschatten mit Polychromos- und Copic-Stiften aufgebracht. Schlagschatten lassen eine Skizze räumlicher wirken. Vor dem Anbringen ggf. eine Kopie machen, damit die Wirkung der Schatten geprüft werden kann

21.2 Ansprechende Darstellungsformen und Perspektiven wählen

Ziel ist, wie auch in Abschn. 19.1 „Perspektiven und/oder 2D-Skizzen" angeführt, dass die gewünschten Informationen für die Zielgruppe verständlich dargestellt werden. Ergänzend dazu wird hier noch ein weiterer Aspekt betrachtet:

> Die Darstellungsform und die Perspektive beeinflussen nicht nur den Charakter der Skizze, sondern auch die Wirkung des Produkts bzw. des Inhalts selbst.

Will man sachliche Informationen oder auch Emotionen vermitteln? Insbesondere bei perspektivischen Darstellungen sind mehrere Dinge zu überlegen. Parallel- oder Fluchtpunktperspektive? Bei Fluchtpunktperspektiven sind der Horizont und die Fluchtpunkte festzulegen. In den Abb. 21.5, 21.6 und 21.7 werden beispielhaft an jeweils annähernd gleichen Objekten verschiedene Perspektiven verglichen.

Ist der Betrachtungspunkt – wie in Abb. 17.10 und 21.8 – so gewählt, dass man sich als Teil der Szene wahrnimmt, lenkt die Skizze sofort die Aufmerksamkeit auf sich. Die Wahl der Fluchtpunkte in Abb. 21.8 – links deutlich näher am Bezugsraum als rechts – lenkt den Blick vom nahen Vordergrund nach rechts ins Freie.

In der Fotografie lässt sich durch gezielte Wahl der Blende mit Schärfe und Unschärfe arbeiten. So wird der Blick auf die wichtigen Elemente gelenkt, während das Umfeld in den Hintergrund tritt, oft noch ausreichend erkennbar, um den Zusammenhang zu verdeutlichen. Dieses Stilmittel lässt sich wie in Abb. 21.9 auch in Skizzen anwenden und kann dort die räumliche Wirkung sowie die Perspektive wirkungsvoll unterstützen.

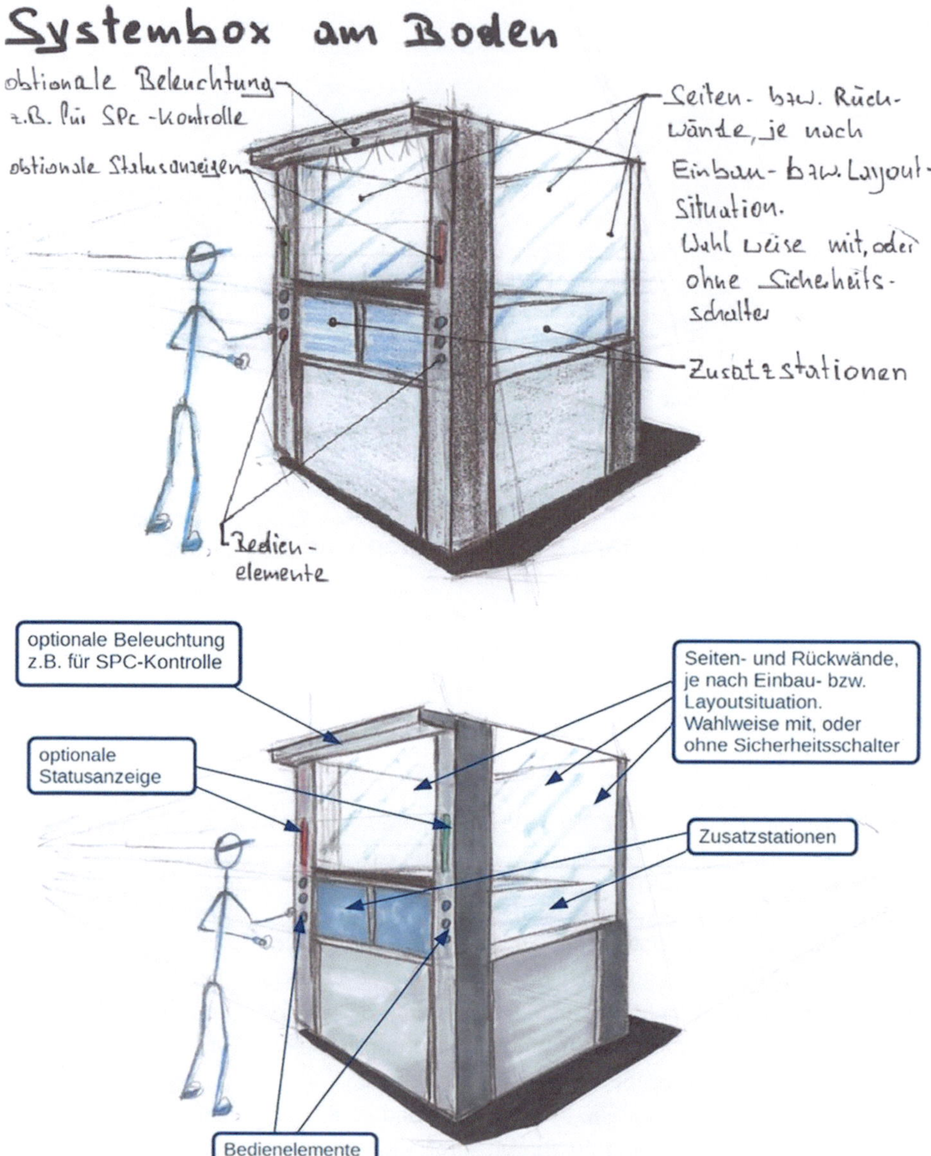

Abb. 21.4 Sind in einer Skizze informelle Ergänzungen wie Texte erforderlich, können diese von Hand oder ggf. digital ergänzt werden

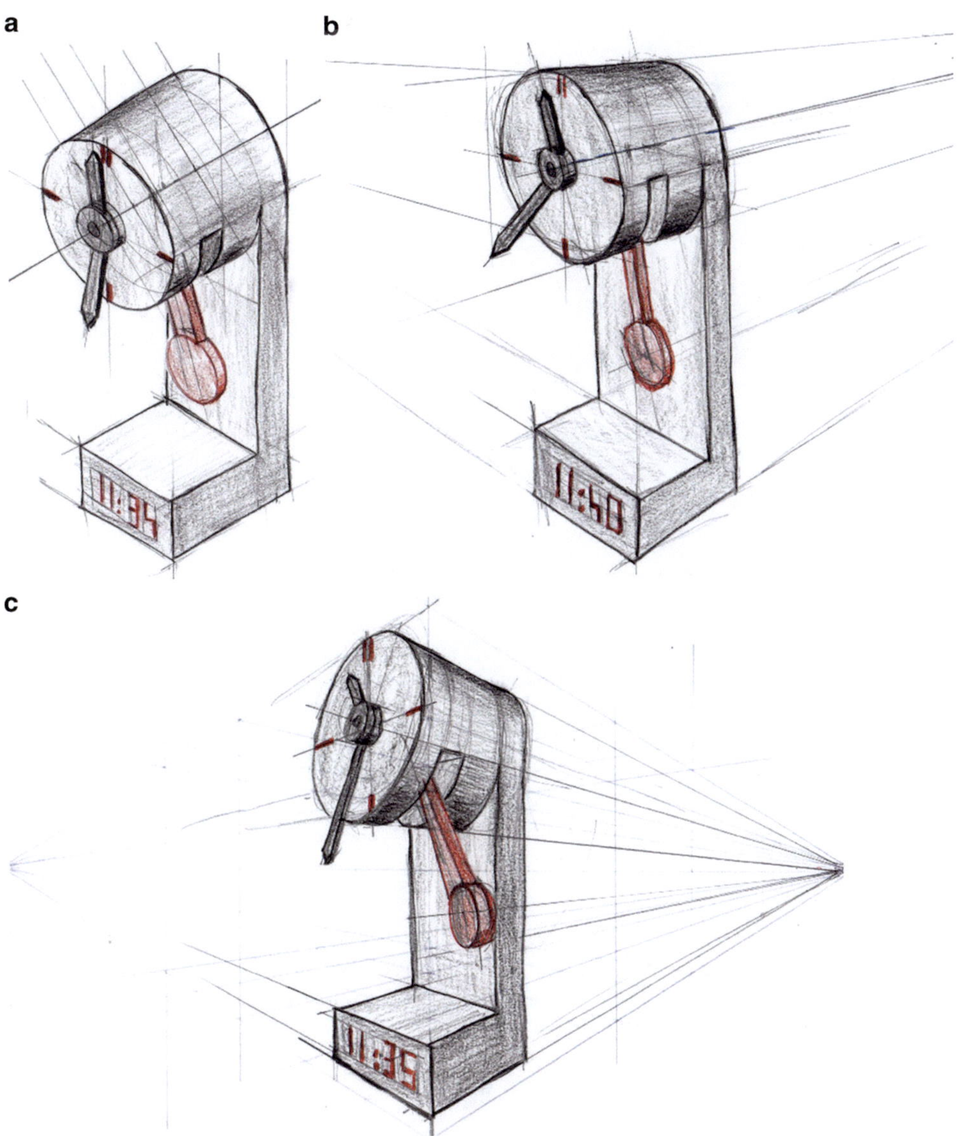

Abb. 21.5 Standuhr aus verschiedenen Perspektiven. **a** Isometrische Perspektive – wirkt sachlich, technisch und kompakt. **b** Zwei-Punkt-Perspektive mit hohem Horizont und weitem Fluchtpunktabstand – ergibt einen eher natürlichen Eindruck, wie die Uhr auf einem Tisch aus Augenhöhe betrachtet wird. **c** Zwei-Punkt-Perspektive mit mittlerem Horizont und engen Fluchtpunkten – vermittelt Nähe und Direktheit; der Blick wirkt prüfend oder analytisch, fast so, als wolle man Details an der Uhr genauer untersuchen

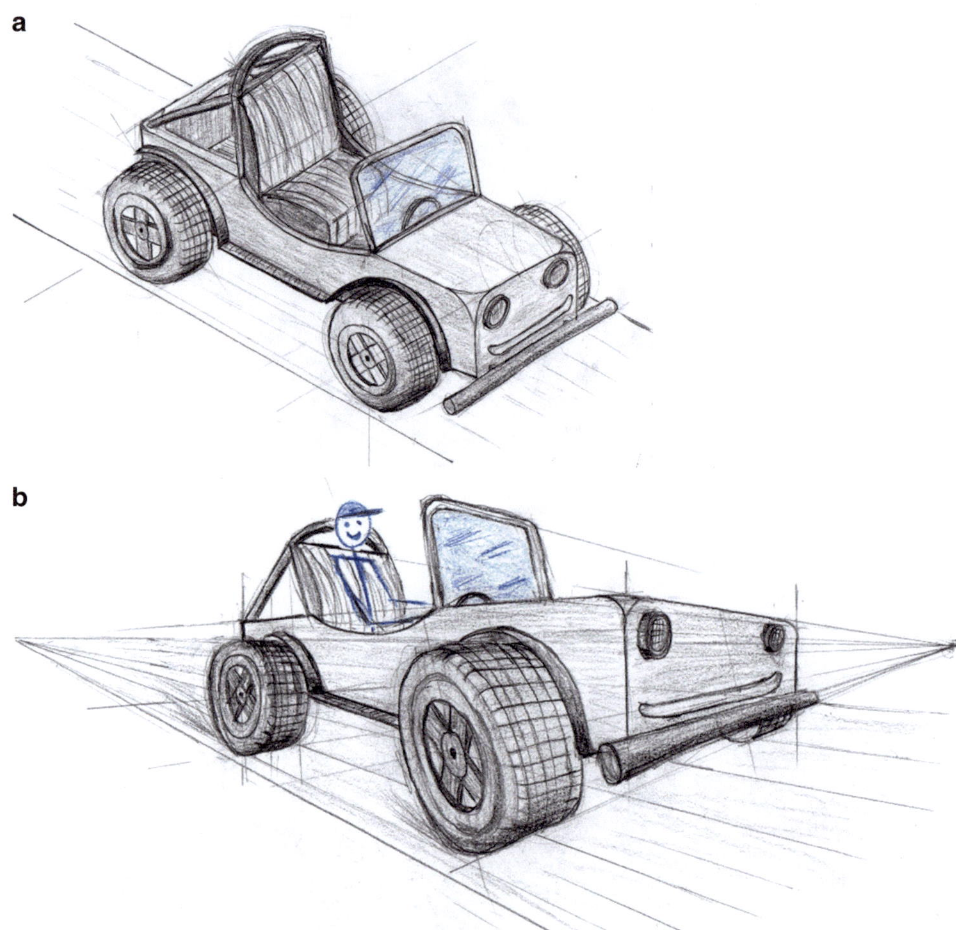

Abb. 21.6 Buggy-Jeep in in zwei unterschiedlichen Perspektiven. **a** Isometrie – klar und übersichtlich, mit neutraler Wirkung. **b** Zwei-Punkt-Perspektive – wirkt dynamisch durch den niedrigen Blickpunkt. Die eingebundene Figur bringt zusätzlich Emotion ins Bild und vermittelt Fahrfreude und Bewegung

> **Tipp** Experimentieren Sie selbst mit verschiedenen Darstellungsformen und Perspektiven von einem Objekt. Holen Sie sich dabei auch, wenn möglich, Feedback ein. (Vgl. z. B. auch Abschn. 12.4 „Darstellungsvarianten an einem Beispiel mit Übergängen zw. Kubus u. Zylinder").

a

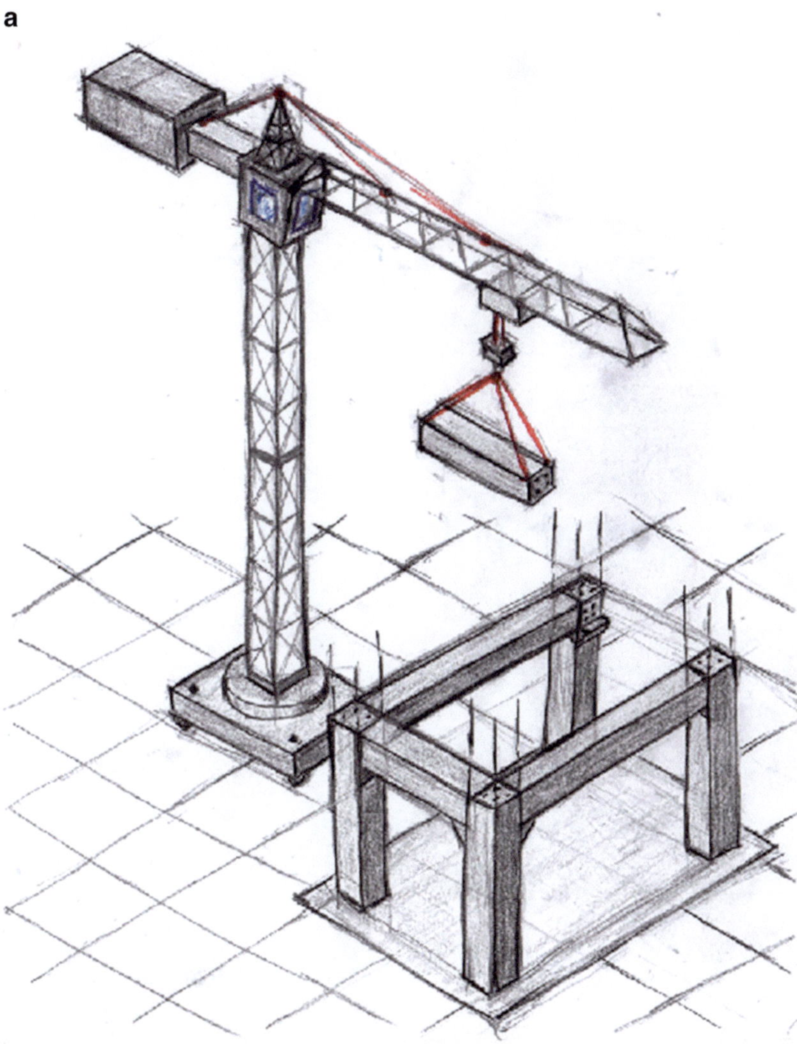

Abb. 21.7 Kran mit angedeutetem Bauobjekt. **a** Isometrische Darstellung – sachlich, konstruktiv und kompakt. **b** Drei-Punkt-Perspektive – lässt den Kran durch die Vogelperspektive besonders hoch und leistungsfähig erscheinen

b

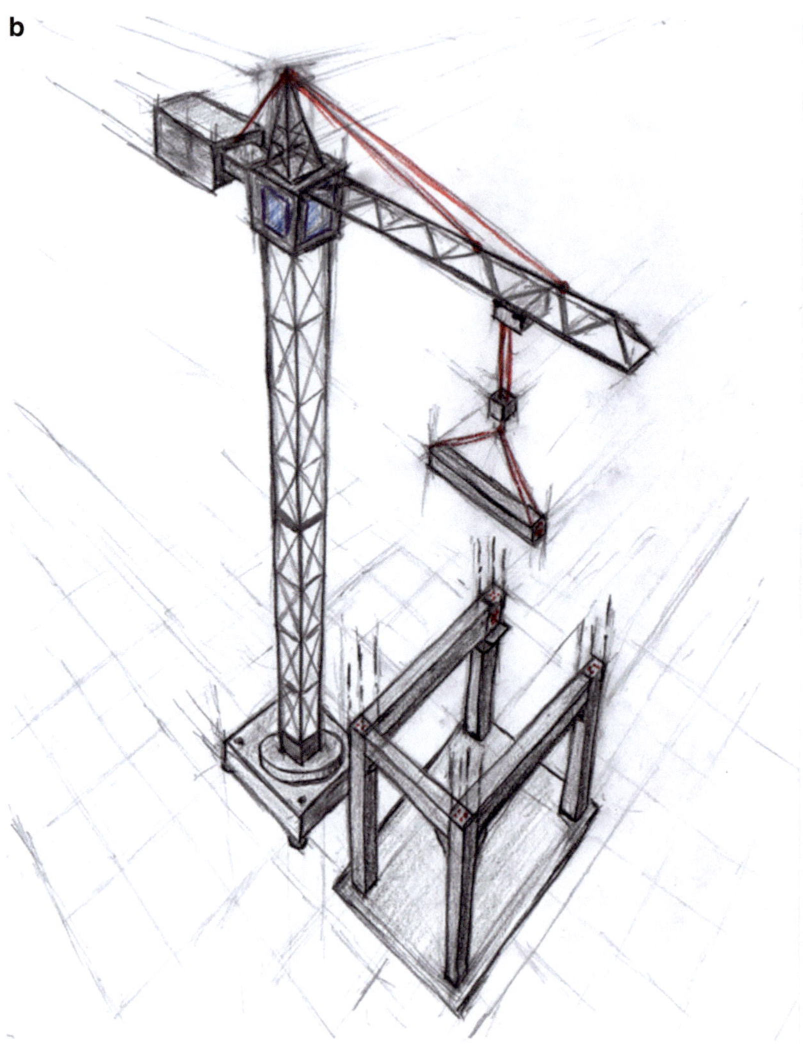

Abb. 21.7 (Fortsetzung)

Abb. 21.8 Blickführung durch gezielte Perspektive. Man fühlt sich als Teil der Szene – der Blick wandert vom roten Apfel im Vordergrund zum grünen Bäumchen im Hintergrund. Trotz der schlichten Linienführung entsteht eine starke Bildwirkung, die durch Farbakzente zusätzlich verstärkt wird

Abb. 21.9 Schärfeverteilung in der Zeichnung. Der Fokus liegt auf dem funktionalen Hauptbereich der Schiebelehre. Die zu messenden Profile im Hintergrund dienen lediglich der unterstützenden Erläuterung der Funktion

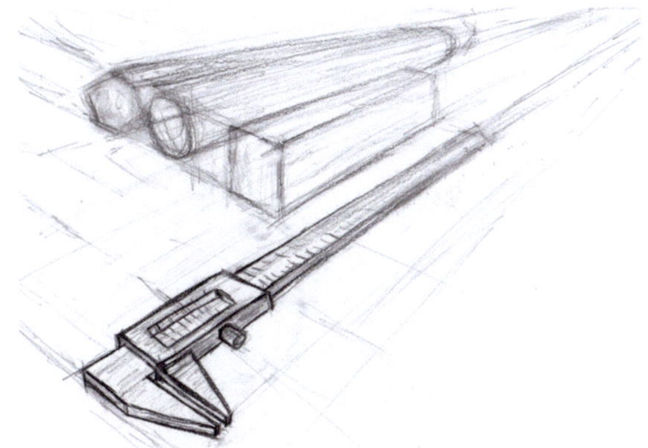

21.3   Skizzenwirkung durch Linien, Flächen, Texturen und Licht gezielt gestalten

Möchte man Produkte oder Ideen besonders ansprechend präsentieren und Betrachter begeistern, lohnt es sich, die gesamte Wirkung einer Skizze bewusst zu gestalten. Gerade Oberflächenstrukturen, Strichführung sowie Licht- und Glanzeffekte tragen ergänzend dazu bei, Bildaussage und Fokus gezielt zu steuern.

> Gezielt eingesetzte Gestaltungsmittel wie Strichführung, Texturen und Licht verstärken die Wirkung von Skizzen und helfen, die gewünschte Botschaft klar zu vermitteln.

Linien und Flächen und der Rückschluss auf den Reifegrad des Produktes

Wie bereits in Kap. 4 „Linien und Flächen sind die Basis jeder Skizze" erläutert, beeinflussen Linien, Oberflächen und Schatten den Stil einer Skizze und damit wesentlich die Aussage über das dargestellte Objekt.

In Abb. 21.10 wird dasselbe Objekt bei identischem Detaillierungsgrad unterschiedlich dargestellt. Die variierende Strichführung und einfache Schattierung lassen das Produkt jedoch unterschiedlich reif erscheinen: Während die erste Skizze wie ein früher Entwurf wirkt, vermittelt die zweite den Eindruck eines weiterentwickelten Designs. Durch bewusste Wahl von Linien und Oberflächen kann die Wirkung eines Produkts gezielt gesteuert werden.

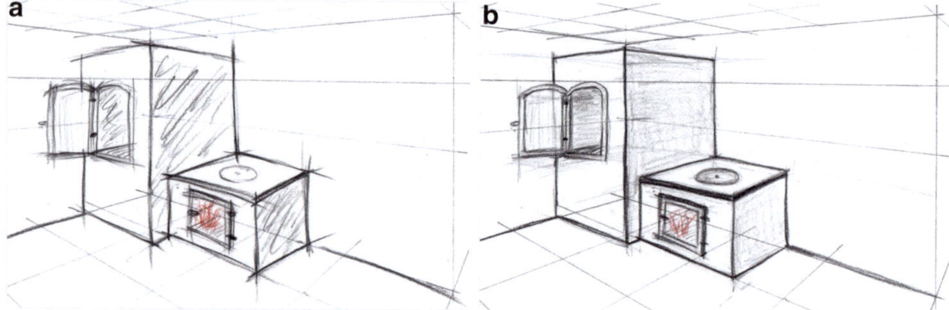

Abb. 21.10 Zwei Darstellungen eines Tischherds mit Backrohr: In (a) wirkt der Ofen durch Strichführung und Schattierung wie ein grober Frühentwurf. In (b) erscheint er trotz identischem Detaillierungsgrad klarer und ausgereifter

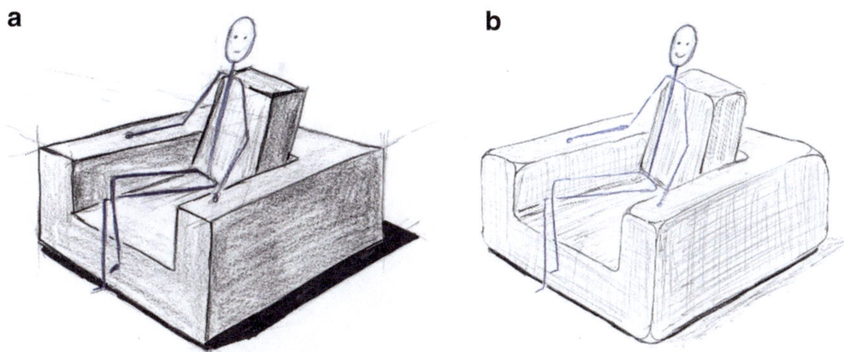

Abb. 21.11   Zwei Darstellungen eines Sitzmöbels. In Abbildung (**a**) wird das Sitzmöbel kantig und mit kontrastreichen Schatten dargestellt. In Abbildung (**b**) wirkt das gleiche Möbelstück durch die dünne und leicht gewellte Strichführung, die Abrundungen, die Musterung der Oberfläche und die nicht so harte Schattendarstellung insgesamt weicher und einladender

Eigenschaften und Funktionen mit Oberflächen vermitteln

In Zeichnungen beziehen sich Texturen auf die visuellen Eigenschaften und die Beschaffenheit der Oberfläche eines Objekts oder Materials. Dabei geht es nicht nur um den visuellen Eindruck: Über die Darstellung von Oberflächen können auch Eigenschaften und Funktionen von Objekten verdeutlicht werden.

Auch in Abb. 21.11 und 21.12 wird die Wirkung von Linien und Oberflächen verdeutlicht. Durch ihre Gestaltung erscheinen die Objekte entsprechend härter oder weicher.

Eine einfache aber interessante Methode eine Struktur aufzubringen: Man legt das Papier beim Füllen der Fläche mit Farbstift auf eine grob strukturierte Unterlage. Beim Beispiel in Abb. 21.12 wurde das Blatt beim Füllen der Flächen an eine verputzte Wand gehalten. Experimentieren Sie mit verschiedenen Unterlagen, wie grobe Kartons, strukturiertes Holz, raue Steinplatten usw. Sie werden über die Effekte erstaunt sein.

Die Darstellungen in Abb. 21.13 verdeutlichen, wie durch unterschiedliche Oberflächengestaltung verschiedene Funktionen erkennbar werden.

Zum Thema Texturen in Zeichnungen gibt es zahlreiche weiterführende Literaturquellen. In den Abb. 21.14, 21.15, 21.16, 21.17 und 21.18 werden anhand eines Schreibtisches beispielhaft einige Möglichkeiten zum Auftragen von Texturen und Schatten erläutert.

Glanz und Spiegelungen

Glanz verleiht Produkten eine hohe Wertigkeit. Wie bereits in den Beispielen der Schreibtischoberflächen angedeutet, lässt sich Glanz durch gezielt gesetzte helle Flächenbereiche erzeugen (vgl. Abb. 21.19 und 21.20). Spiegelungen – wie in Abb. 21.21 dargestellt – verstärken diesen Effekt zusätzlich. In den Abb. 21.19 und 21.20 kommt zudem die in Abb. 21.17

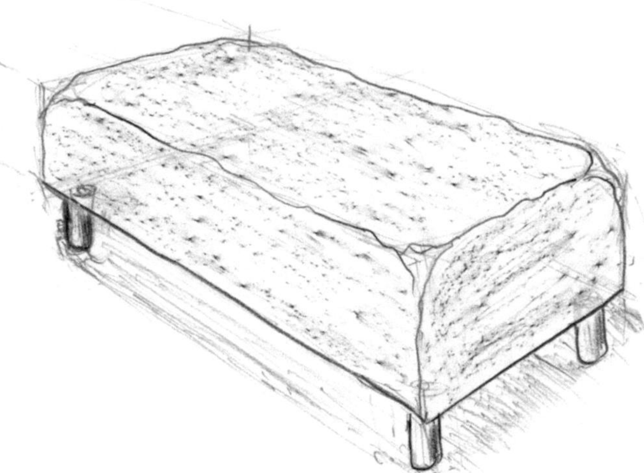

Abb. 21.12 Ein Polsterhocker mit weichem Material. Beim Füllen der Flächen wurde das Blatt
Papier an eine verputzte Wand gehalten

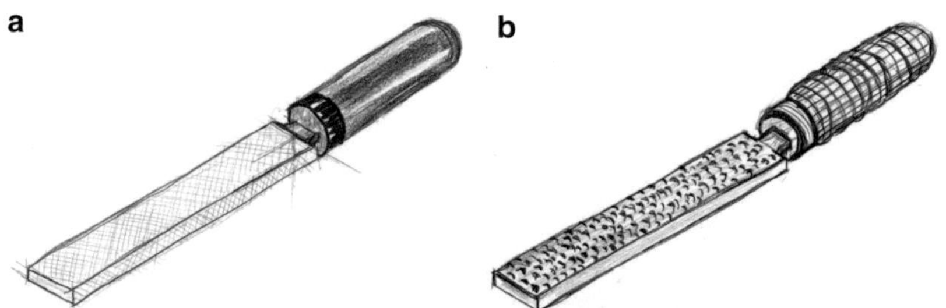

Abb. 21.13 Zwei Darstellungen einer Feile mit unterschiedlicher Funktion: In Abb. (a) wirkt die
Feile durch ihre feinere Gestaltung eher für präzise Arbeiten geeignet. In Abb. (b) lässt die gröbere
Form von Griff und Feilfläche auf ein Werkzeug für grobe Holz- oder Formarbeiten schließen

gezeigte Abdecktechnik zum Einsatz. In Abb. 21.19 entsteht durch kühle Farbtöne und
gezielte Lichtakzente ein moderner, leicht glänzender Eindruck des Touchdisplays.

Abb. 21.20 zeigt beispielhaft alternative Darstellungen des Bildschirms aus Abb. 21.8.
Entscheidend für die Ausgestaltung einzelner Oberflächen ist, wie relevant sie für die

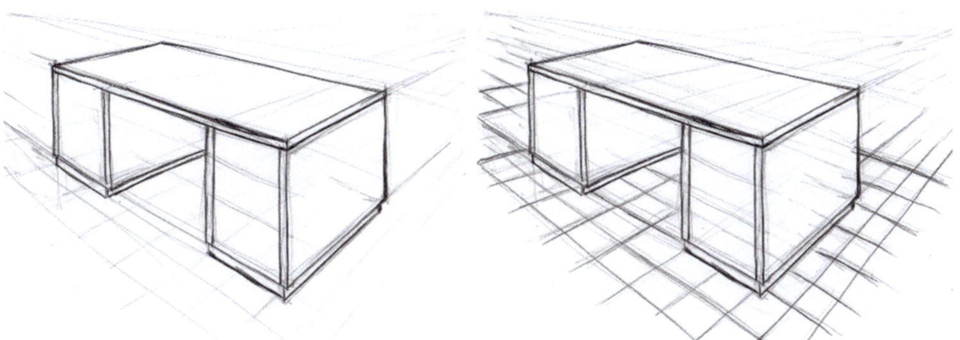

Abb. 21.14 Als Basis dient eine einfache Skizze eines Schreibtisches in Zwei-Punkt-Perspektive. Bei diesem Beispiel ist es vorteilhaft, den Boden einzubeziehen

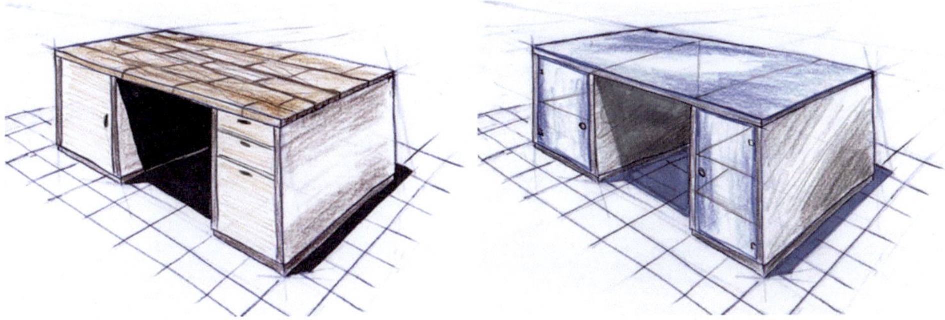

Abb. 21.15 Einfache Texturen mit Polychromos-Stifte angebracht. Man beachte auch die unterschiedlichen Schlagschatten mit schwarzem Filzstift und mit Copic-Stift C5. Wenn die schwarzen Bereiche des Schlagschattens eine relativ große Fläche einnehmen und Elemente verschlucken, den Schlagschatten ggf. mit transparenterem Stift ausführen

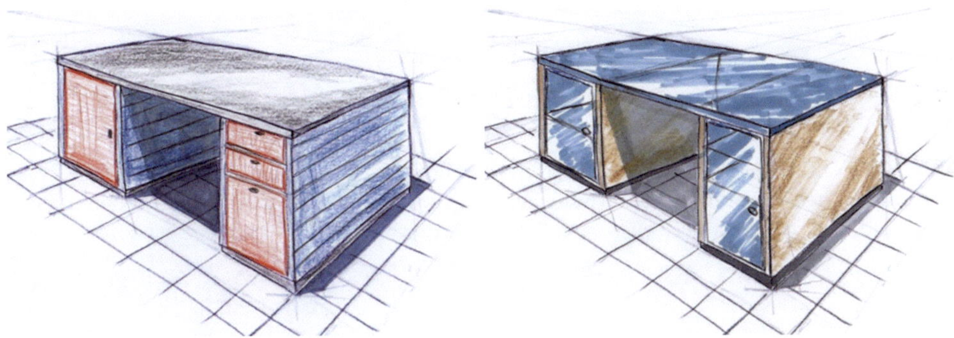

Abb. 21.16 Vergleich von einfachen Renderings, ausgeführt mit Polychromos- und Copic-Stiften. Mit Copic-Stiften lassen sich Glanzeffekte wirkungsvoller darstellen

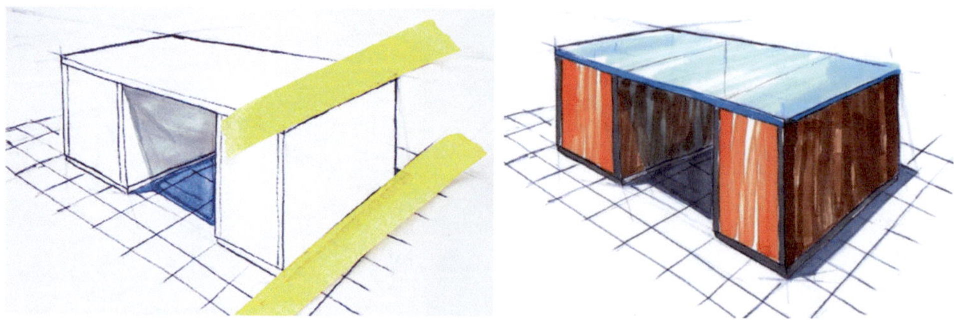

Abb. 21.17 Benötigt man für das Ausfüllen von Flächen einmal mehr Schwung, ist das Abkleben der Randkanten hilfreich

Abb. 21.18 Es können in einer Skizze auch verschiedene Stifte kombiniert werden. Die kräftigen Frontflächen, die transparente Tischplatte und die Schlagschatten wurden mit Copic-Stiften ausgeführt. Die seitlichen Flächen wirken durch die Polychromos-Stifte ausgleichend matt

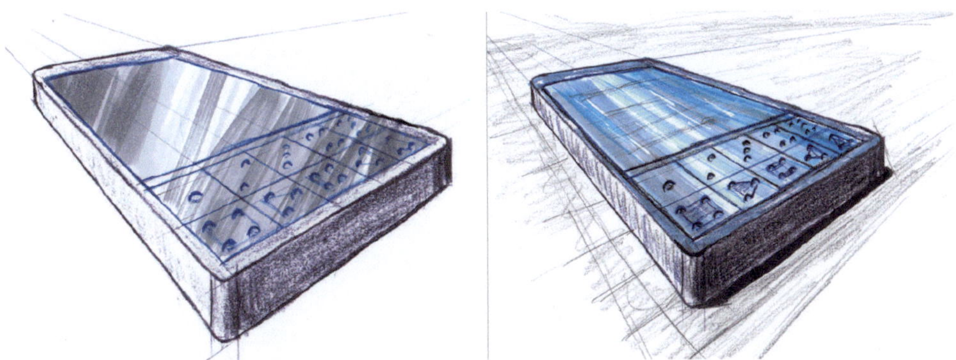

Abb. 21.19 Das Bedienelement, angelehnt an Abb. 12.26, zeigt ein zweigeteiltes Touchdisplay: Der obere Bereich funktioniert wie ein gewöhnlicher Touchscreen, während sich im unteren Teil zusätzlich haptisch flexible Bedienelemente aufwölben können. Kühle Farbtöne wie Grau oder Blau verstärken den technischen und modernen Eindruck

Abb. 21.20 Zwei Varianten zur Darstellung eines großen Bildschirms

Aussage oder Wirkung der gesamten Skizze sind. In Abb. 21.8 liegt der Fokus auf der Raumwahrnehmung und dem Blick ins Freie. Steht hingegen der Bildschirm selbst im Mittelpunkt, ist es sinnvoll, der Gestaltung seiner Oberfläche mehr Aufmerksamkeit zu widmen.

Schatten und Licht gezielt einsetzen

Wo ein Schatten ist, da ist auch Licht. Der Sportwagen in Abb. 21.22 wurde auch schon in Abb. 13.15 dargestellt. Der Unterschied liegt im Schlagschatten am Boden. Durch den tiefschwarzen Schatten wird ein strahlend helles Licht angedeutet. Auch wenn die Lackierung „nur" mit schwarzem Polychromos-Stift dargestellt ist, wird durch das angedeutete Licht und die hellen Bereiche in der Lackierung ein leichter Glanzeffekt erzeugt.

Abb. 21.21 Mithilfe von Copic-Stiften können Spiegelungen, Beleuchtungen, Glanzeffekte u. dgl. angedeutet werden

Abb. 21.22 Schatten deutet Licht an. Licht und helle Bereiche erzeugen Glanz. Mit einfachen Farbelementen kann die Wirkung von Skizzen gesteigert werden

Abb. 21.23 Technik ist Teil unseres Alltags – und lässt sich mit Skizzen sichtbar und begreifbar machen

Des Weiteren zeigt die Abbildung noch einmal, dass bereits einfache und sparsam eingesetzte Farbelemente eine Skizze zu einem Blickfang machen können.

Technik begegnet uns in vielen Bereichen des Lebens – ob im Garten bei Sonnenschein (Abb. 21.23) oder im beruflichen Alltag. Dieses Buch möchte dazu ermutigen, das Skizzieren für verschiedenste technische und allgemeine Gestaltungsaufgaben zu nutzen. Skizzen sind ein vielseitiges kreatives Mittel, das in unterschiedlichsten Situationen und bei vielfältigen Anforderungen einen Zugang eröffnet – für Lernende, Lehrende, Anwender in Technik und Gestaltung und alle, die Freude daran haben, Neues zu schaffen.

Wichtig ist in erster Linie nicht die Ausführung einer Skizze, sondern dass sie den Anforderungen, Vorstellungen, Zielen und den möglichen Erwartungen entspricht. Eine ansprechend ausgearbeitete Skizze erhöht dabei die Wahrscheinlichkeit, die gewünschte Zielgruppe zu erreichen und zu begeistern. Skizzen sollen sowohl den gestaltenden als auch den betrachtenden Personen Freude bereiten.

Stichwortverzeichnis